工业和信息化部"十四五"规划教材

飞行器设计与工程力学品牌专业系列教材

飞行器系统设计

主　编　魏小辉

副主编　尹乔之　印　寅

参　编　王　强　张　明

　　　　张卓然　冯诗愚

　　　　谢旅荣　朱程香

科学出版社

北京

内 容 简 介

本书主要介绍飞行器的各子系统，对飞行器系统的概念、组成、工作原理及设计方法进行阐述。共九章，包括：绪论、飞机飞行操纵系统、飞机飞行控制系统、飞机液压系统、飞机燃油系统、飞机起落架系统、人机与环境控制系统、飞机推进系统及飞机电气系统。

本书紧扣飞行器系统设计学科的前沿，充分考虑学科交叉；知识架构完整，内容囊括飞行器各子系统；系统知识层级合理、深度适中。

本书可作为航空航天类专业本科生的"飞行器系统设计"课程教材，也可供相关工程技术人员和对飞行器系统感兴趣的读者参考。

图书在版编目（CIP）数据

飞行器系统设计/魏小辉主编. —北京：科学出版社，2023.5
工业和信息化部"十四五"规划教材·飞行器设计与工程力学品牌专业系列教材
ISBN 978-7-03-075641-1

Ⅰ. ①飞⋯ Ⅱ. ①魏⋯ Ⅲ. ①飞行器-系统设计-高等学校-教材 Ⅳ. ①V47

中国国家版本馆 CIP 数据核字(2023)第 097710 号

责任编辑：余 江 陈 琪 / 责任校对：杨 然
责任印制：张 伟 / 封面设计：马晓敏

科学出版社 出版
北京东黄城根北街 16 号
邮政编码：100717
http://www.sciencep.com
北京天宇星印刷厂印刷
科学出版社发行 各地新华书店经销
*
2023 年 5 月第 一 版 开本：787×1092 1/16
2025 年 9 月第三次印刷 印张：22 3/4
字数：540 000
定价：89.00 元
（如有印装质量问题，我社负责调换）

前　言

　　飞行器系统设计的相关研究是航空领域的研究热点，不断有新理论与新方法产生，航空航天行业对飞行器设计专业人才的需求也逐渐偏重于具有"系统思维"的创新人才。为契合飞行器设计学科发展前沿及航空航天主机院所对人才的需求，作者结合当前国内外学科发展最新成果，以飞行器系统的八个子系统构建本书知识框架，强调用系统观设计飞行器：飞行器本体是不仅有形（核心是气动总体）、有骨（核心是结构强度），而且有血（核心是液压电传）、有肉（核心是传感控制）、有脑（核心是通信智能）的系统整体。此外，本书将学科专业交叉与飞行器设计学科的发展内涵相融合，培养学生的"系统思维"，使学生在对飞行器进行研制和分析时具有整体系统观念和全盘分析的能力，为学生进行更深入的专业课程学习、工程实践及相关领域的科学研究奠定良好的航空理论基础。

　　考虑到主要读者对象为航空航天类本科生，在本书编写过程中，对教材知识体系进行了合理的架构，知识点覆盖全面、深度适中，力图使学生能够更容易地掌握飞行器系统设计的完整知识体系。本书是在2002年林肖芬教授编写的《飞机系统设计》基础上，增加了飞机推进系统、飞机起落架系统、飞机电气系统、人机与环境控制系统，以"飞行器总体结构—飞行器大系统—各大系统下的分系统"为编写指导思路安排各章，以"系统工作原理—系统设计方法"安排每一章的具体内容。本书站在飞行器系统设计学科前沿，注重学科交叉，把学科优势科研成果引入教材，兼顾了飞行器系统设计的基本原理、基本方法和新原理、新方法，帮助学生建立良好的科学思维、系统思维和创新意识。

　　本书共9章，第1章为绪论，第2～9章分别为飞行器系统的八个子系统。第1章主要介绍飞行器发展概述、飞行器系统综合与系统交联以及飞行器各子系统设计思路，在学习各子系统知识之前，使学生对飞行器系统以及子系统的相互关系有一定的初步理解。第2章主要介绍传统的机械操纵系统和不可逆助力操纵系统的组成部分、主要部件的工作原理和特点，以及不可逆助力操纵系统的典型实例。此外，还应用计算机进行飞机操纵系统的传动分析、动态特性分析和运动仿真分析与干涉。第3章主要介绍飞机飞行控制系统的发展、基本组成和功能，在讲述飞控回路中的被控对象飞机动态特性的基础上，介绍了飞行控制系统的主要部件、典型飞行控制系统、现代飞行控制技术、飞控控制系统设计方法等。第4章主要介绍飞机的液压系统。第5章主要介绍飞机燃油系统，包括油箱配置、供油方案、供油动力、输油路线的设计；从惰化技术的定义、现有技术分类、民用机可燃相关条例等方面对飞机燃油惰化进行概念性介绍，并以实例论述了民机燃油系统和军机燃油系统的工作原理。第6章主要介绍起落架设计中与飞机系统相关的内容，对各个系统组成、工作原理、设计理论、目前发展情况等进行介绍。第7章主要介绍人机环境与控制系统的设计要求、基本原理及主要类型，座舱压力、温湿度调节的方法和原理；分析飞机常用调节方法及各自优缺点；介绍连续式供氧调节系统和肺式供氧调节系统，机载电子设备冷却的方法和特点，常用的防冰系统及具有应用前景的新型防除冰系统原理。第 8 章主要介绍了飞机发动机的工作原理、控制系统、滑油系统、设计准则和系统实例。第 9 章介绍了飞机电气系统。首先从飞机能源和电气系统的组成两方面介绍了飞机电气系统的基本概念；其次分析了飞机电气系统的三个主要工作条件，突出了飞机电气系统的复杂运行环境；接着具体展开介绍了飞机电气系统的类型、参数和特性；之后，强调了飞机电气系统的基本要求、容量和工作状态，体现其与民用电气系统的不同；最后，立足于飞机多电化发展的趋势，分别从飞机主电源系统和飞机输配电系统介绍多电飞机供电系统的特点与发展过程，并介绍了多电飞机 A380、B787 的电气系统实例。为强化学生对知识的理解，本书融入视频内容，可扫描书中二维码进行学习。

　　本书第 1 章由魏小辉、尹乔之和孙浩编写，第 2 章由童明波和王强编写，第 3 章由尹乔之编写，第 4 章由印寅编写，第 5 章由魏小辉和冯诗愚编写，第 6 章由张明编写，第 7 章由朱程香和蔡玉飞编写，第 8 章由谢旅荣编写，第 9 章由张卓然和李进才编写。

　　在本书编写过程中，魏小辉、尹乔之、印寅提供了第 6 章部分内容原始素材，朱春玲和赵宁审阅了第 7 章内容，并提出了宝贵的修改意见，王莉提供了第 9 章参考资料。魏小辉、尹乔之、印寅完成了本书的统稿和校对工作。在此，对每一位参与者表示诚挚的感谢。

　　由于作者水平有限，书中难免存在不妥之处，恳请读者批评指正。

作　者

2023 年 1 月

目　　录

第1章 绪 论

1.1 飞行器发展概述

飞天自古就是中国人的梦想，嫦娥奔月、敦煌飞天等各种飞天神话在中国文化中比比皆是。起初飞天只存在于人们的想象之中，随着技术的发展，人们不断尝试飞天。从2000 多年前的风筝，到明朝《武备志》里记载的"飞空击贼震天雷炮""神火飞鸦"等采用喷气推进的火箭武器，中国人一直在追逐飞天梦想的道路上努力探索。

而真正的飞天从气球、飞艇、滑翔机的出现开始，起初的热气球难以控制飞行方向和速度。为了控制气球的飞行方向，人们进行了长期的研究。在热气球的基础上发展的飞艇，具备流线型艇体和能够稳定控制方向的尾面，因此飞艇经历了三四十年的辉煌时代，由于体积大、速度慢、不灵活，容易受到攻击，飞艇在军事上的应用逐步被飞机所替代。

1809 年，英国乔治·凯利（George Cayley）的论文《论空中航行》从空气动力学的角度对飞行器进行了理论研究，对飞机升力、重力、推力和阻力下了定义，给出了飞行稳定性和飞行控制的有关理论，尤其对固定翼的作用进行了阐述，奠定了固定翼飞机的基本构思和理论基础，因此他被称为"空气动力学之父"。在空气动力学的理论基础上，载人滑翔机的研究得到了很大推进。20 世纪初，美国莱特兄弟基于滑翔机，进一步研究飞行升力与飞行控制的理论，优化了机翼形状和飞机的各操纵舵面，并设计制造了一台四缸水冷式汽油发动机，设计出了第一架动力飞行器——"飞行者一号"。经过无数次试验，最终于 1903 年，莱特兄弟驾驶"飞行者一号"成功升空飞行，虽然飞行留空时间只有 12s，飞行距离约 36.6m，但这是人类历史上第一次有动力、载人、持续、稳定、可操纵的重于空气飞行器的成功飞行。之后，莱特兄弟又对飞机的发动机、螺旋桨和飞机结构进行了改进，并带动了美国及欧洲各国对飞机的重视。因此，飞机外形、结构、动力等各方面都得到了极快的发展，其飞行速度、操纵性和稳定性得到了极大提升。

1914 年之后，飞机因其具备的作战能力，得到了各国的深入研究，飞机产量和性能也都得到了飞速发展。1914～1918 年，全世界一共生产了 18 万多架飞机，飞机航程增加了 3 倍，起飞重量增加了 700 倍，航速增加了 2 倍。

1918 年之后，空气动力学得到了更多的发展，并应用在飞机设计上。例如，采用大展弦比机翼、采用双凸或上凸下凹平机翼、机身流线型等设计，早期的双翼飞机开始向单翼机发展。1940 年前后，流线型全金属单翼机已成为飞机主流，封闭式流线型机身、全金属材料、开缝机翼与襟翼、变距螺旋桨和可收放的起落架等都已得到广泛应用。1918年之后，飞机开始迅速转为民用，美国及欧洲各国都建立了民用航线网络，民航业务快速发展起来。此时，美国波音公司在 1933 年生产并投入使用的双发活塞式客机——波音 247（B247）客机、美国道格拉斯公司在 1936 年生产并投入使用的双发活塞式客机——DC-3

客机代表了当时民航客机的最高水平。

1939 年之前，利用活塞发动机驱动螺旋桨的飞机，其速度已经到达极限，一种新的喷气式飞机开始出现。涡轮喷气发动机的出现，使得喷气式飞机走上了历史的舞台。经过不断的发展，1943 年，德国研制的喷气式战斗机 Me262 具备了实战能力并被投入战场使用。1939～1945 年，飞机根据作战方式不同，形成了不同的军用机种，并促进了飞机技术的迅速发展。

1945 年之后，喷气式战斗机发展更加迅速。传统的螺旋桨飞机活塞发动机功率小、体积大、结构复杂，高速下，螺旋桨的效率会急剧下降，因此难以突破声速。并且螺旋桨飞机在高速俯冲时已接近声速，多次发生机毁人亡的重大事故。当飞机速度接近声速时，由于空气扰动会出现积累现象，空气会遭到强烈的压缩，密度急剧增加，形成高密度的空气波面，对飞机产生了新的阻力——激波阻力。为了突破声速，各国研制采用后掠翼加喷气发动机的战斗机。

1935 年，德国的空气动力学家阿道夫·布施曼（Adolf Busemann）在沃尔塔会议上首次提出了完整的后掠翼思想，该设计有利于降低阻力、提高临界马赫数、提高飞行速度。1947 年，苏联的后掠翼战斗机米格-15 完成首次飞行。1949 年，美国的后掠翼战斗机 F-86 "佩刀" 正式服役。

为了突破声速，美国在火箭上进行试验，1947 年美国的 X-1 火箭完成了人类首次成功的水平超声速飞行，达到 1078km/h，约为 $1.015Ma$。1953 年，第一代实用的超声速战斗机——美国的 F-100 "超级佩刀" 完成首次试飞，最大平飞速度达到了 $1.3Ma$。苏联紧随其后，在 1953 年米格-19 完成了首次试飞，最大平飞速度达到了 $1.35～1.45Ma$。

第二代超声速战斗机是 20 世纪 50 年代末到 60 年代末研制使用的，其飞行速度可以达到 $2Ma$，代表机型有美国洛克希德公司的 F-104 "战星" 式、麦克唐纳公司的 F-4、诺斯罗普公司的 F-5、英国的 "闪电" 式、法国的 "幻影" III 和 "幻影" F-1、苏联的米格-21、米格-23、米格-25 和苏-17 等。

第三代超声速战斗机是 20 世纪 70 年代中期研制使用的，代表机型有美国的 F-14、F-15、F-16 和 F-18、苏联的米格-29、米格-31 和苏-27、法国的 "幻影" 2000、欧洲的 "狂风" 等。

第四代超声速战斗机是 20 世纪 90 年代末期研制使用的，代表机型有美国的 F-22、F-35、俄罗斯的 T-50 等。

第一代和第二代超声速战斗机都追求飞行高度与飞行速度；第三代超声速战斗机更强调低空格斗能力，因此对飞机的操纵性和机动性有更高的要求；第四代超声速战斗机更突出隐身能力、高机动性、超视距作战能力等。从第三代超声速战斗机开始，飞机的电子及控制系统有了重大改变，并给飞机的性能带来了重大提升。

第二次世界大战结束后，全球对空中运输的需求迅速增加，对客机的载客量、载货量、航程、飞行速度等有了更高要求，促进了客机相关技术的发展。

第一代喷气客机是 20 世纪 50 年代投入使用的，机型有英国的 "彗星" 式、法国的 "快帆"、美国的波音 707、道格拉斯公司的 DC-8 以及苏联的图-104 等。

第二代喷气客机是 20 世纪 60 年代投入使用的，代表机型有波音 727、波音 737 和道格拉斯 DC-9、英国的"三叉戟"、苏联的图-154 等。

第三代喷气客机是 20 世纪 70 年代投入使用的,代表机型有波音 747、道格拉斯 DC-10、洛克希德公司的 L-1011、空客公司的 A300、苏联的伊尔-86 等。

第四代喷气客机是 20 世纪 80 年代投入使用的,代表机型有波音 757、波音 767、空客公司的 A310、A320、苏联的伊尔-96、图-204 等。

第五代喷气客机是 20 世纪 90 年代投入使用的,代表机型有波音 777、麦道 MD-11、空客公司的 A330、A340 等。

1909 年,旅美华侨冯如制造出了中国第一架飞机,并于 1911 年建立了中国第一家制造飞机的公司。而在 1937 年到 1949 年之间,我国航空业遭受到战争的打击,发展艰难,几乎陷入停滞状态。1949 年新中国成立后,我国的航空业得到了快速的发展,逐渐成为了航空大国。1957 年,我国仿制苏联的小型运输机安-2 制造生产的运-5 试飞成功。1958 年,我国自行研制的第一架喷气式飞机——歼教-1 试飞成功。同年,我国根据苏联的米格-19 歼击机改进设计的歼-6 试飞成功,标志着我国跨入世界少数几个能够生产超声速飞机的国家行列。20 世纪 60 年代,我国先后推出了歼-7、歼-8、强-5 等多种超声速歼击机和强击机。我国在重点发展歼击机的前提下,也发展了轻型和中型轰炸机,包括轰-5 和轰-6。改革开放以来,我国航空业发展更加迅速,并逐步赶上世界一流水平,形成了歼-20、运-20、轰-20 等多军机种组成的世界一流航空装备。中国军队建设的现代化需要航空业的进一步发展,航空航天类专业学子们当承接时代的使命任务,为了实现建军一百年奋斗目标,开创国防和军队现代化新局面而不断努力。

当前飞行器根据工作飞行环境主要分为三类:航空器、航天器、火箭和导弹。航空器主要是工作在大气层内;航天器主要工作在大气层外即外太空中;火箭和导弹则主要工作在大气层内外。其中航空器根据构型又细分为:气球、飞艇、滑翔机、固定翼飞机、直升机、多旋翼飞机、扑翼飞机等。不同构型的航空器其结构与组成系统差异较大,本书中的飞行器对象特指航空器中的固定翼飞机。

1.2 飞行器系统综合与系统交联

飞机设计是一个系统工程问题,多个子系统综合组成了整个飞机系统。系统之间的综合不仅仅是单纯的叠加,还有系统参数之间的匹配、功能性质上模糊原有的界限,系统之间形成密切的交联和相互作用关系。在飞机设计的发展历程中,各子系统之间的综合越来越密切,推动飞机系统的整体性能不断提高。并且因为飞机各子系统越来越复杂,各系统之间的交联带来大量的数据传递与交换。高速数字式数据总线的出现极大地促进了数据和控制的交换效率,提高了航空电子系统的综合化、集成化、先进性程度,进一步促进了各飞机子系统之间的综合和交联。

当前飞机的主要子系统为:飞行操纵系统、飞行控制系统、液压系统、燃油系统、起落架系统、人机与环境控制系统、推进系统、电气系统。燃油系统给推进系统提供动力燃料。推进系统产生主推力保持飞机飞行,并给飞机的液压与气压系统提供动力驱动起落架系统的各液压设备。此外提供动力带动机载发电机,为电气系统的各类机载电子设备提供电源。发动机也为人机与环境控制系统提供引气，为座舱进行压力调节；并为各类气压涡轮提供动力，保证空气循环与温度调节系统正常工作。电气系统又主管控制着各子系统，将各系统的数据进行综合处理，提高了数据处理的效率与飞机系统的综合程度，最终改善了飞机的操控效果和性能。此外，各子系统的质量分布对飞机的操纵性能有很大的影响，进而影响了飞行控制系统的工作效果。正是飞机的各个子系统之间存在着的复杂交联关系，当一个子系统不能正常工作时，就会影响到整个飞机系统的正常工作。

1.3 飞行器各子系统设计思路

完整的飞机设计，包括了对各个主要子系统的设计。本课程为了让学生更清晰地掌握飞机设计的内容，阐述了各子系统的设计思路。每个子系统的设计思路从立项论证、可行性论证、详细设计和全面试制四个方面依次阐述。相比于军机，民机在设计过程中需要符合适航条例。

1.3.1 飞行操纵系统设计思路

1. 立项论证

1）本阶段的目标
（1）根据飞机主要性能指标和技术要求，形成初步的飞行操纵系统技术要求。
（2）根据初步需求，提出飞行操纵系统基本功能架构与初步概念方案。
2）本阶段的主要工作
（1）形成飞行操纵系统初步概念方案。
（2）根据型号总体性能要求，结合适航条款要求，形成操纵系统总体技术要求。其中，适航条款应集中研究法规中最新变动条款的要求和符合性验证方式。
3）本阶段的关键输出
完成飞行操纵系统立项论证报告。

2. 可行性论证

1）本阶段的目标
（1）梳理操纵系统的关键技术。
（2）开展权衡研究分析，确定初步的飞行操纵系统设计方案。
2）本阶段的主要工作
（1）主要围绕新架构、新技术、新材料等设计技术进行可行性认证，提炼、形成关键技术，并针对每项关键技术做详细论证和研发规划。
（2）开展权衡研究分析，确定初步的飞行操纵系统设计方案。
（3）主要围绕新架构、新技术、新材料等设计技术进行可行性认证，提炼、形成关键技术，并针对每项关键技术做详细论证和研发规划。

（4）开展权衡研究分析，确定初步的高升力系统设计方案。

3）本阶段的关键输出

（1）完成系统关键技术研发规划报告、初步的飞行操纵系统设计方案和系统关键技术研发规划报告。

（2）完成初步的高升力系统设计方案。

3. 详细设计

1）本阶段的主要工作

（1）完善飞行操纵系统设计要求。

（2）完善系统需求文件（system requirements document, SRD）。

（3）完成飞行操纵系统安全性分析（system safety analysis, SSA）。

（4）完成系统设备安装。落实总体、材料、强度和工艺等各方面要求，完成系统设备安装设计，形成模型和图纸。

（5）完成强度计算和校核。

（6）完成系统性能分析报告，主要对多功能扰流板伺服回路进行分析，对副翼、升降舵、方向舵、多功能扰流板的震荡和瞬态故障及力纷争故障进行分析。

2）本阶段的关键输出

（1）完成飞行操纵系统设计要求。

（2）完成系统功能危害性分析（functional hazard analysis, FHA）。

（3）完成飞行操纵系统初步安全性分析（preliminary system safety analysis, PSSA）。

（4）完成飞行操纵系统电接口定义（electrical interface control definition, EICD）。

（5）完成飞行操纵系统机械接口定义（mechanical interface control definition, MICD）。

（6）完成试验、试飞改装文件。

（7）完成系统重量报告。

（8）完成系统详细设计报告。

（9）完成系统综合试验任务书。

（10）完成系统适航符合性验证计划。

4. 全面试制

1）本阶段的目标

（1）完成系统安装。

（2）完成试验试飞改装；完成第二轮减重优化。

2）本阶段的主要工作

（1）开展适航验证工作。

（2）完成系统安装支架图纸批准。

（3）完成各类设备鉴定试验等验证工作。

（4）飞行操纵系统与飞行控制系统铁鸟综合试验。

（5）飞行操纵系统、飞行控制系统与航空电子系统联试。

（6）飞行操纵系统装机后，机上功能试验。

3）本阶段的关键输出

（1）完成飞行操纵系统综合试验报告、机上功能试验。

（2）完成适航符合性试验报告，如设备鉴定试验报告等。

1.3.2　飞行控制系统设计思路

1. 立项论证

1）本阶段的目标

（1）根据飞机主要性能指标和技术要求，形成初步的飞行控制系统技术要求。

（2）根据飞机级功能定义，分解出初步的飞行控制系统功能清单。

2）本阶段的主要工作

（1）完成飞机主要性能指标与技术要求的制定。

（2）根据型号总体功能与性能要求，结合适航条款要求，形成初步的主飞行控制系统技术要求和功能清单。

（3）重点关注同类机型的系统架构、重量、系统新设计/专利。

（4）研究适航条款中适用条款、最新变动条款的要求、符合性验证方式。

3）本阶段的关键输出

完成飞机型号立项论证报告的飞行控制系统部分。

2. 可行性论证

1）本阶段的目标

（1）梳理系统的关键技术。

（2）开展权衡研究分析，确定初步的主飞行控制系统设计方案。

2）本阶段的主要工作

（1）主要围绕新架构、新技术、新材料等设计技术进行可行性认证，提炼、形成关键技术，并针对每项关键技术做详细论证和研发规划。

（2）开展权衡研究分析，确定初步的主飞行控制系统设计方案。

3）本阶段的关键输出

完成系统关键技术研发规划报告、初步的主飞行控制系统设计方案和系统关键技术研发规划报告。

3. 详细设计

1）本阶段的主要工作

（1）完善飞行控制系统设计要求。

①联合总体、强度、交联系统、四性、航电、电源等方向，结合系统本身设计，完成系统设计功能、性能、载荷、颤振抑制、振伤、瞬态包线等要求定义。

②完善通用作动器要求，包括供压、泄漏、限制载荷、极限载荷、接地等要求定义。

③完善舵面需求,包括铰链力矩、运动速率、偏度、止动、力纷争、频响和稳定性、滞环、门限、电子调整、地面突风保护、舵面惯量等要求定义。

④完善主飞行控制系统设计要求及控制律。

(2) 完善系统需求文件(SRD)。

(3) 完成飞行控制系统安全性分析(SSA)。

(4) 完成系统设备安装。

(5) 完成系统性能分析报告。

2) 本阶段的关键输出

(1) 飞行控制系统设计要求。

(2) 系统功能危害性分析(FHA)。

(3) 飞行控制系统初步安全性分析(PSSA)。

(4) 飞行控制系统电接口定义(EICD)。

(5) 飞行控制系统机械接口定义(MICD)。

(6) 试验、试飞改装文件。

(7) 系统详细设计报告。

(8) 系统综合试验任务书。

(9) 系统适航符合性验证计划。

4. 全面试制

1) 本阶段的目标

完成飞行控制系统的安装工作。

2) 本阶段的主要工作

(1) 开展适航验证工作。

(2) 完成系统安装支架图纸批准。

(3) 完成各类设备鉴定试验等验证工作。

(4) 飞行控制系统与飞行操纵系统铁鸟综合试验。

(5) 飞行控制系统、飞行操纵系统与航空电子系统联试。

(6) 飞行控制系统装机后,机上功能试验。

3) 本阶段的关键输出

(1) 完成飞行控制系统综合试验报告、机上功能试验。

(2) 完成适航符合性试验报告,如设备鉴定试验报告等。

1.3.3 液压系统设计思路

1. 立项论证

1) 本阶段的目标

(1) 根据飞机主要性能指标和技术要求,研究形成液压系统初步需求。

(2) 根据初步需求,提出液压系统基本功能架构与初步概念方案。

2）本阶段的主要工作

（1）形成液压系统初步概念方案。

（2）根据型号总体性能要求，形成液压系统总体技术要求。其中，适航条款应集中研究法规中最新变动条款的要求和符合性验证方式。

3）本阶段的关键输出

完成液压系统立项论证报告。

2. 可行性论证

1）本阶段的主要工作

（1）探讨为满足飞机要求，保证飞机安全所需要配置的液压与气压系统。

（2）给出初步的液压系统方案，并进行可行性论证。

2）本阶段的关键输出

（1）形成飞机布局定义文件，完成液压系统、起落架系统功能危害性分析（FHA）报告。

（2）形成液压系统、起落架系统试验规划报告。

3. 详细设计

进行液压系统详细设计，包括规范的细化、系统设计、接口定义的细化和设计实现、设备安装设计和管路敷设，同时进行系统性能分析计算，系统可靠性、安全性分析。进行减重设计，调整液压系统在机内的布置设计。

1）本阶段的目标

（1）系统和设备的详细设计。

（2）系统和设备的制造。

（3）系统和设备的交付安装。

（4）完成设备鉴定试验、完成系统地面模拟试验、完成系统机上地面试验、完成试飞验证试验（所有的试验都包含研发及验证试验）。

（5）完成手册编制和验证。

2）本阶段的主要工作

（1）完成设备的详细设计，改型设备的针对性详细设计。

（2）完成系统计算（液压压力计算、流量计算、热分析、寿命试验计算、油箱容积计算）、安全性分析（SSA），编制系统规范（hydraulic system specification, HSS）和设备规范（procurement specification, PS、design specification, DS），编制试验类文件，编制系统安装规范，制定质量支持计划，制定重量目标和编制重量状态报告，编制取证支持计划、构型管理计划（configuration management plan, CMP），确定构型基线（功能基线），绘制和维护原理简图、原理图，编制系统设备清单（equipment list, PL），绘制系统电气原理图（hydraulic system electrical schematic, HSES），绘制设备接口控制图（interface control diagram, ICD）、设备外形和安装接口图，编制系统电载荷计算报告（electrical load analysis, ELA），编制与各系统间的接口控制文件，编制可靠性预计报告，编制维修性预计报告，编制航线可更换单元（line replaceable unit, LRU）拆装任务维修分析报告，编制系统安全性工作计划（hydraulic systemsafety performance plan, HSSPP），签署分工协议，编制鉴定计划（qualification plan, QP），编制液压逻辑控制盒（hydraulic control logic enclosure, HCLE）的规范和研制文件。

（3）完成安装详细设计，针对设备设计、系统设计与计算分析等开展讨论，选择管路材料和管路连接件，对管路连接工艺开展工艺适应性试验验证，进行系统功能危害性分析、安全性分析、维修性预计和可靠性预计，制定适航审定计划（certification plan, CP）。

3）本阶段的关键输出

（1）发布系统规范。

（2）完成系统原理图、电气原理图。

（3）完成设备和管路的安装设计。

（4）完成接口定义。

（5）完成适航审定计划。

（6）完成安全性分析文件。

4. 全面试制

对液压与气压系统进行设备和系统的制造和验证工作。验证工作主要分为设备鉴定、飞控液压/起落架系统综合试验（铁鸟试验）、系统与航电联试和机上功能试验、机上地面试验。

飞控、液压、起落架、发动机反推力液压系统在一体化的铁鸟试验台上进行综合试验。试验项目包括系统内部的综合试验，以及系统间的综合试验。

液压能源系统在 Mini-Rig 试验台与航电系统综合试验台进行交联试验。伴随航电系统及各系统软件升级，交联试验分 3 个阶段进行。液压与气压系统的机上功能试验，在真实的装机环境和运行环境下，验证了系统功能和性能。

1）本阶段的主要工作

（1）液压系统和液压控制逻辑单元/液压逻辑控制盒（HCLE）的关键设计评审（critical design review, CDR）。

（2）进行设备制造，更新接收试验程序（acceptance test procedure, ATP）、设备鉴定试验程序（qualification test procedure, QTP），完成飞行安全试验。

（3）更新系统功能危害性分析、安全性分析、故障模式与影响分析等。

（4）更新计算分析报告、接口控制文件、安装要求等。

（5）编制适航审定计划。

（6）完成铁鸟用设备的交付与安装、铁鸟液压系统的制造与安装调试。

（7）进行首飞前的铁鸟研发和验证试验，以及机上地面试验（飞行安全试验）。

（8）进行机上地面试验（飞行安全试验）、美国联邦航空局（federal aviation administration, FAA）铁鸟试验。

（9）进行试制阶段的重量管理。

2）本阶段的关键输出

（1）完成铁鸟试验、飞行试验用成品。

（2）更新安全分析文件、适航审定计划。

（3）完成设备鉴定试验、铁鸟试验、机上地面试验的报告。

1.3.4　燃油系统设计思路

1. 立项论证

1）本阶段的目标

（1）根据飞机主要性能指标和技术要求，研究形成燃油系统初步需求。

（2）根据初步需求，提出燃油系统基本功能架构与初步概念方案。

2）本阶段的主要工作

（1）形成燃油系统初步概念方案。

（2）根据型号总体性能要求，并结合适航条款要求，形成燃油系统总体技术要求。其中，适航条款应集中研究法规中最新变动条款的要求和符合性验证方式。

3）本阶段的关键输出

完成燃油系统立项论证报告。

2. 可行性论证

1）本阶段的目标

（1）完成系统设计要求和技术指标的制定、候选系统选型原则的制定、系统关键技术的识别和分析、对目标和技术可行性的完整论证，并深入了解各相关系统的取证过程和试验情况。

（2）根据飞机主要性能指标和技术要求，研究形成燃油系统的主要需求；根据燃油系统的主要需求，提出燃油系统概念方案；针对概念方案研究技术可行性。

2）本阶段的主要工作

（1）研究形成燃油系统需求。

（2）建立燃油系统概念方案，对概念方案进行可行性论证。

3）本阶段的关键输出

（1）形成燃油系统概念方案。

（2）完成燃油系统可行性论证报告。

3. 详细设计

1）本阶段的目标

（1）完善设计输入，全面进行系统设计。

（2）完善试验计划。

2）本阶段的主要工作

（1）完善设计输入，全面进行系统设计。包括对燃油系统的油箱配置、供油方案、供油动力、供油线路的设计。对设计的燃油系统进行重心重量分析、系统功能危害性分析、可靠性和维修性分析、系统安全性分析。

（2）完成发动机燃油系统机械设计。

（3）完成燃油系统试验计划的编写。

3）本阶段的关键输出

（1）完成飞机燃油系统初步设计总结报告（preliminary design report，PDR）。

（2）完成飞机燃油系统详细设计总结报告。

（3）完成飞机首飞前燃油系统设计总结报告。

（4）完成飞机燃油系统适航工作总结报告。

（5）形成燃油系统规范。

（6）完成燃油系统安全性分析报告。

（7）完成燃油系统特定风险初步分析报告。

（8）完成燃油系统可靠性预计及维修分析报告。

（9）给出燃油系统初步主要的最低设备清单。

4．全面试制

燃油系统需进行实验室试验、机上地面试验和机上功能试验。具体配合制造部门完成燃油系统装机，机上首飞前燃油系统机上地面试验、机上功能试验，机上首飞后燃油系统机上地面试验。另外需开展机身燃油导管材料更改、燃油系统软件升级、最大载油量更改、磁性油尺产品改进、油箱内燃油管路柔性接头搭接共五项重要更改。

1）本阶段的主要工作

（1）完成对燃油系统原材料、标准件等的交付及合格验收。

（2）完成燃油系统的机内安装布置，完成试飞试验前的准备。

（3）进行试飞对燃油系统的试验，包括低油量告警试飞、巡航姿态不可用油试飞、热气候供油试飞等多种情况的试验。并给出试验结果分析报告。

（4）更新系统功能危害性分析、可靠性和维修性分析、系统安全性分析等性能分析报告。

2）本阶段的关键输出

完成燃油系统试验报告及更新的各类系统分析报告。

1.3.5　起落架系统设计思路

1．立项论证

1）本阶段的目标

（1）根据飞机主要性能指标和技术要求，研究形成起落架系统初步需求。

（2）根据初步需求，提出起落架系统基本功能架构与初步概念方案。

2）本阶段的主要工作

（1）形成起落架系统初步概念方案。

（2）根据型号总体性能要求，并结合适航条款要求，形成起落架系统总体技术要求。

其中，适航条款应集中研究法规中最新变动条款的要求和符合性验证方式。

3）本阶段的关键输出

完成起落架系统立项论证报告。

2. 可行性论证

1）本阶段的主要工作

（1）探讨为满足飞机要求，保证飞机安全所需要配置的起落架系统。

（2）给出初步的起落架系统方案，并进行可行性论证。

2）本阶段的关键输出

完成起落架系统功能危害性分析（FHA）报告、起落架系统试验规划报告。

3. 详细设计

1）本阶段的目标

（1）完善设计输入，全面进行系统设计。

（2）完善试验计划。

（3）形成并评估本系统验证计划。

2）本阶段的主要工作

（1）完善设计输入，全面进行系统设计，包括完善系统规范、工作说明（statement of work, SOW）、系统原理图、机载设备清单、安装设计要求、系统电子样机设计、管路安装设计、性能计算、重量报告、系统级 FHA、PSSA、可靠性分析、维修性分析、接口定义、系统合格审定计划（CP）、技术规范规定证（technical standard order, TSO）/VDA取证计划、机载软件研发计划、机载电子硬件研发计划、系统构型管理计划、地面支持设备要求计划、地面支持设备清单、液压系统安装图。

（2）完成试验计划（地面试验、铁鸟试验、附件鉴定及研发试验、飞行试验）的编写，完成铁鸟系统安装设计，地面试验非标设备研制计划、研制，地面试验设备采购、初步鉴定程序计划（qualification procedure plan, QPP）。

（3）形成并评估本系统 CP、FHA、PSSA、TSO/VDA 取证计划。

3）本阶段的关键输出

起落架系统规范、SOW、系统原理图、机载设备清单、安装设计要求、系统电子样机设计、管路安装设计、性能计算、重量报告、系统级 FHA、可靠性分析、维修性分析、接口定义、CP、TSO/VDA 取证计划、机载软件研发计划、机载电子硬件研发计划、系统构型管理计划、地面支持设备要求计划、地面支持设备清单、液压系统安装图、试验计划、铁鸟系统安装设计、地面试验非标设备研制计划研制、地面试验设备采购、初步鉴定程序计划（QPP），形成系统 CP。

4. 全面试制

1）本阶段的主要工作

（1）在铁鸟试验台架上完成起落架控制系统地面模拟试验，完成起落架收放系统、机轮刹车系统及前轮转弯系统的功能检查，并对液压能源系统的交联关系进行检查。

（2）根据起落架系统机上检查大纲，完成机上功能检查。在首飞前，完成机上地面试验，确定试验结果满足设计及条款要求。

2）本阶段的关键输出

完成首飞有关的支持性文件。

1.3.6　人机与环境控制系统设计思路

1. 立项论证

1）本阶段的目标

（1）根据飞机的研制要求，调研国内外人机与环境控制系统技术，研究形成人机与环境控制系统的分系统及初步需求。

（2）提出系统的功能架构和初步概念方案。

2）本阶段的主要工作

（1）调研国内外其他机型的人机与环境控制系统设计。

（2）调研相关新材料、新工艺水平。

（3）拟研制人机与环境控制系统的主要性能和技术要求设想。

（4）人机与环境控制系统研制周期、经费和风险初步分析。

（5）制定人机与环境控制系统的功能架构和初步方案。

3）本阶段的关键输出

形成人机与环境控制系统初步概念方案。

2. 可行性论证

1）本阶段的目标

（1）通过对国内人机与环境控制系统技术和经济可行性的调研，结合飞机的研制要求，提出具有一定技术先进性、可实施的技术方案。

（2）根据机载系统的设计指标和市场定位，定义系统的初步设计目标与要求，与飞机初步设计目标、要求及潜在上下游系统初步设计目标、要求进行匹配，并最终完成主要性能设计指标和系统概念方案的可行性论证。

2）本阶段的主要工作

（1）确定设计依据、设计要求及评定方案的取舍原则。

（2）拟定多个产品设计方案并完成彼此及竞争对象的分析比较。

（3）制定适航取证工作方案。

（4）确定关键技术项目及解决方案，启动关键技术攻关。

（5）编制工作分解结构（work breakdown structure, WBS）。

（6）研制经费概算。

（7）编写项目可行性研究报告。

3）本阶段的关键输出

完成可行性研究报告，形成系统设计依据和设计要求。

3. 详细设计

在初步设计阶段成果的基础上，进一步完善系统规范、试验规范、适航验证计划、系统接口定义及系统安装布置。完善系统性能计算结果，并进行必要的应力初步校核。基本确定系统部件的设计及系统构型。对系统及其成品的设计和分析进行评审，表明设计符合飞机通用技术规范（general technical specification, GTS）和系统设计要求，同意进入下阶段的产品生产和试验。

1）本阶段的目标

综合考虑项目技术、制造、质量、经济性、适航审定等问题，进一步完善系统规范、接口定义及系统安装布置，进行产品详细设计、试制和试验试飞等，完成相关评审。

2）本阶段的主要工作

（1）完成人机与环境控制系统的详细定义，编制设计规范、试验规范等。

（2）完成基本构型全套生产图样和技术文件。

（3）完成生产图样的工艺性和标准化审查。

（4）编制试飞飞机改装生产图样。

（5）完成产品设计评审。

（6）完成分系统功能验证试验。

（7）完成维修性评估和验证。

（8）编制成品、系统件和设备规范。

（9）初步编制技术出版物。

（10）编制符合性验证计划。

（11）与适航当局共同确定制造符合性检查项目。

（12）完成详细设计，进行关键设计评审（CDR）。

（13）进行详细设计评审。

3）本阶段的关键输出

完成系统设计规范、试验规范等，基本构型的全套生产图样和技术文件，试飞飞机改装生产图样，产品设计评审资料，成品、系统件和设备技术规范，符合性验证计划，关键设计评审（CDR）资料及评审相关资料。

4. 全面试制

1）本阶段的目标

详细设计阶段结束后，人机与环境控制系统构型已确定，成品件开始进行生产和部件级试验。该阶段需要完成系统适航审定计划和试飞要求的编制，并规划试验试飞阶段的工作。根据详细设计阶段形成的系统安装布置方案完成系统安装图纸的发布，编制部件设备鉴定试验大纲、设备鉴定试验程序、设备验收试验程序等，依照设备鉴定试验大纲和程序完成设备鉴定试验并编制试验报告，提交至适航局完成审批。完成系统级实验室试验，适航代表按需选择现场目击设备鉴定试验和实验室试验。

2）本阶段的主要工作

（1）完成对采购的原材料、标准件、成品、系统件、检测和校试设备的交付及合格验收。

（2）完成新技术、新工艺、新材料的技术攻关。

（3）完成专用地面支持设备和工具研制。

（4）进行技术出版物验证与完善，并提供给首飞机组。

（5）配合完成首飞机组人机与环境控制系统部分的培训。

（6）提供飞机总装（含试飞改装）人机与环境控制系统技术保障。

（7）完成人机与环境控制系统综合试验。

（8）完成人机与环境控制系统机上地面试验。

（9）完成人机与环境控制系统和航电系统交联试验、导线综合试验及机上功能试验等任务。

（10）组织各种试验评审。

（11）实施非试飞符合性验证（包括地面试验、各类计算分析等）。

（12）完成首飞前人机与环境控制系统的各项评审。

（13）提供飞机首飞技术保障。

3）本阶段的关键输出

完成人机与环境控制系统综合试验大纲和报告；人机与环境控制系统机上地面试验大纲和报告；各种试验评审资料；各类非试飞符合性验证报告；首飞前人机与环境控制系统的各项评审资料。

1.3.7 推进系统设计思路

1. 立项论证

1）本阶段的目标

（1）根据飞机主要性能指标和技术要求，研究形成推进系统的动力装置初步需求。

（2）根据初步需求，提出推进系统基本功能架构与初步概念方案。

（3）根据飞机主要性能指标和技术要求，形成推进系统的辅助动力装置（auxiliary power unit, APU）总体技术要求。

（4）根据总体技术要求，提出 APU 布局方案和 APU 总体布置初步方案。

2）本阶段的输入

（1）动力装置推力需求。

（2）动力装置耗油率需求。

（3）动力装置排放要求。

（4）动力装置安装位置。

3）本阶段的主要工作

（1）确定飞机推力和耗油率需求，形成推进系统初步概念方案。

（2）形成 APU 方案，并完成主要性能指标的论证。

（3）根据总体性能要求，结合适航条款要求，形成 APU 总体技术要求。其中，重量、设计服役目标、噪声三个指标应重点分析。

（4）形成 APU 布局方案和 APU 总体布置方案，针对总体技术要求，完成 APU 安装进排气、通风冷却等安装位置方案。

（5）调研飞机 APU 设计技术最新发展趋势，特别是布局形式、新材料、新工艺的最新成果，初步形成 APU 安装、进排气工艺框架，完成材料总体选用方案、重量可行性估算，APU 安装载荷路径分析和新结构形式、新材料、新工艺的适航验证技术难点分析。

4）本阶段的关键输出

完成动力装置系统立项论证报告、APU 立项论证报告。

2. 可行性论证

1）本阶段的目标

形成推进系统的动力装置与辅助动力装置（APU）关键技术研发规划，进行可行性分析。

2）本阶段的主要工作

（1）围绕动力装置系统布局形式、新材料等设计技术进行可行性认证，提炼、形成关键技术，并针对每项关键技术做详细论证和研发规划。

（2）形成完整的新材料成熟度规划，新结构须论证工艺、承载特性等关键特性的变化，规划元件、组件或部件研发试验，形成完整的成熟度规划。

3）本阶段的关键输出

（1）形成动力装置选型评估意见。

（2）完成 APU 关键技术研发规划报告。

3. 详细设计

1）本阶段的主要工作

在详细设计阶段，同时满足飞机总体布局定义和系统设计要求下，完成成熟可靠的飞机推进系统设计方案。完善系统重量、可靠性和维修性分析。完善系统试验计划与系统符合性方法。完成动力装置系统 PDR 评审，完成系统接口协调。主要包括：

（1）完成发动机性能设计。

（2）完成进气道机械和气动设计、风扇整流罩机械设计。

（3）完成反推力装置机械和电气设计。在总体确定飞机要求后，完善反推力控制逻辑设计。

（4）完成发动机排气机械设计、安装机械设计。

（5）完成短舱防火封严结构机械设计和排气、排液分析。

（6）完成发动机引气设计，指标满足环控系统要求。

（7）完成发动机滑油系统设计。

（8）完成发动机防火系统在短舱内的安装设计。

（9）完成全权限数字式发动机控制（full authority digital engine control, FADEC）与

飞机航电系统总线传输信号定义、发动机调平控制功能、飞机轮载信号与 FADEC 的连接设计、左右 FADEC 总线交互传输信号定义及发动机燃油控制设计。

（10）完成发动机操纵器件设计、起动点火系统设计、振动监测系统设计。

（11）完成推进系统指示、告警和维护信息定义。

（12）给出推进系统重量、可靠性、安全性、寿命和维护性等指标。

（13）完成了系统符合性验证方法、验证大纲、专项验证计划。

2）本阶段的关键输出

（1）完成飞机反推力液压作动系统质量复查总结报告。

（2）完成飞机反推力液压作动系统详细设计总结报告。

（3）完成飞机动力装置电气系统设计总结。

（4）完成飞机 FADEC 控制 CDR 总结报告。

（5）完成飞机推进系统设计质量复查总结报告。

（6）完成飞机首飞反推力液压系统设计总结报告。

4. 全面试制

推进系统主要完成三轮系统综合模拟试验和主要成品验证试验，发动机起动和主要机上功能试验（on aircraft test procedure, OATP）项目，推进系统安全性设计和首飞阶段的评估工作。

辅助动力系统主要完成 APU 系统试飞前试验，包括 APU 系统地面台架综合试验、进气风门破冰试验、APU 与航电系统交联试验和 APU 本体温度/高度试验、耐久性试验、FADEC 台架试验。APU 系统装机后完成了 OATP 试验。另外，还开展了首飞前系统安全性评估和排故工作，保证系统安全工作。

1.3.8　电气系统设计思路

1. 立项论证

1）本阶段的目标

在立项论证阶段，需了解产品需求、分析同类机型的设计情况、分析项目适航审定基础、编制电气系统级主要性能和技术要求设想、编制项目建议书、准备立项评审。

（1）通过立项论证阶段工作，明确电气系统的设计符合有关适航文件的要求。

（2）满足飞机总体设计要求，保证飞机安全可靠。

（3）系统应有一定的先进性和较强的市场竞争能力。

（4）为减少研制风险和降低成本，系统应采用成熟技术。

（5）系统配置应具有灵活性，以满足不同设备选装要求，并具有扩展能力。

2）本阶段的主要工作

（1）电气系统在立项论证阶段完成与同类机型的对比分析。

（2）确定电气系统应具备的功能及设备选型。

（3）根据综合化电气系统的设想，采用自动飞行、飞行管理、发动机电气控制和中央维护计算机等各类先进系统，飞机符合一定的自动着陆等级。

（4）初步确定驾驶舱主仪表板的显示器，进行余度设计，互为备份。

（5）描述先进的导航和防撞系统。

3）本阶段的关键输出

立项论证阶段主要完成电气系统立项论证报告，说明电气系统由自动飞行、通信、导航、指示记录和中央维护等几个系统组成，并分别就每个系统应具备的功能进行描述。

2. 可行性论证

1）本阶段的目标

在可行性论证阶段，应根据设计需求，集合电气技术发展趋势分析，提出航电系统功能架构并确认技术可行性。

2）本阶段的主要工作

（1）开展调研，进行需求分析。

（2）识别竞争对象。

（3）确定设计依据、设计要求以及评定方案的取舍原则。

（4）拟定多个产品设计方案并完成彼此及竞争对象的分析比较。

（5）确定关键技术项目及解决方案，启动关键技术攻关。

（6）确定电气系统设计要求和目标。

（7）编写项目可行性研究报告，进行可行性评审。

3）本阶段的关键输出

电气系统可行性方案论证报告，电气系统初步技术方案。

3. 详细设计

电气系统详细设计阶段的主要工作包括：自动飞行系统、通信系统、电源系统、指示记录系统、照明系统、导航系统、中央维护系统等多个系统的系统综合设计和验证，系统电气的综合设计，全机电气系统设计规定的归口管理，全机电磁环境设计和验证工作。

（1）完成系统原理图、线路图设计。

（2）完成系统数字样机和系统设备安装图。

（3）完成系统合格审定计划（CP），并根据 CP 完成系统符合性说明。

（4）完成飞机电网计算、电气负载分析、照明系统性能分析。

（5）完成系统安全性评估，包括：特定风险分析（particular risk analysis, PRA）、共模分析（common-mode analysis, CMA）、区域安全性分析（zonesafety analysis, ZSA），并完成可靠性和维修性分析。

（6）完成试验试飞要求、软硬件验证计划及评审。

（7）完成系统实验室试验件和首飞件交付，开展电源系统实验室研发试验。

（8）完成各机械系统电气线路图设计、完成各系统布线设计需求。

（9）完成布线详细数字虚拟样机（digital mock-up, DMU）、线束组件设计（3D 线束组件图、线束模板图、导线表等)、制定布线符合性验证计划。

(10)完成全机的线束设计发图工作。

本阶段需要对系统试验和全机闪电防护试验进行详细设计。

1)系统试验

(1)供配电系统模型试验。

供配电系统模型试验是适航验证项目,明确适航符合性验证要求和实验室试验要求。基本完成供配电系统模型试验的技术改造项目。

(2)电气系统综合试验。

电气系统综合试验分三个阶段进行:

①电气系统综合联试。

②电气系统与交联各系统的 Mini-Rig 联试。

③电气系统与飞行控制系统(铁鸟)联试。

(3)机上地面试验。

飞机机上地面试验包括:

①导线综合试验。

②系统机上功能试验。

③系统适航验证试验。

(4)系统飞行试验。

2)全机闪电防护试验

全机闪电防护试验详细设计需解决的主要问题是闪电对飞机间接影响评估方法。飞机在预发展阶段采用类比方法确定闪电防护区域,并在此基础上考虑闪电对飞机间接影响的防护。依据分析的方法得出飞机的实际瞬变电平(actual transient level, ATL),以表明其仅符合飞机闪电防护设计准则是不够的。应根据该飞机的实际情况选择有代表性的电子电气设备及电缆所处区域进行 ATL 的测量,以说明全机的电子电气系统对闪电间接影响的符合性。在此基础上需重新制定飞机闪电防护试验计划。

机载系统:确定系统设计规范、试验规范、工艺规范和材料规范,完善系统接口定义。

完成系统关键设计评审(CDR);开展相关试验工作;确定系统试飞科目;完成系统重量、重心计算;完成系统安全性、可靠性、维修性分析。

确认设计需求被分解和贯彻到飞机电子电气系统的设计和安装中,监控电子电气系统/设备的电磁环境效应鉴定试验按预期设计指标完成,并最终通过飞机级电磁环境效应试验完成符合性验证。确认系统级设计需求;确定电缆隔离、屏蔽端接地等电磁防护设计要求;对复合材料结构和活动部件进行重点电磁防护设计。

4. 全面试制

本阶段的主要工作:

(1)全面完成系统设备安装,完成全机所有系统的线路敷设。

(2)持续完善系统适航审定计划(CP)文件,并规划详细的适航试验、试飞科目。

完成实验室试验、机上地面试验、飞行试验和机上检查大纲，确认整机级闪电间接效应试验、高强度辐射频率（high intensity radiated field, HIRF）试验和电磁兼容性（electromagnetic compatibility, EMC）试验内容和试验要求。编制各系统适航符合性报告初稿。

（3）完成系统维修性分析，撰写维修性分析报告。

（4）持续进行系统安全性分析工作。完成系统功能危险性分析、系统故障树分析、系统故障模式与影响分析和系统安全性评估分析。

（5）完成各类技术出版物的相关内容编制，包括飞机总体介绍手册：系统/设备编号手册、主装机设备清单、机载设备位置指南、图解零件目录、维修手册、飞行手册、主最低设备清单、飞行机组操作手册、放飞偏离指南、系统原理图册、系统线路图册、空/地勤培训手册。

（6）开展系统设计验证工作。完成首飞前的自动飞行系统铁鸟联试、完成首飞前电源系统电网络模拟试验、完成电子电气系统导线综合试验、完成电子电气系统机上地面功能试验。

（7）完成机载软硬件初步开发过程评审，进行机载软件详细开发过程评审。

（8）进行机载软件阶段性评估。

（9）完成电子电气系统首飞前技术状态评审。

（10）对试制过程中发现的问题进行设计优化，如电源中心接触器安装优化，以对多余物进行防护；照明系统防撞灯系统优化、着陆灯系统优化和控制板系统优化，改善防撞灯和着陆灯的光照范围和控制板的操作和维护；解决方向舵振荡问题等。

1.4　本课程主要内容

"飞行器系统设计"课程将飞机的整个大系统分为多个子系统进行教学，主要介绍飞机飞行操纵系统的基本组成与功能，不可逆助力操纵系统和辅助操纵系统的组成与工作原理，以及操纵系统计算机辅助设计与分析方法；飞机飞行控制系统的组成和基本要求，各组成部分和工作原理，飞行控制系统的试验、仿真和品质规范；飞机液压系统的基本组成和工作原理，液压系统的设计与验证和电液伺服系统；飞机燃油系统的组成、工作原理、使用和设计；飞机起落架系统的形式、基本组成、收放系统、刹车系统、转弯操纵和减震装置；人机与环境控制系统的各组成子系统；飞机推进系统的发动机技术与工作原理、发动机控制系统、发动机滑油系统和设计，及相关实例；电气系统的发展、飞机系统的数据总线综合与先进航空电气结构，航空电子设备集装标准和综合模块化航空电子设备。

本课程的目的是让学生能够从系统的角度对飞行器设计有一个全面的认识与了解，在学习过程中建立良好的科学思维、系统思维和创新意识，并为学生后续更深入的专业课程学习、工程实践及相关领域的科学研究奠定良好的理论基础。

第2章　飞机飞行操纵系统

2.1　飞机飞行操纵系统概述

2.1.1　飞机飞行操纵系统的分类

飞机飞行操纵系统是飞机上最重要的系统之一，用来传递驾驶员的操纵指令，通过操纵系统使飞机各操纵面（图 2-1 所示）按操纵指令的要求偏转，从而实现对飞机各种飞行姿态的稳定和控制，它的工作性能是否良好，直接影响驾驶员的操纵和飞机飞行性能的发挥以及飞行是否安全。

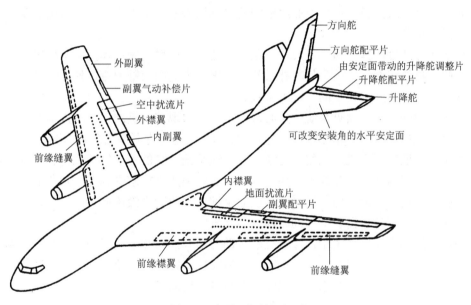

图 2-1　大型飞机的操纵面

飞机飞行操纵系统按飞行操纵信号的来源可分为人工飞行操纵系统和自动飞行控制系统两大类。人工飞行操纵系统的操纵信号是由驾驶员发出的，如飞机的俯仰、横滚和偏航操纵等。此外，带有增稳或控制增稳系统的这类飞行控制系统可以改善飞机的动稳定性和操纵性，驾驶员如同驾驶一架稳定性和操纵性能更好的飞机，因此，也属人工飞行操纵系统。自动飞行控制系统（或称自动飞行系统）的信号是由系统本身自动产生的，用它可以代替或协助驾驶员实现飞机的自动或半自动控制，或用它来控制飞机对扰动的响应等，如自动驾驶仪、阵风减缓等控制系统。

人工飞行操纵系统通常又分为主操纵系统和辅助操纵系统。用来控制飞机的升降舵（或全动平尾）、副翼和方向舵等飞行操纵面的飞机俯仰、横滚和偏航操纵系统，并用以实现飞机各种飞行姿态的稳定和控制,习惯上称其为主操纵系统。其他如襟翼、前缘缝翼、减速板、扰流片、调整片和可改变安装角的水平安定面等辅助操纵面的操纵系统等均称为辅助操纵系统。与主操纵系统的主要区别是,辅助操纵系统没有像主操纵系统那样必须给驾驶员有操纵力和位移的感觉,但驾驶员必须知道辅助操纵面的位置,故须有位置指示器或指示灯。但对于现代随控布局飞机来说,改变飞机姿态的操纵面已扩展到前、后缘襟翼、水平鸭翼等,主、辅操纵系统的界限并不那么严格了。

2.1.2 飞机飞行操纵系统的发展概况

1. 传统的飞机操纵系统

传统的飞机操纵系统借助钢索或拉杆直接操纵舵面,驾驶员通过驾驶杆(或驾驶盘)的杆力和杆位移(或扭矩和转角)直接感受舵面气动力的变化和飞机的运动,因此驾驶杆力和位移与舵面的偏转是一一对应的。这样一种由驾驶杆(或驾驶盘)——拉杆(或钢索)和摇臂(或滑轮)直至舵面组成的简单操纵系统的基本形式一直沿用到现代的许多飞机操纵系统中。

由于飞行速度的提高和飞机尺寸、重量的增大,依靠驾驶员体力很难操纵飞机,虽然在一些飞机的舵面上采用了气动补偿等措施来减小舵面铰链力矩,使杆力减小,但仍难以解决问题,因此出现了助力操纵系统。

液压助力器是助力操纵系统的核心部件,它的出现使飞机的操纵和操纵系统发生了很大的变化。液压助力器是利用飞机液压系统的高压能源克服舵面负载,并使舵面偏转。早期的某些高亚声速飞机曾采用过可逆助力操纵系统,它的舵面气动载荷有一部分可以通过一根回力杆返回到驾驶杆上,使驾驶员操纵起来能直接感受到舵面载荷的变化。以后更多的是采用不可逆助力操纵系统,舵面全部气动载荷由液压助力器克服,这种形式广泛地应用在现代各类需要采用助力操纵的飞机中。

在不可逆助力操纵系统中,除装有液压助力器外,必须要有杆力模拟装置,驾驶员没有杆力或杆力变化的感觉,是无法正常操纵飞机飞行的;还要有杆力配平装置,以使驾驶员能松杆飞行;还要有系统非线性传动装置或自动变传动比装置等,以适应大范围飞行速度、高度变化带来气动特性变化。

尤其对于采用全动平尾的超声速飞机,其气动特性的急剧变化给飞机操纵带来很大的困难,这些变化主要表现如下(以纵向为例):

(1)飞机超声速飞行使全动平尾焦点后移,为减小舵面铰链力矩,平尾转轴往往布置在亚超声速焦点之间。这样,当驾驶员给予某一操纵信号时,从亚声速至超声速的飞行过程中就会出现舵面铰链力矩反向,使驾驶员杆感觉异常,难以正常操纵飞机。

(2)超声速飞机在平飞进入跨声速飞行时机翼焦点后移,使飞机产生纵向自动下俯现象的特点。由图 2-2 所示的平尾偏度随马赫数(简称 Ma 数)变化关系曲线可知,在 $Ma=0.9\sim0.98$ 时,曲线出现凹勺,即飞机在平飞加速时,驾驶员不能按常规推杆(平尾前缘向上产生正的舵偏度)操纵,相反应拉杆产生负的舵偏度,这种反操纵现象使驾驶员难以适应。

（3）超声速飞机在作曲线机动飞行时，单位过载的平尾偏度值 $\Delta\varphi/\Delta n_y$ 会随飞行 Ma 数和飞行高度 H 发生很大变化的特点，随之引起驾驶杆力和杆位移显著的变化，使驾驶技术在不同的 Ma 数或 H 下不一致，驾驶员难以操纵。如图 2-3 所示，低速时，舵偏度随 Ma 数增大而减小；跨声速时，随 Ma 数增大而增大；超声速时，却没多大变化；另外，舵偏度在同一 Ma 数下随高度的增大而增大。这样欲产生相同的过载飞行，杆力或杆位移随 Ma 数或高度的变化很大，有时甚至会相差十几倍。

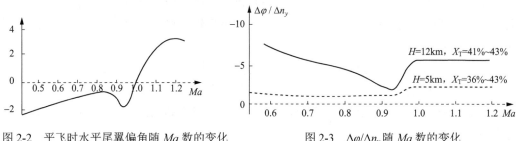

图 2-2　平飞时水平尾翼偏角随 Ma 数的变化　　　图 2-3　$\Delta\varphi/\Delta n_y$ 随 Ma 数的变化

因此，在现代超声速飞机的不可逆助力操纵系统中必须包括液压助力器、杆力模拟和配平装置、力臂自动调节器，以适应飞机机动飞行时因飞机飞行 Ma 数和高度变化造成驾驶技术的不一致。

除此之外，现代飞机操纵系统还有一些为满足特殊操纵要求和确保飞行安全的各种装置或传动机构。这样就形成了复杂的不可逆助力操纵系统，它与传统的机械操纵系统相比，会出现显著的动态品质问题。

2. 现代飞机飞行操纵系统

飞机高空高速飞行包线的扩大，使飞机在静稳定性剧烈增大的同时，阻尼明显减小，出现动不稳定问题，即飞机的纵向和横侧向出现短周期振荡且不易衰减，驾驶员对这种短周期振荡来不及反应，严重地影响了飞机的操纵性能。因此现代飞机飞行操纵系统中安装了飞行阻尼器，并研发了一种以改善飞机纵向和横侧向阻尼、提高飞机飞行安全为目的的阻尼装置，它们与飞机主操纵系统一起构成的增稳或控制增稳飞行操纵系统可大大地提高飞机的操纵和稳定性能。

随着电子技术和余度技术的发展，电传操纵系统解决了复杂机械操纵系统中存在摩擦、间隙和弹性变形等使精微操纵信号难以准确传递的问题，并成功地替代了机械不可逆助力操纵系统，成为飞机飞行主操纵系统。电传操纵系统的出现为随控布局飞机奠定了基础，电传操纵与主动控制技术的应用相辅相成，由此，飞机设计进入了一个崭新的阶段。

电传操纵的进一步发展，又出现了以光导纤维代替电缆的光传操纵，它将开辟一个更新的飞行操纵技术领域。

2.2　飞机操纵系统的基本工作原理

2.2.1　对飞机操纵系统的要求

根据飞机操纵系统"传递操纵指令使舵面偏转"的功能，操纵系统首先必须是一个结构传力系统，它直接或间接感受舵面铰链力矩的变化，因此它应具有足够的强度、刚度，重量轻，使用维护方便的特点。同时飞机操纵系统又应具有良好的性能，它应给驾驶员提供合适的杆力和杆位移，使驾驶员能正常地操纵飞机，对于这一要求，一般表现在如下三个方面。

1）飞机操纵系统应给驾驶员提供正常的操纵条件（即静态性能）。

（1）驾驶员的操纵动作必须符合人的本能反应和习惯。例如，前推或后拉驾驶杆，飞机应低头或抬头；向左或右压驾驶杆，飞机应向左或右倾侧；左或右脚蹬舵时，机头应向左或右偏转。

（2）驾驶员通过一个驾驶杆（或盘）可同时或分别操纵副翼和升降舵（或全动平尾），并保证纵、横向操纵互不干扰。

（3）驾驶员的操纵杆力和杆位移及其变化要恰当。因为驾驶员操纵飞机往往需要凭借身体对飞机过载的感受，更主要还靠对杆力和杆位移的感受。平飞时驾驶杆力应随飞行速度和舵偏度的增大而增大；杆力不应过重或过轻，太重会操纵不动或容易疲劳、太轻会操纵过头或不易掌握。特别对于超声速飞机，在进入跨声速飞行阶段出现的反操纵现象应给予限制。例如，美国军用规范对飞机平衡曲线 $F = f(Ma)$ 上的凹勺规定了改变单位 Ma 数杆力增量 $\Delta F/\Delta Ma$ 的允许值，如图 2-4 所示。

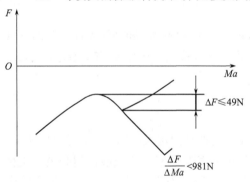

图 2-4　杆力随 Ma 数变化曲线

飞机作曲线飞行时，其单位过载杆力或杆位移随 Ma 数或高度的变化也应给予限制，例如，美国军用规范规定了改变单位法向过载所需的杆力范围为 15～39N。

又如，驾驶员的纵、横和航向的操纵杆力要相互匹配。通常纵、横向和航、横向的操纵杆力比值分别定为（杆位移在 1/4 行程时）$F_z/F_x = 2$ 和 $F_y/F_x = 5\sim 8$。

（4）操纵系统的启动力（指舵面开始偏转瞬时所需的杆力）应在合适的范围内，以减轻驾驶员的疲劳和防止驾驶员无意识动杆。启动力通常包括操纵系统的摩擦力和预加载荷等。

（5）操纵系统的操纵延迟必须限制。操纵系统由于间隙和弹性变形所引起的操纵延迟会使驾驶员感到操纵迟钝，尤其在接近地面飞行时，若操纵延迟达 0.25s，就可能造成压杆过量以致飞机翻转。一般规定操纵延迟不得超过人的反应速度（约 1/7s）。

（6）操纵系统与相邻结构之间应保持一定的间隙，以保证操纵系统在任何飞行状态下不被卡死。

2）飞机操纵系统应具良好的动态性能

飞机操纵系统的动态性能可以这样来认识。驾驶员操纵舵面且控制飞机运动的操纵过程，从自动控制原理的角度来看，实质是一个随动控制过程。由人、飞行操纵系统、飞机三者组成的控制回路是一个按负反馈原理工作的闭环回路，其中每一环节的性能将直接影响整个回路的性能。而这个回路的动态性能主要表现在跟随性和稳定性方面，通俗地说就是飞机跟随驾驶员操纵信号运动时，驾驶员感到飞机是否听话、是否稳定。就飞行操纵系统而言，如果它的动态性能不好，飞机不仅不能顺利完成预定的飞行任务，甚至会出现意想不到的机毁人亡的事故。例如，若地面或空中出现舵面抖动或飞机飘摆等现象，会使驾驶员无法控制飞机；稳定性和跟随性差的战斗机会失去作战良机，影响飞机性能的发挥；机械操纵与控制系统交联的飞机飞行操纵系统中若出现力反传会导致驾驶杆的回输振荡，严重干扰驾驶员的正常操纵；若人-机回路中出现"驾驶员诱发振荡"就更具危险性等。与飞机动态品质有关的飞机飞行操纵系统性能，在飞机飞行品质规范中都有严格的要求，因此，在飞机的研制、维修和飞行工作中均不可忽视操纵系统的动态性能要求，尤其是对于超声速战斗机。

3）飞机操纵系统工作应十分安全可靠

飞机操纵系统是驾驶员驾驶飞机实现安全飞行最重要的系统之一，飞机尤其是民用飞机必须采取多种安全措施，确保系统工作安全可靠。例如，有的飞机的助力操纵系统备有正常操纵和应急操纵两套独立系统；有的飞机还备有三套独立的液压助力系统，同时控制一个舵面；民用飞机的操纵系统备有防失速警告和恢复系统；几乎所有的飞机都有防超载的机械或电气极限偏度限制器等。

2.2.2 飞机操纵系统的组成和传动关系

1）飞机操纵系统的组成

通常习惯把操纵系统分成两部分，在驾驶舱内、由驾驶员直接操纵的部分称中央操纵机构，由此一直连到舵面的部分称传动系统。中央操纵机构包括由手操纵并控制飞机的纵、横向运动的驾驶杆（或驾驶盘）和由脚操纵并控制飞机航向运动的脚蹬两部分。传动系统则主要由多组拉杆和摇臂（或钢索和滑轮）按一定规律连接而成。

驾驶员通过操纵系统传递操纵指令至舵面的过程，实际上就是力和位移的传递过程。为分析操纵系统力和位移的传动关系，把全系统的摇臂、拉杆组件简化成物理模型即系统示意图。操纵系统力和位移的传动关系用其特征参数即传动系数 K 和传动比 n 来表示。

2）飞机操纵系统的传动系数和传动比

（1）传动系数。

操纵系统的传动系数是指舵偏角增量 $\Delta\varphi$ 与驾驶杆位移增量 Δx 之比（图 2-5），用符号 K 表示为

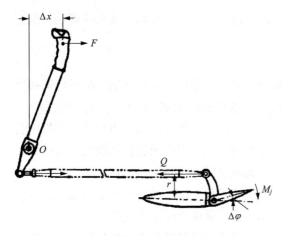

图 2-5　操纵系统传动系数

$$K = \frac{\Delta\varphi}{\Delta x} \quad (1/\text{m}) \qquad (2.1)$$

如果不考虑系统的摩擦力，那么驾驶员杆力 F 所做的功应等于舵面铰链力矩 M_j 驱动舵面偏转所做的功，即 $F\Delta x = M_j\Delta\varphi$，可得

$$K = \frac{F}{M_j} \quad (1/\text{m}) \qquad (2.2)$$

因此，传动系数可定义为驾驶杆力与舵面铰链力矩之比。符号规定为驾驶杆前推为正，后拉为负，舵面前缘向上为正、向下为负。

传动系数表示单位杆位移引起舵偏度的大小，即克服单位舵面铰链力矩需要多大的驾驶杆力。因此传动系数要适当地选取，K 越小，杆力越小，操纵越灵敏，由此造成杆位移越大，受到座舱空间的限制。K 越大，杆力越大，操纵越费力，驾驶杆稍有位移就会引起舵面很大的偏转，使操纵不易准确控制。通常 K 的统计值如下：升降舵操纵 $K = 2.3 \sim 3.2$；方向舵操纵 $K = 5.1 \sim 8.1$；副翼操纵 $K = 1.7 \sim 2.9$。例如，某超声速歼击机的全动平尾操纵系统的平均传动系数为

$$K = \frac{\varphi_1 + \varphi_2}{x_1 + x_2} = 2.6 \quad (1/\text{m}) \qquad (2.3)$$

式中，φ_1、φ_2 和 x_1、x_2 分别为舵面上、下极限偏度（30°和 12.5°）和驾驶杆前、后极限位移（0.095m 和 0.19m）。它的副翼操纵系统 $K = 2.48$（1/m）和方向舵操纵系统 $K = 4.85$（1/m）。

实际上在飞机设计时，由于 M_j 和 φ 的最大值已定，驾驶杆力和杆位移又受到驾驶员生理条件和座舱空间限制，因此传动系数 K 也就大致定下来了。

（2）传动比。

操纵系统的传动比表示驾驶杆力 F 与舵面操纵摇臂上的传动力 Q，即系统最后一根拉杆上的力之比（图 2-6），用 n 表示为

$$n = \frac{F}{Q} \qquad (2.4)$$

可见，传动系数和传动比的关系为

$$K = \frac{F}{Q \cdot r} = \frac{1}{r}n \qquad (2.5)$$

式中，r 为舵面操纵摇臂的有效半径。因此，传动系数与传动比具有同样的意义，两者成正比。

由多组摇臂、拉杆连接起来的操纵系统传动比，是由其各摇臂的传动比组成。操纵

系统中任一摇臂的传动比 n_i（图 2-7）表示它主动端上的作用力与从动端上作用力之比，根据所做功恒等的原理，它也等于从动端位移与主动端位移之比。由摇臂力矩平衡关系可知，摇臂的传动比可由从动臂和主动臂的有效臂长之比确定，即

$$n_i = \frac{F_1}{F_2} = \frac{\Delta x_2}{\Delta x_1} = \frac{r_2'}{r_1'} = \frac{r_2 \sin \alpha}{r_1} \tag{2.6}$$

式中，α 为拉杆与摇臂之间的夹角；r_1'、r_2' 分别为摇臂主、从动臂的有效半径。

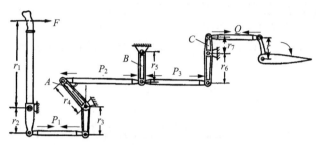

图 2-6　操纵系统传动比

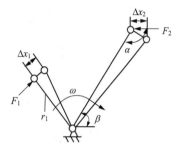

图 2-7　摇臂传动比

如图 2-6 所示的操纵系统传动比为

$$n = \frac{F}{Q} = \frac{F}{P_1} \frac{P_1}{P_2} \frac{P_2}{P_3} \frac{P_3}{Q} \tag{2.7}$$

即

$$n = n_1 n_2 n_3 n_4 = \frac{r_2}{r_1} \frac{r_4'}{r_3} \frac{r_5}{r_5} \frac{r_7}{r_6} = \frac{r_2 r_4 r_7 \sin \alpha}{r_1 r_3 r_6} \tag{2.8}$$

式中，n_1、n_2、n_3、n_4 为各摇臂传动比。

可见，该操纵系统传动比等于系统各摇臂传动比的连乘积，也等于各摇臂从动臂有效半径乘积与主动臂有效半径乘积之比。因此，操纵系统的传动比取决于各摇臂的几何尺寸，改变任一摇臂臂长或夹角 α、β 就可以改变系统传动比。

以上结论同样适用于由多组滑轮、钢索组成的（软式）操纵系统。值得注意的是操纵系统的传动比在驾驶杆整个活动范围内是变的，通常指的传动比是指系统在中立位置时的传动比，实际上它是驾驶杆位移的函数。

（3）差动操纵。

驾驶杆向前后（或左右）作相同的位移，舵面向上下的偏转角不等，称为差动操纵。例如，操纵副翼时，有的飞机为适应气动特性的需要，使向下偏转一边的副翼比向上偏转一边的副翼偏角小，但驾驶杆向左右的压杆位移却是对称的，这就需要差动操纵来实现。全动平尾向上下偏度与驾驶杆向前后位移量不能协调时，也需要差动操纵来解决。

差动操纵原理如图 2-8 所示。设摇臂主

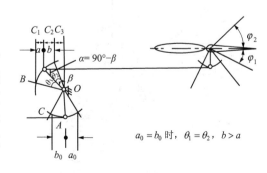

$a_0 = b_0$ 时，$\theta_1 = \theta_2$，$b > a$

图 2-8　差动操纵原理

动臂与拉杆垂直，从动臂与拉杆之间夹角 $\alpha \neq 90°$，当摇臂绕自身交点 O 前后转角相等，即 $\theta = \theta_1 = \theta_2$ 时，由于端点 B 的前后位移 $a \neq b$，因此传动到舵面的上下偏角也不等。差动效果用差动比 k 表示，由图可见：

$$k = \frac{b}{a} = \frac{c_2 - c_1}{c_3 - c_2} \tag{2.9}$$

即

$$k = \frac{\sin\beta - \sin(\beta - \theta)}{\sin(\beta + \theta) - \sin\beta} \tag{2.10}$$

若已知差动要求 k 值，则可由式（2.10）推导得摇臂与拉杆之间的夹角 α 或 β（$\alpha + \beta = 90°$），即

$$\tan\beta = \frac{(k-1)\sin\theta}{(1+k)(1-\cos\theta)} \tag{2.11}$$

式中，β 为摇臂从动臂与基准 y 轴的夹角（中立位置时），它表示摇臂的安装位置。

可见，通过摇臂与拉杆间夹角 α 的选择来达到差动操纵的目的。在一个系统中通常仅安排一个差动摇臂，且夹角 α 不宜过大或过小，一般 α 不大于 $120°$ 或 α 不小于 $60°$，因为有差动后，会增加系统摩擦力，传动效果会变差。例如，已知某机全动平尾的极限偏度所对应的助力器正、负行程为 25mm 和 42mm，驾驶杆极限位移为 100mm 和 220mm，则该前段操纵系统的差动比为

$$k = \frac{25/100}{42/222} = \frac{0.25}{0.19} = 1.32$$

2.2.3　飞机操纵系统的构造形式和特点

1．中央操纵机构

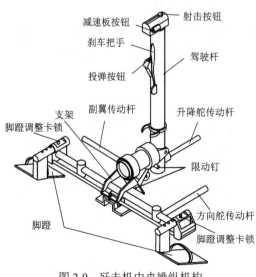

图 2-9　歼击机中央操纵机构

图 2-9 所示为典型单座驾驶杆式中央操纵机构构造图。在手操纵机构中驾驶杆式多用在机动性较好、要求操纵省力的飞机上，如各型战斗机；盘式多用在对机动性没有特殊要求的大、中型运输机上。它们的显著特点是要保证飞机纵、横向操纵的互不干扰。

驾驶杆式通常有如图 2-10 所示的两种结构形式，其中图 2-10（a）对应结构形式的特点是，驾驶杆与传动副翼的扭力管 1 铰接于 O 轴，传动升降舵的拉杆 4 与扭力管 1 轴线不平行，且交于拉杆 4 的端点 b。因此，当横向压杆通过扭力管 1 和摇臂 2 带动副翼偏转时，点 c 是在以点 b 为顶

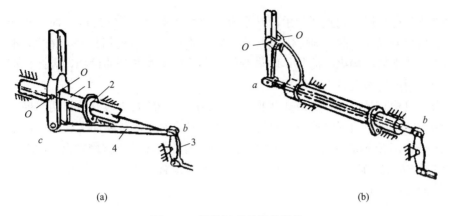

图 2-10 驾驶杆式手操纵机构

点的锥体底面运动，点 c 并无沿拉杆 4 方向的位移，不会传动升降舵。此外，当操纵驾驶杆绕 O 轴前后动杆偏转升降舵时，因扭力管 1 无转动，也就不会传动副翼。同时为保证操纵不被卡住，拉杆 4 端点 b 与摇臂 3 的连接应是球铰。

图 2-10（b）对应结构形式的特点是，传动升降舵的拉杆和传动副翼的扭力管轴线 ab 是重合的（严格说是在中立位置时），因此也能保证它们在纵、横向操纵时的独立性。两种形式的选择往往与座舱结构的具体安排有关。

图 2-11 是一种常见的盘式手操纵机构。由图 2-12 可知，当前后推驾驶盘传动升降舵时，支柱、横管和摇臂一起绕支点轴 a-a 转动，而轴 a-a 恰恰与左右转动驾驶盘操纵副翼的钢索重合。

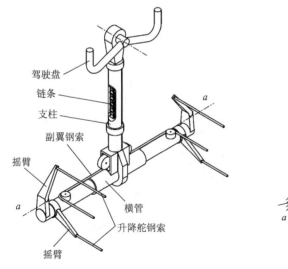

驾驶盘
链条
支柱
副翼钢索
摇臂
横管
升降舵钢索
摇臂

图 2-11 驾驶盘式手操纵机构

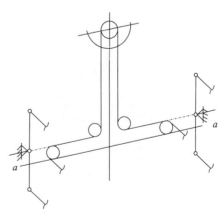

图 2-12 驾驶盘式手操纵机构原理图

现代高机动歼击机由于过载高达 9，座椅后倾由通常的 $16°$～$18°$ 可能增至 $30°$ 以适应驾驶员的操纵。为了配合大后倾座椅，采用了安装在座椅右侧前方的敏感驾驶手柄，以代替中央驾驶杆。这种侧置驾驶手柄几乎没有位移（实际仅 1～2mm）而只有杆力，它是靠力的感受操纵飞机的（脚蹬位移也仅十几毫米）。手臂以座椅扶手为依托，不需要大幅度运动，便于精准操纵，而且驾驶员看仪表不受中央驾驶杆的遮挡，因此，在一些电传操纵的军用或民用飞机上已采用。

　　脚操纵机构有平放式和立放式两种，在图 2-13 中平放式脚蹬安装在两根横杆和两根脚蹬杆组成的平行四边形机构上，脚蹬前后移动时只有平动位移而无转动，便于驾驶员操纵。在图 2-14 所示的两种立放式脚蹬机构中，前者的转轴在脚蹬之上，后者在脚蹬之下，传动杆和脚蹬的连接形式，使得左右脚蹬的动作总是协调的。图中箭头表示蹬左脚时各机构的运动方向。

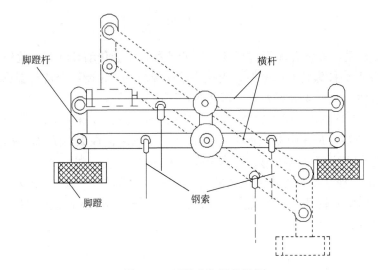

图 2-13　平放式脚操纵机构

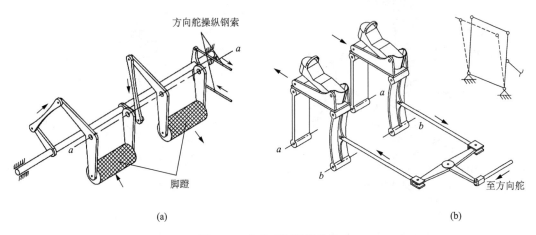

(a)　　　　　　　　　　　　　　　　　　(b)

图 2-14　立放式脚操纵机构

　　平放式和立放式两种脚操纵机构相比，平放式为了取得较大的操纵力臂，两脚蹬之间的距离较大；立放式却是通过增大与脚蹬连接的摇臂臂长来获得足够的操纵力臂的，两脚蹬间距可做得较小。因此，平放式多与左右活动范围较大的驾驶杆式手操纵机构组合；立放式则与盘式手操纵机构组合。

驾驶杆与脚蹬要有机械限动装置，防止舵面偏转超过极限要求。脚蹬应有前后调整距离的装置，以便适应不同身材飞行员的需要。驾驶盘式手操纵机构一般装有前倾机构，当发生意外，飞行员抛掉舱盖时，该机构能使立柱和盘向前倾斜，以使飞行员弹射跳伞时不受影响。

2. 传动系统

飞机操纵系统的传动系统通常有硬式、软式（图 2-15）或两者组合的混合式。硬式传动系统主要由拉杆、摇臂等构件组成，拉杆和摇臂依次相连，并以支座为摇臂的支撑。它们靠拉杆受拉或压传递力和位移，靠摇臂改变力和位移的大小和方向。软式传动系统主要由钢索（或链条）、滑轮（或链轮）、扇形轮（或扇形摇臂）等构件组成，它们靠钢索受拉（不受压）传递力和位移，靠滑轮或扇形轮改变力和位移的方向或大小，因此需要钢索和滑轮组成回路来传力。硬式传动系统一般与中央操纵机构的驾驶杆组合，而软式传动系统一般与中央操纵机构的驾驶盘组合。

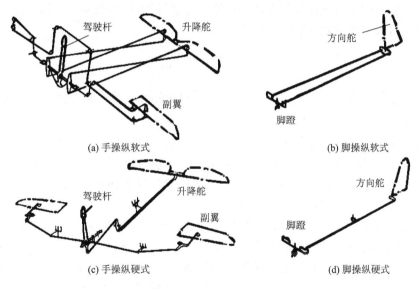

图 2-15　软式和硬式操纵系统

硬式和软式操纵系统相比，硬式操纵系统刚度好、不易变形及由此引起的舵面振动小，但重量大、构造复杂、通过性差；而软式传动系统重量轻、构造简单、通过性好，但受力易变形、受温差影响大、操纵灵敏性差、易磨损、生存力也差。

根据硬式和软式操纵系统的特点，对于机动性要求较高的高速战斗机多采用硬式操纵系统，而对于机动性没有特殊要求的大中型运输机，多采用软式操纵系统。此外，由于钢索张力补偿器在软式传动中的应用，弥补刚度小、易变形的致命弱点，因此有的飞机在助力器之前采用软式，而在助力器之后采用硬式，形成以软式为主的混合式操纵系统（通常也称软式），在一些大中型运输机上得到广泛应用，在某些小型战斗机上也局部得到应用。

3. 操纵系统的主要传动构件

1）拉杆和摇臂

（1）拉杆。

拉杆通常由铝质管材和两端耳片接头连接而成，其中一端耳片接头常采用螺纹连接，便于系统装配调节。有的拉杆两端都采用螺纹接头（分别为左、右螺纹），便于在飞机通路较差的部位进行调节使用。耳片接头一般均为标准件。

由于拉杆是受拉或压的细长构件，首先要考虑它抵抗总体失稳的能力，通常根据总体失稳强度条件选择构件的尺寸和材料。拉杆失稳临界应力可由式（2.12）求得：

$$\sigma_{KP} = \frac{C\pi^2 E}{(l/i)^2} \qquad (2.12)$$

式中，i 为剖面最小转动惯量半径，C 为支持系数。

其次还应考虑拉杆的自振频率必须躲开飞机上发动机等振源的频率，使其不致发生共振。通常要求拉杆自振频率与发动机转速的差值为 200 次/min，或更大些。圆管截面拉杆弯曲自振频率可由式（2.13）求得：

$$\nu = 100 \frac{D}{l} \sqrt{\frac{E}{\gamma}} \qquad (\text{次/min}) \qquad (2.13)$$

式中，D 为拉杆的直径，l 为拉杆长度，E 为材料的弹性模数，γ 为材料的密度。

（2）摇臂。

摇臂在操纵系统中主要用来传递力、位移或改变它的大小和方向，有的仅作支持用（或称支臂）。摇臂的各种构造形式如图 2-16 所示。为减小摇臂在传递载荷过程中的不利条件受弯，要求它刚度好，如图 2-16（f）平面摇臂和图 2-16（g）空间摇臂。受载较大和批量生产的摇臂多为镁铝合金模锻件。

为保证操纵灵活且不被卡死，在操纵系统各连接交点处都安装有滚动轴承。轴承是标准件，在选用时一般根据受载的大小、形式、工作特点和使用要求，选择不同类型、尺寸和精度等级的轴承。载荷通常按摆动次数即疲劳强度要求来确定，另外还要考虑轴承的固定形式和要求（有标准可查），不致在装入壳体后工作时脱落或卡死。

2）滑轮（或扇形轮、扇形摇臂）、钢索和钢索张力补偿器

（1）钢索和滑轮。

钢索是由多股钢丝编织而成的。有的钢索外面用套管来加强，当钢索处于有张力的情况下，通过套管挤压在钢索的全长上，如同杆系一样可以增加操纵系统的刚性。

钢索的连接接头根据连接要求不同有多种形式（图 2-17），它们被挤压在钢索的端头上。两钢索相连采用由左右螺纹的螺杆或螺套组成的称为松紧螺杆或松紧螺套，它们还可以用来调节钢索的张力。

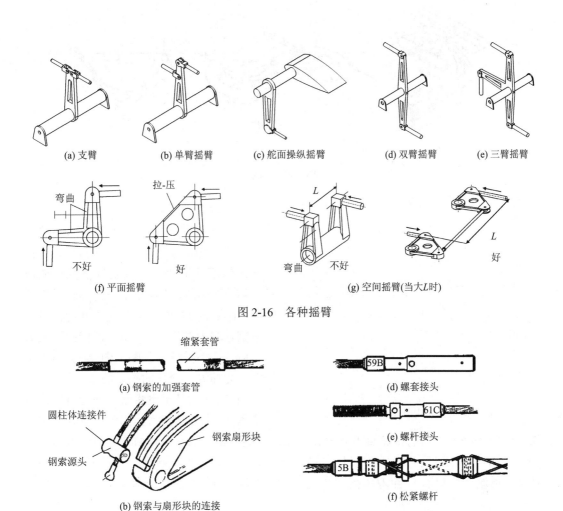

(a) 支臂　(b) 单臂摇臂　(c) 舵面操纵摇臂　(d) 双臂摇臂　(e) 三臂摇臂

(f) 平面摇臂　(g) 空间摇臂(当大 L 时)

图 2-16　各种摇臂

(a) 钢索的加强套管　(d) 螺套接头

(b) 钢索与扇形块的连接　(e) 螺杆接头

(c) 带眼接头　(f) 松紧螺杆　(g) 松紧螺套

图 2-17　钢索、钢索接头及其连接

在软式传动系统中钢索要预加张紧力，而且张紧力要便于维护调节，要能随温度等外界条件变化而影响张力变化时自动保持一定值。钢索预加张力后还可以减小钢索传动中产生的张力，由此减小钢索变形。

钢索根据它的承载能力，可分成好几个等级。在系统安装时，对各路钢索都给予编号，以免错接。

滑轮和扇形轮（和扇形摇臂）的构造如图 2-18 所示，它们的作用和结构特点与摇臂类似。

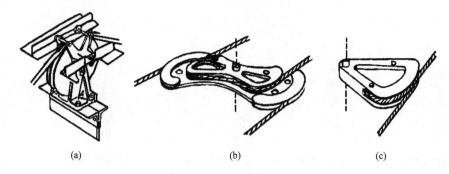

图 2-18　滑轮和扇形轮

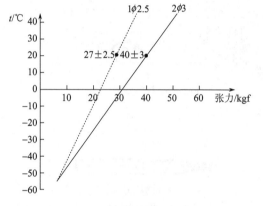

图 2-19　钢索张力随温度变化关系曲线

（2）钢索张力补偿器。

由于飞机在飞行中机体所受的外载荷及周围气温变化很大，使机体结构与系统在不同比例下伸缩变形，钢索就会变松或拉紧，钢索张力的变化使系统产生间隙或附加摩擦。钢索张力补偿器就是通过补偿弹簧来补偿钢索张力的变化，以始终保持钢索张力适当值，而不受外界影响。图 2-19 给出了钢索张力随温度变化的关系曲线。

图 2-20 为某机钢索张力补偿器的构造示意图。其中上下两对称的扇形轮 6 的传动轴与钢索张力补偿器的弹簧筒 1 共轴。当系统已经校正，上下两对扇轮上的四根钢索张力大小相等且作用反向，钢索通过上下扇形轮 6、上下连杆 14，传至上下摇臂 13 的力也相等，再通过控制轴 11 至双头摇臂 8 的力矩也相等，因此不会再压缩弹簧。若外界温度

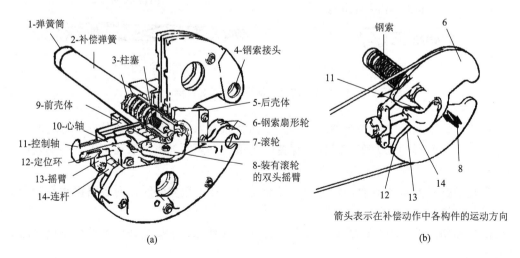

1-弹簧筒
2-补偿弹簧
3-柱塞
4-钢索接头
9-前壳体
10-心轴
11-控制轴
12-定位环
13-摇臂
14-连杆
5-后壳体
6-钢索扇形轮
7-滚轮
8-装有滚轮的双头摇臂

钢索

箭头表示在补偿动作中各构件的运动方向

（a）　　　　　　　　　　　　　　　（b）

图 2-20　钢索张力补偿器

变化引起钢索张力变化时，则通过连杆、控制轴及双头摇臂为补偿筒内的补偿弹簧 2 进行伸缩补偿。补偿时摇臂 13 可在控制轴上前后滑动直至弹簧阻力与增加的钢索张力平衡，滑动停止。图 2-20（b）中箭头表示了上下钢索张力增大时补偿器各元件的补偿动作运动方向，这时上下两对扇轮是反向运动的。当系统正常操纵时，补偿器不起作用，因上下两组钢索张力不等，通过两杆使摇臂 12 歪咬在控制轴上，上下扇轮就像一个滑轮一样同向运动。

4. 操纵系统传动路线布置特点

（1）线路要短且尽量贴近机身表面，使结构紧凑且便于维护。图 2-21 是一种超声速歼击机全动平尾操纵系统的典型布置形式，但它不是唯一的布置形式。在系统线路走向上，还要考虑舵面和机身的相对位置以及结构、内部布置的特点。例如某机下平尾的后段操纵系统走向却是由背鳍向下通到内装操纵系统附件的腹鳍内，然后躲开平尾大轴至操纵下平尾。

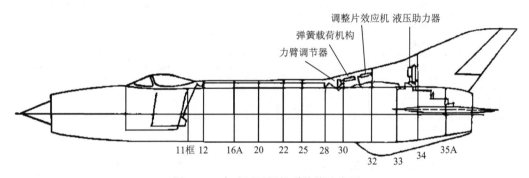

图 2-21　全动平尾操纵系统线路布置

（2）系统交点接头尽量要少，且必须布置在刚度较强的结构件上。交点太多，系统间隙和摩擦大；交点太少，拉杆太长，一般拉杆长度不超过 1m。此外各系统的交点布置应尽量集中，交点数和摇臂形式的确定还应注意保证驾驶杆与舵面运动方向的一致。

（3）助力器尽量靠近舵面布置，且要有足够大的固定支持刚度，这样可以减轻后段系统的重量和改善助力器动态性能。如图 2-22 所示，助力器在后机身背鳍上通过支座 A、B、C、D 四螺栓固定在斜加强构件上，其输出力 P 分解为 P_1 和 P_2，再通过左右四个螺栓 E 和 F 把力传给加强框和纵向加强型材。

此外，助力器的布置还要考虑具有足够的活动空间，这往往会影响助力器结构尺寸、性能参数和型号的选择。

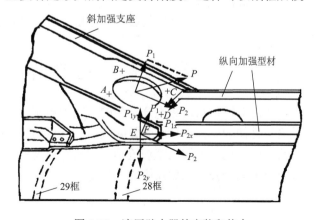

图 2-22　液压助力器的安装和传力

5. 操纵系统的强度和刚度

1) 操纵系统外载荷

操纵系统的外载荷必须按强度规范要求确定。目前军用飞机按强度规范给定的载荷为：纵向驾驶杆力——980N，横向驾驶杆力——490N，航向脚蹬力——1280N，同时还要考虑两边同时加 1280N 的情况。操纵系统的设计载荷取安全系数 $f=1.5$，助力器后段取 $f=2.0$。

目前民用飞机参照"中国民用航空适航性条例"CCAR23 部（或 25 部）给定的操纵载荷见表 2-1。安全系数取 $f=1.5$。

表 2-1 民用飞机的极限操纵载荷

操纵器件		CCAR23 部极限操纵力或扭矩		CCAR25 部极限操纵力或扭矩	
		最大值	最小值	最大值	最小值
纵向	驾驶杆	743N	445N	1110N	445N
	驾驶盘	890N	445N	1330N	445N
横向	驾驶杆	298N	178N	445N	178N
	驾驶盘	$222D$ N·m	$178D$ N·m	$356D$ N·m	$178D$ N·m
航向	脚蹬	890N	668N	1330N	578N
		适用轻型飞机		适用运输类飞机	

*D 为驾驶盘直径。

飞机液压助力操纵系统的后段强度和刚度计算用载荷往往取助力器最大输出负载，无人驾驶飞机操纵系统则取舵机的最大负载。

飞机操纵系统通常按中立位置和前、后极限位置作为强度计算的三种设计情况，系统各构件的载荷则按系统传动比逐级分配得到。

根据操纵系统的载荷分配得到各交点处（各传动构件）的载荷，由此进行各传动构件的强度计算。

2) 操纵系统刚度

操纵系统的刚度是指驾驶杆固定情况下，产生舵面单位偏角 φ 所需施加的舵面铰链力矩 M_j，即

$$C=\frac{M_j}{\varphi}\quad(\text{N·m})\tag{2.14}$$

刚度对操纵系统是十分重要的，因为系统刚度不好就会操纵迟钝，跟随性变差，影响飞机性能的发挥；且舵面效率低，影响机动和着陆性能，因此操纵系统实际上是按刚度设计的。例如，按强度规范确定的操纵载荷就远大于实际操纵载荷；又如，强度校核计算时的剩余强度系数往往比 1 大得多。

操纵系统刚度不仅与系统本身结构特性有关，很大程度上还取决于机体结构刚度，因此要对系统和机体这样一个组合的复杂大系统进行刚度计算，但精确程度往往不尽满意。为此，操纵系统刚度试验成为必不可少的考核手段。同时，要最后判断操纵系统刚度是否满足设计要求，必须确定系统的刚度指标，这在强度规范中也有详细的计算方法；此外也可采用对原准机操纵系统刚度进行实测与对比的方法，以获得较为可靠的结论。

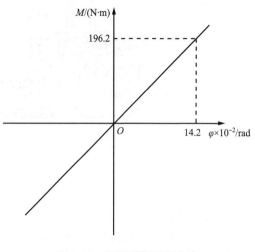

图 2-23 所示为某新机航向操纵系统实验测得的刚度曲线，该系统刚度 $C = 1383\ \mathrm{N \cdot m}$ 与原准机实测的刚度 $C = 1069.3\ \mathrm{N \cdot m}$ 相比，符合要求。

图 2-23　操纵系统刚度曲线

2.3　飞机不可逆助力操纵系统

本节详细分析不可逆助力操纵系统（简称助力操纵系统）及其各主要组成附件的作用和工作原理。

2.3.1　液压助力器

液压助力器用来克服作用在其输出端上的载荷，并使输出端及与其连接的舵面运动能精确地跟随输入端及驾驶杆的运动。因此液压助力器必须是一个承力系统，同时又是一个伺服随动系统。

1. 液压助力器的工作原理

图 2-24 所示为典型液压助力器工作原理图。它由分油活门（又称滑阀或配油柱塞）、传动活塞、活塞杆和头部、外筒及输入-反馈综合摇臂（小摇臂 abc）等组成。从构造上看，它的外筒固定在飞机结构上，活塞右端有连通活门，活塞、活塞杆及头部连成一体，所以活塞杆在筒体内的运动意味着头部也动，且带动舵面偏转。小摇臂 abc 于点 b 铰支于头部支座上，并在点 a 与阀相连。小摇臂下端与传动杆相连的点 c 在头部壳体的圆孔内有一定游动间隙 S，可在圆孔内前后移动。

当助力器处于中立时，小摇臂处于平衡状态，如图 2-24 所示，滑阀阀芯的两凸肩遮住了油路（凸肩宽度正好与阀套上的环槽宽度一样），使外筒的左右两腔都不与进回油路相通，助力器处于静止状态。

当操纵驾驶杆使小摇臂下端点 c 向右位移瞬时，头部不动，那么小摇臂只能绕点 b 逆时针方向转，滑阀被拉向左并打开通向外筒左右两腔油路，活塞在两腔压差作用下向

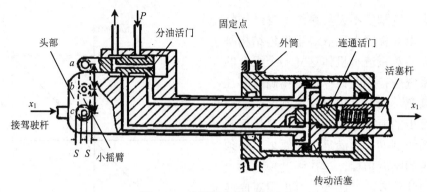

图 2-24　液压助力器工作原理

右运动，并通过头部点 b 连同小摇臂一起向右运动。如果这时驾驶杆停止运动，活塞要继续向右运动，小摇臂顺时针方向转动。由于滑阀点 a 向右的位移量比头部传动活塞向右位移量大，使小摇臂重新转到原平衡位置。当阀芯凸肩重新把两腔油路遮盖不再进油和回油时，活塞也相应停止不动，所以助力器可以保证活塞杆位置与前面操纵杆位置一一对应。当驾驶杆反向带动小摇臂偏转时，助力器的传动过程与上述相反。

这种形式的助力器在关闭液压助力器开关时，可转为应急操纵。由于活塞右端装有连通活门，驾驶杆只要使分油活门偏离中心位置就可卸除连通活门前的液压，而在连通活门后面弹簧的作用下，连通活门向左运动沟通两腔油室，以减小应急操纵时的油液阻力（图 2-24 所示为两腔沟通状态）。两腔沟通的助力器相当一根杆子，传动活塞和头部一起随输入传动杆运动。

活塞杆上作用的负载，由两腔的压力差来克服。而压力差经外筒上安装支点传到飞机结构上，并不传到前面操纵杆上。所以驾驶员用很小的力克服滑阀摩擦力就能克服很大的舵面负载。

由此可见，液压助力器各基本组成部分的作用如下。

（1）滑阀：为分配机构，分配油路并改变滑阀开度，起功率放大作用。

（2）传动活塞、活塞杆及头部：为执行机构，将液压能转变为机械能。

（3）输入——反馈综合摇臂：为输入、反馈机构，使活塞的输出运动返回到滑阀处，并使输入与反馈量在滑阀（与小摇臂连接的点 a）处综合。

表示助力器输入 x_i 与输出 x_t 关系的传动比可用输入比和反馈比两个参数表示。输入比 n_1：假设输出端点 b 不动，滑阀打开的开度 e_1 与输入位移 x_i 之比（图 2-25（a））为

$$n_1 = \frac{e_1}{x_i} = \frac{l_1}{l_2} \tag{2.15}$$

反馈比 n_2：假设输入端点 c 不动，滑阀实际反向开度 e_2 与输出位移 x_t 之比（图 2-25（b）、（c））为

$$n_2 = \frac{e_2}{x_t} = \frac{e' - x_t}{x_t} = \frac{l_1 + l_2}{l_2} - 1 = \frac{l_1}{l_2} \tag{2.16}$$

式中，e' 为活塞位移反回去关小滑阀的开度，即滑阀点 a 位移；x_t 为头部点 b、小摇臂 abc 的平移量，其方向是企图打开滑阀的方向。

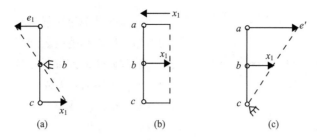

图 2-25　助力器输入、反馈和输出关系

根据如上分析可以画出典型液压助力器工作原理方块图如图 2-26 所示，图中符号 "P" 为微分因子 $\mathrm{d}/\mathrm{d}t$；综合符号 "$\otimes$" 为输入与反馈信号在滑阀与小摇臂连接处点 a 综合，因此滑阀实际开度为

$$e = e_1 - e_2 = n_1 x_i - n_2 x_t \tag{2.17}$$

助力器的传动比 n 为

$$n = \frac{n_1}{n_2} = 1 \tag{2.18}$$

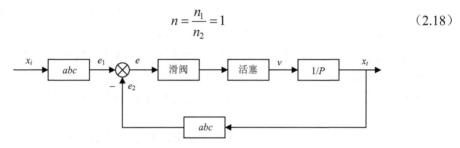

图 2-26　助力器工作原理方块图

为改善液压助力器的动态性能，并提高其承载能力和安全可靠性，一种双腔液压助力器广泛应用于超声速战斗机上。这种液压助力器具有两套主副滑阀和两套活塞作动筒，它们分别由两个独立的液压系统供压，当一个供压部分损坏时，助力器由另一个供压部分供压，只是传动力减小一半。当主阀被卡住，可以带着副阀继续工作（这时压缩弹簧，驾驶杆力稍大一点）。此外，这种助力器滑阀上装有缓冲活塞，它与壳体之间有较小缝隙，活塞腔与回油路相通，经常充满油液，因此当缓冲活塞左右运动时，油液经过缝隙来回流动，使滑阀受到阻力，从而可以改善助力器的稳定性。

这里再强调一下，液压助力器作为一个随动系统使输出精确跟随输入的原理是：在结构上将输出活塞杆连同壳体头部一起与输入摇臂 abc 相连于点 b，这样就使输出位移与输入位移都通过输入-反馈摇臂在滑阀处（图中点 a）综合，从而实现反馈和伺服控制，通常称之为机液伺服控制。这种利用壳体头部进行反馈的助力器通常称为内反馈形式。

2. 液压助力器的性能

助力器静态参数通常是指助力器在稳定工作情况下所能输出的最大力、最大位移和最大速度。

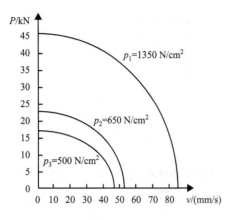

图 2-27　液压助力器的静态性能曲线

助力器的性能包括静态和动态性能。静态性能指助力器输出力和速度之间，在不同来油压力下的关系（滑阀通孔最大位置时）。如图 2-27 所示，当来油压力 p 一定时，负载 P 减小，活塞运动速度增大；当来油压力 p 减小，曲线位置下移，即在同样大小载荷下，速度下降，或同样速度条件下，载荷下降。各曲线与横坐标的交点对应于不同来油压力下的最大速度，即活塞空载时的运动速度。来油压力最大时的空载速度就是指助力器的最大速度 v_{max}。各曲线与纵坐标的交点对应于不同来油压力下的最大输出载荷，来油压力最大时的最大载荷就是指助力器的最大输出力 P_{max}。

液压助力器的动态性能通常是指它的稳定性和跟随性。稳定性指它在外界扰动作用消失后能迅速自动地恢复到原来工作状态的能力，稳定性不好会发生振动，使驾驶员操纵疲劳且易损坏结构等。跟随性指助力器输出跟随输入杆运动的能力，跟随性不好会使飞机运动迟缓或不听驾驶员指挥。稳定性和跟随性不好的助力器还会造成操纵系统更严重的故障或飞行事故。

液压助力器有两个结构参数对它的性能有着直接的关系，即滑阀的最大开度和滑阀的交迭量。

（1）滑阀的最大开度 e_{max}：在构造上由小摇臂端点 c 处的滑阀游动间隙 S 保证。开度的大小影响滑阀的通孔面积 f 和流进流出通孔的流量 Q，它们的关系由节流原理可得

$$Q = qf\sqrt{\frac{2}{\rho}\Delta p} \qquad (2.19)$$

式中，q 和 ρ 分别为液体流经小孔的流量系数和密度。因此，滑阀最大开度直接影响助力器的运动速度。

（2）滑阀的交迭量 $2C$：即滑阀凸缘遮盖通油孔的宽度，或称不灵敏区，如图 2-28 所示。交迭量的存在可以提高助力器的密封性、改善稳定性，但从助力器工作原理可知，滑阀必须具有一定开度后，活塞才能以相应的速度运动，两滑阀停止运动时，活塞也要继续运动一段距离后才停止。这样就出现了跟随误差，相应地会产生时间滞后。因此交迭量不宜太大，否则它会影响助力器的跟随性能。

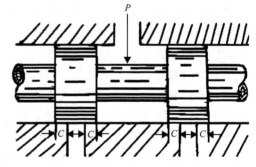

图 2-28　液压助力器滑阀的交迭量

液压助力器是保证飞机飞行安全可靠的重要部件，下面详细讨论它的动态性能。

3. 液压助力器静态参数的确定

选择或设计液压助力器首先必须确定它的三大静态参数，即助力器的最大输出力应

能克服舵面最大气动载荷，助力器的最大输出速度应能使舵面产生必需的偏转角速度，助力器的最大行程应能保证最大的舵偏度。表 2-2 列出了几种国产歼击机采用的液压助力器的静态性能数据以供参考。

表 2-2　各型助力器的静态性能数据

型别	机型	最大输出力/N	活塞最大运动速度/（mm/s）	活塞行程		工作压强/（N/cm²）
				设计行程/mm	工作行程/mm	
ZL-6	歼 12 平尾	55430	29～61	74	70	2060
ZL-8	歼八平尾	98100	65～70	94.2	81.5	2060
ZL-9	歼八副翼	27230	110～140	90	80	2060
ZL-12	强五平尾	98100	75～100	94	82	2060

下面根据助力器在飞机上的不同安排方式，讨论助力器性能参数的确定和相互匹配。

1）助力器与舵面在同一运动平面内

先讨论助力器直接与平尾连接的情况，如图 2-29 所示。确定助力器的最大输出力应考虑当舵面操纵摇臂离开中立位置，和助力器在实际使用中的最大输出力并不在其零速度附近这两个因素。前者近似按舵偏度为 15°～20°（即 $\cos\varphi_1 \approx 0.95$），输出力必须增大 1/0.95 倍。后者宜将输出力放大 15%～20%。这样，满足舵面参数要求选择的助力器最大输出力应为

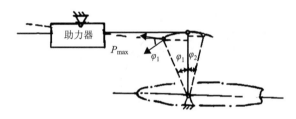

图 2-29　助力器与平尾直接连接

$$P_{\max} = (1.2 \sim 1.25)\frac{M_{j\max}}{r} \tag{2.20}$$

助力器的最大输出行程近似按舵面向上下极限偏转角 φ_1 和 φ_2 要求，应为

$$S_{\max} = r(\sin\varphi_1 + \sin\varphi_2) \tag{2.21}$$

考虑到助力器活塞在行程终点不与外筒内壁相碰，S 往往还要留 4～5mm 余量。此外助力器的平均运动速度按舵面最大偏转角速度 ω 要求，并考虑安全放大 5% 后，应为

$$v = 1.05r\omega \tag{2.22}$$

式中，$\omega(1/s)$ 可按舵面偏转一周所需的时间与驾驶员以通常速度来回一次所需时间相等考虑，按统计值取为：$\omega = 27 \sim 32((°)/s)$；应急时：$\omega = 12 \sim 17((°)/s)$。

现以某超声速歼击机全动平尾数据为例，说明它的助力器参数是如何确定的，以及与操纵系统结构是如何匹配的。已知该平尾数据为：$M_{j\max} = 3531.6\mathrm{N\cdot m}$，$\varphi_{\max} = -26.5° + 11.5°$，$\omega = 0.471 \sim 0.588(1/s)$，$r = 0.177\mathrm{m}$。

代入式（2.20）～式（2.22），得助力器应具备的性能数据为：$P_{\max} = 23936 \sim 24917\mathrm{N}$，$S_{\max} = 0.114\mathrm{m}$ 和 $v = 0.088 \sim 0.104\mathrm{m/s}$。

若该机选用的助力器性能数据为：$P_{\max} = 45126\mathrm{N}$，$S_{\max} = 80\mathrm{mm}$ 和 $v = 50\mathrm{mm/s}$。

对比发现所选用的助力器输出力有富裕，而输出位移和速度却不足。现用大于 1 的系数表示它富裕或不足的程度，那么，输出力富裕度 $n_p = \dfrac{45126}{23936 \sim 24917} = 1.81 \sim 1.89$（取 $n_{富裕} = 1.89$）；输出行程不足度 $n_s = \dfrac{114}{80} = 1.43$；输出速度不足度 $n_v = \dfrac{88 \sim 104}{50} = 1.76 \sim 2.08$（与 n_s 综合一起考虑，取 $n_{不足} = 1.76$）。

为此，解决的办法是必须在助力器和操纵摇臂之间布置一个传动比大于 1 的中间摇臂，以弥补助力器行程和速度的不足。中间摇臂的传动比 n 应取在富裕度和不足度之间，即 $n = 1.76 \sim 1.89$。

可见，当助力器 P 富裕和行程、速度不足时，应取中间摇臂 $n > 1$，且

$$n_{不足} < n < n_{富裕} \qquad 或 \qquad n_{sv} < n < n_p \qquad (2.23)$$

反之，当助力器 P 不足而行程和速度富裕时，应取中间摇臂 $n < 1/n$，且

$$1/n_{富裕} < n < 1/n_{不足} \qquad 或 \qquad 1/n_{sv} < n < 1/n_p \qquad (2.24)$$

这样，当有中间摇臂时，助力器静态参数应改写为

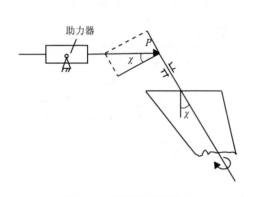

图 2-30 平尾后掠的情况

$$\begin{cases} P_{max} = (1.2 \sim 1.25)n \cdot \dfrac{M_{j\,max}}{r} \\ S_{max} = r(\sin\varphi_1 + \sin\varphi_2)\dfrac{1}{n} \\ v = 1.05r\omega\dfrac{1}{n} \end{cases} \qquad (2.25)$$

2）助力器和舵面不在同一运动平面内

如图 2-30 所示，由于平尾转轴后掠 χ，致使助力器与平尾不在同一运动平面内，根据舵面参数要求，助力器性能参数应按式（2.26）计算：

$$\begin{cases} P_{max} = (1.2 \sim 1.25)\dfrac{M_{j\,max}}{r} \cdot \dfrac{1}{\cos\chi} \\ v = 1.05r\omega \cdot \dfrac{1}{\cos\chi} \\ S_{max} = r(\sin\varphi_1' + r\sin\varphi_2') \end{cases} \qquad (2.26)$$

式中，$\tan\varphi_1' = \tan\varphi_1\cos\chi$，$\tan\varphi_2' = \tan\varphi_2\cos\chi$；$\varphi_1'$、$\varphi_2'$ 为顺气流方向的舵偏度，φ_1、φ_2 为垂直转轴方向的舵偏度。与 $\chi = 0$ 的情况相比可见，力和速度损失 $1/\cos\chi$ 倍，这是不利的。

现仍以上例的平尾数据为例，因平尾后掠角 $\chi = 52°20'$，则 $\cos\chi = 0.61$，$\tan\varphi_1' = 0.3042$，$\tan\varphi_2' = 0.124$。当无中间摇臂时，满足舵面参数要求，必须选用如下的助力器参数，即

$$\begin{cases} P_{\max} = (23936 \sim 24917)\dfrac{1}{\cos\chi} = 40810(\text{N}) \\[2mm] v = (88 \sim 104)\dfrac{1}{\cos\chi} = 147 \sim 170(\text{mm/s}) \\[2mm] S_{\max} = 177(\tan\varphi_1' + \tan\varphi_2') = 75.8(\text{mm}) \end{cases} \qquad (2.27)$$

若仍采用上例中的助力器，则助力器的速度远不能满足要求。为把力和速度的损失降至最低，可设法通过中间摇臂，使舵面操纵摇臂前的空间杆 AB 两端分别落在或近似落在助力器和舵面操纵摇臂运动平面内，如图 2-31 所示，即按上述要求在助力器与舵面之间布置的中间摇臂臂长分别为 $r_1 = 90\text{mm}$，$r_2 = 160\text{mm}$ 摇臂与拉杆间夹角分别为 $\alpha_1 = 71.9°$，$\alpha_2 = 91°$，则摇臂传动比为

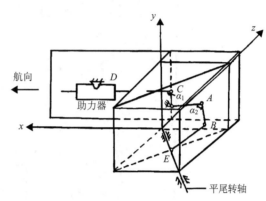

图 2-31　后掠平尾有中间摇臂的情况

$$n = \frac{160\sin 91°}{90\sin 71.9°} = 1.87 \qquad (2.28)$$

恰好落在 $1.76 \sim 1.89$ 范围内，助力器的静态参数能满足设计要求。

4. 液压助力器的活门卡阻探测装置

在诸多的大中型飞机飞行操纵面中，每个操纵面都可能采用多个作动筒操纵，每个操纵面均通过三个主液压系统的供压，然后分别到控制活门和作动筒，它们平均地分担操纵面上的负荷。如果有一个作动筒的控制活门发生卡阻时，这个作动筒不仅不能分担操纵面上的负荷，而且会给其他两个作动筒增加额外的负荷。因此，在操纵系统中设置有活门卡阻探测装置，当发生活门卡阻的现象时，它会发出警告信号，驾驶员就会将活门卡阻的那个主液压系统关断，使那个失效的作动筒不再给其他两个作动筒增加负荷。

图 2-32 所示为活门卡阻探测装置的系统工作原理简图。活门卡阻装置包括活门卡阻探测器和安装在液压助力器壳体内的离合器、释压活门等部分。活门卡阻探测器主要由一个弹簧支柱和一个微动电门组成。当系统正常工作时，作动筒的离合器被液压锁住，若驾驶员的操纵动作传到活门卡阻探测器上，具有一定预张力的弹簧支柱像一根刚性杆一样传力，它使输入杆 AB 绕点 A 转动，而操纵控制活门工作。此时，活门卡阻探测器的弹簧支柱不变形，微动电门的触点处于放松位置。当控制活门发生卡阻时，输入杆 AB 就不能运动，此时，驾驶员的操纵动作迫使活门卡阻探测器的弹簧支柱变形，微动电门的触点被转换到闭合位置，而发出警告信号。驾驶员发现警告信号之后，把该主液压系统选择手柄扳到"关断"位置，使该系统释压并使其液压泵人工卸荷。于是，作动筒活塞两边均可以较小的压力经释压活门释压，使它不再给其他作动筒增加额外负荷。同时，这个离合器也就放松，使输入杆 AB 能绕点 B 转动，活门卡阻探测器的弹簧支柱和微动电门恢复原状。然而，这时还不足以消除警告信号，必须人工操纵进行复原，以便使原

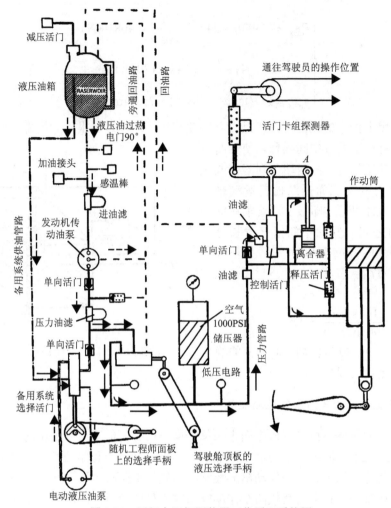

图 2-32　活门卡阻探测装置工作原理系统图

有的警告信号消除，并准备接受当其他液压系统作动筒的控制活门万一卡阻时发生新的警告信号。

当驾驶员操纵作动筒正常工作时，由于离合器在锁住位置，输入杆使控制活门移动，液压油进入使作动筒工作。当活门卡阻紧急情况，由图也可看出活塞被挤压一腔的高压油是如何通过释压活门（释压）使作动筒携带的额外负载大大减小的。

2.3.2　载荷感觉器及杆力配平装置

1. 载荷感觉器

不可逆助力操纵系统中，舵面载荷全部由液压助力器克服，驾驶员操纵力的感觉则由载荷感觉器提供，使驾驶员间接地感受到舵面气动载荷的变化，从而改善杆力特性和飞机的操纵性。

众所周知，弹簧能通过拉、压位移模拟载荷的大小，因此它用于飞机操纵系统就可反映杆力和杆位移关系特性。由一个弹簧构成的简单载荷感觉器给驾驶员提供了与操纵行程成正比的感觉力。

在某些对杆力、杆位移特性要求比较高的高速或超声速飞机上，只用一个弹簧来模拟杆力、杆位移呈线性变化关系是不能满足要求的。如图 2-33 所示，当杆位移小时，若用小刚度弹簧，则太小的杆力变化容易出现操纵太灵敏或过猛现象，因此要用大刚度弹簧来模拟小的杆力增量；当杆位移大时，若用大刚度弹簧，则太大的杆力变化又会导致操纵疲劳，因此要用小刚度弹簧使杆力增长缓慢些。选择一组不同刚度的弹簧，且用不同的弹簧预张力，这样就构成了随杆位移的变化使弹簧刚度也变化，即杆力、杆位移呈非线性变化的载荷感觉器。

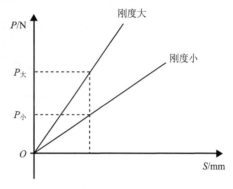

图 2-33　弹簧特性曲线

图 2-34 所示为弹簧感觉器的工作原理图。它采用了刚度不同的大、小弹簧及其支座 2 和 3 各两对，中间两个大弹簧刚度小，但预紧力大，两侧两个小弹簧刚度大，但预紧力小。当驾驶杆在中立位置时，活动杆 1 行程为零，两个大弹簧张力作用在外筒 4 上，两个小弹簧张力在活动杆上互相平衡。当活动杆向左移动时，大弹簧预紧力大，暂不受压，而右侧小弹簧受压，左侧小弹簧放松。当右侧小弹簧行程 S_a 为 1mm 时，右侧小弹簧支座 3 与右侧大弹簧支座 2 相接触，且压力正好等于大弹簧的预紧力。当活动杆继续向左移动时，压缩右侧大弹簧，左侧小弹簧继续放松，直至左侧小弹簧完全放松，即位移 S_b 为 4.4mm 时，左侧大、小弹簧支座相接触。若活动杆继续向左移动，这时只有右侧大弹簧压缩，弹簧张力随杆位移的增长逐渐变慢，形成了如图 2-35 所示的弹簧压缩曲线。

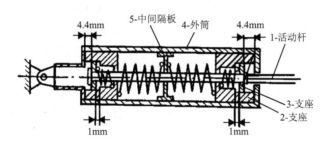

图 2-34　弹簧载荷感觉器工作原理

现将大小弹簧刚度 $J_大$、$J_小$ 和预紧力 $P_{0大}$、$P_{0小}$ 的数据代入，计算载荷感觉器在三个工作阶段所对应的杆力变化。

已知 $J_大 = 45.2\text{N/mm}$，$P_{0大} = 344.3\text{N}$，$J_小 = 63.8\text{N/mm}$，$P_{0小} = 280.6\text{N}$，且结构参数关系为

$$P_{0小} + J_小 S_a = P_{0大}, \quad J_小 S_b = P_{0小}$$

第一阶段右侧小弹簧压缩，左侧小弹簧放松，曲线点 a（$S_a = 1\text{mm}$）载荷为

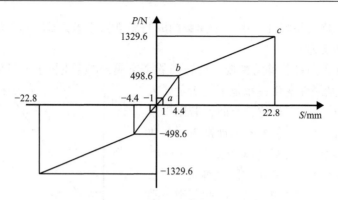

图 2-35　弹簧载荷感觉器特性曲线

$$P_a = P_{右小} + P_{左小} = (P_{0小} + J_小 S_a) + (-P_{0小} + J_小 S_a) = 2J_小 S_a = 128\text{N}$$

第二阶段右侧大弹簧压缩，左侧小弹簧放松，曲线点 b（$S_b = 4.4\text{mm}$）载荷为

$$P_b = P_{右大} + P_{左小} = (P_{0大} + J_大 S) + (-P_{0小} + J_小 S_b) = 498.6\text{N}$$

式中，$S = 3.4\text{mm}$。第三阶段右侧大弹簧压缩，曲线点 c（$S_c = 22.8\text{mm}$）的载荷为

$$P_b = P_{右大} + J_大 S = 1329.6\text{N}$$

式中，$S = 21.8\text{mm}$。

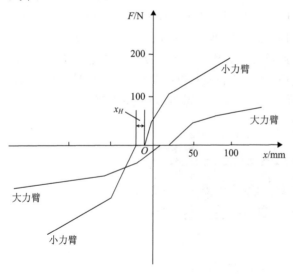

图 2-36　杆力特性曲线（无摩擦）

值得注意的是，与弹簧载荷感觉器的特性曲线相比，飞机操纵系统的杆力、杆位移特性曲线还应考虑操纵系统传动比的影响以及系统中间隙和摩擦的影响，如图 2-36 所示，该曲线不通过原点，而在原点附近有一空行程 x_H，飞行员在这段空行程中拉或推杆基本上没有力的感觉，舵面也不偏转。空行程是由系统各连接部分或附件的间隙积累到驾驶杆上形成的，空行程太大会影响飞机操纵系统的跟随性，会减小舵面的有效偏度，甚至会使舵面产生大的自由活动范围而使舵面振动，因此间隙要加以控制。

2. 杆力随飞行速压变化的模拟

在某些高速或超声速飞机中，要求杆力随杆位移变化的同时，还随飞行速压变化。速压大时，操纵系统感觉力大，速压小时，操纵系统感觉力小，从而改善驾驶员的杆力特性和操纵性能。

Q 罐和空速管负荷感觉装置在民用大中型飞机上得到应用，它为驾驶员还提供了与飞行速度平方成正比的附加感觉力。用同样的操纵力，大速度飞行时会比小速度飞行时产生的操纵位移小,以防止大速度飞行时操纵过量。Q 罐及空速管负荷感觉装置如图 2-37 所示。空速管负荷系统是用来向 Q 罐提供全压和静压气源。Q 罐壳体内部被两个活塞分隔成四个腔室,两活塞的动作杆一端通过链条与 Q 罐动作臂连接,另一端通过链条与回程弹簧连接。由于每个活塞上受到两边作用过来的全压与静压,因此当操纵 Q 罐传动臂转动并拉 Q 罐活塞向前时,活塞上作用的动压就返回到驾驶盘,使其感受到与飞行速度平方成正比的感觉力。如系统发生故障使感觉力变小时,系统的失速警告系统会发出警告,以提醒驾驶员在操纵飞机时注意动作柔和。

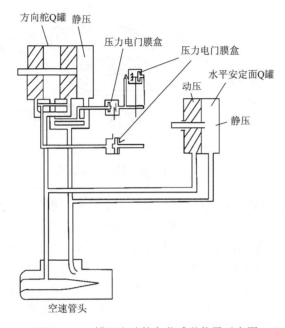

图 2-37　Q 罐及空速管负荷感觉装置示意图

驾驶杆力随飞行速压变化的另一种方法是采用液压载荷机构。由于方向舵操纵摇臂与随飞行速压变化的液压载荷机构相连,从而使脚蹬感觉力在空中飞行和起飞着陆时不同。

另外还有一种结构形式是,弹簧载荷器与一个臂值可自动随飞行速压变化的摇臂(即自动变臂装置)相连,当速压大时,由于连接自动变臂装置的臂值大,弹簧的压缩量大,传回到驾驶员杆力的感觉也大;当速压小时,连接自动变臂装置的臂值小,驾驶员力的感觉也小。以上两种形式都在现代超声速战斗机中得到应用。

3. 杆力配平装置

通常飞机上的活动调整片是用来帮助飞行员在长途飞行中平衡舵面气动载荷以卸除杆力,从而减轻飞行员的操纵疲劳。

采用不可逆助力操纵系统后,舵面上的气动力全部由助力器活塞两腔的压差所平衡,驾驶杆力并不来自舵面负载,而是来自弹簧感觉器,因此要卸除杆力无须调正片,而是卸除载荷感觉器中的弹簧张力,即弹簧压缩位移。杆力配平装置就是用来卸除弹簧感觉器中的压缩位移，从而卸除杆力，使驾驶员能松杆飞行。

调整片效应机构是常用在超声速战斗机上的杆力配平装置。它通过驾驶员操纵电门实现配平。调整片效应机构实质上是一个双向转动的电动机构，其外壳固定在机体结构上，活动杆可以在外筒内伸缩移动，并与载荷机构外筒相连，如图2-38所示。

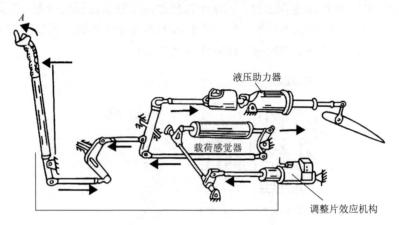

图 2-38　调整片效应机构工作原理

例如，当飞行员长时间推杆飞行（这时载荷感觉器的弹簧受压，活动杆向右位移 ΔS）时，若要卸除杆力，飞行员可向上扳动驾驶杆上的操纵电门 A，调整片效应机构即通电，其活动杆自动缩进去。载荷感觉器外筒也跟着向右移动，使受压弹簧放松。直至效应机构活动杆位移使载荷感觉器外筒的位移量等于其活动杆原先被压缩的位移量 ΔS 时，杆力全部消除。这样飞行员无须用力，就可使驾驶杆和舵面保持在既定的位置上。若电门 A 在中立位置时，电机不工作，调整片效应机构位置信号灯点亮。

调整片效应机构也能用来操纵平尾。例如，当松杆时操纵电门，活动杆移动并带着载荷感觉器、力臂调节器和助力器一起使舵面偏转，这时，载荷感觉器只起传动杆作用，驾驶杆跟平尾一起活动但感觉不到杆力。

另外还有一种常用在一些大、中型运输机上的杆力配平方法是通过驾驶员操纵配平手轮实现的。配平手轮通过一套传动装置与弹簧感觉器的外壳相连，操纵手轮就能使弹簧载荷感觉器的壳体与弹簧压缩产生相同方向的位移，从而卸除弹簧压缩位移和杆力。

2.3.3　力臂自动调节装置

1. 力臂调节装置的作用

由于飞机飞行高度和速度的范围不断扩大，尤其超声速飞机作曲线飞行时，平尾偏度对过载的变化率 φ^{n_y} 变化会很大（图2-39），由此带来杆力、杆位移随过载的变化率 F^{n_y} 和 x^{n_y} 也变化很

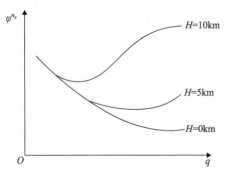

图 2-39　φ^{n_y} 随 q 及 H 的变化

大。这样，φ^{n_y} 值的大小直接影响驾驶杆力、杆位移的大小和驾驶员的正常操纵。φ^{n_y} 太大，飞行员会感到操纵不灵；φ^{n_y} 太小，则容易无意识地产生大的过载，甚至会超过飞机结构设计的允许值。因此杆力梯度 F^{n_y} 和杆位移梯度 x^{n_y} 在飞机操纵品质规范中有具体规定。

杆力梯度 F^{n_y} 和杆位移梯度 x^{n_y} 与过载梯度 φ^{n_y} 之间有如下的关系：

$$x^{n_y} = \frac{\Delta x}{\Delta \varphi} \cdot \frac{\Delta \varphi}{\Delta n_y} = \frac{1}{K} \varphi^{n_y} \tag{2.29}$$

$$F^{n_y} = \frac{\Delta F}{\Delta x} \cdot \frac{\Delta x}{\Delta \varphi} \cdot \frac{\Delta \varphi}{\Delta n_y} = F^x \frac{1}{k} \varphi^{n_y} \tag{2.30}$$

显然，x^{n_y}、F^{n_y} 与 φ^{n_y} 成正比，而与操纵系统传动系数 K 成反比；此外 F^{n_y} 还与杆力、杆位移梯度 F^x 成正比。可见，若要增大 x^{n_y}，可通过减小 K 实现；若要增大 F^{n_y}，可通过减小 K 和增大 F^x 实现，反之亦然。例如，在高空或低速飞行时，需要 φ^{n_y} 较大（图 2-39），则 x^{n_y} 和 F^{n_y} 可能会太大，这时若采用大 K 和小 F^x 就可以使 x^{n_y} 和 F^{n_y} 减小一些；反之在低空或高速飞行时，需要 φ^{n_y} 较小，则 x^{n_y} 和 F^{n_y} 可能会太小，这时若采用小 K 和大 F^x 就可以使 x^{n_y} 和 F^{n_y} 增大一些。此外，还希望杆力梯度 F^x 的变化与飞行速度变化一致。因此，随飞行高度和速度的变化能自动调节操纵系统 K 和 F^x 值，达到改变 x^{n_y} 和 F^{n_y} 的目的，以适应驾驶员在不同飞行状态下保持驾驶技术一致，这正是力臂自动调节装置的任务。

2. 力臂自动调节器的工作原理

力臂自动调节装置由控制盒、力臂自动调节器和力臂位置指示器、大力臂信号灯组成。

控制盒与全、静压管相通，根据飞机飞行速度和高度变化，向力臂调节器发出电信号，力臂调节器接收信号后，电动机操纵活动臂上下移动，改变驾驶杆到平尾和到载荷机构的传动比，并将活动臂位置的回输信号传给控制箱和力臂位置指示器。当控制箱接收的回输信号与其发出的操纵信号相等时就停止向力臂调节器输出电信号，活动臂就保持在相应的位置上。

图 2-40 所示为力臂自动调节器的工作原理图。其壳体固定轴 A 连接于机身上，壳体接耳 B 与驾驶杆传动杆相连，其活动臂 CD 在壳体内可以上下移动，上端 C 与舵面传动杆相接，下端 D 与载荷机构活动杆相连（CD 长度不变）。活动臂伸出到最大位置时，处于大力臂极限状态，这时臂值 AC 最大，系统传动比最大，舵偏度也最大，但 AD 最小，弹簧压缩位移 ΔS_2 最小，杆力也最小；当活动臂缩进到最低位置时，处于小力臂极限状态，这时臂值 AC 最小，传动比最小，舵偏度也最小，但 AD 最大，弹簧压缩位移 ΔS_1 最大，杆力也最大。因此力臂调节器相当于一个从动臂值可以大幅度随飞行高度和速度自动改变的三臂摇臂（图 2-40（c））。

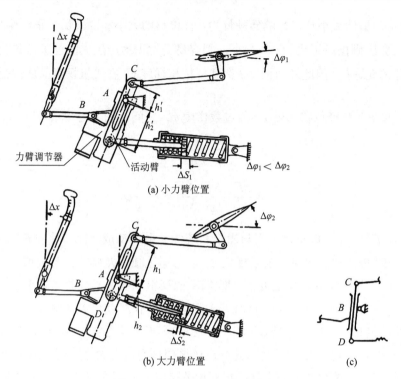

(a) 小力臂位置

(b) 大力臂位置

(c)

图 2-40 力臂自动调节器工作原理

现根据某机力臂调节器的具体数值,计算一下它在大力臂和小力臂极限状态下杆力、杆位移的变化。已知力臂调节器输出臂值（指有效半径）如下。

大力臂极限状态：$h_1 = 100\text{mm}$，$h_2 = 40\text{mm}$。

小力臂极限状态：$h_1' = 50\text{mm}$，$h_2' = 90\text{mm}$。

则力臂调节器通向平尾和弹簧机构的传动比分别为

$$n_1 = \frac{h_1}{AB}, \quad n_2 = \frac{h_2}{AB}$$

现将杆位移梯度和杆力梯度作如下变换，即

$$x^{n_y} = \frac{x\varphi}{\varphi^{n_y}} = \frac{1}{K}\varphi^{n_y} = \frac{1}{n/r}\varphi^{n_y}$$

$$F^{n_y} = \frac{F}{x}\frac{1}{n/r}\varphi^{n_y} = n_s^2 J \frac{1}{n/r}\varphi^{n_y} \quad \left(\text{因为}\frac{F}{x} = \frac{F}{P}\frac{P}{S}\frac{S}{x} = n_s^2 J\right)$$

式中，n_s 为驾驶杆至弹簧载荷机构的传动比，$n_s = \frac{F}{P} = \frac{S}{x}$（$P$、$S$ 为载荷机构的载荷和位移）；J 为弹簧载荷机构本身的刚度，$J = \frac{P}{S}$。设 $n = n_1$（n 为该纵向操纵系统传动比，n_1 为力臂调节器本身传动比），则在相同的 φ^{n_y} 条件下，可得

$$\frac{(x^{n_y})'}{x^{n_y}} = \frac{n_1}{n_1'} = \frac{h_1}{h_1'} = 2$$

$$\frac{(F^{n_y})'}{F^{n_y}} = \frac{(n_s^2)'}{n_s^2} \cdot \frac{n_1}{(n_1)'} = \left(\frac{h_2'}{h_2}\right)^2 \cdot \frac{h_1}{h_1'} = 10.12$$

可见，由大臂变到小臂极限状态，改变单位过载的杆力要增大 10 倍，杆位移增大 2 倍。

必须指出，如果力臂调节器在空中出现故障，突然由小臂变到大臂状态，这时如果驾驶员不知道，仍用小臂的杆力去操纵，一定会操纵过猛，引起飞机大幅度飘摆造成事故。因此在座舱前方仪表板上有大、小力臂极限位置信号灯和力臂位置指示灯。

另外，在飞行着陆时，如果力臂突然卡死在小臂位置，因这时 K 小、φ 小，飞机很难正常着陆，甚至十分危险，故确定平尾偏度最小值时要考虑到小臂着陆状态的可能。

根据如上分析可知，力臂调节器的臂值 h，也就是操纵系统传动比 K 随速压 q 的变化规律，应当与飞机的 $\varphi^{n_y}(q)$ 曲线规律一致。图 2-41 给出了某机力臂调节规律曲线。例如，高度 $H=5000\text{m}$ 的 $abcc'$ 曲线，它的调节规律是：表速在 480km/h 以下时，由于速压较小，为保证飞机在低速飞行和起飞着陆时平尾有足够偏度，传动系数宜大，因此力臂保持在大臂不变；飞行表速在 480～900km/h 时，随表速增加，速压增加，作同样机动飞行，平尾偏度宜小，因此力臂逐渐变小；飞行表速达到 900km/h 时，其 Ma 数已接近 1，由于超声速后 φ^{n_y} 基本不变，因此力臂就保持在小臂位置。

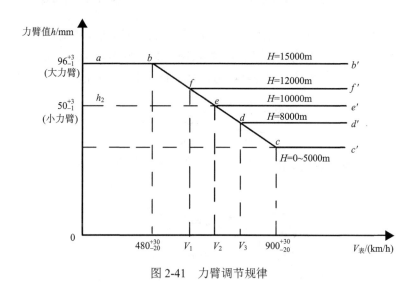

图 2-41　力臂调节规律

总的来说，$H=5000～15000\text{m}$ 范围内，在亚声速阶段，力臂按表速调节；在超声速阶段，力臂按高度调节；当 Ma 数接近 1 时，如表速不变，高度增加，力臂则变大，力臂随表速调节范围变小。

3. 力臂调节器改善纵向操纵性能

借助力臂调节器还可以减小跨声速飞行时平尾偏度平衡曲线 $\varphi(Ma)$ 上的凹勺，减缓反操纵现象。

平尾 $\varphi(Ma)$ 曲线若用 $x(Ma)$ 代替，并将它改造成虚线 $x'(Ma)$ 样子，如图 2-42 所示，即在跨声速到超声速的过渡阶段，在保证气动要求所必需的平尾偏度情况下改变杆位移，例如，当 $Ma = Ma_1$，$\varphi = \varphi_1$ 时，杆位移由原来的 $x = x_1$ 变为 $x = x_2$，这样，反操纵就能消除。为此可以设想，在其操纵系统的 $x(\varphi)$ 曲线（图 2-43）中，由大力臂状态变到小力臂状态，不仅曲线斜率改变，即图中的曲线 CD 变到 AB 曲线，而且曲线向左平移 $\Delta\varphi$，习惯上把 $\Delta\varphi$ 值称为引动偏差（或称为变臂偏度）。

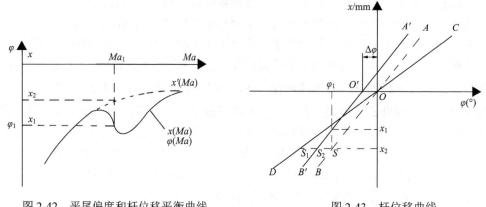

图 2-42　平尾偏度和杆位移平衡曲线　　　　图 2-43　杆位移曲线

引动偏差的获得可以通过在结构上合理安排力臂调节器活动臂与拉杆之间在大力臂时的夹角 β 实现。如图 2-44 所示的几种连接情况，对于图 2-44（a）、（c）对应的安排方法，舵面不可能产生负的偏度，图 2-44（b）对应的安排方法却能达到。

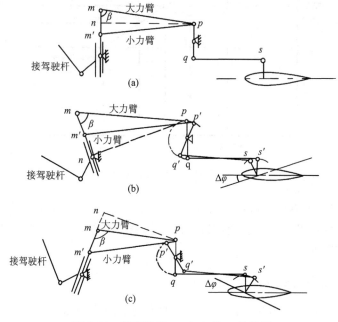

图 2-44　变臂偏度 $\Delta\varphi$ 与夹角 β 的关系

2.3.4 液压变臂机构

在超声速变后掠翼飞机上的液压变臂机构通常采用随机翼后掠角改变而变臂的凸轮-液压作动筒机械装置。当高速大后掠或低速小后掠飞行时，通过自动变臂使系统传动比变小或变大，使舵偏度得到所需的调整，以改善变后掠翼飞机低速飞行舵面效率降低引起的操纵困难。

图 2-45 给出了这种液压变臂机构的工作原理图和对应的飞机舵偏度、杆位移 $\varphi(x)$ 曲线。其中可调摇臂 3 的固定臂通过杆 1 与驾驶杆相连，长度可调的另一端通过拉杆 2 经差动机构与平尾相连，活动臂的另一端通过中间摇臂 5 与作动筒 6 的活塞杆相连，作动筒两腔的液压由飞机的主液压系统提供，其中靠近活塞杆输出端的一腔始终供应的是高压油，另一腔的压力由一个旁路程序控制活门 7 来控制，11 为控制阀。

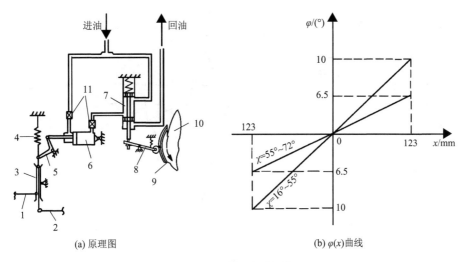

图 2-45 液压变臂机构

当机翼在小后掠角 16°～55° 范围内变化时，与活动翼 10 一起转动的凸轮 9 带动杠杆 8 顺时针方向旋转，压迫分油活门分配阀 7，使之上移，作动筒两腔都进高压油（如图 2-45（a）所示位置）。但由于作动筒活塞两边的面积不等，在液压的作用下，活塞杆伸出带动中间摇臂 5 逆时针偏转，从而使活动臂伸长，系统的传动比增大。

当机翼在大后掠角 55°～72° 范围内变化时，凸轮不再顶杠杆，分油活门内部的弹簧把分配阀推开，关闭了连接主液压系统的通路，使活动臂缩至小臂位置。

若液压系统被损坏，压力消失，则可在恢复弹簧 4 的作用下，将活动臂固定在小臂位置，起到安全、应急的作用。

2.3.5 非线性机构

操纵系统的非线性机构用于实现输入与输出位移呈非线性变化关系，典型曲线如图 2-46 曲线 3 所示。当飞机作低空高速（$Ma<1$）飞行时，因动压大、舵面效率高，宜采用小传动比（曲线 2），小位移操纵时不会太灵敏导致不易控制。反之当飞机作高空低

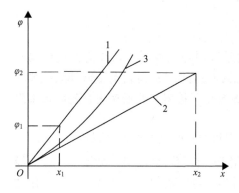

图 2-46　杆位移和舵偏度关系曲线

速飞行时,动压低、舵面效率低,宜采用大传动比(曲线 1),大位移操纵时,杆力不会太大导致操纵不动。

图 2-47 和图 2-48 所示分别为某机副翼操纵系统采用的带三角摇臂连杆式非线性机构及其运动图。从传动机构原理分析,它是一个六杆机构,由 O_2BCO_1 四杆机构再加上三角摇臂 3 和拉杆 4 组成。也可以认为它是在五杆机构 O_2BDEO_3 的基础上多了一个摇臂 2 起约束作用,才使输出杆 4 跟随输入摇臂 1 有确定的运动,因此,这是具有一个自由度的几何不变的平面运动机构。

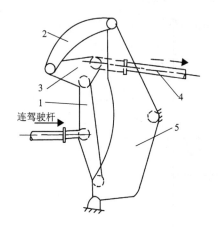

图 2-47　带三角摇臂连杆式非线性机构

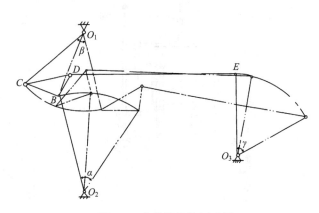

图 2-48　非线性机构运动图

由运动图可知,输入摇臂 1 由中立位置向右运动时,由于摇臂 2 的制约,迫使三角摇臂逆时针方向转动,输出杆 4 产生向左的附加运动,减少了向右的实际运动量,使副翼偏转角增量减小。当驾驶杆由倾斜三分之一行程到极限位置的范围内继续移动时,由于摇臂 2 的作用,迫使三角摇臂顺时针方向转动,输出杆 4 产生向右的附加运动,增大了向右的实际运动量。因此,该六杆机构输入与输出之间的传动呈非线性关系,如图 2-49 所示。

连杆式非线性机构构造较复杂,但加工方便、间隙小,适用于对系统间隙要求较严的助力操纵系统中。此外,还有一种齿轮式非线性机构,它的加工复杂、易磨损、间隙大,适用于无助力器的操纵系统。

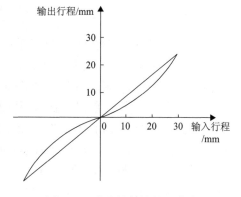

图 2-49　非线性机构传动曲线

2.4 辅助操纵系统

辅助操纵系统包括增升装置、增阻装置和配平操纵等。轻型飞机的辅助操纵一般有襟翼操纵和调整片操纵，战斗机一般还有减速板。大型飞机的辅助操纵系统比较复杂，其中增升装置包括后缘襟翼系统、前缘襟翼和前缘缝翼，用于飞机在低速飞行时产生较大的升力；增阻装置是指扰流板/减速板系统，用于增加阻力和减少升力；配平操纵包括滚转、偏航和俯仰配平。

2.4.1 增升装置

1. 增升装置的驱动方式

现代民航客机增升装置的动力主要包括液压、气源或电力，通过驱动对应的液压马达、液压作动筒、气动马达、电动机等作动装置来作动增升装置。后缘襟翼和前缘襟翼、缝翼可采用一种或两种动力作动。例如，B737 飞机增升装置在正常工作方式下通过液压马达作动，备用工作方式为电动机驱动；A320 飞机的襟翼、缝翼正常情况下采用两个液压马达同时作动，备用方式下可由一个液压马达以半速作动襟、缝翼放出。小型通用飞机增升装置一般采用电动机作动。

增升装置的驱动方式主要有两种：旋转驱动和线性驱动。旋转驱动方式是将动力源的机械转动通过旋转作动器驱动后缘襟翼或前缘装置放出和收进，如图 2-50 所示。线性驱动是将动力源的机械转动通过丝杠机构转换成丝杠螺母的直线运动。驱动后缘襟翼收放。如图 2-51 所示，B757 飞机将襟翼动力驱动组件的动力传递到扭力轴，扭力轴沿翼展方向传递扭矩，再通过齿轮箱和襟翼转换装置将运动沿飞机纵向传递，驱动螺母沿丝杠轴线运动，从而驱动连接在丝杠螺母上的襟翼滑架运动，使连接在滑架上的后缘襟翼沿滑轨放出。有些飞机的后缘襟翼与前缘装置采用作动筒作动，也属于线性驱动。

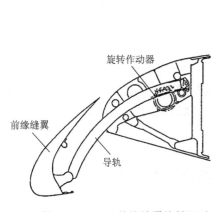

图 2-50　B757 前缘缝翼旋转驱动

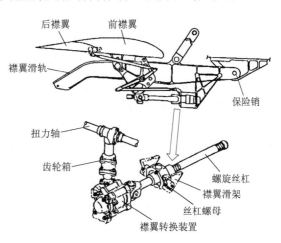

图 2-51　B757 后缘襟翼线性驱动

2. 增升装置的位置指示

增升装置必须要有位置指示，以便让驾驶员知道增升装置所处位置以及是否正常，方便正常操纵飞机。

图 2-52 所示为 B737 飞机后缘襟翼位置指示器，其信号来自于位于襟翼扭力管上的位置传感器。传感器将具体的襟翼位置信息连续地供到驾驶舱内的指示器上。指示器上有襟翼的位置刻度，中间是襟翼的指针。指针采用双指针形式，通常只能看见左指针，但襟翼发生不对称故障时，两个指针分开，可看到右指针。

前缘装置指示器为指示器面板上的前缘襟翼和缝翼位置灯。因为前缘襟翼有两个位置，位置灯为过渡灯（表示襟翼处于运动状态）和伸出灯，而缝翼有 3 个位置灯，即过渡灯、伸出灯和完全伸出灯，如 2-53 所示。

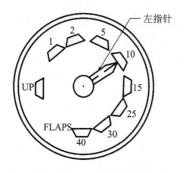

图 2-52　后缘襟翼位置指示器

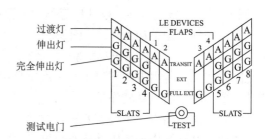

图 2-53　前缘装置指示器

当前缘襟翼、缝翼在收上位置时，所有灯熄灭；当前缘装置移动时，过渡灯亮；当前缘装置移动到伸出位置时，伸出灯亮；当前缘缝翼在完全伸出位置时，完全伸出灯亮。在前缘装置指示器面板上有一个测试电门，当按压该电门时，所有指示灯亮。

3. 襟翼保护

B737 飞机对后缘襟翼系统提供了以下保护功能，这些保护功能只能在正常工作方式下有效，在备用襟翼操纵期间，保护功能丧失。

1）不对称保护

后缘襟翼放出的角度大，若放出时左、右两侧襟翼放出角度不同（两个内侧或外侧襟翼比较），则会产生很大的滚转力矩，左、右侧襟翼角度差值超过系统设定的阈值时，相应控制系统会自动切断襟翼的工作，防止襟翼不对称状态的进一步扩大。

2）不同步偏斜保护

同一块襟翼的内侧和外侧放出不一致，称为不同步偏斜。不同步偏斜超过一定值后，相应控制系统会自动切断襟翼的工作，防止襟翼不同步偏斜的进一步扩大。

3）非指令运动保护

如果襟翼系统存在故障，使襟翼在没有驾驶员指令的情况下移动，相应控制系统将探测并限制后缘襟翼行程。

4）过载保护

襟翼驱动机构中设置了襟翼载荷限制器，用于保护襟翼结构，防止过大的气动载荷损伤襟翼。当后缘襟翼处于完全放出位置时，某一时刻的空速超过预定值，后缘襟翼会自动收进到一个稍小的角度，防止襟翼结构承受过大的气动载荷。

如果缝翼不对称，也会产生很大的滚转力矩，因此有些飞机的前缘缝翼也设有不对称保护功能。A320 飞机在襟缝翼传动系统靠近翼尖处设有翼尖刹车（wing tip brakes，WTBs），翼尖刹车在两侧襟缝翼出现放出不对称、超速、失控或非指令运动的情况下开始工作，使传动机构停止作动，并锁定在当前位置上。

2.4.2　增阻降升装置

大型飞机增阻降升装置是指扰流板/减速板系统。扰流板是安装在机翼上表面的可偏转小片。当扰流板打开时，由于扰流板的阻挡，使其前面的气流受到阻滞，速度降低，压力升高，其后形成气流分离区，机翼的升力减小。扰流板收进时，它紧贴在机翼上，不影响机翼表面气流的流动。扰流板按其作用的不同可分为地面扰流板和飞行扰流板。

地面扰流板只能在地面使用，当飞机着陆时，地面扰流板可完全放出，卸除机翼的升力，提高刹车效率，增大阻力，缩短飞机的着陆滑跑距离。

飞行扰流板既可在空中使用也可在地面使用。飞行扰流板在地面使用时，与地面扰流板相似。在空中使用时，飞行扰流板主要有两个作用：一个是作为减速板使用，由减速控制手柄控制，可使左、右侧的飞行扰流板同时打开，用于飞机空中减速；另一个是配合副翼进行横侧操纵，即当驾驶盘旋转角度超过一定值时，副翼上偏一侧的飞行扰流板打开，配合副翼进行横侧操纵，而另一侧的飞行扰流板不作相应的偏转。当副翼系统出现故障而卡死时，飞行扰流板还可以单独进行应急横侧操纵。

如图 2-54 所示，驾驶员操纵驾驶盘，输入机械信号传到副翼操纵系统，同时，该信号传到扰流板传动比改变机构和扰流板混合机构，然后通过钢索系统作动飞行扰流板动

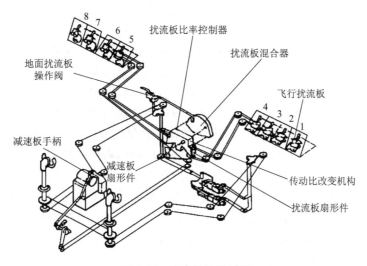

图 2-54　扰流板操纵系统

力操纵组件的操纵阀，此时，具有液压压力的液压油通过操纵阀进入飞行扰流板动力操纵组件的作动器内，驱动飞行扰流板。同时飞行扰流板提供机械反馈信号使操纵阀回到中立位置，这就使飞行扰流板停在所要求的位置。副翼向上一侧的飞行扰流板向上偏转，副翼向下一侧的飞行扰流板保持关闭，位置不变。当副翼操纵系统卡死时，副驾驶员可以用较大的力克服安装在驾驶杆底部的防卡超控机构的弹簧力，直接操纵飞行扰流板，保证横向操纵；反之，当飞行扰流板操纵系统卡死时，正驾驶员可以用同样的方法对副翼进行操纵。

当驾驶员在空中操纵减速板手柄时，扰流板混合机构将驾驶盘输入和减速板手柄信号相加，相加后的信号被送入飞行扰流板动力操纵组件的操纵阀，飞行扰流板全部向上打开，此时，飞行扰流板充当空中减速板使用。扰流板传动比改变机构是用于改变副翼系统输入对飞行扰流板响应的比率。飞行扰流板的最大反应出现在减速板手柄的下位置，随着减速板手柄从下位置向上移动，副翼输入对飞行扰流板响应成比例减小。当飞机着陆后，减震支柱压缩或机轮速度达到一定值时，驾驶员操纵减速板手柄，可通过传动系统作动地面扰流板操纵阀，此时，具有液压压力的液压油通过操纵阀进入地面扰流板作动筒内，地面扰流板被打开至最大位置。同时，减速板手柄的输入信号被传到飞行扰流板动力操纵组件，所有飞行扰流板被打开到最大位置。这样，可减少飞机升力，增加机轮和地面的结合力，因此增加了刹车效率。如果满足规定的逻辑条件，那么所有飞行扰流板和地面扰流板在地面均自动打开，驾驶员可通过减速板手柄操控扰流板的自动工作。在任意一个油杆前推前，自动打开的所有扰流板均收回。在中止起飞时，所有扰流板自动打开。

2.4.3 配平操纵

现代大型飞机俯仰配平操纵的操纵面为调整片和水平安定面。滚转及偏航方向上配平操纵面是调整片和主操纵面，配平是由改变调整片位置或主操纵面的中立位置来实现的。

横侧或偏航配平操纵主要在长时间保持盘旋或飞机出现较大不对称力矩的情况下使用。例如，当多发飞机的部分发动机失效时欲保持直线飞行，需进行偏航配平。

现代大中型飞机由于纵向尺寸大，飞行重心纵向位移量大，如果重心偏前或偏后单靠升降舵是不能完全实现纵向操纵的，需要配备可调水平安定面。

以 B737NG 飞机为例，水平安定面可由驾驶盘上的配平电门控制。配平电门一般位于左驾驶盘左侧和右驾驶盘右侧，可由正、副驾驶员用拇指操纵。此电门有三个位置，"低头配平"位、"关断"位和"抬头配平"位。此电门为弹性开关，向前或向后作动开关后，水平安定面开始运动，在水平安定面运动到指定位置后，松开电门，电门会自动回中。除配平电门外，飞机上还有俯仰配平手轮可实现人工俯仰配平。当驾驶员转动配平手轮时，带动链轮和链条并驱动前钢索鼓轮时，同时带动到后钢索鼓轮的钢索，后钢索鼓轮转动并驱动齿轮箱和丝杠，改变安定面位置。

安定面配平模式有以下几种。

（1）人工机械配平：通过配平手轮进行，任何时候都可以操纵。

（2）人工电动配平：通过驾驶盘外角上的两个配平电门进行。

（3）自动驾驶配平：由自动驾驶的俯仰通道进行。

（4）速度配平：在高推力、低速度飞行时，飞机由于速度增加造成纵向力矩的不平衡，通过速度配平平衡飞机的纵向力矩，减轻驾驶员的负担。

（5）马赫数配平：马赫数配平主要在高速飞行时使用，用于补偿跨声速飞行时焦点后移所产生的下俯力矩并自动平衡纵向力矩，增加大马赫数飞行时飞机的纵向稳定性。

2.5　飞机操纵系统计算机辅助设计与分析

飞机操纵系统计算机辅助设计与分析，可以减少设计成本，加快设计进度。本节对操纵系统传动分析、动态特性分析和运动仿真与干涉分析方法等内容进行简要介绍。

2.5.1　飞机操纵系统传动分析

1. 操纵系统传动分析的内容和方法

飞机操纵系统作为运动部件，在设计中需要精确协调和确定系统的传动比，计算系统在驾驶杆全行程范围内的运动位置、各交点的动点坐标值，为系统与结构的协调、系统的强度、刚度计算以及系统详细设计提供依据。过去传统的办法是采用图解法或运动模线法，它们既烦琐又费时，精度也低。目前已广泛采用计算机辅助传动分析的设计方法可大大缩短研制周期，并使过去那些难以用手工计算和作图方法解决的复杂传动分析问题得以精确地解决。

操纵系统传动分析的基本方法和步骤：首先建立系统或机构的数学模型，也就是输入与输出关系的运动方程，然后寻找一种合适的解法，编制计算程序，最终得到全系统空间的运动关系。由于表示操纵系统运动关系的运动方程多为非线性方程，因此需要掌握一些典型的数学建模方法和解非线性方程的求解方法。这里先对系统传动分析中常遇到的两个问题进行介绍。

1）系统的分解

操纵系统通常是由若干组连杆机构组成，它们具有确定运动的平面或空间四连杆机构，还有六杆机构或一些特殊机构。建立和求解以上每一机构的输入、输出关系，并把它们串联起来就可以得到全系统的运动关系。如图 2-55 所示，系统可分解成 6 个平面杆系，其中非线性机构Ⅵ是平面六杆机构，Ⅰ和Ⅳ、Ⅴ分别为单摇臂和导向杆系，其他均为平面四杆机构。

对给定系统可根据它们的传动特点确定几种典型的机构类型，分别建立它们的数学模型，建立包括输入、输出位移或坐标数据在内的运动方程，并编出相应的子程序。有了系统中每一组机构的输入、输出关系后，因前一组连杆机构的输出便是后一组连杆机构的输入，这样，从驾驶杆开始，逐级给定每一组的输入杆位移或动点坐标，并依次把各组计算连接起来一直到舵面，就可以建立相应的主程序并解出全系统在驾驶杆全行程范围内的运动空间位置。

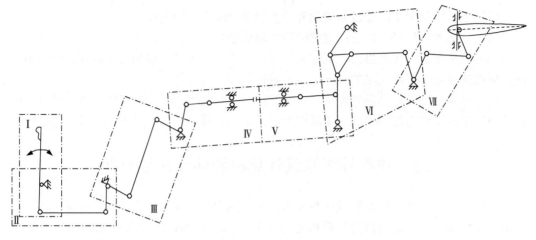

图 2-55　操纵系统机构的分解

2）坐标变换

坐标变换是为了建立系统各机构间或机构、系统间及其相对飞机坐标系的坐标变换关系。总体坐标系与局部坐标系的转换关系如图 2-56 所示，原点为 O 的 xyz 坐标系转换至原点为 O' 的 $\xi\eta\zeta$ 新（或总体）坐标系（图 2-56（b）），应包括旋转变换和平移变换两部分。

（1）旋转变换。

设 xyz 坐标系内一点 A（x，y，z），依次绕其任一轴 x、y 和 z 顺时针方向转过某一角 F 后，形成 $\xi\eta\zeta$ 新坐标系，用 A'（ξ，η，ζ）表示。图 2-56（a）为绕 z 轴转过 F 角的情况。旋转后新坐标 A'（ξ，η，ζ）可由式（2.31）表示为

$$\begin{cases} \xi = x\cos F - y\sin F \\ \eta = x\sin F + y\cos F \\ \zeta = z \end{cases} \quad (2.31)$$

用矩阵形式表示为

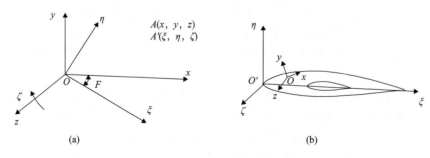

图 2-56　坐标变换

$$\begin{Bmatrix} \xi \\ \eta \\ \zeta \end{Bmatrix} = \begin{bmatrix} \cos F & -\sin F & 0 \\ \sin F & \cos F & 0 \\ 0 & 0 & 1 \end{bmatrix} \begin{Bmatrix} x \\ y \\ z \end{Bmatrix} \tag{2.32}$$

绕 z 轴坐标转换矩阵为

$$a_3 = \begin{bmatrix} \cos F & -\sin F & 0 \\ \sin F & \cos F & 0 \\ 0 & 0 & 1 \end{bmatrix} \tag{2.33}$$

绕 y 轴坐标转换矩阵为

$$a_2 = \begin{bmatrix} \cos F & 0 & \sin F \\ 0 & 1 & 0 \\ -\sin F & 0 & \cos F \end{bmatrix} \tag{2.34}$$

绕 x 轴坐标转换矩阵为

$$a_1 = \begin{bmatrix} 1 & 0 & 0 \\ 0 & \cos F & -\sin F \\ 0 & \sin F & \cos F \end{bmatrix} \tag{2.35}$$

若坐标不旋转，则单位矩阵 a_0 为

$$a_0 = \begin{bmatrix} 1 & 0 & 0 \\ 0 & 1 & 0 \\ 0 & 0 & 1 \end{bmatrix} \tag{2.36}$$

若坐标逆时针方向旋转，则 a_3 与 A_3 两者互为转置，可得

$$a_3 = \left[A_3\right]^{-1}, \quad a_2 = \left[A_2\right]^{-1}, \quad a_1 = \left[A_1\right]^{-1} \tag{2.37}$$

先后绕 x、y、z 轴顺时针旋转的转换矩阵为

$$[a] = [a_1][a_2][a_3] \tag{2.38}$$

先后绕 x、y、z 轴逆时针旋转的转换矩阵为

$$[A] = \left[A_1\right]^{-1}\left[A_2\right]^{-1}\left[A_3\right]^{-1} = [a]^{-1} \tag{2.39}$$

（2）平移变换。

设局部坐标系原点 $O(x, y, z)$ 在 $\xi\eta\zeta$ 新坐标系中的坐标为 (ξ_0, η_0, ζ_0)，则图 2-61 所得点 A 再经平移变换后应为

$$\begin{cases} \xi' = \xi + \xi_0 \\ \eta' = \eta + \eta_0 \\ \zeta' = \zeta + \zeta_0 \end{cases} \tag{2.40}$$

用矩阵表示为

$$\begin{Bmatrix} \xi' \\ \eta' \\ \zeta' \end{Bmatrix} = \begin{Bmatrix} \xi \\ \eta \\ \zeta \end{Bmatrix} + \begin{Bmatrix} \xi_0 \\ \eta_0 \\ \zeta_0 \end{Bmatrix} \tag{2.41}$$

这样，xyz 坐标系经三次旋转和平移，就可以与 $\xi\eta\zeta$ 新坐标系重合和统一。

2. 操纵系统中几个典型问题的传动分析方法

通过实例介绍操纵系统中几种常见的典型机构的建模与分析方法。

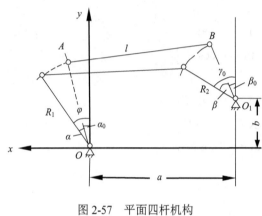

图 2-57　平面四杆机构

1）典型平面四杆机构的建模和代数解析法

如图 2-57 所示为最常见的摇臂拉杆组成的平面四杆机构 AOO_1B。已知系统结构参数 R_1、R_2、l 中立位置时几何参数 a、b、α_0、β_0。求：当给定输入变量 α 时的输出变量 $\beta(\alpha)$（即 $\gamma(\varphi)$）。

解　首先建立运动方程：$l^2 = l_x^2 + l_y^2$。式中，$l_x = a + R_1\sin\varphi - R_2\sin\gamma$，$l_y = b - R_1\sin\varphi + R_2\cos\gamma$，$\varphi = \alpha + \alpha_0$，$\gamma = \beta + \beta_0$。

令 $A = a + R_1\sin\varphi$ 和 $B = b - R_1\cos\varphi$，则 $l^2 = (A - R_2\sin\gamma)^2 + (B + R_2\cos\gamma)^2$。

展开整理得

$$\gamma = \theta - \arcsin\left(\frac{C}{A}\cos\theta\right) \tag{2.42}$$

式中，$\theta = \arctan\dfrac{B}{A}$ 和 $C = \dfrac{l^2 - A^2 - B^2 - R_2^2}{2R_2}$。

由此编制子程序，最终即可算出输出变量 $\beta(\alpha)$。实践证明，代数解析法有明显的优点，一般算题时间短，求得的根可靠。

2）平面或空间杆系的数值解法

当操纵系统运动方程个数较多时，用代数法求解就十分困难，采用数值法却可以精确求解。

【例 1】　助力器平面传动杆系。

由图 2-58 助力器的运动原理图可知，它可用 $O_1MM_1OM_2O_2$ 平面杆系模拟（中立位置时 MM_1OM_2 在一条直线上）。已知输入摇臂转过 α 角的端点坐标 $M(a_0, b_0)$，要求输出动点坐标 $M_1(x_1, y_1)$ 和 $M_2(x_2, y_2)$。根据三点 M_1、O、M_2 始终运动在一直线上和 l_0、l、$(R_1、R_2)$ 作平面圆周运动的特点建立如下运动方程：

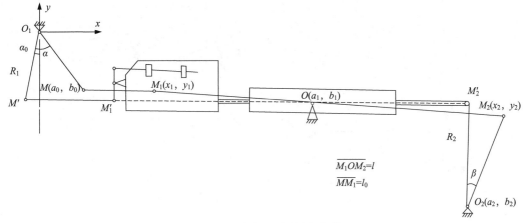

图 2-58 助力器平面连杆机构

$$\begin{cases} l_0^2 = (x_1 - a_0)^2 + (y_1 - b_0)^2 \\ \dfrac{b_1 - y_1}{y_2 - y_1} = \dfrac{a_1 - x_1}{x_2 - x_1} \quad (M_1OM_2 \text{ 直线方程}) \\ R_2^2 = (x_2 - a_2)^2 + (y_2 - b_2)^2 \\ l^2 = (y_2 - y_1)^2 + (x_2 - x_1)^2 \end{cases} \tag{2.43}$$

式中，杆长 R_1、l_0、l 和支座 O、O_2 的坐标（a_1，b_1）、（a_2，b_2）为已知。

这是一个四元二次非线性方程组，用数值法求解并不难，可先从运动图中得到未知数 x_1、y_1、x_2、y_2 的近似值作为初值，选用标准程序逐次迭代逼近，即可得到精确解。

【例 2】 空间四杆机构。

图 2-59 为某襟副翼操纵系统原理图，已知驾驶杆和襟翼操纵手柄输入位移，经系统分解并逐级分别计算可最后求得舵面的输出位移。这里取出中间一组典型空间四杆机构 $ABCD$，介绍其求解的方法。

首先建立 A 为圆点的独立坐标系，求当输入点为 $B(x_B, y_B, z_B)$ 时的输出点 $C(x_C, y_C, z_C)$（支点 $D(x_D, y_D, z_D)$ 和杆长 R、l 为已知）。为此，建立两球面和一平面相交的基本方程，也就是以已知点 B 为圆心、l 为半径和以已知点 D 为圆心、R 为半径建立的两球面方程以及用摇臂运动平面法线的三个方向余弦 $\cos\alpha$、$\cos\beta$、$\cos\gamma$ 表示的平面点法式方程，这三个方程可求解三个未知数 x_C、y_C、z_C，即

$$\begin{cases} l^2 = (x_C - x_B)^2 + (y_C - y_B)^2 + (z_C - z_B)^2 \\ R^2 = (x_C - x_D)^2 + (y_C - y_D)^2 + (z_C - z_D)^2 \\ (x_C - x_D)\cos\alpha + (y_C - y_D)\cos\beta + (z_C - z_D)\cos\gamma = 0 \end{cases} \tag{2.44}$$

其中，三个方向余弦分别表示摇臂运动平面的旋转轴（即支座 D 的螺栓轴）与坐标 x、y、z 轴夹角的余弦，此例为 $\cos\alpha=0$，$\cos\beta=0$，$\cos\gamma=1$（注意它们的正负号）。

若用梯度法（最速下降法）解以上非线性方程组必须先建立它们的目标函数 FC：

$$FC = f_1^2 + f_2^2 + f_3^2 \tag{2.45}$$

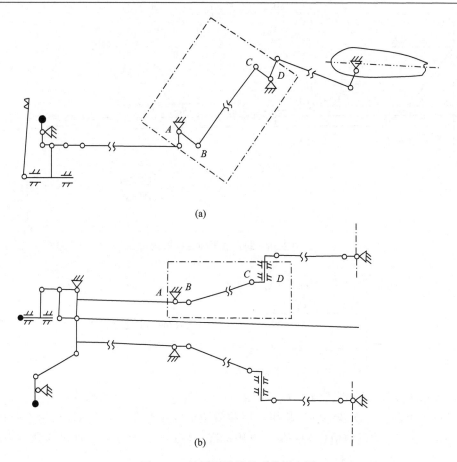

(a)

(b)

图 2-59　某襟副翼操纵系统原理图

式中

$$\begin{cases} f_1^2 = \left[(x_C - x_B)^2 + (y_C - y_B)^2 + (z_C - z_B)^2 - l^2 \right]^2 \\ f_2^2 = \left[(x_C - x_D)^2 + (y_C - y_D)^2 + (z_C - z_D)^2 - R^2 \right]^2 \\ f_3^2 = \left[(x_C - x_D)\cos\alpha + (y_C - y_D)\cos\beta + (z_C - z_D)\cos\gamma \right]^2 \end{cases} \tag{2.46}$$

给定一组初值 $C(x_C, y_C, z_C)$ 及精度要求，用最速下降法解非线性方程组的标准程序中，经多次迭代后，便可得到在该精度范围内的 $C(x_C, y_C, z_C)$ 值。

在运算过程中可能会遇到迭代很慢或无休止循环时，可以在程序中加入适当约束条件解决。这些约束条件如：在中立位置时，摇臂与拉杆呈直角的条件，即

$$(x_C - x_B)(x_C - x_D) + (y_C - y_B)(y_C - y_D) + (z_C - z_B)(z_C - z_D) = 0 \tag{2.47}$$

又如杆长或摇臂长等于理论值的条件。

3）用迭代法求动点坐标

在飞机操纵系统中有一些特殊的平面多连杆机构，这种机构当输入臂有一转角 δ_1，要求解输出臂转角为 δ_2，若仍采用前面介绍的递推方法，即通过起始动点 $A(x, y)$（设其

相邻杆长为 l），往后逐级递推是无法求解的，而迭代逐次逼近法却可比较方便地求解。

首先假设一个对应于输入 δ_1 的输出值 δ_2，由输出值 δ_2 倒算回来得到点 $A(x，y)$，然后，建立 l 长度与理论值比较满足精度要求的条件，根据所建立的该机构的数学模型，反复假设一个 δ_2 并计算对应的 l，经过多次迭代和逼近，即可求得满足精度要求下的 δ_2 和其他各动点坐标。

2.5.2 飞机操纵系统动态特性分析

大量实践和理论分析说明飞机操纵系统动态性能与其液压助力器的动态特性密切相关，液压助力器除本身的结构参数，除已提及的滑阀开度 e 和不灵敏区 $2C$ 外，它的滑阀摩擦、间隙、质量、刚度等参数以及油液中混有空气或密封不好都会影响助力器和操纵系统的动态性能。此外，助力器与操纵系统的某些机械参数之间的匹配关系也是影响操纵系统动态特性极其重要的因素。

例如，前段操纵系统的间隙如果太大，受扰动后易产生振动。这是因为驾驶杆在固定情况下，当滑阀受到扰动，本来活塞移动一段行程后滑阀会关闭，但由于前段系统间隙过大和惯性作用，会使滑阀越过中立位置继续运动，反向打开活门。这种过程交替出现就会引起驾驶杆的连续抖动。

例如，滑阀摩擦力过大会引起系统振动，飞行中出现飞机飘摆。这是因为当驾驶杆停止操纵，滑阀本应回中立且关闭活门，但若滑阀摩擦力大于前段系统摩擦力时，活塞会带着滑阀克服前段系统摩擦并消除间隙而压缩弹簧载荷机构继续运动，当弹簧恢复力与系统摩擦力之和大于滑阀摩擦，滑阀停止运动并逐渐关闭，但在滑阀和活塞产生相对运动时，由于动摩擦小于静摩擦，在弹簧恢复力和惯性作用下，阀芯会离开中立位置反向打开油路。这样反复进行，平尾也跟着上、下偏转。因此要求助力器滑阀摩擦力小于前段系统摩擦力。

这里仅从理论上探讨飞机操纵系统液压助力器及其后段系统的动态特性，在讨论其动态模型建立的基础上，介绍动态特性的分析方法。

1. 液压助力器和操纵系统的动态模型

1）空载助力器（一阶系统）

由流量公式可知，当助力器空载时，流量仅是开度 e 的函数，所以流量增量方程为

$$\begin{cases} Q = \dfrac{\partial Q}{\partial e} e = K_Q \cdot e \\ e = n_1 x_i - n_2 x_t \\ Q = A \dfrac{\mathrm{d} x_t}{\mathrm{d} t} \end{cases} \tag{2.48}$$

式中，K_Q 为空载流量放大系数。

上述联立方程经拉普拉斯变换后可画出空载助力器动态结构图（图2-60），并写出助力器输出与输入关系的拉普拉斯变换式，即

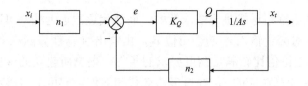

图 2-60　空载助力器动态结构

$$\frac{X_t(s)}{X_i(s)} = \frac{n_1 / n_2}{1 + T_z s} \tag{2.49}$$

当 $x_i(t)=1$ 和 $n_1=n_2$ 时，求得系统响应 $x_t(t)$，即

$$x_t(t) = 1 - \mathrm{e}^{-1/T_z} \tag{2.50}$$

式中，T_z 为时间常数。

$$T_z = \frac{A}{K_Q n_2} \tag{2.51}$$

可见，助力器的跟随性取决于 T_z，T_z 小跟随性好，如改变助力器反馈摇臂长使 n_2 增大，或提高 K_Q、减小 A，均可提高跟随性能。

2）助力器带惯性负载的情况

助力器带负载的情况其物理模型如图 2-61 所示。其中包括结构阻尼 B_t、结构刚度 K_t、舵面质量 m_t，至于气动刚度对助力器稳定性影响不大，气动阻尼的影响是有利的，因此这里不予考虑。这种情况相当于地面助力器负载情况。

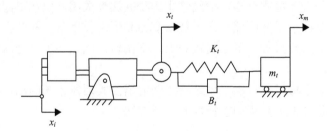

图 2-61　考虑助力器负载的物理模型

（1）系统绝对刚硬（$K_t=\infty$）的情况（二阶系统）。

仅考虑助力器的质量惯性负载时，其数学模型可由式（2.48）改写为

$$\begin{cases} e = n_1 x_i - n_2 x_t \\[2mm] Q = \dfrac{\partial Q}{\partial e} \cdot e - \dfrac{\partial Q}{\partial p} p_L = K_Q \cdot e - K_p p_L \\[2mm] Q = A\dfrac{\mathrm{d}x_t}{\mathrm{d}t} \\[2mm] A \cdot p_L = m_t \dfrac{\mathrm{d}^2 x_t}{\mathrm{d}t^2} \end{cases} \tag{2.52}$$

式中，K_p 为负载流量系数；p_L 为活塞两腔压差；m_t 为活塞和负载折合到活塞上的总

质量。

式（2.52）经拉普拉斯变换可得考虑惯性负载的液压助力器动态结构图（图2-62）。

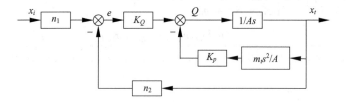

图 2-62 带惯性负载助力器结构图

由此可以写出该助力器输出与输入关系的拉普拉斯变换式为

$$\frac{X_t(s)}{X_i(s)} = \frac{n_1/n_2}{\dfrac{m_t K_p}{n_2 K_Q A} s^2 + \dfrac{A}{n_2 K_Q} s + 1} = \frac{n_1/n_2}{T_{zz}^2 s^2 + 2\xi T_{zz} s + 1} \qquad (2.53)$$

当 $x_i(t) = 1$ 时，

$$x_t(t) = \left[1 - \frac{e^{-\xi\omega_0 t}}{\sqrt{1-\xi^2}} \sin\left(\sqrt{1-\xi^2}\,\omega_0 t + \theta\right) \right] \frac{n_1}{n_2} \quad (0 < \xi < 1) \qquad (2.54)$$

式中，$\dfrac{1}{T_{zz}}$ 为二阶系统无阻尼振荡频率 ω_0；θ 为系统相位差；ξ 为阻尼系数，则有

$$\xi = \frac{1}{2}\sqrt{\frac{A^3}{m_t K_Q K_p n_2}} \qquad (2.55)$$

可见，带惯性负载助力器的响应是一个振荡衰减的过程，由此可检验系统的稳定性。

（2）系统具有一定刚度和阻尼（K_t、B_t 为有限值）的情况。

当不仅考虑助力器惯性负载，同时还考虑助力器后段系统的刚度和阻尼时，助力器（和操纵系统）的动态特性数学模型可由式（2.52）改写为

$$\begin{cases} e = n_1 x_i - n_2 x_t \\ Q = K_Q e - K_p p_L \\ Q = A \dfrac{\mathrm{d}x_t}{\mathrm{d}t} \\ A \cdot p_L = K_t(x_t - x_m) + B_t\left(\dfrac{\mathrm{d}x_t}{\mathrm{d}t} - \dfrac{\mathrm{d}x_m}{\mathrm{d}t}\right) = m_t \dfrac{\mathrm{d}^2 x_m}{\mathrm{d}t^2} \end{cases} \qquad (2.56)$$

同样，经拉普拉斯变换后可得系统动态结构图（图2-63）。其输出与输入关系的拉普拉斯变换式为

$$\frac{X_t(s)}{X_i(s)} = \frac{n_1 K_Q \dfrac{1}{As}}{1 + K_Q \dfrac{1}{A} n_2 + \dfrac{1}{A}\left[\dfrac{K_t + B_t s}{K_t + B_t s + m_t s^2}\right]\dfrac{m_t s^2}{A} K_p}$$

$$= \frac{An_2 K_Q (m_t s^2 + B_t s + K_t)}{s^3(A^2 m_t + B_t m_t K_p) + s^2(A^2 B_t + K_Q n_2 m_t A + K_t m_t K_p) + s(A^2 K_t + K_Q n_2 B_t A) + K_Q n_2 K_t A}$$

$$= \frac{b_2 s^2 + b_1 s + b_0}{a_3 s^3 + a_2 s^2 + a_1 s + a_0}$$

$$(2.57)$$

可见，这是一个高阶微分方程，经数学方法处理后，同样可解得它的响应 $x(t)$。

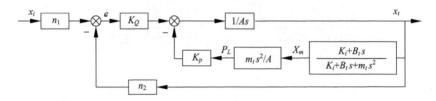

图 2-63　输出回路有弹性阻尼的动态结构图

3）考虑助力器油液压缩性的情况

在讨论助力器稳定性时，必须要考虑油液的压缩性影响，这里也分两种情况讨论。

（1）结构绝对刚硬的情况。

当考虑油液压缩性影响时，该系统数学模型可由式（2.52）经第四式的流量方程增加油液压缩性影响的一项后便可得到，它们是：

$$\begin{cases} e = n_1 x_i - n_2 x_t \\ A \cdot p_L = m_t \dfrac{\mathrm{d}^2 x_t}{\mathrm{d}t^2} \\ Q = K_Q \cdot e - K_p p_L \\ Q = A\dfrac{\mathrm{d}x_t}{\mathrm{d}t} + \dfrac{V}{4E_y}\dfrac{\mathrm{d}p_L}{\mathrm{d}t} \end{cases} \qquad (2.58)$$

式中，E_y 为油液容积弹性系数；V 为作动筒两腔油液容积之和。式（2.58）经拉普拉斯变换后可画出系统动态结构图（图 2-64），并写出它的输入输出关系的传递函数表达式为

$$\frac{X_t(s)}{X_i(s)} = \frac{K_Q n_1}{\dfrac{m_t V}{4E_y A}s^3 + \dfrac{m_t K_p}{A}s^2 + As + K_Q n_2} \qquad (2.59)$$

（2）同时考虑结构弹性及助力器支座弹性影响的情况。

这种情况更接近于实际工作状态，描述它的物理模型，如图 2-65 所示。用如上介绍的方法同样可写出它的数学表达式，并得到它的系统响应，这里不再赘述。

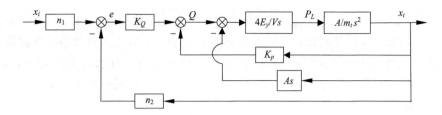

图 2-64　考虑油液压缩性的动态结构图

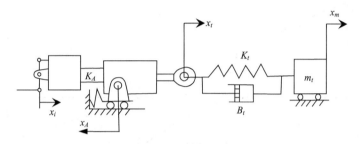

图 2-65　支座有弹性的助力器物理模型

2. 操纵系统的频域和时域响应特性

典型的系统动态模型，如图 2-66 所示，主要介绍频域和时域响应特性的分析方法。首先设该系统方块图的主通道和反馈通道传递函数分别为 $G(s)$ 和 $H(s)$，系统传递函数为 $W(s)$，且分析的实例中设：

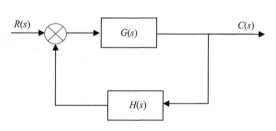

图 2-66　典型系统动态结构

$$G(s) = \frac{60(1+0.6s)}{s(1+5s)}, \quad H(s)=1 \tag{2.60}$$

1）频域响应分析

系统传递函数 $W(s)$ 可用指数函数表示为

$$W(s) = W(j\omega) = A(\omega)e^{j\theta(\omega)} \tag{2.61}$$

对式（2.61）复变函数 $W(j\omega)$ 取自然对数为

$$\ln W(j\omega) = \ln A(\omega) + j\theta(\omega) \tag{2.62}$$

式中，实部记为

$$\mathrm{Re}\big[\ln W(j\omega)\big] = \ln A(\omega) \tag{2.63}$$

经转换得幅频特性的幅值为

$$20\lg A(\omega) = \ln A(\omega)\frac{20}{\ln 10} \tag{2.64}$$

式中，虚部记为

$$\mathrm{Im}\big[\ln W(j\omega)\big] = \theta(\omega) \tag{2.65}$$

即为相频特性。从而得出该系统开环和闭环的频率特性，式（2.63）和式（2.65）表示研究对象 $W(s)$ 的幅频和相频特性，它们都是频率 ω 的函数。若代入示例的具体参数，经编程计算便得到系统开环与闭环频率响应曲线，如图 2-67 所示。曲线指出，频率在 ω_c=7.3rad/s 时，相角裕度为 γ_c=79°，在 ω_p=2.0rad/s 时，闭环峰值为 M_p=0.94dB，说明该系统稳定性良好。

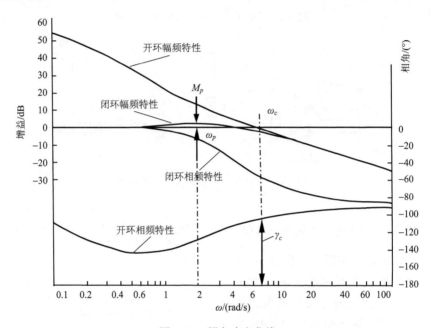

图 2-67 频率响应曲线

2）时域响应分析

对图 2-67 的典型系统进行时域分析，可将其闭环传递函数写成微分方程形式：

$$\frac{C(s)}{R(s)} = \frac{G(s)}{1+G(s)H(s)} = \frac{36s+60}{5s^2+37s+60} \tag{2.66}$$

$$C(s)[5s^2+37s+60] = R(s)(36s+60) \tag{2.67}$$

变换后写为

$$5\frac{\mathrm{d}^2 C(\tau)}{\mathrm{d}\tau^2} + 37\frac{\mathrm{d}C(\tau)}{\mathrm{d}\tau} + 60C(\tau) = 36\frac{\mathrm{d}R(\tau)}{\mathrm{d}\tau} + 60R(\tau) \tag{2.68}$$

并转化为一阶微分方程组，设：

$$y_1(\tau) = C(\tau) \tag{2.69}$$

$$y_2(\tau) = \frac{\mathrm{d}C(\tau)}{\mathrm{d}\tau} \tag{2.70}$$

令式（2.68）右端项为

$$g(\tau) = 12R(\tau) + \frac{36}{5}\frac{\mathrm{d}R(\tau)}{\mathrm{d}\tau} \tag{2.71}$$

可得

$$\begin{cases} \dfrac{\mathrm{d}y_1(\tau)}{\mathrm{d}\tau} = y_2(\tau) \\[2mm] \dfrac{\mathrm{d}y_2(\tau)}{\mathrm{d}\tau} = -12y_1(\tau) - \dfrac{37}{5}y_2(\tau) + g(\tau) \end{cases} \tag{2.72}$$

应用龙格库塔法解上述一阶微分方程组可以得到相当精确的结果。若设系统单位阶跃输入函数 $R(\tau)=1$，则有

$$\frac{\mathrm{d}R(\tau)}{\mathrm{d}\tau} = 0, \quad g(\tau) = 12 \tag{2.73}$$

输入初始值 $y(0)$，代入示例具体参数后，可得图 2-68 所示时域响应曲线。

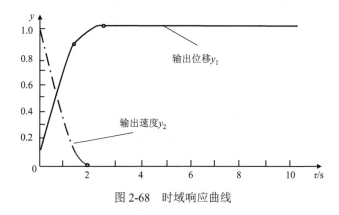

图 2-68　时域响应曲线

3. 操纵系统动刚度特性

操纵系统动态刚度是描述系统的刚度在动态过程中的变化规律，定义为：当系统输入端固定，在输出端施加按正弦规律变化的负载力，那么在输出端产生单位位移 x_t 所需加的负载力 F_L，即为系统的动刚度。它反映了系统抵抗弹性变形的能力，可用式（2.74）表示：

$$Z(\omega) = \left| \frac{F_L(\omega)}{x_t(\omega)} \right| \tag{2.74}$$

过去往往把操纵系统和舵面结构的动特性分开来研究，其实不然，助力器和操纵系统的动态特性与舵面结构的振动固有特性和颤振特性有着密切的关系，考虑到舵面的颤振总是发生在特定的频率范围内，所以提高该频率下的动刚度具有重要意义。

从研究助力器的动刚度着手，在此基础上进一步推导出助力器与后段系统交联后整个系统的动刚度。这样就给舵面结构振动特性的研究以及两者耦合振动特性的综合分析提供了可靠的设计依据和边界条件。

1）液压助力器的动刚度

这里研究助力器仅带惯性负载并考虑油液压缩性的情况。现在助力器输出端加上按正弦规律变化的负载 $F_L(\omega)$，其动刚度物理模型就是在图 2-66 物理模型的基础上，在其输出端加上外负载 $F_L(\omega)$ 而形成的。

参照式（2.58）可得到研究助力器动刚度的数学方程：

$$
\begin{cases}
e = n_1 x_i - n_2 x_t \\
Q = K_Q e - K_p p_L \\
Q = A \dfrac{\mathrm{d}x_t}{\mathrm{d}t} + \dfrac{V}{4E_y} \dfrac{\mathrm{d}p_L}{\mathrm{d}t} \\
A \cdot p_L = m_t \dfrac{\mathrm{d}^2 x_t}{\mathrm{d}t^2} + F_L(\omega)
\end{cases}
\tag{2.75}
$$

若暂不考虑方程组（2.75）中的第一式，其他三式经拉普拉斯变换和化简整理，可得助力器阀-活塞组合装置的输出位移（拉普拉斯变换表达式）：

$$
X_t(s) = \frac{\dfrac{K_Q}{A}e - \dfrac{K_p}{A^2}\left(1 + \dfrac{Vs}{4E_y K_p}\right)F_L}{s\left(\dfrac{1}{\omega_n^2}s^2 + \dfrac{\xi_n}{\omega_n}s + 1\right)}
\tag{2.76}
$$

式中，ω_n 为助力器阀-活塞液压固有频率，其表达式如下：

$$
\omega_n = \sqrt{\frac{4E_y A^3}{m_t V}}
\tag{2.77}
$$

ξ_n 为助力器无因次阻尼系统，其表达式如下：

$$
\xi_n = \frac{K_p}{A}\sqrt{\frac{E_y m_t}{m_t V}}
\tag{2.78}
$$

当研究动刚度时，令输入端固定和阀关闭 $e=0$，则由式（2.76）得负载力 F_L 与输出位移 x_t 之间传递函数关系式：

$$
\frac{F_L(s)}{X_t(s)} = \frac{\dfrac{A^2}{K_p}\left(\dfrac{1}{\omega_n^2}s^2 + \dfrac{2\xi_n}{\omega_n}s + 1\right)}{1 + \dfrac{1}{2\xi_n \omega_n}s} = f(\omega)
\tag{2.79}
$$

若考虑机械反馈，加入方程组（2.75）的第一式，同样经拉普拉斯变换并整理后，令 $e=0$，则得助力器的动刚度表达式：

$$
\frac{F_L(s)}{X_t(s)} = \frac{K_Q n_2 A}{K_p}\left(\frac{s^2}{\omega^2} + \frac{2\xi s}{\omega} + 1\right) = f(\omega)
\tag{2.80}
$$

式（2.79）和式（2.80）分别表示助力器阀-活塞组合装置和助力器的动刚度特性，显然它们是频率 ω 的函数，通常可用它们的特征参数——固有频率 ω_n 和 ω、阻尼系数 ξ_n 和 ξ 反映它们的动刚度性能。

2）操纵系统动刚度及与舵面结构耦合的振动特性

操纵系统动刚度的数学模型应在助力器数学模型的基础上考虑后段系统阻尼和弹性 B_t 和 K_t。现将式（2.56）和式（2.58）结合起来，并在力平衡方程中加入 F_L 项，即得如下操纵系统动刚度数学方程：

$$
\begin{cases}
e = n_1 x_i - n_2 x_t \\
Q = K_Q e - K_p p_L \\
Q = A \dfrac{\mathrm{d}x_t}{\mathrm{d}t} + \dfrac{V}{4E_y} \dfrac{\mathrm{d}p_L}{\mathrm{d}t} \\
A p_L = m_t \dfrac{\mathrm{d}^2 x_m}{\mathrm{d}t^2} + F_L \\
m_t \dfrac{\mathrm{d}^2 x_m}{\mathrm{d}t^2} + F_L = B_t \dfrac{\mathrm{d}}{\mathrm{d}t}(x_t - x_m) + K_t(x_t - x_m)
\end{cases}
\tag{2.81}
$$

同样，经拉普拉斯变换和化简后得操纵系统动刚度表达式为

$$
\frac{F_L}{X_m} = \frac{A_1 s^4 + B s^3 + C s^2 + D s + E}{F s^2 + G s + H} = f(\omega)
\tag{2.82}
$$

式中，　$A_1 = \dfrac{B_t m_t V}{4E_y}$ ；　$B = A^2 m_t + B_t m_t K_p + \dfrac{K_t m_t V}{4E_y}$ ；　$C = K_t K_p m_t + m_t A K_Q n_2 + B_t A^2$ ；

$D = B_t A K_Q n_2 + A^2$ ；$E = K_t K_Q n_2 A$ ；$F = \dfrac{B_t V}{4E_y}$ ；$G = A^2 + B_t K_p + \dfrac{V}{4E_y}$ ；$H = K_t K_p + A K_Q n_2$ 。

式（2.76）是一个高阶微分方程的复变函数表达式，是频率 ω 的函数，它反映了液压助力器-操纵系统的动刚度特性。经编程计算和求解，可得到一组纵坐标为动刚度 $\dfrac{\Delta F}{\Delta x_m}$、横坐标为频率 ω 的操纵系统动刚度曲线，从而可分析它的动刚度性能。

某机全动平尾操纵系统结构参数见表 2-3。图 2-69 是由此算得的两组不同参数 K_t 下的系统动刚度曲线。

表 2-3　某操纵系统结构参数

参数	参数值	参数	参数值
m_t	10 N·s²/cm	V	471.68 cm³
A	51.27cm²	n_1	0.7
K_Q	4180cm²/s	B_t	160.9 N·s²/cm
K_p	15.2 cm⁵/（N·s）	E_y	111000 N/cm²
K_t	19600 N/cm	n_2	0.7

由操纵系统动刚度曲线可以看出如下特点：①在曲线的左边低频段，动刚度基本不随频率 ω 变化，曲线的纵坐标值就是通常所说的系统静刚度；②动刚度曲线的负峰值即为该系统的动刚度极小值 $K_{\min}$，这一刚度极小值及其对应的频率 ω_p 给结构提供了边界支持条件的范围，即结构支持刚度不应小于该刚度极小值 $K_{\min}$，且结构振动频率应避开出现 $K_{\min}$ 时的频率 ω_p；③由图中两条曲线可知，改变系统的结构参数，如助力器后段系统刚度 K_t（和阻尼 B_t、质量 m_t）将对动刚度曲线有较大的影响，因此应适当地选取这些结构参数。此外，为进一步研究操纵系统和舵面结构的耦合振动特性，还需在此基础上对

舵面结构进行阻抗特性的计算。例如，连接操纵系统的舵面结构的简化模型视为盘-轴扭转振动系统，经动力学分析和编程计算，可得到该舵面结构（相对操纵系统交点）的阻抗特性曲线。将阻抗特性曲线 $Z_2(\omega)$ 与操纵系统刚度曲线 $Z_1(\omega)$ 绘在同一坐标系内，两曲线交点便是它们耦合状态下的固有振动频率 ω_c 及对应的阻抗值。图 2-70 所示为一个算例的计算结果（采用了表 2-3 的数据）。

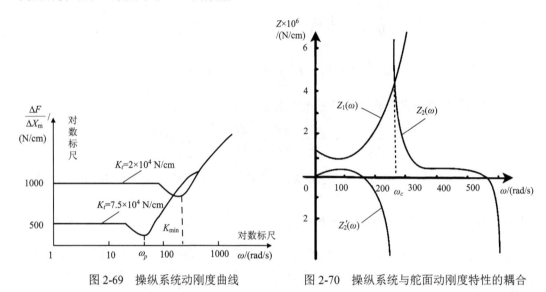

图 2-69　操纵系统动刚度曲线　　　　　图 2-70　操纵系统与舵面动刚度特性的耦合

2.5.3　飞机操纵系统运动仿真与干涉分析

飞机操纵系统必须进行运动干涉分析，以防止在操纵过程中发生卡阻甚至卡死现象。由于飞机操纵系统是复杂的杆系结构，其主要元件多为三维复杂实体结构，许多摇臂具有复杂的三维外形，摇臂上的耳片通常与摇臂轴线存在一定夹角，拉杆的两个耳片也常常不在同一平面内等，因此用传统的方法甚至用数值分析方法也难以进行运动干涉分析，然而借助计算机强大的图形功能并结合运动数值分析可方便地进行运动干涉分析。

借助计算机进行操纵系统运动仿真与干涉分析通常包括：操纵系统计算机辅助外形建模、操纵系统运动仿真和操纵系统干涉分析。

操纵系统计算机辅助外形建模可选用通用 CAD 软件，如 CATIA、AutoCAD、CADDS5、UGⅡ等。根据操纵系统元件的几何特征，拉杆可视为由回转体及较规则的耳片组成，摇臂及大部分支座为复杂外形实体。针对这一构造特点，选用实体模型对其形体进行表示，可大大减少数据准备工作，获得事半功倍的效果。由于外形建模的目的是为高度真实感运动仿真及干涉分析奠定基础，因此在建模过程中对不影响运动仿真和运动协调性分析等后续处理的次要信息，如倒角、倒圆角、过渡圆角等应予以忽略。操纵系统中摇臂多为模锻件，存在内外拔模角且外形复杂，为减少图形文件的大小，在不影响干涉分析的前提下也可按机加件处理。

在操纵系统实体造型的基础上，选用 CAD 软件或 3DS、3D MAX 等动画软件，可根据系统运动分析结果对其进行运动仿真，同时还可以输出逼真的三维几何图像，给设计师提供一个形象、直观且准确的结构和运动概念。若选用 CAD 软件进行运动仿真，一般需对有关软件进行二次开发。

运动干涉分析可采用两种手段：定性分析、定量检测。所谓定性分析，即在操纵系统几何建模的基础上通过改变视点位置、开窗口等方法进行观察，从而发现系统与其周围环境（如隔框腹板、翼肋等）干涉可疑部位或关键部位，再用定量检测方法与运动模型分析进行准确的计算。根据干涉分析结果，可对设计方案做出准确的几何及运动协调性结论。定量干涉检测算法的基本思路（原理）是：当两形体不相碰时，找出可能的最近点及最小距离；当两形体干涉时，获得一系列相交线上的密布点，从而指出干涉区域。干涉分析前一般需对实体零件进行三角化处理，即用若干三角形面片所组成的多面体近似代替用实体模型表示的外形，并用该多面体代替真实实体进行干涉分析。通常，操纵系统的干涉分析还需在考虑支承及系统自身刚度的情况下进行。

计算机辅助操纵系统外形建模、运动仿真和干涉分析结果，可方便、灵活、准确地实现操纵系统方案优化和设计修改，以缩短研制周期。

习　题

2-1　飞机飞行操纵系统在发展的各阶段有何特点？

2-2　现代高速或超声速飞机由于气动力特性的变化，给飞机的操纵带来哪些严重的问题？目前是如何解决的？

2-3　对飞机操纵系统静态与动态特性要求的实质是什么？请举例说明。

2-4　如何选择飞机操纵系统的软式或硬式传动？软式系统是靠什么来传力的？采用软式传动要解决的主要技术关键是什么？是否所有的战斗机都采用硬式传动？

2-5　摇臂在操纵系统传动中有哪些作用？

2-6　什么是差动操纵？如何实现差动操纵？

2-7　可逆与不可逆助力操纵系统的根本区别是什么？有没有可逆与不可逆助力器之分？

2-8　为什么要采用无回力助力操纵？组成无回力助力操纵系统有哪几个部件是不可缺少的？

2-9　当一个液压系统控制一个舵面的飞机操纵系统情况，如助力器被卡住故障时，该如何处理？当三个液压系统共同控制一个舵面的情况，其中一个助力器被卡住故障时，又该如何处理？

2-10　为什么要杆力配平？调整片效应机构在不可逆助力操纵系统中如何起杆力配平作用？大中型运输机又是如何实现配平的？

2-11　操纵系统杆力特性曲线有何特点？它与弹簧载荷机构特性曲线有何区别？

2-12　在无回力助力操纵系统中，驾驶员操纵使舵面偏转需要克服哪些力？舵面载荷的大小与驾驶杆力有否关系？舵面位移和方向又与驾驶杆位移和方向有何关系？

2-13　什么是差动操纵？差动操纵的作用是什么？

2-14　操纵系统的动态模型如何建立？是否考虑助力器负载与不考虑负载的系统数学模型或方块图有何区别？若考虑负载，是否考虑连接刚度和阻尼又有何区别？

2-15　操纵系统动刚度如何定义？如何建立操纵系统动刚度物理模型和数学模型？操纵系统动刚度对操纵系统和结构的耦合振动有何影响？

第 3 章　飞机飞行控制系统

3.1　飞机飞行控制系统概述

3.1.1　飞行控制系统发展简述

1903 年，莱特兄弟研制的第一架有动力的飞机——"飞行者一号"升空飞行，这是人类历史上第一次有动力、可人工操纵的重于空气飞行器的成功飞行。1912 年，美国发明家埃尔默·A·斯佩里（Elmer Ambrose Sperry）成功研制了第一台电动陀螺稳定装置，能够使飞机的飞行姿态保持稳定，此时自动驾驶仪开始迅速发展。20 世纪 30 年代，出现了可以控制和保持飞机飞行高度、飞行速度和航迹稳定的自动驾驶仪。第二次世界大战促使自动驾驶仪等设备进一步发展，直到 20 世纪 50 年代，自动驾驶仪和导航系统、仪表着陆系统相连，构成了航迹自动控制系统，至此，自动驾驶装置实现了长距离自动飞行和自动着陆。

随着飞机飞行任务复杂程度的提升，飞行速度和飞行高度逐渐增大，仅考虑飞机的推进装置设计、气动布局设计和结构设计这三大要素的传统飞机设计过程已无法满足复杂飞行任务需求，因此，到 20 世纪 60 年代，出现了随控布局飞机，即将主动控制技术加入到飞机设计过程中，综合考虑四个设计因素，协调解决飞机设计中遇到的矛盾问题。同时，自动控制技术还用来改善飞机飞行稳定性和操纵性，相继出现了飞行阻尼器、增稳系统、控制增稳系统等飞行自动增稳装置，使得自动驾驶仪的功能进一步扩展，发展成为飞行自动控制系统。随着计算机技术的快速发展，数字式飞行控制系统逐渐取代了传统的以模拟电路为主要计算装置的飞行控制系统，这为更加复杂和完善的飞行综合控制系统的实现奠定了技术基础。在现代化大中型民航客机上，自动飞行控制系统通常包括自动驾驶仪、飞行指引系统、自动油门系统、偏航阻尼系统、安定面自动配平系统等。

新技术的不断涌现使得飞行控制系统的功能和内涵也在不断发展，飞行控制系统设计已成为飞机设计中十分重要的关键技术之一。

3.1.2　飞行控制系统的基本组成和功能

飞机飞行操纵回路（图 3-1）由指令环节（操纵者）、传动环节（操纵系统）以及被控对象（飞机）三个主要环节组成，其中指令环节又包括飞行员、自动增稳装置和自动控制系统。飞机飞行控制系统的作用就是将飞行员、自动增稳装置或者自动控制系统的操纵指令转化成飞机操纵面的运动，从而控制飞机的姿态。

在飞行员参与驾驶飞机时，属于人工操纵（图 3-2），若飞行员不参与驾驶，则为自动控制系统操纵飞机飞行（图 3-3）。人工驾驶时，飞行员的眼睛相当于传感器，大脑相当于计算机，手臂相当于传动机构，在整个飞行过程中，飞行员都需要亲自对飞行环境

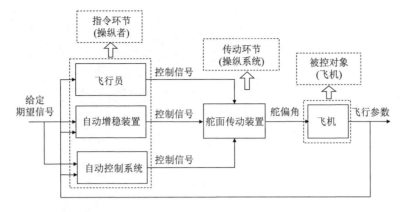

图 3-1　飞机飞行操纵的闭环回路图

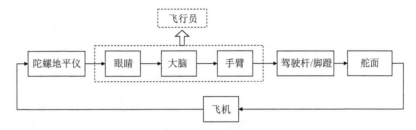

图 3-2　人工飞行控制回路图

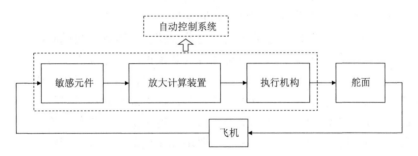

图 3-3　自动飞行控制回路图

进行观察，从领航员、调度员和指示仪表等多渠道获取飞行信息，并在独立作出决断后，操纵驾驶杆或脚蹬来准确完成对飞机舵面的操纵。而通过自动控制系统驾驶飞机时，飞控系统会将传感器的实时测量信号与给定指令信号的差值输出给放大计算装置，经计算机对差值信号的处理，将执行指令输出给执行机构，执行机构直接操纵驾驶杆或脚蹬，完成对舵面的自动操纵，整个过程中，飞行员都在控制回路之外，观测仪器仪表的信息，而无须亲自操纵驾驶杆和脚蹬。采用自动控制系统来实现飞机的自动飞行，能够解除驾驶员长时间高度集中精力操纵飞机的疲劳，使得驾驶员能够将精力更加集中用于对付战斗。

在现代化大中型民航客机上，飞行控制系统的基本组成和功能如图 3-4 所示。

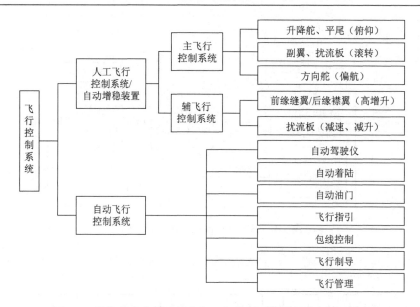

图 3-4　现代化大中型民航客机飞行控制系统的基本组成和功能

　　典型的飞行控制系统包括自动驾驶仪、阻尼器、增稳系统和控制增稳系统等。现代飞行器飞行包线扩大，飞机自身飞行稳定性变差，例如，随着飞行高度的增大，空气越来越稀薄，导致飞机自身阻尼力矩减小，飞机阻尼比下降，使得飞机产生不易衰减的激烈振荡，此时如果仅靠飞行员人工操纵来消除振荡会变得非常困难，同时飞行员也难以准确操纵飞机完成瞄准和射击等任务。而阻尼器能够大大改善飞机的角运动性能，提高飞机的动稳定性，通过传感器引入飞机角速度的负反馈，产生控制信号驱动舵面偏转，从而提供抑制机体振荡的阻尼力矩，使得飞机的振荡尽快衰减。但由于阻尼器是通过牺牲操纵性来获得飞机的动稳定性，现代战斗机常常在大迎角状态下飞行，其纵向静稳定性导数随着迎角的增大而变大，甚至变为正值，使得飞机纵向静稳定性变差。因此后来又出现了增稳系统和控制增稳系统，在阻尼器增加飞机动稳定性的同时，增稳系统和控制增稳系统还能提高飞机的静稳定性和操纵性。

　　飞机的自动飞行是借助自动控制系统在飞行员不直接参与的情况下实现的，这一类飞行自动控制系统中最典型的即为自动驾驶仪。飞机的自动增稳装置和自动驾驶仪不同，自动增稳装置在飞机起飞时就已接入控制回路开始工作，通过复合摇臂将自动增稳装置的控制信号与飞行员的操纵信号合并，共同操纵飞机舵面偏转，这种自动增稳装置与飞行员共同操纵飞机的方式，是有人驾驶情况下的自动控制问题，因此，自动增稳装置不属于自动控制系统，在飞行品质规范中，仍把它列为人工操纵系统一类。而自动驾驶仪的工作，首先需要建立基准工作状态，当飞机在空中完成力矩和杆力配平后才能接入，这时飞行员按动自动驾驶仪按钮或杆力开关，使其接入控制回路自动操纵飞机，而飞行员此时并不能与自动驾驶仪同时操纵飞机，只有在必要时刻才能紧急接入，干预自动驾驶仪的工作。

　　如图 3-5 所示为现代飞机操纵系统控制回路，闭环回路中包含了被控对象——飞机这个环节，本章首先介绍飞行过程中飞机本身的动态特性（以纵向运动为例），然后介绍飞行控制系统中的主要部件（敏感元件、执行部件），进而介绍几种典型的飞行控制系统（阻尼器、增稳系统、控制增稳系统、自动驾驶仪），以及一些常用的现代飞行控制技术（电传操纵系统、主动控制技术），最后介绍飞行控制系统的设计准则与设计方法。

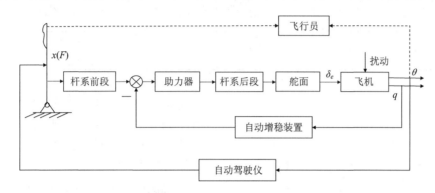

图 3-5　现代飞机操纵系统控制回路

3.2　飞机飞行的动态特性

3.2.1　飞机飞行的短周期运动特性

以纵向运动为例，在飞机飞行过程中，当存在扰动（或输入）时，在飞机纵向运动的初始阶段，短周期运动占据主导地位，其持续时间很短，飞机飞行速度和俯仰角增量变化很小，可近似将这两个变量视为常值。而长周期运动主要指在短周期运动结束后，飞机质心的轨迹运动。本节主要讨论飞机的短周期运动特性，由飞行力学中飞机力和力矩的平衡关系，可以得到飞机纵向运动的非线性微分方程组，将飞机速度和俯仰角作为常量，并将小扰动进行线性化处理，可最终求得线性化飞机纵向运动的常微分方程组：

$$\begin{cases} \Delta\dot{\alpha} - n_{2\alpha}\Delta\alpha - \Delta q = n_{2\delta_e} \cdot \Delta\delta_e \\ \Delta\dot{q} - n_{3\dot{\alpha}}\Delta\dot{\alpha} - n_{3\alpha}\Delta\alpha - n_{3q}\Delta q = n_{3\delta_e} \cdot \Delta\delta_e \end{cases} \tag{3.1}$$

式中，$\Delta\alpha$、Δq 和 $\Delta\delta_e$ 分别为飞机的迎角、俯仰角速度和升降舵偏角增量；$n_{2\alpha}$、$n_{2\delta_e}$、$n_{3\dot{\alpha}}$、$n_{3\alpha}$、n_{3q}、$n_{3\delta_e}$ 为飞机方程系数，是与飞行状态和气动参数有关的常系数（表 3-1）。

表 3-1　常用纵向飞机方程系数表达式

系数	表达式	计算用式
$n_{2\alpha}$	$-\dfrac{q_0 S_w C_{L\alpha}}{m V_0}$	$\bar{C}_{L\alpha}$
$n_{2\delta_e}$	$-\dfrac{q_0 S_w C_{L\delta_e}}{m V_0}$	$\bar{C}_{L\delta_e}$
$n_{3\dot{\alpha}}$	$\dfrac{q_0 S_w b_A^2 C_{m\dot{\alpha}}}{2 I_y V_0}$	$\bar{C}_{m\dot{\alpha}}$

续表

系数	表达式	计算用式
$n_{3\alpha}$	$\dfrac{q_0 S_w b_A C_{m\alpha}}{I_y}$	$\bar{C}_{m\alpha}$
n_{3q}	$\dfrac{q_0 S_w b_A^2 C_{mq}}{2 I_y V_0}$	$\bar{C}_{mq}$
$n_{3\delta_e}$	$\dfrac{q_0 S_w b_A C_{m\delta_e}}{I_y}$	$\bar{C}_{m\delta_e}$

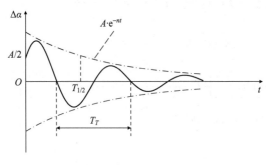

图 3-6　飞机飞行纵向短周期振荡响应曲线

令 $\Delta\delta_e = 0$，代入初始条件，可以求解得到飞机在受到纵向扰动后的近似短周期运动响应方程（3.2）以及对应的飞行振荡曲线（图 3-6）。

$$\Delta\alpha(t) = A e^{-nt}\cos(\omega_d t + \beta) \qquad (3.2)$$

式中，n 为飞机阻尼系数，$n = \xi\omega_n$，ξ 为飞机阻尼比，ω_n 为飞机固有频率。

飞机在受到扰动后，其纵向振荡频率为

$$\omega_d = \omega_n\sqrt{1 - \xi^2} \qquad (3.3)$$

相位差为

$$\beta = \arctan\sqrt{\frac{1 - \xi^2}{\xi}} \qquad (3.4)$$

由此可见，当飞机受到纵向扰动后，其短周期运动特性为：飞机的阻尼比 ξ 或阻尼系数 n 增大，飞机的振荡衰减越快；阻尼比 ξ 减小，飞机的振荡频率 ω_d 增大，飞机振荡加快。

3.2.2　飞机纵向运动的传递函数

由图 3-5 可知，飞机作为被控对象，其受到舵面偏转产生的力矩，会引起气流角和姿态角的改变，对式（3.1）进行拉普拉斯变换，可以写出飞机纵向运动时机体响应迎角 α 和俯仰角速度 q 对升降舵偏角 $\Delta\delta_e$ 的短周期振荡传递函数：

$$\frac{\Delta\alpha(s)}{\Delta\delta_e(s)} = \frac{K_\alpha'}{T^2 s^2 + 2\xi T s + 1} \qquad (3.5)$$

$$\frac{\Delta q(s)}{\Delta\delta_e(s)} = \frac{K_Q(T_q s + 1)}{T^2 s^2 + 2\xi T s + 1} \qquad (3.6)$$

式中，飞机时间常数 T 为

$$T = \frac{1}{\omega_n} = \frac{1}{\sqrt{n_{3q} n_{2\alpha} - n_{3\alpha}}} \qquad (3.7)$$

飞机的阻尼比为

$$\xi = -\frac{n_{2\alpha} + n_{3q} + n_{3\dot{\alpha}}}{2\sqrt{n_{3q}n_{2\alpha} - n_{3\alpha}}} \tag{3.8}$$

飞机迎角传递函数增益 K_{α}' 为

$$K_{\alpha}' = n_{3\delta_e} \cdot T^2 = \frac{n_{3\delta_e}}{n_{3q}n_{2\alpha} - n_{3\alpha}} \tag{3.9}$$

飞机俯仰角速度传递函数增益 K_Q 为

$$K_Q = -n_{3\delta_e}n_{2\alpha} \cdot T^2 = -\frac{n_{3\delta_e}n_{2\alpha}}{n_{3q}n_{2\alpha} - n_{3\alpha}} \tag{3.10}$$

飞机一阶时间常数 T_q 为

$$T_q = -\frac{1}{n_{2\alpha}} \tag{3.11}$$

传递函数式（3.5）、式（3.6）是研究飞机自身动态特性的数学模型，反映了飞机纵向运动参数对升降舵偏角的动态变化规律和飞机纵向短周期振荡特性。由式（3.7）~式（3.11）可知，式中的各项参数都取决于飞机方程系数，结合表 3-1，可以将式（3.7）~式（3.11）各项参数用飞机气动参数表示：

$$T = \frac{1}{\omega_n} = \frac{1}{\sqrt{\bar{C}_{mq}\bar{C}_{L\alpha} - \bar{C}_{m\alpha}}} \tag{3.12}$$

$$\xi = -\frac{\bar{C}_{L\alpha} + \bar{C}_{mq} + \bar{C}_{m\dot{\alpha}}}{2\sqrt{\bar{C}_{mq}\bar{C}_{L\alpha} - \bar{C}_{m\alpha}}} \tag{3.13}$$

$$K_{\alpha}' = n_{3\delta_e} \cdot T^2 = \frac{\bar{C}_{m\delta_e}}{\bar{C}_{mq}\bar{C}_{L\alpha} - \bar{C}_{m\alpha}} \tag{3.14}$$

$$K_Q = -n_{3\delta_e}n_{2\alpha} \cdot T^2 = -\frac{\bar{C}_{m\delta_e}\bar{C}_{L\alpha}}{\bar{C}_{mq}\bar{C}_{L\alpha} - \bar{C}_{m\alpha}} \tag{3.15}$$

$$T_q = -\frac{1}{\bar{C}_{L\alpha}} \tag{3.16}$$

$$n = \xi\omega_n = -\frac{\bar{C}_{L\alpha} + \bar{C}_{mq} + \bar{C}_{m\dot{\alpha}}}{2} \tag{3.17}$$

3.2.3　飞行参数对飞机短周期运动特性的影响

由飞机短周期运动响应方程（3.2）以及对应的飞行振荡曲线可知，飞机短周期运动特性影响最主要的两个参数是阻尼比 ξ 和固有频率 ω_n。因飞机的气动外形和机翼翼型在设计确定后无法改变，因此这里主要研究飞行速度 v_0 和飞行高度（通过空气密度 ρ 体现）的变化对阻尼比 ξ 和固有频率 ω_n 的影响。

对于飞机的阻尼比，由式（3.13）可知，分子 $|\bar{C}_{L\alpha}|$、$|\bar{C}_{mq}|$ 和 $|\bar{C}_{m\dot{\alpha}}|$ 都与 ρv_0 成正比，

分母中 $\sqrt{\bar{C}_{mq}\bar{C}_{L\alpha}}$ 这一项也与 ρv_0 成正比，而 $\sqrt{-\bar{C}_{m\alpha}}$ 与 $\sqrt{\rho}v_0$ 成正比，因此，飞机短周期运动的阻尼比 ξ 与 $\sqrt{\rho}$ 有关，随着空气密度 ρ 的减小，ξ 减小，飞机飞行高度增加，飞机短周期运动的阻尼比减小，飞机的动稳定性变差。此外，随着飞行马赫数的增大，分子 $|\bar{C}_{L\alpha}|$、$|\bar{C}_{mq}|$ 和 $|\bar{C}_{m\alpha}|$ 三项都会先增大，然后在超声速段再减小，分母中 $\sqrt{-\bar{C}_{m\alpha}}$ 这一项影响较大，因 $|\bar{C}_{m\alpha}|$ 与飞机的纵向静稳定性导数成正比，随着马赫数的增大，$|\bar{C}_{m\alpha}|$ 增大，因此，在飞机超声速飞行时，其短周期运动的阻尼比 ξ 将减小。综上，高空高速飞行时，飞机的短周期运动的阻尼比 ξ 会急剧减小，此时根本的解决办法为给飞机加装阻尼器，人为地产生附加阻尼力矩来提高飞机的阻尼比。

对于飞机的固有频率，由式（3.12）可知，若飞机的纵向静稳定性较高，即 $|\bar{C}_{m\alpha}|$ 较大，则 $\bar{C}_{m\alpha}$ 这一项将对固有频率 ω_n 有主要影响，ω_n 与 $\sqrt{\rho}v_0$ 成正比，说明随着飞机速度的增加（v_0 增大）和高度的降低（ρ 增大），飞机短周期运动的固有频率 ω_n 将增大。此外，随着飞机飞行马赫数的增大，飞机气动焦点迅速后移，使其纵向静稳定性导数 $|C_{m\alpha}|$ 增大，因此，在 $C_{m\alpha}$ 和 v_0 的共同影响下，飞机短周期运动的固有频率 ω_n 会成倍增大。也就是说，若飞机在低速飞行时，已通过气动布局设计和结构设计使其具有纵向静稳定性，则当飞机进入超声速飞行阶段时，其纵向静稳定性会变得很大，导致飞机的纵向操纵性变差，因此，为了保证飞机超声速飞行时的良好操纵性，现代飞机在设计时往往不具备低速飞行的纵向静稳定性，此时就必须通过主动控制技术，给飞机加装一个增稳系统来提高飞机的固有频率，从而提高飞机的静稳定性。

3.3　飞行控制系统中的主要部件

在飞机的飞行控制回路中，自动增稳装置和自动控制系统的工作都依赖于传感器对飞机运动参数的实时测量与反馈，传感器将测量到的参数以电信号的形式，输出给放大元件，经过计算机处理后再传输到执行部件，最终操纵飞机舵面偏转来改变飞机的运动状态。本节主要介绍飞行控制系统中的两种主要部件：敏感元件（传感器）和执行部件（舵机和舵回路）。

3.3.1　测量与传感器

生活中的陀螺

飞行控制系统中的传感器可以测量飞机的各种运动参数和空气动力学参数，包括飞机的姿态角、角速度、加速度、过载、飞行高度、飞行速度和总温等。其中陀螺仪用来测量飞机的角运动参数，包括测量飞机姿态角的二自由度陀螺仪和测量飞机绕机体坐标轴角速度的单自由度陀螺仪。线加速度计主要用来测量飞机运动的线加速度以及飞机的过载。

陀螺就是高速旋转的物体，用来测量运动物体的角运动量，用支架将高速旋转的物体支撑起来，便构成了陀螺仪。陀螺仪工作理论依据是动量矩（角动量）定理：

$$M = \frac{dL}{dt} = J\frac{d\Omega}{dt} \qquad (3.18)$$

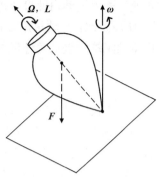

式中，J 为陀螺转子的转动惯量，Ω 为陀螺转子自转角速度。式（3.18）说明陀螺对任一点的动量矩 L 对时间的导数等于绕同一点作用于陀螺上的外力矩 M，如图 3-7 所示。

当装在飞机上的陀螺仪转子绕转动轴以恒定的速度高转速 Ω 旋转时，陀螺仪动量矩 L 在惯性系中的时间导数与在飞机（动轴）上的相对时间导数之间的关系为

图 3-7　陀螺仪工作理论依据

$$M = \frac{dL}{dt} = \frac{d(J\Omega)}{dt} = J\frac{d(\Omega - \omega)}{dt} + \omega \times L \approx J\frac{d(\Omega)}{dt} + \omega \times (J\Omega) \qquad (3.19)$$

式中，ω 为飞机动轴相对惯性空间的转动角速度。由于 $\Omega \gg \omega$，因此，当陀螺转子旋转轴与飞机机体纵轴 Ox 轴重合时，可得到：

$$M = \begin{bmatrix} \omega_x \\ \omega_y \\ \omega_z \end{bmatrix} \times J\begin{bmatrix} \Omega \\ 0 \\ 0 \end{bmatrix} = J\begin{vmatrix} i_t & j_t & k_t \\ \omega_x & \omega_y & \omega_z \\ \Omega & 0 & 0 \end{vmatrix} = \omega_z J\Omega j_t - \omega_y J\Omega k_t \qquad (3.20)$$

由式（3.20）可知，用陀螺仪即可测出与陀螺仪自转轴垂直的机体转动角速度（ω_y，ω_z），但无法感受与陀螺仪自转轴相重合的机体动轴的转动角速度（ω_x）。

1. 二自由度陀螺仪

二自由度陀螺仪指的是其自转轴具有两个转动自由度的陀螺仪，其基本结构如图 3-8 所示，主要由陀螺转子、内环和外环组成。转子高速旋转，并借助自转轴上的轴承安装在内环上，内环以外环为支撑，两者组成万向支架通过轴承安装在壳体（机体）上。因此，陀螺仪自转轴具有绕 Ox 轴和 Oy 轴转动的两个自由度，而陀螺仪转子本身同时还具备绕其自转轴（Oz 轴）转动的自由度。

二自由度陀螺仪具有两个特性，即陀螺仪的进动性和定轴性。

陀螺仪的进动性是指陀螺仪的转动方向与外力矩的作用方向相垂直的特性。如图 3-9 所示，当陀螺转子以高速旋转时，在转子轴 Oz 上施加一垂直向下的外力 P，在外力矩 M（$M=Pl$）的作用下，转子轴并不会沿着外力矩 Ox 方向转动，而是绕着与外力矩垂直的 Oy 方向转动。陀螺仪这种绕着与外力矩方向相垂直的转动称为进动，转动

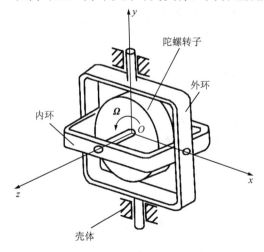

图 3-8　二自由度陀螺仪结构组成图

角速度称为进动角速度，进动所绕的轴称为进动轴。陀螺仪进动角速度 ω 的大小与外力矩 M 成正比，与动量矩 L 成反比，由式（3.19）可知，当转子自转角速度 Ω 保持恒定时，可得到陀螺仪进动角速度大小和外力矩之间的关系：

$$\omega = \frac{M}{L} \tag{3.21}$$

陀螺仪的进动方向取决于角动量的方向和外力矩的方向，可通过右手定则来判断，如图 3-10 所示，右手四个手指握拳的方向为陀螺仪动量矩 L 到外力矩 M 的方向，此时右手大拇指所指向的方向即为陀螺仪的进动方向。由此可见，当高速旋转的物体受到垂直其自转轴 Oz 的力矩向量 M 作用时，物体需要进动，其进动方向是迫使陀螺转子轴 Oz 与外力矩向量 M 重合。

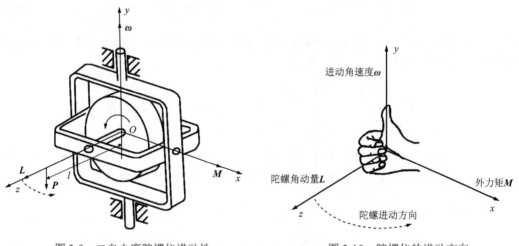

图 3-9　二自由度陀螺仪进动性　　　　　　图 3-10　陀螺仪的进动方向

陀螺仪的定轴性是指当陀螺仪的转子以角速度 Ω 高速旋转时，若不受任何外力矩作用（忽略转轴摩擦力和空气阻力），陀螺仪转子轴具有在惯性空间保持方向不变的特性，也称为陀螺仪的稳定性。这一特性可以通过动量矩定理推导得到，根据式（3.18），当外力矩 $M=0$ 时，$\mathrm{d}L/\mathrm{d}t = J\mathrm{d}\Omega/\mathrm{d}t = 0$，说明此时陀螺仪转子的角速度 Ω 和动量矩 L 的大小和方向都保持不变，因此陀螺仪转轴的空间方位能保持稳定。二自由度陀螺仪就是利用其定轴性来测量飞机的姿态角。

陀螺仪工作时受到干扰外力矩 M_d 的作用，会产生进动，其转子转轴相对惯性空间的方向会发生偏离，这种现象称为陀螺漂移。陀螺仪的进动角速度为漂移角速度，进动方向为漂移方向，漂移角速度大小为

$$\omega_d = \frac{M_d}{L} \tag{3.22}$$

虽然在干扰力矩的作用下，陀螺仪会产生漂移，但动量矩 L 越大，漂移角速度 ω_d 越小，陀螺仪的空间方位稳定性就越高。因此，能够保持陀螺转子高速旋转的电动陀螺仪具有较好的稳定性，在其出现之后，自动驾驶仪也迅速发展起来。

2. 单自由度陀螺仪

单自由度陀螺仪指的是其自转轴具有一个转动自由度的陀螺仪,其基本结构如图 3-11 所示,包括以角速度 Ω 高速旋转的陀螺转子、支承陀螺转子的框架（内环）、支承内环的壳体（壳体与机体固接）、阻尼筒（用以改善陀螺仪的动态特性,减小陀螺仪绕内环轴的振荡）、平衡弹簧（用以产生与输入角速度成正比的弹性力矩）以及信号输出电位计。其中, Oy 轴为测量轴,该陀螺仪测量的是机体轴 Oy 的角速度 ω_y , Ox 轴为信号输出轴。 Ox 轴的转动,使电位计电刷移动,输出电压信号给控制系统的计算处理装置。陀螺仪自转轴仅具有绕 Ox 轴转动

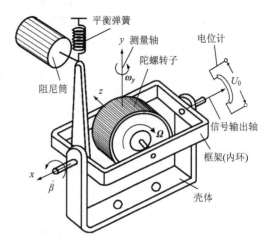

图 3-11　单自由度陀螺仪结构组成图

的自由度,而陀螺仪转子同时还具备绕其自转轴（ Oz 轴）转动的自由度。

单自由度陀螺仪可以测量飞机的转动角速度,并输出与该角速度成正比的电信号,因此也称为角速度陀螺仪或速率陀螺。单自由度陀螺仪只有进动性,而没有定轴性。其工作原理如图 3-12 所示,当飞机受到扰动或操纵指令使其绕机体轴 Oy 轴以角速度 ω_y 旋转时,因单自由度陀螺仪没有该方向的转动自由度,故飞机机体转动会带动陀螺仪壳体整体绕 Oy 轴转动,此时陀螺仪内环受到壳体施加的外力矩 M_L 的作用,由陀螺仪的进动性可知,陀螺转子轴会绕着 Ox 轴旋转一个角度 β ,因陀螺仪内环轴与平衡弹簧连接,故在平衡弹簧的作用下,陀螺仪内环轴上受到绕 Ox 轴的弹簧力矩 $M_{K\beta}$ 的作用,其大小为

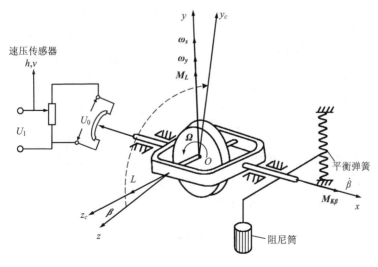

图 3-12　单自由度陀螺仪工作原理图

$$M_{K\beta} = K\beta \tag{3.23}$$

式中，K 为平衡弹簧的扭转刚度。$M_{K\beta}$ 使得陀螺仪再次发生绕 Oy 轴的进动，进动角速度 ω_s 与 ω_y 方向相同，当 $\omega_s = \omega_y$ 时，陀螺仪达到受力平衡状态，此时壳体对陀螺仪内环轴的外力矩 $M_L = 0$，内环轴转动角速度 $\dot{\beta} = 0$，由式（3.22）可求出角速度 ω_s 和 ω_y 为

$$\omega_s = M_{K\beta} / L = \omega_y \tag{3.24}$$

联立式（3.23）和式（3.24），即可求出陀螺仪信号输出轴（内环轴）的转角 β 与需测量的机体角速度 ω_y 之间的关系：

$$\beta = \omega_y L / K = k_{\omega_y} \omega_y \tag{3.25}$$

式中，$k_{\omega_y} = L / K$，为陀螺仪增益。电位计电刷与内环轴固连，内环轴转过的角度 β 与电位计输出端电压 U_0 成正比，即输出端电压 U_0 也与飞机机体角速度成正比，可以根据陀螺仪的输出电信号得到所需测量的机体运动角速度。若飞机停止转动，即 $\omega_y = 0$，则陀螺仪会在平衡弹簧的作用下恢复到原始位置，此时 $\beta = 0$，电位计输出电压 $U_0 = 0$。而当飞机绕 Oy 轴反向转动时，即 $\omega_y < 0$，陀螺仪内环轴转角 $\beta < 0$，电位计电刷反向移动，输出电压 $U_0 < 0$。因此，单自由度陀螺仪不仅可以测量飞机转动角速度的大小，还能判断其转动方向。

当装有自动增稳装置的飞机受到外界扰动而产生角运动时，速率陀螺将输出与转动角速度成正比的电信号，这一电信号将通过放大器、控制计算单元和舵机，并入助力器，使舵面偏转相应的角度 $\Delta \delta_e$，从而减缓机体由于扰动引发的振荡现象，改善机体的动稳定性。

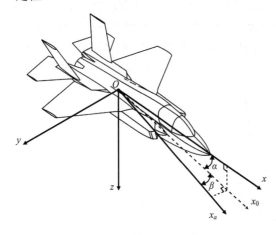

图 3-13　飞机气流角示意图

值得注意的是，陀螺仪的输出电信号 U_0 仅能反映飞机的转动角速度，而不能反映飞机的飞行高度 H 和速度 v，因此，若想使得飞机在不同飞行高度和速度的工况下，自动增稳装置对飞机都有相同的增稳作用，还需在电位计之后加装速压传感器，对输出的电信号进行修正，这部分内容将在 3.4 节详述。

3. 线加速度计

线加速度计是用来测量飞机重心处的线加速度，能够反映飞机在重心处的振动和瞬时运动状态。同时，线加速度计也可近似测量飞机的气流角（迎角 α 和侧滑角 β），如图 3-13 所示，飞机的迎角 α 和侧滑角 β 计算公式如下：

$$\alpha = \arctan \frac{v_{az}}{v_{ax}} \tag{3.26}$$

$$\beta = \arcsin \frac{v_{ay}}{|v|} \tag{3.27}$$

式中，v_{ax}, v_{ay}, v_{az} 分别为飞机飞行速度 v 沿机体轴的速度分量，通过线加速度计测量飞机重心沿机体轴的线加速度，积分得到速度，即可求出飞机的气流角。

线加速度计的敏感轴需与所要测量的线加速度方向一致，例如要测量飞机沿机体 Ox 轴方向的线加速度，则敏感轴需与 Ox 轴重合。如图 3-14 所示为线加速度计结构和工作原理图，它主要由壳体、通过弹簧支承的敏感质量块 m、两端分别与敏感质量块和壳体相连的弹簧 k、阻尼器 c 以及电位计式信号变换器组成。

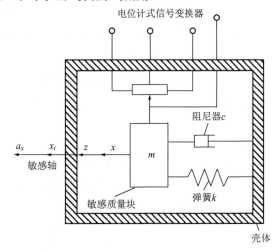

图 3-14　线加速度计工作原理图

当飞机运动时，在惯性空间中，其重心处沿机体 Ox 轴方向的位移为 x_i，线加速度计壳体与飞机固接，因此线加速度计壳体的位移也为 x_i，则飞机沿机体 Ox 轴方向的线加速度为

$$a_x = \frac{\mathrm{d}^2 x_i}{\mathrm{d}t^2} \tag{3.28}$$

敏感质量块本身具有惯性，当壳体运动时，敏感质量块在惯性空间运动位移 z，则敏感质量块相对壳体的位移量 x 为

$$x = z - x_i \tag{3.29}$$

在弹簧阻尼系统的作用下，忽略弹簧质量和电位计电刷的摩擦力，则线加速度计中关于敏感质量块的运动方程为

$$m \frac{\mathrm{d}^2 z}{\mathrm{d}t^2} + c \frac{\mathrm{d}x}{\mathrm{d}t} + kx = 0 \tag{3.30}$$

联立式（3.29）和式（3.30），消去变量 z，可得到敏感质量块的相对位移量 x 和机体位移 x_i 之间的关系为

$$\frac{\mathrm{d}^2 x}{\mathrm{d}t^2} + \frac{c}{m} \frac{\mathrm{d}x}{\mathrm{d}t} + \frac{k}{m} x = -\frac{\mathrm{d}^2 x_i}{\mathrm{d}t^2} \tag{3.31}$$

将式（3.28）代入式（3.31），并经过拉普拉斯变换，可得

$$\frac{x(s)}{a_x(s)} = \frac{-1}{s^2 + 2\xi_1 \omega_1 s + \omega_1^2} \tag{3.32}$$

式中，$\xi_1 = \dfrac{c}{2\sqrt{mk}}$ 为线加速度的阻尼比；$\omega_1 = \sqrt{\dfrac{k}{m}}$ 为线加速度计的固有频率。

敏感质量块相对壳体的位移量 x 即为电位计电刷的移动量，为线加速度计的输出量，而机体在惯性空间的线加速度 a_x 为线加速度计要测量的量，也就是线加速度计的输入量。因此，式（3.32）反映了线加速度计的测量工作原理。当线加速度计达到稳态时，飞机做匀加速运动，敏感质量块相对壳体静止，处于平衡位置 x，此时敏感质量块相对壳体的加速度和速度都为 0，则线加速度计输入输出量之间的关系为

$$x = -\frac{m}{k}a_x \tag{3.33}$$

电位计输出电压 U 与电位计电刷移动量 x 成正比，输出电压可写为

$$U = K_U x \tag{3.34}$$

将式（3.33）代入式（3.34），可得到线加速度计输出的电信号与输入的测量量之间的关系为

$$U = -\frac{K_U m}{k}a_x \tag{3.35}$$

由式（3.35）可知，线加速度计的输出电压值与飞机的线加速度成正比。

根据式（3.33），可写出单位加速度所产生的敏感质量块位移量的表达式，即线加速度计的分辨率为

$$\frac{\mathrm{d}x}{\mathrm{d}a_x} = -\frac{m}{k} = -\frac{1}{\omega_1^2} \tag{3.36}$$

由式（3.36）可知，单位加速度所产生的相对位移量越大，分辨率越高。线加速度计的分辨率与其固有频率的平方成反比，弹簧刚度 k 越小，敏感质量块质量 m 越大，线加速度计的分辨率就越高。

飞行控制系统中的线加速度计，通过将测量所得的线加速度转化为电信号，输出给放大器和控制单元，从而使舵面偏转，以提高飞机的固有频率和静稳定性。

3.3.2　舵机与舵回路

舵回路是飞机飞行自动控制系统的必要组成部分，它属于控制系统中的执行机构，按照传感器输出的电信号输出力矩（或力）和角速度（或线速度），来驱动舵面偏转，使飞机的角运动和飞机轨迹达到设定的期望值，实现飞机的自动稳定与控制。@@

舵回路是由舵机、反馈装置以及放大器组成的随动系统，其中舵机是舵回路的执行元件。飞行控制系统中常用的舵机包括电动舵机、液压舵机和电动液压舵机三种基本结构，其区别主要在于驱动方式的不同，电动舵机是靠电动机驱动舵臂，液压舵机靠高压液体作为驱动源，而电动液压舵机主要由电液伺服阀控制高压液体来驱动作动筒。本书主要介绍液压舵机和电液复合舵机的组成和工作原理。

1. 液压舵机

液压舵机的作用是将输入的电信号转换为驱动负载的机械位移，并使机械位移这一输出信号能够精确跟踪输入信号的变化。液压舵机的结构及工作原理如图 3-15 所示，它主要由电液伺服阀和作动筒两大部件组成，其中电液伺服阀又包括力矩马达（电气部分）和液压放大器（液压部分）两部分。力矩马达的作用是将电信号（输入控制电流 $i_c = i_1 - i_2$）

转换为微小的机械位移信号，即挡板 6 的转动角度，并将该位移信号作为液压放大器的输入量，经过压力放大的输出量是滑阀 10 两端的压力差，再经过滑阀的移动将信号功率进一步放大，使高压油进入作动筒，推动作动筒内的活塞杆 16 移动，产生很大的功率，以克服负载使舵面偏转。

力矩马达的工作原理如图 3-16 所示，力矩马达内部结构包括上下导磁体、永久磁铁、控制线圈和衔铁挡板组件。永久磁铁将上下导磁体分别磁化为北极（N）和南极（S），

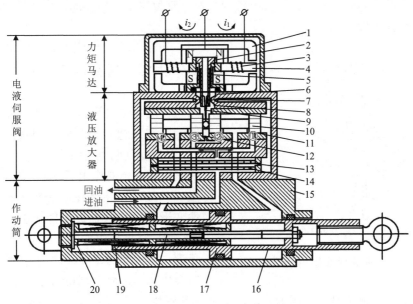

图 3-15　液压舵机结构及工作原理图

1-导磁体；2-永久磁铁；3-控制线圈；4-衔铁；5-弹簧管；6-挡板；7-喷嘴；8-溢流腔；9-反馈杆；10-滑阀；11-阀套；12-回油节流孔；13-固定节流孔；14-油滤；15-作动筒壳体；16-活塞杆；17-活塞；18-铁芯；19-线圈；20-位移传感器

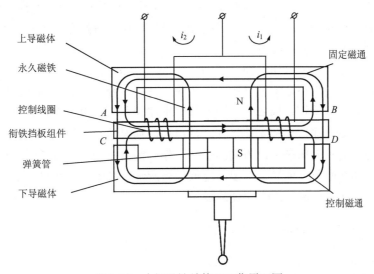

图 3-16　力矩马达结构及工作原理图

控制线圈绕在衔铁上，永久磁铁产生固定磁通量（简称磁通），控制线圈在有电流通过时产生控制磁通，上下导磁体为磁通提供磁路。衔铁两端与上下导磁体形成四个工作气隙 A、B、C、D，当输入端的电流信号不同时，控制磁通会改变方向，使得四个工作气隙的磁通量不等，驱使衔铁带动挡板转动。

　　当液压舵机工作时，假设永久磁铁产生的固定磁通方向如图 3-16 所示，若输入端的电流差 $i_1 - i_2 = 0$，通过控制线圈的电流为 0，永久磁铁在四个气隙产生的磁通相等，衔铁两端受到的电磁吸力相同，因此衔铁保持在水平位置不发生转动，作动筒的活塞杆也不移动，舵面不发生偏转。

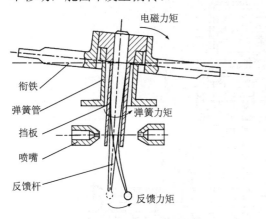

图 3-17　衔铁挡板组件结构图

　　若输入端的电流差 $i_1 - i_2 > 0$，控制线圈产生的磁通在衔铁内由左向右通过（图 3-16），此时气隙 A、D 处的磁通为固定磁通和控制磁通叠加，而气隙 B、C 处的磁通为固定磁通和控制磁通相减，故衔铁在 A、D 处受到的电磁吸力大于 B、C 处，衔铁在电磁力矩的作用下发生顺时针旋转。如图 3-17 所示，衔铁旋转使得弹簧管发生弹性变形，对衔铁挡板组件产生一个弹簧力矩。因衔铁挡板组件顺时针偏转，导致左右喷嘴与挡板间的距离不同，左侧喷嘴与挡板的距离减小，而右侧喷嘴与挡板距离增大，使得左侧喷嘴腔体积减小，压力升高，同时右侧喷嘴腔压力降低，两侧的压力差推动阀芯向右移动，并带动反馈杆向右弯曲。反馈杆在阀芯力的作用下对衔铁产生一个反馈力矩，该力矩与弹簧力矩、电磁力矩平衡时，衔铁停止转动，阀芯也停止移动。如图 3-15 所示，此时阀芯上的凸肩不再挡住油口①和③高压油从进油口流入，经过油滤 14 分四路流出。其中两路油液经过左右固定节流孔 13、阀芯 10 左右两侧，再通过喷嘴 7 流入溢流腔 8，最后经回油节流孔 12 从回油孔流出。另外两路油液经过阀套 11，一路从因阀芯右移而被打开的油口①流入作动筒右侧的腔内，推动活塞杆与作动筒壳体产生相对运动，作动筒左侧油腔体积减小，油液被压入左侧阀芯处，并经打开的油口③流回回油口，作动筒带动舵面向一侧偏转。反之，若输入端的电流差 $i_1 - i_2 < 0$，衔铁挡板组件逆时针旋转，阀芯向左移动，油口②和④被打开，使得高压油经油口④流入作动筒左侧的腔内，推动活塞杆与作动筒壳体产生反方向的运动，作动筒右侧腔内的油液经油口②流回回油口，作动筒带动舵面反向偏转。综上，电液伺服阀输入端的电流极性决定了舵机活塞杆的移动方向，从而可以驱动舵面正转或反转。

　　2. 舵回路的构成与系统设计要求

　　1）舵回路的构成

　　如图 3-15 所示，液压舵机的作动筒内装有位移传感器 20，它的作用是将作动筒的实际机械位移信号转换成电信号，反馈给增稳装置的电子放大器中，提高舵机的控制精度。

　　液压舵机的舵回路系统图如图 3-18 所示，舵回路是由液压舵机、位移传感器以及电子放大器组成的随动系统。飞行控制系统中的传感器的输出控制信号 e 和舵机位移传感器的反馈信号 e_f 进行比较后，两者差值 e_g 经电子放大器放大，控制电流信号 i_c 输出给力矩马达的控制线圈，驱动衔铁挡板组件旋转角度 θ，再通过液压放大器的位移放大，滑阀位移量为 x_V，滑阀移动打开油口，油液流动驱动作动筒和活塞杆产生相对位移 x_t，装在作动筒上的位移传感器会同时将作动筒位移 x_t 转换为电信号反馈给电子放大器，确保作动筒的响应能够精准跟上输入信号，进而通过传动机构驱动舵面偏转 δ_e，从而改变飞机的角运动或飞行姿态。

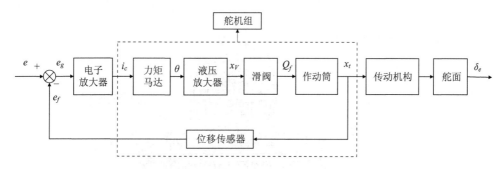

图 3-18　液压舵机舵回路系统结构图

　　2）舵回路系统的设计要求

　　舵回路系统作为飞机飞行控制系统的重要环节之一，其设计要求包括系统的静态特性、动态特性、接口要求、余度设计要求、可靠性、可维护性以及使用环境等，具体技术要求主要有以下几个方面。

　　（1）舵机的输出功率满足系统负载要求。

　　（2）在各种飞行工况下，舵机都能够稳定工作。

　　（3）电传操纵系统的舵回路，须有余度设计。

　　（4）舵回路的静态、动态性能须满足系统提出的输入/输出关系要求。

　　（5）舵回路须有较宽的频带，其通频带一般为飞机的 3～5 倍。

　　（6）舵回路须有良好的动态响应性能。

　　（7）舵回路系统应具有较大的阻尼和较小的相位滞后。

　　舵回路系统设计时，通常采用计算机辅助设计手段，在设计方法上，通常基于经典控制理论进行分析与设计。随着计算机和数字化技术的发展，现在的舵回路系统已朝着智能化、数字化和集成化的方向发展，不仅使系统集成度、精度和可靠性更高，也更利于各类先进飞行控制技术的应用。

　　3. 电液复合舵机

　　常规的液压舵机是串联在飞行控制系统的驾驶杆和液压助力器之间，其输出的操纵信号与驾驶杆的操纵信号在复合摇臂处综合，因此可能在复合摇臂处出现力反传现象。

为减小力反传现象引起的驾驶杆回输振荡现象，避免力反传对飞行员的操纵产生影响，便出现了复合舵机。电液复合舵机将助力器和液压舵机做成一个整体，使来自驾驶杆和舵机的信号在助力器滑阀处综合，而不在复合摇臂处综合。

图 3-19 为电液复合舵机内部结构及工作原理图，电液复合舵机主要由液压舵机和助力器两大部分组成，液压舵机内部包括电液伺服阀、作动筒、位移传感器、电磁转换机构和锁紧机构等，助力器包括连接驾驶杆、舵机作动筒和助力器滑阀的摇臂机构、滑阀、作动筒和位移传感器等。为保证舵机工作的可靠性，采用两套独立的液压源系统进行供油，保证了舵机的余度设计。复合舵机主要有四种工作状态：助力操纵、舵机工作、复合工作和应急操纵。

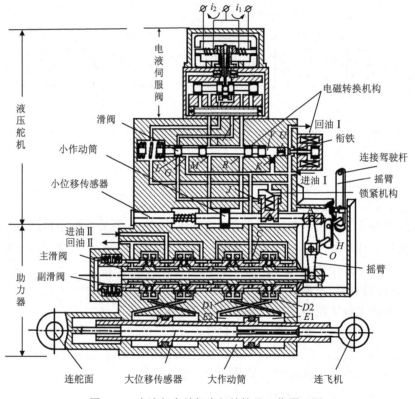

图 3-19 电液复合舵机内部结构及工作原理图

（1）助力工作状态，即人工驾驶模式。此时电磁转换机构不通电，喷嘴 U 与衔铁之间距离最大，油腔 V 内的压力减小，滑阀在左侧弹簧力的作用下移到最右端，滑阀上的凸肩将油路 L 和 T 堵住，油源系统 I 的油液从进油口流入锁紧机构上方腔内，锁紧机构被压紧，由液压舵机控制的小作动筒被锁住，摇臂点 A 保持不动，则主滑阀点 B 处的移动完全来自于飞行员对驾驶杆的操纵，主滑阀运动后，油源系统 I 的油液从进油口流入环形槽 C，并经过被打开的窗口 $D1$（或 $D2$）流入大作动筒一侧油腔 $E1$（或 $E2$），推动大作动筒的活塞杆移动，从而带动舵面偏转。同时，在两侧油腔压力差的作用下，另一侧油腔 $E2$（或 $E1$）内的油液被压出，经窗口 $D2$（或 $D1$）及主滑阀的空心孔由回油口

Ⅰ流回油箱Ⅰ。

（2）舵机工作状态，即自动控制模式。此时电磁转换机构通电，衔铁左移，喷嘴 U 被堵住，油腔 V 压力增大，克服左侧弹簧力的作用推动滑阀向左移动，于是通向电液伺服阀的油路 T 被打开，同时油路 L、G 和 J 也都被打开，油源系统Ⅰ的油液从进油口经油路 L 流入到锁紧机构 J，锁紧机构在高压油液的作用下向上弹起，小作动筒的活塞杆处于自由状态。此时若飞行员不操纵驾驶杆，则主滑阀的移动完全由小作动筒上点 A 的移动带动摇臂上的点 B 移动，从而推动主滑阀移动，类似地，窗口 D1（或 D2）被打开，大作动筒的活塞杆相对舵机外壳移动，从而推动舵面转动。

（3）复合工作状态。在电磁转换机构通电时，若飞行员同时操纵驾驶杆，则舵机处于复合工作状态，来自驾驶杆的人工操纵信号和来自液压舵机的自动控制信号通过点 O 在点 B 处综合，控制主滑阀以及大作动筒的移动。

（4）应急操纵工作状态。助力操纵、舵机工作、复合工作三种工作状态，都是油源系统Ⅰ和主滑阀工作，副滑阀一般不动，油源系统Ⅱ也是作为备份油源。当主滑阀在工作中遇到卡死等特殊情况，副滑阀和油源系统Ⅱ将代替主滑阀和油源系统Ⅰ，这是复合舵机处于应急操纵的工作状态，高压油由进油口Ⅱ流入，推动副滑阀移动，使滑阀内的窗口打开，从而推动大作动筒内的活塞杆移动，使飞行员和增稳装置能正常工作，操纵舵面偏转。

如图 3-19 所示，电液复合舵机中包含小位移传感器与大位移传感器，分别反馈小作动筒和大作动筒的实际机械位移到电子放大器中，提高复合舵机的控制精度。除此之外，复合舵机中还有一个机械反馈装置，即摇臂的 H 轴与复合舵机外壳固接，每当主滑阀和大作动筒的活塞杆移动时，舵机壳体相对滑阀和活塞杆运动，摇臂的 H 轴跟着壳体运动，因此会带动摇臂点 B 再次移动，使得滑阀原先被打开的窗口重新关闭，大作动筒的活塞杆停止运动，舵机停止工作。以上两个位移传感器和一个机械反馈构成了电液复合舵机的三闭环负反馈的舵回路系统（图 3-20），确保复合舵机的快速精准响应。

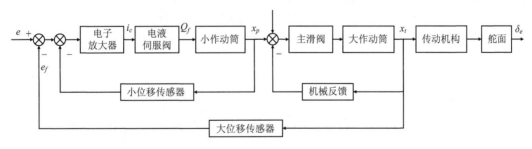

图 3-20　电液复合舵机舵回路系统结构图

3.4　典型飞行控制系统

由 3.1.2 节可知，典型的飞行控制系统中包含敏感元件、放大计算装置和执行机构等几个重要部分，其中主要的敏感元件和执行机构已分别在 3.3.1 节和 3.3.2 节中进行介绍。本节将介绍几种典型的飞行控制系统，包括阻尼器、增稳系统、控制增稳系统和自动驾驶仪。

3.4.1 飞机飞行阻尼器

1. 阻尼器的组成及工作原理

随着飞机飞行任务的要求越来越高，其飞行包线范围不断扩大。图 3-21 为某型飞机的纵向阻尼比随飞行高度和飞行马赫数变化的曲线，由图 3-21 可以看出，当飞行高度升高、飞机马赫数增大时，即飞机在高空高速飞行时，其飞行性能急剧下降，飞机的短周期运动阻尼比 ξ 会急剧减小。这将表现为飞机在受到扰动时，会发生不易衰减的剧烈振荡，影响飞机的动稳定性，也严重影响飞行员的操纵，严重时甚至会危及飞行安全。

由 3.2.3 节的分析可知，提高飞机阻尼比的有效方法是给飞机加装一个阻尼器，提高飞机的阻尼系数。例如，当飞机飞行过程中受到纵向扰动，机头向上振荡，有个正向角速度，此时经过阻尼器的控制，升降舵平尾前缘向上偏转，产生舵面升力，给飞机增加了一个使飞机低头的阻尼力矩，阻止飞机抬头，从而大大减缓飞机机头的短周期振荡，提高飞机动稳定性，改善飞机的运动品质。也就是说，飞机阻尼器的作用就是当飞机有振荡角速度产生时，将该角速度信号通过变换引入到操纵系统中，控制舵面偏转 δ_e，产生一个与振荡角速度方向相反的附加阻尼力矩，阻止飞机的剧烈摆动，所施加的舵偏角 δ_e 应与振荡角速度 q 的方向相同。

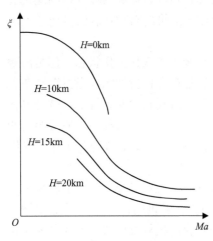

图 3-21 某型飞机纵向阻尼比曲线图

如图 3-22 所示为飞机纵向阻尼飞行控制系统的原理框图，该闭环控制回路包括飞行员操纵的前段杆系系统、助力器、舵面、飞机以及自动增稳装置——阻尼器。阻尼器又包括测量飞机角速度的传感器（速率陀螺）、对输出电信号进行修正的速压传感器、放大器和控制舵面偏转的执行元件（舵回路）等。

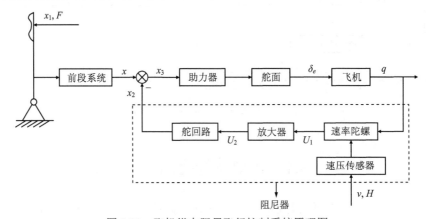

图 3-22 飞机纵向阻尼飞行控制系统原理图

图 3-22 中的 "⊗" 代表了飞行操纵系统中的复合摇臂，它将飞行员或自动驾驶仪的操纵信号和自动增稳装置的增稳控制信号叠加，叠加后的综合信号输出给助力器，从而共同操纵舵面偏转，以改变飞机的运动状态。

速率陀螺感受到飞机的角速度信号后，经过速压传感器的修正，输出电信号 U_1 到放大器，该电信号的极性与飞机角速度的正负有关，大小与角速度成正比：

$$U_1 = k_q f(v, H) q \tag{3.37}$$

式中，k_q 为纵向阻尼器速率陀螺的增益；$f(v, H)$ 为速压传感器的修正函数。由 3.3.1 节可知，因陀螺仪的输出电信号 U_0 仅能反映飞机的转动角速度，而不能反映飞机的飞行高度 H 和速度 v，这意味着当飞机输入相同的角速度信号 q 给阻尼器时，在不同的飞行状态下，阻尼器控制舵面偏转相同的角度，会产生不同的附加阻尼力矩，也就是说阻尼器的阻尼效果会不同，这对提高飞机飞行性能很不利。因此，为了在不同的飞行高度和飞行速度下，相同的飞机角速度改变能产生基本相同的阻尼力矩，就需要引入速压传感器，根据飞机当前飞行状态的动压对输出电信号进行调节，使得输出的电信号 U_1 不仅能反应飞机的角速度，还能反应其飞行状态，保证阻尼器的控制效果。

放大器是将敏感元件输出的微弱电信号 U_1 加以变换和放大，使其具有足够大的功率输出到舵回路中，以控制执行机构工作。同时，放大器还具有信号综合功能，把来自多个传感器的信号综合、滤波和放大。此外，与传感器的电信号类似，放大器也具备分辨信号极性的功能。在阻尼器中，经放大器的信号 U_2 可以表示为

$$U_2 = k_v U_1 \tag{3.38}$$

式中，k_v 为放大器的增益。

放大器将输出信号传递给舵回路，由 3.3.2 节可知，舵回路是飞行控制系统的执行元件部分，是一个由舵机、放大器、反馈元件等组成的闭环回路，它能够将电信号转换为机械位移信号输出，并驱动舵面偏转 δ_e，若忽略舵机中伺服阀、作动筒的动态特性以及机械操纵系统的传递关系，则经过舵机驱动舵面偏转的输出信号可以表示为

$$\delta_e = k_g U_2 \tag{3.39}$$

式中，k_g 为舵回路的增益。综上，经过阻尼器的控制，操纵舵面偏转的信号为

$$\delta_e = k_g k_v k_q f(v, H) q \tag{3.40}$$

因此，结合表 3-1，可以得到由阻尼器操纵舵面偏转产生的附加阻尼力矩：

$$\Delta M_y = C_{m\delta_e} q_0 S_w b_A \cdot \Delta \delta_e = C_{m\delta_e} q_0 S_w b_A \cdot K_q \Delta q \tag{3.41}$$

式中，K_q 为一个既反映阻尼器特性、又反映飞机飞行状态的值，可表示为

$$K_q = k_g k_v k_q f(v, H) \tag{3.42}$$

结合阻尼器的组成及每个部件的功能，总结飞机纵向阻尼器的工作原理。当飞机沿设定的航线作等速平飞时，飞机的俯仰角速度 $q = 0$，单自由度陀螺仪输出的电信号也为 0，舵机不工作，舵面保持在平衡位置上不发生偏转。当飞机受到纵向扰动，发生抬头振荡时（$q > 0$），单自由度陀螺仪检测到该角速度信号，并将其转换成电信号，经过速压传感器的处理输出电信号到 U_1 放大器，该信号经过放大和变换，输出给舵回路，舵机将

电信号转化成机械位移信号，与操纵信号复合，驱动升降舵前缘向上偏转 $\Delta\delta_e > 0$，对飞机产生低头力矩 ΔM_y，阻止飞机抬头。此时，q 减小，陀螺仪再次测得实时的 q，通过速压传感器、放大器和舵回路进一步控制升降舵偏转，引起俯仰力矩 ΔM_y 变化，直至飞机恢复到等速平飞状态。反之，若飞机受到扰动产生了一负向俯仰角速度（$q < 0$），则阻尼器中的电信号极性相反，从而控制升降舵前缘向下偏转，对飞机产生一个向上的抬头力矩，直到飞机恢复等速平飞状态。

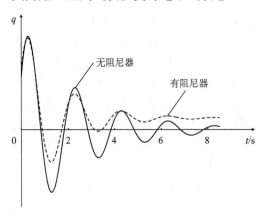

图 3-23　有无阻尼器的飞机俯仰角
速度振荡响应对比图

阻尼器、舵面和飞机构成了闭环负反馈飞行控制系统回路，因此，回路一定会朝着减小偏差的方向工作，直至最终消除偏差，如图 3-23 所示，加装阻尼器之后，飞机的短周期振荡衰减迅速，飞机很快恢复平稳飞行状态。故带有阻尼器的飞行控制系统能使得飞机的有害短周期振荡迅速衰减，提高飞机的动稳定性。

但这一特点也为带阻尼器的飞行控制系统带来问题：因使飞机产生振荡的信号不仅可能来自于外界扰动（高频信号），也可能来自于飞行员的操纵（低频信号），但只要阻尼器在回路中，就会将捕捉到的振荡信号阻尼掉。因此，为避免阻尼器为飞行员的正常操纵带来附加的舵偏角和阻尼力矩，使得飞行员还需要通过操纵舵面对附加的舵偏角加以补偿，通常在阻尼器的单自由度陀螺仪和舵回路之间增加一个清洗网络：

$$\Delta\delta_e = L_{\dot\theta}\frac{\tau_1 s}{\tau_1 s + 1}\Delta\dot\theta \tag{3.43}$$

式中，$L_{\dot\theta}$ 为纵向阻尼器的增益，τ_1 为时间常数，$\dot\theta$ 为飞机俯仰角。该清洗网络的作用是阻隔低频稳态信号，即飞行员的操纵信号，而令高频的干扰信号通过，使阻尼器在保证飞行操纵性的条件下提高飞机的动稳定性。

值得注意的是，阻尼器作为自动增稳装置串联在飞行控制回路中，应给阻尼器的舵机一定的控制权限，一般阻尼器的权限为舵面最大舵偏角的 5%～10%，防止阻尼器的舵机出现卡滞等故障时，舵面的可操纵舵偏度太小而使得飞行员无法操纵，从而引发飞行安全事故。较小的操纵权限确保了即使阻尼器的舵机作动筒卡死在极限位置，舵面仍有较大的可操纵范围，保证了飞行安全。

2. 阻尼器的控制规律及传递函数

为得到带阻尼器的飞行控制系统回路控制规律，将图 3-22 中的每一部分都用传递函数代替，得到图 3-24 的飞机阻尼飞行控制系统动态回路图。飞机阻尼器的控制规律指的是舵面输出信号随输入信号的变化规律，对于包含纵向阻尼器的飞行控制系统回路，舵面的输出信号由前段系统的操纵信号 $\delta_e(x)$ 和阻尼器的控制信号 $\delta_e(q)$ 两部分组成：

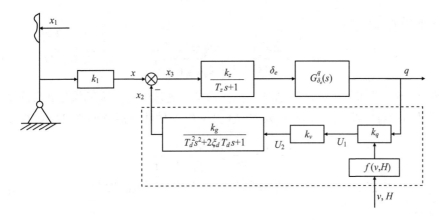

图 3-24　飞机阻尼飞行控制系统回路图

$$\delta_e = \delta_e(x) + \delta_e(q) \tag{3.44}$$

对于前段杆系的操纵信号，近似用 k_1 代表杆系传动比，其传递函数为

$$\frac{X(s)}{X_1(s)} = k_1 \tag{3.45}$$

采用忽略负载影响的一阶惯性环节来表示助力器动态特性：

$$\frac{\delta_e(s)}{X_3(s)} = \frac{k_z}{T_z s + 1} \tag{3.46}$$

考虑舵回路的动态特性，用二阶振荡环节表示：

$$\frac{X_2(s)}{U_2(s)} = \frac{k_g}{T_d^2 s^2 + 2\xi_d T_d s + 1} \tag{3.47}$$

忽略放大器和单自由度陀螺仪的惯性，分别得到其传递函数：

$$\frac{U_2(s)}{U_1(s)} = k_v \tag{3.48}$$

$$\frac{U_1(s)}{q(s)} = k_q f(v,H) \tag{3.49}$$

结合式（3.44）～式（3.49），可得到该控制回路的输出舵偏角函数：

$$\delta_e = \frac{k_z}{T_z s + 1}\left[k_1 x_1 + \frac{k_g \cdot k_v \cdot k_{\omega_z} \cdot f(v,H)}{T_d^2 s^2 + 2\xi_d T_d s + 1} q \right] \tag{3.50}$$

若忽略舵回路和助力器的惯性，则可将式（3.50）简化为

$$\delta_e = k_z (k_1 x_1 + K_q q) = k_z (x + K_q q) \quad (3.51)$$

若此时飞行员及自动驾驶仪没有操纵信号，且令 $k_z = 1$，则阻尼器的控制规律可写为

$$\delta_e = K_q q \quad (3.52)$$

结合式（3.51）与图3-24，可以将带阻尼器的飞控系统回路图简化成图 3-25，图 3-25 系统

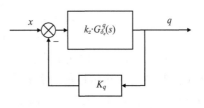

图 3-25　飞机阻尼飞行控制系统简化结构图

的闭环传递函数为

$$\frac{q'(s)}{X(s)} = \frac{G^q_{\delta_e}(s)}{1 + K_q G^q_{\delta_e}(s)} \qquad (3.53)$$

由式（3.6）可知飞机纵向运动时，机体俯仰角速度 q 对升降舵偏角 $\Delta\delta_e$ 的短周期振荡传递函数 $G^q_{\delta_e}(s)$，将式（3.6）代入式（3.53）得到加装阻尼器的飞机等效模型：

$$\frac{q'(s)}{X(s)} = \frac{K'_Q (T_q s + 1)}{T'^2 s^2 + 2\xi' T' s + 1} \qquad (3.54)$$

式中，K'_Q、T' 和 ξ' 分别为加装阻尼器的等效飞机传递函数的增益、时间常数和阻尼比，具体可写为

$$K'_Q = \frac{K_Q}{1 + K_Q K_q} \qquad (3.55)$$

$$T' = T \sqrt{\frac{1}{1 + K_Q K_q}} \qquad (3.56)$$

$$\xi' = \frac{\xi + T_Q K_Q K_q}{\sqrt{1 + K_Q K_q}} \qquad (3.57)$$

$$T_Q = \frac{T_q}{2T} \qquad (3.58)$$

为改善飞机的动态性能，提高飞机的动稳定性，可以依据设计要求的飞机阻尼比 ξ'，对飞机的阻尼器进行设计。由式（3.57）可知，飞机阻尼比 ξ' 是阻尼器增益 K_q 的函数，可将式（3.57）写为

$$\xi'^2 (1 + K_Q K_q) = (\xi + T_Q K_q K_Q)^2 \qquad (3.59)$$

求解方程（3.59），可得阻尼器增益 K_q 为

$$K_q = \frac{-(2\xi T_Q - \xi'^2) \pm \sqrt{(2\xi T_Q - \xi'^2)^2 + 4T_Q^2 (\xi'^2 - \xi^2)}}{2T_Q^2 K_Q} \qquad (3.60)$$

为能更清晰地看出飞机加装阻尼器之后的短周期运动特性，根据式（3.56）写出等效飞机的纵向固有频率为

$$\omega'_n = \frac{1}{T'} = \frac{1}{T} \sqrt{1 + K_Q K_q} = \omega_n \sqrt{1 + K_Q K_q} \qquad (3.61)$$

阻尼系数为

$$n' = \xi' \omega'_n = \frac{\xi + T_Q K_Q K_q}{\sqrt{1 + K_Q K_q}} \cdot \omega_n \sqrt{1 + K_Q K_q} = n + \omega_n T_Q K_Q K_q \qquad (3.62)$$

由式（3.62）可以明显看出，加装阻尼器的等效飞机纵向阻尼比比原飞机要大，因此飞机的纵向动稳定性能得到提升。此外，由式（3.61）可知，等效飞机的固有频率也稍有增大。而从式（3.55）可以看出，等效飞机的系统增益 K'_Q 小于原来的飞机系统增益 K_Q，这意味着加装阻尼器后的飞机，想要达到与原飞机相同的俯仰角速度变化，需要

飞行员操纵更大的杆位移，也就是飞机在加装阻尼器后，操纵效率降低，操纵性能变差，这说明飞机飞行阻尼器是通过牺牲操纵性来换取动稳定性的提升的，且阻尼器增益 K_q 越大，等效飞机的增益 K'_Q 越小，因此为了避免飞机的操纵性降低太多，阻尼器增益 K_q 一般不会取很大的值。

3.4.2　增稳系统

3.4.1 节介绍了飞行阻尼器的工作原理和控制规律，阻尼器能够有效提高飞机的飞行阻尼比，但对固有频率的影响较小。随着现代飞机飞行包线的不断增大，高性能战斗机常常会以大迎角飞行，由图 3-26 可知，飞机的纵向力矩系数 C_m 与飞行迎角相关，若迎角 $\alpha < \alpha_m$，$C_{m\alpha} < 0$，飞机具有纵向静稳定性；但当迎角 $\alpha > \alpha_m$，$C_{m\alpha} > 0$，飞机变得纵向静不稳定，此时飞行员

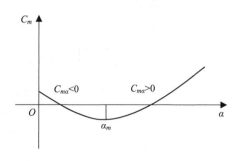

图 3-26　飞机纵向静稳定曲线图

难以操纵飞机。因此，需要加装增稳系统来提高飞机的静稳定性和动稳定性。

1. 过载稳定器的组成及工作原理

要想提高飞机的静稳定性，可在飞机闭环控制回路中引入迎角 α 或法向过载信号 n_z（飞机迎角与法向过载近似成正比，见式（3.63）），形成法向过载稳定器，提高飞机纵向短周期振荡的固有频率，从而提高飞机的纵向静稳定性。

$$n_z = \frac{q_0 S_w C_{L\alpha}}{G}\alpha \tag{3.63}$$

法向过载稳定器的结构组成与阻尼器类似，如图 3-27 所示，由测量飞机线加速度或过载的加速度计、对输出电信号进行修正的速压传感器、放大器和控制舵面偏转的执行元件（舵回路）等部件组成。舵回路将舵面偏转位移信号通过复合摇臂，与前段系统的操纵信号叠加，传递给助力器，操纵舵面偏转，从而改变飞机的法向过载。

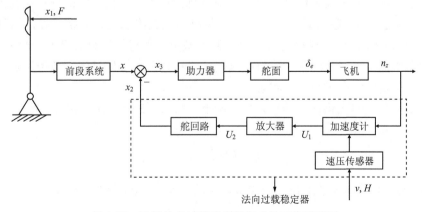

图 3-27　飞机法向过载稳定器组成及工作原理图

　　根据图 3-27,可以得到装有法向过载稳定器的飞机控制系统回路图,如图 3-28 所示,其控制规律为舵面输出信号随输入信号的变化规律,包括前段系统的操纵信号 $\delta_e(x)$ 和过载稳定器的控制信号 $\delta_e(n_z)$ 两部分:

$$\delta_e = \delta_e(x) + \delta_e(n_z) \tag{3.64}$$

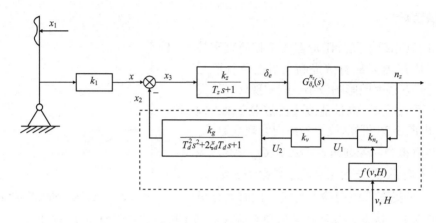

图 3-28　装有法向过载稳定器的飞行控制回路图

　　若此时飞行员及自动驾驶仪没有操纵信号,且忽略舵回路和助力器的动态特性,并令 $k_z = 1$,则可写出法向过载稳定器的控制规律为

$$\delta_e = k_{n_z} k_v k_g f(v,H) n_z = K_{n_z} n_z \tag{3.65}$$

式中, k_{n_z} 为法向过载稳定器中加速度计的增益; K_{n_z} 为法向过载稳定器的增益。

　　在过载稳定器的作用下,升降舵舵面偏转,产生附加控制力矩为

$$\Delta M_y = C_{m\delta_e} q_0 S_w b_A \Delta \delta_e = C_{m\delta_e} q_0 S_w b_A K_{n_z} \Delta n_z \tag{3.66}$$

　　总结飞机法向过载稳定器的工作原理为:当飞机飞行过程中受到纵向扰动时,使其产生了沿机体轴 Oz 轴的法向过载 $\Delta n_z > 0$,此时过载稳定器中的敏感元件加速度计感受到该过载信号,经过速压传感器的调整,将电压信号 U_1 输出给放大器,放大器将微弱的电信号加以变换和放大成电信号 U_2,输出到舵回路中,舵回路将电信号转化成作动筒的机械位移信号,控制舵面偏转 $\Delta \delta_e > 0$,产生纵向低头附加力矩 $\Delta M_y < 0$,则飞机迎角 $\Delta \alpha < 0$,升力减小,进而使得飞机法向过载 n_z 减小,使得飞机重心沿 Oz 轴向下运动,过载稳定器中的加速度计感受到最新的法向过载 n_z 信号,并继续进行负反馈调节,直到飞机恢复到恒定的法向过载飞行状态。

　　为考察迎角 α 对飞机纵向静稳定性的影响,将式(3.63)代入式(3.65),得到舵偏角与硬件的关系为

$$\delta_e = K_{n_z} \frac{q_0 S_w C_{L\alpha}}{G} \alpha = K_\alpha \alpha \tag{3.67}$$

式中, K_α 为迎角稳定器的增益。由飞机迎角改变而产生的俯仰力矩为

$$\Delta M_y = C'_{m\alpha} q_0 S_w b_A \Delta \alpha \tag{3.68}$$

根据式（3.63）、式（3.66）～式（3.68），可推导出加装过载稳定器之后的飞机静稳定性系数增量 $C'_{m\alpha}$ 表达式：

$$C'_{m\alpha} = K_\alpha C_{m\delta_e} \tag{3.69}$$

由此可见，飞机在原先气动布局不变的情况下，附加了一个由舵面偏转引起的俯仰力矩，即在过载稳定器的作用下，飞机的静稳定性增加了。

根据式（3.5）和式（3.63），可以写出没有过载稳定器的飞机纵向运动时机体法向过载 n_z 对升降舵偏角 δ_e 的短周期振荡传递函数：

$$G^{n_z}_{\delta_e}(s) = \frac{n_z(s)}{\delta_e(s)} = \frac{K_n}{T^2 s^2 + 2\xi T s + 1} \tag{3.70}$$

式中，传递函数增益 K_n 为

$$K_n = \frac{q_0 S_w C_{L\alpha}}{G} K'_\alpha \tag{3.71}$$

当飞机加装法向过载稳定器时，其闭环控制回路的传递函数为

$$G^{n'_z}_{\delta_e}(s) = \frac{n'_z(s)}{\delta_e(s)} = \frac{G^{n_z}_{\delta_e}(s)}{1 + K_{n_z} G^{n_z}_{\delta_e}(s)} \tag{3.72}$$

化简式（3.72），可得到加装过载稳定器的飞机等效模型：

$$\frac{n'_z(s)}{\delta_e(s)} = \frac{K'_n}{T^2_{n_z} s^2 + 2\xi_{n_z} T_{n_z} s + 1} \tag{3.73}$$

式中，

$$K'_n = \frac{K_n}{1 + K_{n_z} K_n} \tag{3.74}$$

$$T_{n_z} = T\sqrt{\frac{1}{1 + K_{n_z} K_n}} \tag{3.75}$$

$$\xi_{n_z} = \frac{\xi}{\sqrt{1 + K_{n_z} K_n}} \tag{3.76}$$

根据式（3.75），可推导得到等效飞机的纵向固有频率：

$$\omega_{n_z} = \frac{1}{T_{n_z}} = \frac{1}{T}\sqrt{1 + K_{n_z} K_n} = \omega_n \sqrt{1 + K_{n_z} K_n} \tag{3.77}$$

由此可见，加装法向过载稳定器之后，等效飞机的纵向固有频率增大，固有频率的增大程度取决于过载稳定器的增益 K_{n_z}。但与此同时，飞机的纵向阻尼比减小。因此，为解决此问题，现代飞机通常同时安装阻尼器和过载稳定器，形成可以同时提高系统动稳定性和静稳定性的增稳系统。

2. 增稳系统的工作原理及控制规律

为提高飞行品质，在飞机飞行控制系统中，将阻尼器和过载稳定器相结合加装到闭环控制回路中，形成具备纵向增稳系统的飞行操纵系统，如图 3-29 所示。增稳系统包括

阻尼器和过载稳定器两个内外环回路，因此能够同时提高飞机的短周期振荡阻尼比和固有频率，即有效提高飞机的纵向动稳定性和静稳定性。

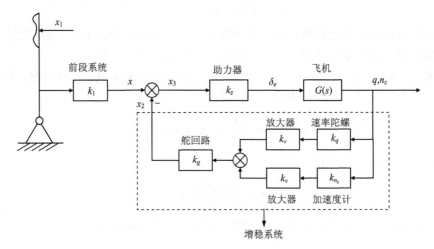

图 3-29　增稳飞行控制系统回路图

装有增稳系统的飞机舵面偏转信号包括前段系统的操纵信号和增稳系统的控制信号：

$$\delta_e = \delta_e(x) + \delta_e(q, n_z) = k_z(x + K_q q + K_{n_z} n_z) \qquad (3.78)$$

若前段系统输入为 0，并令 $k_z = 1$，且考虑阻尼器具有清洗网络，则增稳系统的控制规律可写为

$$\delta_e = \frac{\tau_1 s}{\tau_1 s + 1} K_q q + K_{n_z} n_z \qquad (3.79)$$

包含增稳系统的飞行控制系统能够大大提高飞机的飞行稳定性，但结合式（3.55）和式（3.74）可知，增稳系统的引入会降低飞机的操纵性，因此到 20 世纪 60 年代，又发展了控制增稳系统。

3.4.3　控制增稳系统

由 3.4.2 节可知，飞机的稳定性和机动性是相互制约的，增稳系统只能提高飞机的阻尼比和固有频率，改善飞机的稳定性，但同时会牺牲飞机的操纵性，例如出现操纵时单位过载杆力加重，对操纵信号反应变慢等问题。此外，增稳系统无法完成对操纵指令的非线性要求，例如当飞机在大机动飞行时，期望操纵系统具有较高的灵敏度、较小的控制信号输入就能迅速控制飞机的姿态变化，而飞机在小机动飞行时，要求操纵系统灵敏度减小，飞机的动态响应对控制输入信号不那么敏感。

因此，为了能在提高飞机稳定性的同时不牺牲飞机的操纵性，且能够满足对非线性操纵指令的要求，充分发挥飞机高机动的作战能力，便出现了控制增稳系统。

1. 控制增稳系统的组成及工作原理

俯仰控制增稳系统的结构原理图，如图 3-30 所示，包括含有前段杆系、助力器的机械通道，包含速率陀螺、加速度计和舵回路的增稳反馈通道，以及包含杆力传感器和指令模型的前馈电气通道。

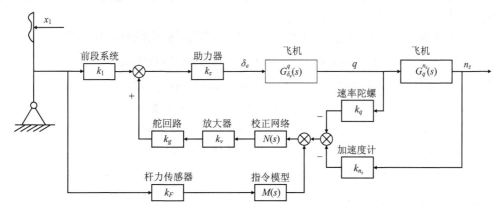

图 3-30　控制增稳系统回路图

实际上，控制增稳系统就是在增稳系统的基础上增加了一个带非线性指令模型的前馈通道，当控制增稳系统工作时，该通道中的杆力传感器会感受飞行员对驾驶杆操纵力的大小 F，并将这个力转化成与其成正比的电压信号 U_F：

$$U_F = F \cdot k_F \tag{3.80}$$

式中，k_F 为杆力传感器的增益。进而，指令模型再将该电压信号 U_F 转化成满足飞机操纵特性要求的电信号 U_M，这一电信号将与增稳系统回路的反馈信号相叠加，其差值控制舵回路的作动，并进一步与前段系统的操纵指令综合，共同控制飞机舵面的偏转。

图 3-31 为一种典型的前馈电气通道的非线性指令模型，其输入电压信号 U_F 与输出电压信号 U_M 呈非线性的关系，当飞机以小机动飞行时，飞行员的操纵杆力较小（$U_F < U_a$），指令模型的增益 k_s 也较小，前馈通道输出的电压信号 U_M 也相对较小，控制增稳系统的操纵灵敏度较低；反之，若飞机以大机动飞行时，飞行员的操纵杆力较大（$U_F > U_a$），指令模型的增益 k_b 和前馈通道输出的电压信号 U_M 也较大，控制增稳系统的操纵灵敏度较高。因此，系统的操纵灵敏度能够根据飞行员的杆力信号进行调节，满足了对非线性操纵指令的要求。

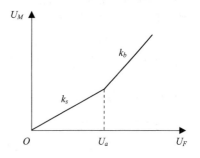

图 3-31　非线性变增益指令模型

2. 控制增稳系统的控制规律

当飞行员操纵驾驶杆作机动飞行时，飞机舵面的偏转由机械通道、前馈通道和反馈回路的信号共同控制，因此舵面偏转可表示为

$$\delta_e = \delta_e(F) + \delta_e(q, n_z, F) \qquad (3.81)$$

式中，$\delta_e(F)$ 为飞行员通过操纵驾驶杆而使舵面偏转的操纵信号；$\delta_e(q, n_z, F)$ 为前馈通道的电气信号抵消一部分增稳系统的反馈信号后对舵面偏转的控制信号。由此可见，控制增稳系统在保证飞行稳定性的前提下，因前馈通道的信号与机械通道的信号同号叠加，说明电气指令信号的作用是使飞行员的操纵量增强，故又不损失飞机的操纵性，解决了系统操纵性和稳定性之间的矛盾。

令助力器增益 $k_z = 1$，根据图 3-30，可以写出控制增稳系统的控制规律：

$$\delta_e = (K_q \cdot q + K_{n_z} \cdot n_z)N(s) + (k_1 + k_F M(s)N(s)k_g k_v)F \qquad (3.82)$$

式中，$N(s)$ 为校正网络，其作用是改善伺服系统的稳定性。由式（3.82）可知，当飞机在空中作平直飞行时，驾驶杆的操纵信号为 0，此时，控制增稳系统只起到增稳的作用。但控制增稳系统中，可以取较大的前馈通道的增益，以补偿增稳反馈通道增益取很大而带来的系统闭环增益降低的问题，从而达到改善控制系统操纵性和稳定性的目的，这也是控制增稳系统的重要作用之一。

3. 控制增稳系统的主要特点

综上所述，控制增稳系统的主要特点可以总结如下。

（1）较好地解决了飞行稳定性与操纵性间的矛盾，在增大飞机阻尼比和固有频率的同时，又不损失机动性，减少了扰动和飞行状态变化对系统的影响。

（2）仅需要一个杆力传感器和简单的电气指令模型，就能放宽飞机的设计约束，同时可避免机械系统的一些非线性有害因素。

（3）指令模型的杆力梯度设计灵活，可以满足不同的飞行品质要求。

（4）简化了机械操纵动作，保证了精确操纵的同时，减轻飞行员的负担。

（5）增加了可随意设计的电气通道指令模型，飞机整个操纵系统的性能并不完全依赖于机械操纵系统，因此可以将机械系统设计得简单一些，还能减少机械摩擦和机械结构间隙带来的不利影响。

（6）驾驶杆上的操纵信号可通过两个通道的信号传递到舵面，因此不仅机械操纵系统与电气控制通道满足了余度设计要求，还能够在系统设计时提高操纵信号分配的灵活度。

3.4.4 自动驾驶仪

3.1.2 节中的图 3-5 给出了包含自动驾驶仪的现代飞机操纵系统控制回路，自动驾驶仪与飞行员不能同时接入飞行控制回路中，因此自动驾驶仪是一套能够代替飞行员来控制飞机的角位移和重心轨迹运动，从而保持飞机按照设定的姿态与轨迹飞行的自动控制系统。现代飞机的自动驾驶仪通常具有以下具体功能。

（1）代替驾驶仪控制飞机飞行姿态，例如客机巡航平飞、军机转场阶段，从而缓解飞行员长时间操纵飞机飞行带来的疲劳，使飞行员保持清醒的头脑去监视飞行状态，以保证有充沛的精力去处理紧急情况。

（2）飞行员通过自动驾驶仪的操纵台给出控制飞机飞行状态的操纵指令，例如爬升、下滑、转向等，自动驾驶仪按照飞行员给出的操纵指令改变飞机运动姿态。

（3）根据 GPS、机载雷达、地面指挥台等装置发出的指令信号，自动执行给定的飞行任务，例如客机的起飞、着陆，军机的追踪敌机、定位瞄准等任务。

（4）与增稳系统相结合，在自动控制飞机机动飞行状态的同时，改善飞行稳定性和操纵性。

1. 自动驾驶仪的组成及工作原理

对比图 3-2 和图 3-3 可知，自动驾驶仪与飞行员操纵飞机飞行的原理类似。以控制飞机纵向角运动为例，当飞机按照预定飞行轨迹作等速平直飞行时，若飞机受到扰动偏离预定姿态，俯仰角增大，此时飞行员通过陀螺地平仪用眼睛观察到这一变化，经过大脑的反应，控制手臂操纵驾驶杆，向前推杆，使得飞机平尾后缘向下偏转，对飞机产生低头力矩，此时飞行员再次通过地平仪观察到飞机的俯仰角恢复，则操纵驾驶杆和舵面恢复到原先位置，实现飞机保持姿态稳定的功能，飞行员则不再操纵驾驶杆。同样地，类比到自动驾驶仪，飞行员的眼睛相当于自动控制系统中的敏感元件，大脑相当于放大计算装置，手臂相当于执行机构，此时自动驾驶仪代替飞行员控制飞机的飞机姿态和轨迹，飞行员则不接入控制回路，而是在回路之外观察飞机的飞行状态。

在图 3-3 的基础上，图 3-32 细化了自动驾驶仪的内部组成结构，在控制飞机飞行时，自动驾驶仪能够代替飞行员控制飞机的飞行姿态角保持稳定，或执行飞行员给出的控制指令，控制飞机完成机动飞行。自动驾驶仪控制飞机姿态角保持稳定的工作原理与飞行员人工操纵以保持飞机飞行姿态稳定的原理类似，已在上一段中阐述，这里不再赘述。

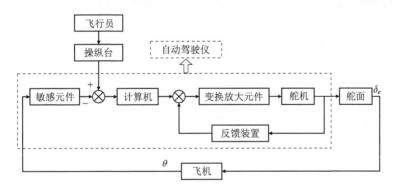

图 3-32　带自动驾驶仪的控制系统原理图

自动驾驶仪执行控制指令的工作原理，具体为：当飞机作等速平直飞行时，飞行员想要改变飞机的姿态角，例如想让飞机以俯仰角 θ_0 进行爬升，飞行员可通过自动驾驶仪上的操纵台转动旋钮，控制回路中飞行俯仰角期望值为 θ_0，敏感元件（垂直陀螺仪）测量飞机实时的俯仰角 θ，这一偏差值 $\Delta\theta = \theta - \theta_0 < 0$ 通过计算机进行信号对比处理，再经过放大器和舵机，控制舵面后缘向上偏转 $\delta_e < 0$，产生抬头力矩，使飞机俯仰角按照控制指令要求增大。同时内环反馈通道中，舵机的位移传感器将反馈信号反馈给放大器，减小控制信号的作用和响应信号的超调量，使舵面提前收回，能够使飞机姿态得以控制

得更平稳。飞机在抬头力矩的作用下达到俯仰角期望值 θ_0，舵面不再偏转，飞机按照控制指令给出的俯仰角 θ_0 进行爬升。

若忽略传感器、放大器和舵机等部件的惯性，则自动驾驶仪的控制规律可写为

$$\delta_e = K_\theta \theta \tag{3.83}$$

式中，K_θ 为自动驾驶仪的增益。

2. 增稳驾驶仪的组成及工作原理

飞机飞行阻尼器和过载稳定器可以通过控制飞机的角速度和过载来提高飞机的飞行稳定性，但它们不能直接控制飞机的飞行角位移，因此需将自动驾驶仪与增稳系统相结合，既可以保持飞行姿态稳定，又能提高飞行稳定性。此外，式（3.83）对应的自动驾驶仪为比例式驾驶仪，由于其惯性较大，在调整飞行姿态角时会产生振荡，操纵品质较差，因此为了克服该缺点，可以在控制系统中引入微分环节，即通过引入阻尼器来对飞机的角速度进行调节，从而起到抑制响应振荡现象，阻尼驾驶仪系统的控制规律为

$$\delta_e = K_\theta \theta + K_q q \tag{3.84}$$

此外，一些现代飞机在此基础上还会加装加速度计、迎角传感器、高度传感器等敏感元件，形成复杂的增稳驾驶仪系统，如图 3-33 所示。加速度计用于测量飞机过载，提高飞行静稳定性；迎角传感器用于测量飞机飞行迎角，在飞机任意姿态飞行时将飞机改为水平飞行；高度传感器通过测量飞行高度，实现飞机的定高飞行、低高度拉起等功能。当飞行员在控制回路之外观察飞机飞行时，增稳驾驶仪系统的自动驾驶仪和增稳系统同时工作，起到稳定飞行姿态、提高飞行稳定性和改善飞行品质的作用；若飞机遇到紧急情况，飞行员通过握紧驾驶杆以切断用于测量角位移的垂直陀螺仪的电信号，通过人工干预控制飞机脱离危险状态，此时增稳驾驶仪系统仅起到增稳作用。

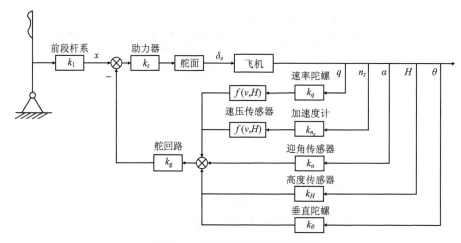

图 3-33　增稳驾驶仪系统回路图

根据图 3-33，可写出增稳驾驶仪系统的控制规律：

$$\delta_e = K_\theta \theta + K_q q + K_{n_z} n_z + K_\alpha \alpha + K_H H \tag{3.85}$$

式中，K_α、K_H 分别为增稳驾驶仪系统迎角闭环回路和高度稳定闭环回路的增益。

3.5　现代飞行控制技术

3.5.1　电传操纵系统

1. 电传操纵系统的特点与发展

3.4 节所述的控制增稳系统和增稳驾驶仪系统，尽管已经能够提高飞机飞行稳定性和操纵性，改善飞行品质，但仍然存在一些缺点，限制了飞机机动性能进一步提升，例如：

（1）增稳系统和增稳驾驶仪系统中的机械杆系体积重量大、结构复杂、系统分散、作战时易被击中，杆系存在间隙、非线性和弹性变形等问题，难以实现精确解决；

（2）为了防止机械杆系的卡滞问题引发飞行事故，控制增稳系统中对舵面的操纵权限是有限的，限制了一定的操纵性能；

（3）机械杆系在传递操纵信号和作动时，存在力反传问题。

为克服以上缺陷，从 20 世纪 50 年代开始就出现了电传操纵系统的概念。电传操纵系统就是将操纵信号转换成电信号，通过电缆将信号传输到舵机，从而控制舵面偏转，代替传统的机械杆系传输的一种飞行操纵系统。电传操纵系统因通过导线以电信号控制舵机和舵面，省去了机械操纵杆系的重量和空间，可减小作战时传动部件被击中的概率、提高操纵系统生存力，避免了杆系结构因间隙、弹性而变形的问题、提高了微小操纵信号传递的精确性，且没有杆系结构的卡滞问题、可以将舵面控制权限扩展到全权限。

电传操纵系统分为模拟式和数字式两类，模拟式电传操纵系统由模拟式计算机、模拟传感器和输入/输出设备组成，而数字式电传操纵系统是由数字式计算机和模拟式部件组成的混合系统。数字式电传操纵系统便于实现复杂控制律的编写和修改，改善模拟式系统中的噪声现象；且具有强大的综合显示能力，便于实现各电子系统间的综合与交联，通过易于实现的电气组合，与自动驾驶仪系统、火力控制系统、自动跟踪与自动着陆系统等结合，形成功能完备的飞行自动控制系统。

到 20 世纪 60 年代，第一架装备有电传操纵系统的战斗机F-111对电传操纵系统进行了验证，但为了保证系统的安全可靠，当时采用电传操纵系统的飞机都有机械操纵系统作为应急备份。除英法联合制造的"协和"号之外，最早采用电传飞行控制技术的民机是空客 1988 年首次认证的 A320，如图 3-34 所示为 A320 驾驶舱操纵机构布置图。从图 3-34 可以看出，电传操纵系统不再使用传统的驾驶杆，而是采用左右两侧的侧杆进行操纵，通过电子逻辑电路实现操纵信号的连接和传递，

图 3-34　A320 驾驶舱操纵机构布置图

因此飞行员在观察仪表盘时其视野不会受到中央驾驶盘的影响，且大拇指和四个手指在侧杆上的操纵完全符合飞行员手部生理坐标，能够在飞行员操纵时减轻其操纵负担。

图 3-35 为空客公司电传飞行控制系统的组成与发展历程。从 A320 系列开始，经过 A330/A340 系列，发展到 A380。从图 3-35 可以看出，随着飞机尺寸的增大，飞控计算机和作动器的数量增加。图中上半部分代表电传飞控系统设备，下半部分为与电传飞控系统相关的自动驾驶仪和飞行管理系统。在 A320 系列飞机上，共 7 台计算机承担飞控计算任务，具体包括：2 台升降舵/副翼计算机，控制升降舵和副翼的偏转作动；3 台扰流板/副翼计算机，控制扰流板作动，并为升降舵偏转提供辅助控制；2 台飞行增稳计算机，用以控制偏航阻尼器。A320 系列上的自动驾驶仪和飞行管理系统由分开的独立装置提供。在 A330/A340 系列飞机上，共 9 台飞控计算机承担飞控计算任务，包括：3 台主飞控计算机，用于控制飞机的俯仰和偏航作动；2 台副飞控计算机，在备用模式下控制飞机的升降舵和方向舵配平；2 台飞行控制数据集中器，用于指示和记录来自主/副飞控计算机的数据；2 台缝翼/襟翼控制计算机，用于控制前缘缝翼和后缘襟翼的作动偏转。A330/A340 系列的飞行引导由飞行管理和引导计算机提供，包括了自动驾驶仪和引导两种功能。在 A380 飞机上，共 10 台飞控计算机承担飞控计算任务，包括：3 台飞行引导和控制计算机，3 台副飞控计算机，2 台飞控数据集中器和 2 台缝翼/襟翼控制计算机。A380 上，系统的综合化已发展为将自动驾驶仪功能并入主飞控计算机中，而飞行管理系统是单独的。

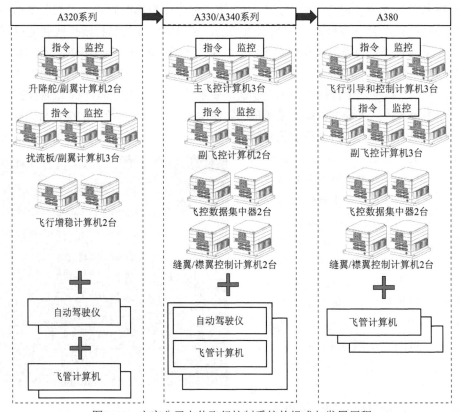

图 3-35　空客公司电传飞行控制系统的组成与发展历程

2. 电传操纵系统的组成和工作原理

图 3-36 为电传操纵系统的组成及控制回路图，它包含了代替中央驾驶杆的侧杆（含杆力传感器）、将飞行员操纵指令转换为电信号的指令模型放大器、测量飞机角速度和过载的传感器、滤波电路、飞控计算机、舵回路等部件。与控制增稳系统相比，系统中都具有通过杆力传感器将飞行员的操纵指令转换成电信号的模块，都具有测量飞机角速度和过载的敏感元件和反馈回路，不同的是电传操纵系统没有机械杆系传动机构，不像控制增稳系统中，驾驶杆产生的机械操纵信号被输入到助力器，与反馈控制信号进行机械综合去控制舵面偏转。

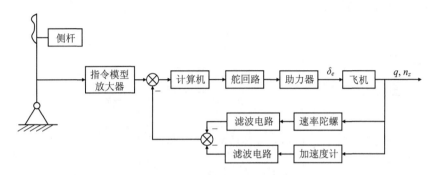

图 3-36　电传操纵系统控制回路图

电传操纵系统属于人工飞行操纵系统，它的工作原理是将飞行员操纵驾驶杆的操纵信号，通过杆力传感器转换为电信号，与反馈回路的信号进行综合，输入给飞控计算机，通过计算处理，导线将电信号输入给舵回路，操纵舵面偏转，形成驾驶杆-敏感元件-飞控计算机-执行机构的电传操纵闭环控制回路。

3. 可靠性和余度技术

电传操纵系统具备精度高、重量体积小、控制律可以随意设计和更改等优势，但若想像传统机械操纵系统一样广泛使用电传操纵系统，必须提高电传操纵系统的安全可靠性。按美国军用规范 MIL-F-9490D 规定，故障率$<1.0\times10^{-7}$ 每飞行小时作为飞机的可靠性指标，而单通道电传操纵系统的故障率为 1.0×10^{-3} 每飞行小时。由此可见，可靠性和余度技术是电传操纵系统的核心问题，提高系统可靠性最有效的方法即采用余度技术，也就是采用多套系统执行同一项任务，以将操纵系统的故障率降低到满足标准规定的要求。

在电传操纵系统使用初期，为保证系统安全可靠，都以传统机械操纵系统作为备份系统，这一类余度技术成为非相似余度技术，即不同通道采用的是完全不同的硬件和软件，避免多通道余度系统的共点故障，能够使系统达到很高的可靠性。但这类余度系统的缺点是传统笨重的机械操纵系统仍然存在，影响电传操纵系统的性能优势，因此后来出现了纯电传操纵系统，即通过设计三通道或四通道完全相同的电传操纵系统，形成三余度或四余度电传操纵系统。

如图 3-37 所示为四余度电传操纵系统逻辑控制原理图，它包含了 A、B、C、D 四个相同单通道电传操纵系统，每个单通道系统都包含杆力传感器、包含敏感元件的反馈回路、计算机和舵回路。此外，每个通道中都加入了故障监控器和信号表决器电路。当飞行员操纵驾驶杆，通过杆力传感器给 A、B、C、D 四个通道输入相同的电信号，四个通道中的故障监控器和表决器会判别四个信号中是否有故障信号，并根据判断结果从中选择一个正确的无故障信号输出。若四个信号中存在故障信号，系统会根据故障表决逻辑，选出故障信号，并将该信号自动隔离，使其不能被输出到后面的舵回路中。四个通道的舵回路信号输出后，共同操纵同一个舵面偏转，若其中某个舵回路在其复合舵机本身具有的余度设计作用下仍出现故障，则舵回路会自动切断与助力器的连接，保证输入到助力器的信号是正确的无故障信号。

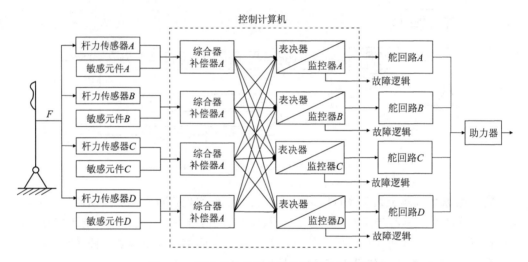

图 3-37　四余度电传操纵系统逻辑控制原理图

采用三余度或四余度设计的电传操纵系统，虽然系统的整体重量和体积增加，但系统可靠性也得到提高，满足文件要求的指标，才可投入使用，保证飞机飞行安全。

此外，没有机械操纵系统备份的纯电传操纵系统还应具有余度电源装置，在主电源中断时具备保持供电的能力，满足电传操纵系统完全断电的概率$<1.0\times10^{-9}$每飞行小时的要求。

3.5.2　随控布局飞机中的主动控制技术

1. 随控布局飞机与主动控制技术的概念

在 20 世纪 60 年代，产生了随控布局飞机（control configured vehicle, CCV），它是在电传操纵系统的基础上，通过对飞机上的操纵面进行闭环负反馈控制来改变飞机的气动布局和载荷分布，以达到减轻结构重量、减小飞行阻力、提高飞行性能与飞行品质的目的。对比图 3-38（a）、（b）可以看出，在传统飞机设计之初，根据飞行任务要求，仅将气动布局设计、推进系统设计和结构设计三大因素同时考虑，从而确定飞机的参数和构型，而飞行控制系统在飞机构型确定后再进行设计。但对于随控布局飞机，在飞机设计的初始阶段，就将飞行控制系统设计放在与其他三大因素同等的地位去考虑，这样就可以充分发挥飞控系统的优势和主动性，克服传统飞机设计过程中不可调和的矛盾，从而大大提升飞机的飞行性能。在随控布局飞机设计中用到的飞行控制设计技术，也称为主动控制技术。

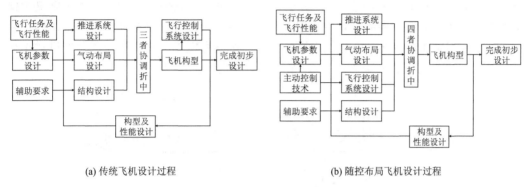

(a) 传统飞机设计过程　　　　　　　　　　(b) 随控布局飞机设计过程

图 3-38　传统飞机与随控布局飞机设计过程对比图

在传统飞机设计过程中，飞行控制系统处于被动地位，主要用于辅助飞行员操纵飞机舵面，以达到改善飞机飞行稳定性和操纵性的目的，减轻飞行员驾驶负担，但对飞机的基本构型设计并无影响。随着飞机飞行任务要求越来越高，高空高速的飞行要求凸显了传统飞机设计存在的问题。例如，在传统飞机设计时，为了提高飞机的机动性和纵向静稳定性，在考虑飞机气动布局和结构设计时，会采用较大的机翼和平尾来提高飞机的升力和纵向低头力矩，这会导致飞机的重量和飞行阻力增加，此时需要推进系统采用更大推重比的发动机提供足够的飞行速度，发动机重量的增大导致飞机重量再次增加，反而影响飞机设计任务性能要求中对机动性能的要求。但在随控布局飞机设计过程中，可以通过主动控制技术的加入来协调解决传统飞机设计过程中产生的矛盾，例如，加入放宽静稳定性设计技术，可设计较小的机翼和平尾，虽在亚声速飞行时，飞机在气动布局上纵向静不稳定，但通过主动控制进行补偿，提高其纵向静稳定性，从而提高飞机在全速域的机动性。

2. 随控布局飞机包含的基本功能方式及特点

在随控布局飞机上可实现的主动控制技术主要包括：放宽静稳定性、直接力控制、机动载荷控制、阵风减缓、主动颤振抑制和乘坐品质控制等。这类随控布局飞机的特点为：①这类飞机一般都是通过控制增稳系统提高飞行稳定性，达到飞行任务性能要求的飞行品质；②电传操纵系统是这类飞机实现各种主动控制技术的基础；③随控布局飞机上除了平尾、垂尾和副翼以外，一般还装有一些辅助操纵面，包括鸭翼、襟翼、扰流片等，各操纵面组合应用，达到不同的主动控制效果。

这里以随控布局飞机上最常用的放宽静稳定性技术和直接力控制技术为例，说明主动控制技术的工作原理。

1）放宽静稳定性技术

飞机的纵向静稳定性是指当飞机受到扰动后，是否具有回到原先稳定状态的能力。放宽静稳定性技术就是通过对舵面的控制来提高飞机的静稳定性，这样就可以将飞机设计成静不稳定的气动布局，来提高飞机的飞行性能和飞行品质。

对于传统布局的飞机（图 3-39（a）），其气动焦点 A 必须在重心 O 之后，才能保证飞机在受到扰动抬头之后，能在升力 L 的作用下产生一个低头力矩 M_L，使飞机恢复到稳定状态，即飞机具有纵向静稳定性。但当飞机进入超声速飞行状态时，其焦点 A 迅速后移至 A'，故若想通过偏转升降舵给飞机提供一个抬头力矩 M_e，让飞机作大角度机动飞行时，升力 L 产生的低头力矩 M_L 过大，会严重影响飞机的操纵性。

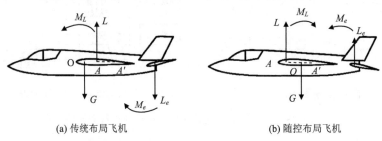

(a) 传统布局飞机　　　　　　　　　　　(b) 随控布局飞机

图 3-39　传统布局飞机与随控布局飞机的纵向静稳定性对比图

但对于具有放宽静稳定性主动控制技术的随控布局飞机，可以在飞机亚声速飞行时，设计飞机的气动焦点 A 在重心之前，此时虽然飞机是纵向静不稳定的，但可以靠放宽静稳定性技术解决。例如，若飞机受到扰动抬头，可通过偏转升降舵舵面，为飞机提供额外的低头力矩 M_e，使其恢复到稳定的飞行状态。这种气动布局的飞机在超声速飞行时，气动焦点 A 会后移到 A'，但重心 O 与 A' 之间的距离不长，因此由升力产生的低头力矩较小，不需要过大的平尾设计，在减轻飞机重量的同时提高了飞机的操纵性。

综上所述，放宽静稳定性技术用于飞机设计的优点就是能够提高飞机的升阻比，减小平尾面积，减轻飞机重量，减少燃油消耗，提高飞机的操纵性与机动性，提高飞机航程。

2）直接力控制技术

直接力控制技术包括直接升力控制和直接侧力控制，指的是在不改变飞机某些自由度运动状态的前提下，通过控制一些操纵面偏转，提供附加升力或侧力来改变飞机飞行轨迹。一般情况下，飞机各自由度的运动是相互耦合的，想要改变其升力或侧力，必须通过转动机体、改变飞机的迎角或侧滑角才可获得，但直接力控制技术的加入能够通过组合控制操纵面来直接提供改变飞机飞行轨迹的力，这与传统飞机需要通过改变飞行姿态来获得升力与侧力的控制方式完全不同。

直接升力控制方式通常可以产生三种非常规机动飞行状态：迎角不变情况下的直接爬升、法向过载为零情况下的机体俯仰以及俯仰角不变情况下的垂直平移。图 3-40 为飞机直接爬升的直接升力

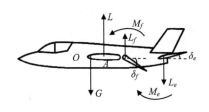

图 3-40　直接爬升的操纵面控制原理图

控制原理图。

由图 3-40 可以看出，在直接升力控制系统的作用下，襟副翼向下偏转 δ_f，产生一个向上的升力 L_f 和一个使飞机低头的力矩 M_f，同时平尾向上偏转 δ_e，产生向下的升力 L_e 和抬头力矩 M_e，当襟副翼和平尾偏转所产生的附加力矩大小相等、方向相反时，即

$$C_{m\delta_f}\Delta\delta_f + C_{m\delta_e}\Delta\delta_e = 0 \qquad (3.86)$$

此时两个舵面偏转产生的净余升力 $\Delta L = L_f - L_e$ 使得飞机能够在保持迎角不变的条件下，作直接爬升、俯仰拉起的机动动作，如图 3-41 所示。这与常规通过改变迎角来完成爬升的操纵方式不同，飞机在此过程中飞行高度没有下降，飞行速度没有降低，机动动作控制没有滞后，还能获得更高的航迹控制精度。

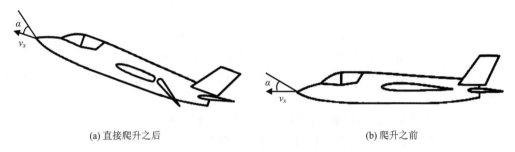

(a) 直接爬升之后　　　　　　　　　　　　　　　(b) 爬升之前

图 3-41　直接爬升飞机机动动作示意图

3.6　飞行控制系统设计

3.6.1　飞机飞行品质规范

1. 飞行品质规范文件的发展与概述

飞机的飞行品质是指为确保飞行员能够顺利精确操纵飞机并完成指定飞行任务的性能指标。用来评价飞机飞行品质的标准文件为飞行品质规范文件，是对飞行操纵系统研制作出具体要求的指令性文件，规定了飞行操纵系统总的性能要求和设计准则。

20 世纪 50 年代，美国正式颁布了美军标《有人驾驶飞机的操纵品质规范》（MIL-F-8785B），对飞机操纵系统的操纵性和稳定性都做了最低限度的要求。1975 年，美军标《有人驾驶飞机飞行操纵系统——设计、安装和试验通用规范》（MIL-F-9490）正式颁布，它是一份飞行操纵系统通用规范，是对 MIL-F-9490D 文件的修订，修订后的文件与 MIL-F-8785C 文件对有关飞行操纵系统性能要求的规定基本一致。MIL-F-9490D 文件适用于所有有人驾驶的飞机，也适用于电传操纵系统和主动控制技术。1980 年正式颁布的 MIL-F-8785C 文件更适用于现代飞机的控制增稳系统和电传操纵系统。

我国在总结飞机研制和试飞经验的基础上，借鉴了 MIL-F-8785C 文件对人工飞行操纵系统和自动飞行控制系统的操纵品质规定，于 1986 年制定了国军标《有人驾驶飞机（固定翼）飞行品质》（GJB185—1986），该文件一般适用于军用飞机。民用飞机的飞行品质

一般由适航性条例给出飞行品质的成文要求。同时，对于飞行控制系统的研制品质要求，我国还制定了《有人驾驶飞机飞行控制系统通用规范》《军用直升机飞行品质规范》《飞机自动驾驶仪通用规范》等文件加以规范。1997 年，我国参考《大气飞行器飞行品质》（AFWAL-TR-82-3081），颁布了国军标《电传操纵系统飞机的飞行品质》（GJB2874—97），对电传操纵系统做了更详细的操纵品质规定。

2. 飞行操纵系统的分类

GJB185-1986 文件中，将飞机按照重量和过载分为三类。

（1）轻小类飞机：通常指飞机重量小于 4500kg，最大法向过载小于 4.5g 的飞机。包括轻型多用途机、初级教练机。对于某些最大法向过载大于 4.5g 的初级教练机，也可划分为轻小类。

（2）轰运类飞机：通常指重量大于 4500kg，最大法向过载小于 4.5g 的飞机。例如，战术轰炸机、中型/重型轰炸机、轻型/中型/重型运输机、预警机、加油机，以及相应的教练机。如有需要，轰运类飞机还可划分为轻/中型（4500～8000kg）和重型（大于 8000kg）两类。

（3）歼强类飞机：通常指最大法向过载大于 4.5g 的飞机。例如，歼击机、歼击轰炸机、强击机、截击机、战术侦察机，以及相应的教练机。

GJB185-1986 文件中，根据大多数军用飞机执行任务的情况，将飞行阶段分为三个种类。

（1）战斗阶段（A 种）：要求飞机能够完成急剧的机动动作，精确跟踪或控制飞行轨迹的飞行阶段。具体包括空战、对地攻击、武器投掷或发射、侦察、空中加油、地形跟踪、反潜搜索、密集编队等。

（2）航行阶段（B 种）：可能要求精确地控制飞行轨迹，但可通过缓慢的机动动作，无须精确跟踪就能完成的飞行阶段。具体包括上升、巡航、待机、空中加油、下降、应急下降、应急减速、空投等。

（3）起落阶段（C 种）：通常采用缓慢的机动动作来完成，通常需要精确地控制飞行轨迹的飞行阶段。具体包括起飞、进场、复飞、着陆等。

GJB185-1986 文件中，按所规定的各项飞行品质要求，将飞行品质标准分为三个等级，不同等级反映了不同的飞行安全情况和飞行员操纵的难易程度。

（1）等级 1——"完成任务效果好"：飞行品质能确保顺利完成各项预定的飞行任务。

（2）等级 2——"欠佳"：飞行品质适合于完成各项飞行任务，但飞行员的工作负担有所增加，或完成任务的效果有所降低，或两者兼有。

（3）等级 3——"不好"：飞行品质能满足安全地操纵飞机，但飞行员的工作负担过重，或完成任务的效果不好，或两者兼有。

MIL-F-9490D 文件中，按传递的操纵指令是否由飞行员给出加以分类，将飞行操纵系统分为人工飞行操纵系统和自动飞行控制系统。人工飞行操纵系统包括增稳系统、控制增稳系统和电传操纵系统，由飞行员发出和传递操纵指令，其具体的性能要求以

MIL-F-8785 文件的规定为准。自动飞行控制系统产生和传递自动控制信号,其具体的性能要求以 MIL-F-9490D 文件的规定为准。

3. 飞行品质规范中的重要评价参数

1)评价等级参数

由 3.2.1 节可知,飞机的纵向短周期特性取决于其固有频率 ω_n 和阻尼比 ξ。图 3-42 给出了飞行员对飞机纵向短周期运动操纵品质的评价意见等级区域,图中的"拇指印"曲线将评价意见主要划分为三个区域:"满意""可接受"和"不可接受"。飞行员的飞行操纵经验证明,当固有频率 ω_n 太大,例如,在图中的区域 A,飞行员会感受到飞机的响应太灵敏,飞机的响应时间比人体能够最快操纵的时间还要短,可能引发驾驶员诱发振荡现象,对飞行控制系统中的舵回路要求也过高,导致控制系统的设计难以满足要求。此外,若固有频率 ω_n 太低,例如,在图

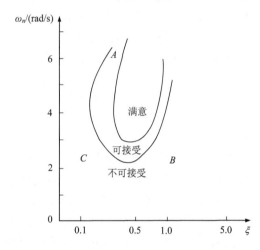

图 3-42　纵向短周期响应特性等级评价区域图

中的区域 B,飞行员会感觉飞机的响应太迟钝。当固有频率 ω_n 和阻尼比 ξ 都很低时,例如,在图中的区域 C,飞行员会觉得飞机的反应迟钝且振荡衰减缓慢,也容易引发驾驶员诱发振动现象。因此在设计操纵系统时,应根据飞行员的实际操纵感受和经验,让飞机的固有频率和阻尼比位于使飞行员满意的区域。

2)短周期阻尼比

飞机的短周期振荡阻尼比 ξ 决定了飞机飞行动稳定性。阻尼比 ξ 太小,飞机受到扰动后振荡频繁,收敛缓慢,增加飞行员操纵难度;若阻尼比 ξ 过大,飞机响应迟钝,机动性差,飞行员也难以操纵。因此,须设计合理的阻尼比 ξ 大小,在提高飞行动稳定性的同时不影响飞机的操纵性。MIL-F-8785C 文件和 GJB185-1986 文件都给出了不同飞行阶段下对阻尼比 ξ 的大小要求,两个文件给出的指标基本相同,这里以 MIL-F-8785C 文件为例,由表 3-2 列出 MIL-F-8785C 文件中对阻尼比 ξ 的要求。

表 3-2　短周期阻尼比 ξ 的限制

等级	A 种和 C 种飞行阶段		B 种飞行阶段	
	最小值	最大值	最小值	最大值
1	0.35	1.3	0.3	2.0
2	0.25	2.0	0.2	2.0
3	0.15[*]	—	0.15[*]	—

*若采购方同意,在飞行高度超过 20000ft(1ft=0.3048m)时,该数值可适当降低。

4. 机动飞行时飞行员的操纵感觉和诱发振荡

1）操纵期望参数和操纵感觉

除了对飞机短周期固有频率和阻尼比的设计给出要求之外，飞行员在操纵飞机时，还会关注飞机航迹变化的响应，因此 MIL-F-8785C 文件和 GJB185-1986 文件给出了一个新的评价指标——操纵期望参数（control anticipation parameter，CAP）来反映飞机的航迹是否容易被操纵。CAP 是指在舵面阶跃偏转指令下，飞机的初始俯仰角加速度 $\ddot{\theta}$ 与稳态法向过载 n_z 之比，其表达式可写为

$$CAP = \frac{(\ddot{\theta}/\delta_e)\big|_{t\to 0^+}}{(n_z/\delta_e)\big|_{t\to\infty}} = \frac{\ddot{\theta}\big|_{t\to 0^+}}{n_z\big|_{t\to\infty}} \approx \frac{\omega_n^2}{n_z/\alpha} \tag{3.87}$$

式中，n_z/α 为稳态法向过载灵敏度。CAP 表明，飞行员可根据飞机的最初姿态响应，来推测飞机飞行航迹的变化情况。若 CAP 太小，飞机的初始俯仰角加速度变化太小，飞行员可能难以察觉，此时飞行员会通过施加一个很大的操纵力来加快俯仰角的响应，容易导致飞机法向过载过大；若 CAP 过大，飞行员施加很小的操纵杆力就会引起俯仰角加速度很大的变化，此时飞行员会减小操纵杆力的施加甚至反向操纵，可能导致飞机的稳态法向过载响应太小。因此，需要设计合理的操纵期望参数，来提高飞机的操纵性和机动性。操纵期望参数 CAP 还可用杆力梯度 $F_y^{n_z} = \frac{F_y}{n_z}\big|_{t\to\infty}$ 和杆力灵敏度 $M_{F_y} = \frac{\ddot{\theta}\big|_{t\to 0^+}}{F_y}$ 来表示：

$$CAP = \frac{\ddot{\theta}\big|_{t\to 0^+}}{n_z\big|_{t\to\infty}} = \frac{\ddot{\theta}\big|_{t\to 0^+}}{F_y} \cdot \frac{F_y}{n_z\big|_{t\to\infty}} = M_{F_y} F_y^{n_z} \tag{3.88}$$

式中，杆力梯度 $F_y^{n_z}$ 为飞机作机动飞行时，产生单位过载 1g 所需的杆力，也称为单位过载杆力；杆力灵敏度 M_{F_y} 为施加单位杆力所产生的飞机初始俯仰角加速度，是衡量飞机操纵性能好坏的指标之一，反映了操纵系统的灵敏度。杆力梯度和杆力灵敏度都是与飞行员操纵感觉直接相关的指标，操纵期望参数 CAP 将这两个变量联系在一起，只有 CAP 满足 MIL-F-8785C 文件和 GJB185-1986 文件给出的设计范围，才能够使得杆力梯度和杆力灵敏度匹配得当，满足飞行员的操纵要求。

2）驾驶员诱发振荡

驾驶员诱发振荡（pilot induced oscillation，PIO）指的是由于飞机操纵系统中惯性和非线性的存在，造成系统响应迟滞特性，舵面偏转的响应一定滞后于驾驶员的杆力操纵指令，因此驾驶员在操纵时可能会出现对驾驶杆的过操纵现象，引发系统的不可控振荡。随着现代飞机飞行任务需求更高，飞行包线范围更大，飞机操纵系统中加入了伺服系统、弹簧机构等环节，使其动力学特性变差；此外，现代飞机短周期振荡的阻尼比小、固有频率高、操纵系统杆力梯度小，这些因素都会加剧驾驶员诱发振荡现象，这一现象的出现会严重影响飞机的飞行安全性。

驾驶员诱发振荡可分为 6 个等级。

（1）没有产生令人不愉快运动的趋势。

（2）当飞行员作剧烈机动或频繁往复操纵时，有令人不愉快运动的趋势产生，但可预防或通过飞行员操纵消除。

（3）当飞行员作剧烈机动或频繁往复操纵时，令人不愉快运动的趋势很容易产生，要预防或消除该现象，必须降低任务效能或飞行员给出相当大的操纵补偿。

（4）当飞行员作剧烈机动或频繁往复操纵时，振荡会进一步发展，必须降低增益或放弃任务才能改出。

（5）当飞行员作剧烈机动或频繁往复操纵时，出现发散的振荡，必须松杆或固持杆断开人机闭环回路才能改出。

（6）扰动或正常的飞行员操纵就可能引起发散的振荡，必须松杆或固持杆断开人机闭环回路才能改出。

因此，MIL-F-8785C 文件和 GJB185-1986 文件中规定，飞机不应出现驾驶员诱发振荡的趋势，即由于驾驶员过操纵飞机而引起持久的或不可控的振荡现象。

3.6.2　飞行控制系统的数字化设计方法

1. 飞行控制系统的设计目标

对于有人驾驶飞机，飞机设计的最高目标一直是对飞行安全性的要求，其余所有的设计目标都必须服从这个最高设计目标。特别是民用航空领域，把乘客安全送至目的地即为民用飞机设计最为重要的设计目标，而对于军用飞机，飞行安全性和完成规定的飞行任务两项目标位于同等重要的地位。为了满足飞行安全性和完成飞行任务的目标要求，对飞行控制系统提出了以下基本要求。

（1）改善飞机飞行品质，减轻飞行员的工作负担，减小各类扰动对飞行安全性和飞行品质的影响，具体包括：改善系统的固有阻尼特性和固有频率特性，提高飞行稳定性；改善飞行操纵性，提高系统对输入指令和信号的响应特性；提高系统对小扰动（大气紊流、风切变等）引起的响应特性；改善系统对大扰动的控制性能，例如一侧发动机停车或抛投载荷引起的大扰动问题，系统能够对其进行有效控制，使飞机的飞行安全性和飞行品质不受影响。

（2）协助飞行航迹控制，例如恶劣工况下协助飞行员完成起降、地形跟踪等任务，减轻飞行员工作负担。

（3）全自动航迹控制，集成自动驾驶仪、偏航阻尼器、安定面配平、飞机指引系统、自动油门系统等，让飞行员保持足够的精力和清醒的头脑去应对突发状况，提高飞行安全性。

（4）监控和任务规划，支持飞行员完成多参数的观测和协调控制，协助飞行员进行飞行任务规划，完成经常性和重复性的机动飞行程序。

由 3.6.1 节可知，为达到飞机飞行控制系统的任务要求，飞行控制系统的设计必须满足一定的品质规范，飞行控制系统的品质通常由飞行员来进行评定，为此国内外都制定了一系列的规范和标准。

2. 飞行控制系统动态特性的数字仿真

在一定的飞行品质规范要求下，飞机设计人员会根据飞机的飞行任务和性能要求开展飞行控制系统的设计。飞行控制系统的基本设计方法包括：根轨迹法、极点/特征值配置法、伯德图分析法、奈奎斯特图分析法等，但这些经典设计方法需借助大量的直观经验，且主要针对单回路的设计，对于控制系统回路更加复杂的现代飞机，经典设计方法变得越发困难，例如对于多输入/多输出、多闭环反馈回路以及动态特性变化剧烈的系统，运用经典设计方法不一定能保证其设计过程成功。因此，随着现代控制理论的飞速发展，现代设计技术应用于飞行控制系统的设计，其特点是现代控制系统设计方法直接基于状态变量模型进行设计，且可采用数值方法，借助于计算机同时求得系统闭环回路中的所有控制增益，因此现代设计技术的应用能够使飞行控制系统的设计更高效更直接，且适用于多输入/多输出、多闭环反馈回路的控制系统。自 20 世纪 60 至 70 年代，出现数字式飞行控制系统之后，数字化设计方法应用于飞行控制系统的设计。本小节将通过一个具体示例来展示数字仿真设计方法在飞行控制系统设计中的应用。

在设计飞行控制系统时，首先应根据飞行任务和性能要求，设计系统控制回路图。例如，需对某型飞机纵向增稳-驾驶仪系统进行设计，已知需对其短周期振荡阻尼、固有频率进行设计，对飞行姿态角、迎角和飞行高度进行反馈控制，可设计出该型飞机的增稳-驾驶仪系统控制回路图如图 3-43 所示。

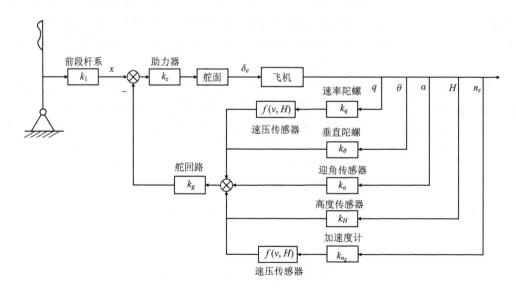

图 3-43　增稳-驾驶仪系统控制回路图

已知阻尼、高度和姿态稳定三个控制回路的控制规律，其中阻尼工作状态为

$$\delta_e = \frac{\tau_1 s}{\tau_1 s + 1} k_q q \tag{3.89}$$

姿态稳定工作状态为

$$\delta_e = \frac{\tau_1 s}{\tau_1 s + 1} k_q q + K_\theta \theta \tag{3.90}$$

高度稳定工作状态为

$$\delta_e = \frac{\tau_1 s}{\tau_1 s + 1} k_q q + K_\theta \theta + K_\alpha \alpha + \frac{1}{T_{n_z} s + 1} K_{n_z} n_z + K_H H \tag{3.91}$$

现要求在飞机受到给定的垂直风扰作用下，设计合适的控制系统反馈增益系数，使飞行控制系统满足阻尼比 $\xi \in [0.3, 1.0]$，姿态稳定角 $\theta_\infty \in [-1°, 1°]$，以及高度偏差要求达到：$H < 10\,\mathrm{km}$ 时，$\Delta H_\infty \leqslant 50\,\mathrm{m}$；$H \geqslant 10\,\mathrm{km}$ 时，$\Delta H_\infty \leqslant 100\,\mathrm{m}$。

在本算例中，采用的数字仿真方法为面对结构图的连续系统离散相似法。该方法的基本设计思路为：将控制系统原理框图中的各典型环节用数学模型表示，根据给定的参数求出对应环节状态方程的状态变量，进而根据各典型环节之间的输入/输出关系，建立连接矩阵，得到各环节瞬时采样值，最终求解得到全系统的动态响应。

图 3-44 为垂直风扰工况下飞行控制系统回路数学模型图，在垂直风扰 $\Delta \alpha_w$ 的作用下，飞机的俯仰角变化 $\Delta \theta_1$ 和航迹倾斜角变化 $\Delta \mu$ 的传递函数可写为

$$\frac{\Delta \theta_1}{\Delta \alpha_w} = \frac{-1}{T^2 s^2 + 2\xi T s + 1} \tag{3.92}$$

$$\frac{\Delta \mu}{\Delta \alpha_w} = \frac{1}{T_\theta s + 1}(1 + \frac{\Delta \theta_1}{\Delta \alpha_w}) \tag{3.93}$$

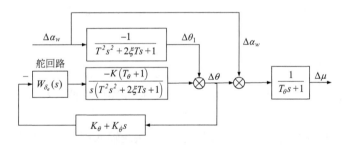

图 3-44　在垂直风扰下的飞行控制系统回路数学模型图

根据图 3-44 给出的传递函数关系以及系统几种工作状态下的控制规律，建立该飞行控制系统的计算模型，并代入结构参数和飞行状态参数，采用连续系统的离散化数字仿真方法求解，根据系统给出的性能指标要求，计算得到系统各闭环回路的增益系数。最后可通过阻尼工作状态、姿态稳定工作状态和高度稳定工作状态下的系统响应结果曲线，如图 3-45 所示，从而验证所设计的飞行控制系统满足设计要求。若结果曲线不满足设计要求，则需要重新调整回路参数，直到系统性能满足要求为止。

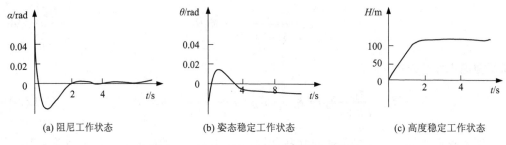

图 3-45　设计后的飞行控制系统响应特性

3.6.3　飞行控制系统的模拟试验

1. 飞行控制系统的模拟试验方法

模拟试验是科学研究中十分重要的环节之一，对于飞机飞行控制系统的设计与研制也不例外。模拟试验环节一般在系统设计和数字仿真分析之后，用以验证所设计的飞行控制系统是否正确，该环节能够更真实地模拟飞行控制系统实际工作全过程，修正设计方案，大大缩短研制周期。

模拟试验方法主要包括全物理模拟和半物理模拟方法。全物理模拟方法指的是搭建与飞机大小比例为 1∶1 的模拟试验台架，所有的操纵机构、传动机构、传感器、舵面等都采用真实飞机控制系统中的样件进行试验验证。半物理模拟方法指的是试验台架上安装的不是真实飞机样件和系统，而是采用各类模拟器，包括刚度模拟器、间隙模拟器、摩擦模拟器等。全物理模拟试验方法比半物理模拟试验方法更接近真实情况，试验模拟精度更高，但半物理模拟方法通用性更好，可适用于不同机型，也可完成不同系统和不同工况的对比试验。

2. 模拟试验的性能指标

飞行控制系统模拟试验中，常用系统的稳定性和跟随性两项指标来评判系统性能的好坏。

对于系统的稳定性，首先在模拟试验台上给系统输入端一个阶跃信号，通过系统响应曲线的超调量 $\sigma\%$ 和响应信号恢复稳定的时间 t_s 来判断系统的稳定性，系统的响应曲线如图 3-46（a）所示。系统响应超调量和恢复稳定的时间越短，说明系统越稳定。

对于系统的跟随性，首先在模拟试验台上给系统输入端一个正弦信号，通过系统响应曲线幅值 A 与输入信号幅值 A_0 的比值 $a = A / A_0$（图 3-46（b）），以及响应曲线的相位滞后角 β（图 3-46（c））来判断系统的跟随性。幅值的比值 a 越接近于 1，相位角 β 越小，说明系统跟随性越好。

此外，当飞行员参与到模拟试验中时，不仅可以通过系统响应曲线来判断系统性能，还可以根据飞行员的操纵感觉来评定。例如，当飞行员觉得驾驶杆重且迟钝，说明系统跟随性较差；若飞行员感觉系统响应灵敏、操纵后很快达到新的飞行状态，则说明系统稳定性好。有飞行员参与试验的评定，常常最具权威性，但由于每位飞行员的生理、心理特性不同，该评定标准具有一定的局限性。

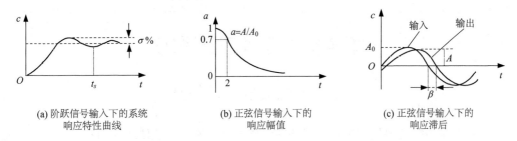

(a) 阶跃信号输入下的系统
响应特性曲线
(b) 正弦信号输入下的
响应幅值
(c) 正弦信号输入下的
响应滞后

图 3-46 模拟试验可验证的飞行控制系统性能指标

习 题

3-1 飞机的飞行控制系统主要由哪几个环节组成？每个环节的作用是什么？

3-2 单自由度陀螺仪和双自由度陀螺仪分别测量什么量？工作原理分别是什么？

3-3 控制增稳系统有哪些优点和不足？

3-4 何谓飞机的电传操纵系统？

3-5 随控布局飞机上可实现的主动控制技术主要包括哪些？

3-6 驾驶员诱发振荡指的是什么？

第4章 飞机液压系统

4.1 飞机液压传动概述

飞机液压系统是现代飞机不可或缺的组成部分，液压系统依靠其独特的优势，协助飞行员用较小的力量操纵笨重的飞机。现代绝大多数飞机作动系统都是电液伺服系统，最主要的飞机舵面全部采用电液伺服系统驱动，起落架的收放动作几乎都是采用液压传动系统实现的，此外液压系统还担负着飞机操纵系统、机轮刹车及地面转向驾驶、发动机反推控制等工作，对飞机的安全飞行极为重要。目前，飞机液压传动与控制技术正朝着重量轻、体积小、高压化、大功率、变压力等方向发展。

4.1.1 液压传动原理

液压传动是一种以液体为工作介质，利用液体静压能来完成传动功能的一种传动方式。液压传动建立在帕斯卡定律基础之上，即在装满液体的密闭容器内，对液体的任一部分施加压力时，液体能把这一压力大小不变地向任意方向传递。

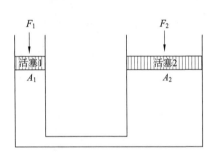

图 4-1 液压传动原理图

如图 4-1 所示为液压传动原理图，它由两个活塞筒 1 和 2 组成，中间由管路相连，内部充满液体，在活塞面积为 A_1 的活塞 1 上施加一个力 F_1，根据帕斯卡定律，此压力将以同样的大小传给面积为 A_2 的活塞 2，即

$$\frac{F_1}{A_1} = \frac{F_2}{A_2} = p \qquad (4.1)$$

密封容积中的液体既可以传递力，也可以传递运动。为克服负载必须给油液施加足够大的压力，负载越大所需压力也越大，这说明了压力取决于负载。要完成一定的传动动作，仅利用油液传力是不够的，还必须使油液不断地向执行机构运动方向流动，单位时间内流入作动筒的油液体积称为流量 Q，流量越大，活塞的运动速度越大，这说明了输出速度取决于流量，液压传动的主要参数是压力 p 和流量 Q。

当油液输入执行机构做功时，若油液压力不变，则液压传动的功率 η 为

$$\eta = \frac{W}{t} = \frac{Fs}{t} \qquad (4.2)$$

式中，W 为油液对执行机构做的功；s/t 为单位时间的运动距离，即平均流速 v，可得

$$\eta = Fv = pAv = pQ \qquad (4.3)$$

式中，Q 为流液的平均流量。

式（4.3）说明，液压传动系统的效率大小，取决于系统的工作压力和流量。

当前，飞机的重量和飞行速度都在不断提高，液压传动系统面对的载荷也越来越大，对液压传动的响应速度要求也越来越高。所以，飞机液压系统的传动功率也越来越大。根据式（4.3），提高液压系统的传动功率有提高系统的工作压力 P 或增大油液流量 Q 两种方式。提高油液流量就意味着增大油液管路、液压缸等液压元件的几何尺寸，同时增大系统的工作压力，也意味着增大油液管道管壁的厚度等，而这些都会增加飞机的重量，与飞机结构最小重量的设计原则相悖。两种方式相比，提高系统压力的方式对飞机结构重量的影响较小，所以飞机液压系统通常采用增加系统压力的方式来提升传动功率。这正是现代飞机液压系统的工作压力越来越高的原因。

4.1.2　液压系统组成

目前对液压系统组成的划分基本有两种方法：一种是按照液压元件的功能划分，另一种按照组成系统的功能划分。

1. 按液压元件的功能划分

飞机液压系统按其功能划，由动力元件、控制元件、执行元件、辅助元件和液压工作介质等部分组成。

（1）动力元件：主要包括主油泵和应急油泵等。液压油泵由发动机或电机带动，为液压传动系统提供具有一定压力和流量的油液，将机械能或电能转换为液压能。蓄能器用于维持液压系统工作平稳。液压动力元件是指将动力装置的机械能转换成为液压能的装置，为液压传动系统提供压力油，是液压传动系统的动力源。

（2）控制元件：主要包括伺服阀、排气阀、优先阀、压力阀和单向阀等，用于控制和调节液压系统中油液流动的方向、压力和流量，以保证液压执行元件和工作装置完成特定工作。

（3）执行元件：主要包括液压作动器和液压马达等，其作用是将油液的压力能转换为机械能。液压缸被安装在飞机的升降舵、方向舵和副翼等位置，利用油液压力和流量来获得输出力和速度，以产生活塞的线位移；液压马达利用增压后的液体冲击涡轮使其转动，输出旋转的角位移与扭矩，以推动飞机操纵面旋转运动。液压马达在工作原理上与液压油泵是可逆的。

（4）辅助元件：主要包括油箱、蓄能器、过滤器和密封等元件，辅助液压系统的正常工作，对保证液压系统正常工作有重要作用。

（5）液压工作介质：指传动液体或油液，也被称为液压油或液压液。

（6）管路元件：主要包括管路、管接头和管夹等元件。

2. 按组成系统的功能划分

飞机液压系统按其功用可划分为供压和传动两个部分。

（1）液压供压部分：飞机液压系统供压部分应满足供压、卸荷与散热等方面的要求，并要有充分的可靠性。泵源回路大体上可分为定流量泵源回路、变流量双泵-转换活门组回路、变流量双泵-双腔作动简组回路、变流量多泵-动力传输装置组回路、定变量多泵-交输回路、变流量多泵源"多余度"回路和应急泵源回路。

（2）液压传动部分：飞机液压系统传动部分所操纵的对象，随着飞机的发展日益增多，目前飞机液压系统主要工作回路有，起落架收放回路、襟翼收放回路、减速板收放回路、舱门收放回路、燃油泵拖动回路、刹车操纵回路、前轮转弯操纵回路、主操纵面操纵回路、辅助进气门操纵回路等。

4.1.3　液压系统特点

传动方式主要有机械传动、电力传动、机电传动、气压传动和液压传动。每种传动方式各有其特点、用途和适用范围。

相比于其他传动方式，液压传动有其独特的优点如下。

（1）单位功率的重量轻，能以较轻的设备重量获得较大力和转矩。

（2）由于体积小、重量轻，因此惯性小，起动、制动迅速。例如，起动一个中等功率的电动机需要几秒钟，而起动相当功率的液压马达则只需 0.1s 左右。所以利用液压传动易于实现平稳地频繁起、停、换向或变速。

（3）在运行过程中能方便地进行无级调速。调速范围大，可达 100∶1～2000∶1。而且低速性能好，采用电力传动虽能无级调速，但调速范围小得多，且低速时不稳定。

（4）易于实现自动化。液压传动的控制调节比较简单，操作比较方便、省力，易于实现。

（5）易于实现过载保护，工作安全、可靠、自动化。特别是与电力或气压传动配合使用时，更易于实现省力化、自动化和远距离操纵。

（6）液体工作介质具有弹性和吸振能力，使液压传动运转平稳、可靠。运转时可自润滑，且易于散热，所以使用寿命较长。

（7）易于实现标准化、系列化和通用化，便于设计、制造和推广使用。

液压传动也其不足，主要缺点如下。

（1）由于油液的压缩性以及泄漏等原因，飞机液压传动系统很难实现精准控制，无法保证严格的传动比。

（2）由于飞机液压系统存在泄漏损失、摩擦损失等多种能量损失，传动效率相对较低。

（3）飞机液压传动系统对油液温度有一定要求，油温过高或过低对液压系统的工作性能有较大影响。

（4）飞机液压系统故障排除难度较大，不易查找故障原因。

4.1.4　飞机液压系统发展趋势

现代航空技术的发展对飞机液压系统提出了更高的要求，飞机液压系统朝着高压化、多电、变压力、余度控制技术等方向发展。

1）高压化技术

飞机液压系统高压化有利于缩小动力元件尺寸，减轻液压系统重量，提升飞机承载和机动性能。美国海军在 F-14 战斗机上分别进行了压强为 3000psi（1psi=6.89476×10³Pa）和 8000psi 两种飞机液压系统的对比研究，发现采用 8000psi 飞机液压系统可以减轻系统重量约 30%，体积可以缩小约 40%；A380 采用了 5000psi 实现了减重 1.4t，并提高了飞控系统的响应速度。可以预见飞行液压系统高压化是未来飞机机载液压系统发展的一种主要趋势。

2）多电技术

多电技术指为液压系统提供原动力的部分改为由电气系统部分或全部替代。液压系统需要管路布置，其结构复杂，同时密封性问题和航空液压油较强的腐蚀性给液压驱动飞机舵面带来了较大的隐患，而电气系统具有结构简单、可变性强、无泄漏等优点，使得多电技术在飞机系统中的应用成为一种趋势。多电飞机中利用电动静液作动器（EHA）、机电作动器（EMA）以及电备份液压作动器（EBHA）等新型电动作动器和新型电气系统（270VDC）来取代传统飞机的作动器以及 EDP、齿轮箱和液压管路的使用。目前新型军用飞机 F-35、民用飞机 A380 和 B787 等均成功应用了多电执行器，来提高飞机的可靠性、效率、执行力、扩展性和环保性等。

3）变压力技术

随着飞机性能的提升，飞机各系统对液压能源的要求不断提高。目前，飞机液压系统泵源中的 EDP 和 EMP 多采用恒压变量泵，系统压力根据负载的最大值设定为恒值。而飞机在整个飞行过程中，经常会经历中断、起飞、爬升大流量飞行工作剖面，也有起飞滑跑、巡航、下降等小流量工作需求。由于恒压变量泵只能输出一种压力，飞机液压系统大部分时间处于输出压力过大的状态，存在大量的节流功率损失，导致系统出现发热量大、散热困难等问题。

液压系统泵源根据系统的负载工作状态，输出一定的流量，并建立相应的工作压力。无论控制的输出量是泵源的输出压力、流量还是功率，都是通过调节泵源的排量来实现的。由于系统压力直接反映负载的大小，智能泵源利用负载敏感性原理，反馈系统的工作压力，结合飞机的工作状态对泵源进行调节，根据负载工况调整泵源的工作状态，输出与负载匹配的工作压力。

4）余度控制技术

为了适应电传操纵系统和主动控制技术在飞行控制系统中的应用，液压系统的工作部分和能源部分日趋采用余度技术。如飞机舵面采用三余度或四余度驱动系统后，可实现单故障-工作、双故障-安全，或双故障工作、三故障-安全的水平。能源部分采用余度技术，称双能源、三能源或四能源。如波音 767、波音 737、A310 等都采用了三能源系统，波音 747 采用了四能源系统。随着电子元件的超大规模集成化和液压元件的微型化，为高可靠度的多余度能源系统创造了条件。特别是容错计算机的应用，将使未来飞机液压系统的故障率大幅度下降。

4.2　液压流体力学基础

飞机液压系统是以油液作为工作介质来传递能量的，因此研究液压系统流体的流动与平衡至关重要。本章主要讨论液压传动的工作介质以及与液压传动有关的流体力学基础知识，为分析液压传动的基本原理和规律作铺垫。具体内容包括飞机液压油、流体动力学、液体流动的压力损失、孔口和缝隙流动以及液压冲击和气穴现象等内容。

4.2.1　液压系统的工作介质

1. 工作介质的分类

液压系统中所使用的工作介质大多是石油基液压油，但也有合成液体、乳化液等。在飞机液压系统中，液压油是传递动力和信号的工作介质，具有润滑、冷却、防锈等功能。随着飞机飞行速度、飞行高度、液压系统功率等性能的不断提高，对航空液压油的要求也越来越高。民航飞机上经常使用的三类液压油为植物基、矿物基和磷酸酯基液压油。为了便于识别，这些油液通常都被染色，不同规格和型号的液压油绝对不可混用。常用航空液压油的种类和特性见表 4-1。

表 4-1　航空液压油的种类及特性

液压油	颜色	耐燃性	黏度	稳定性	吸水性	适用的密封材料	应用
植物基	蓝色	易燃	大	低	小	天然橡胶	老式飞机
矿物基	红色	易燃	适中	较高	小	合成橡胶	减震支柱
磷酸酯基	紫色	难燃	较小	高	大	异丁橡胶	大型客机

2. 液压油的性能

1）密度
液体单位体积的质量称为密度 ρ，表示为

$$\rho = \frac{m}{V} \tag{4.4}$$

式中，m 为液体的质量，V 为液体的体积。

一般条件下，由于工作介质的密度随温度和压力的变化很小，常把液体的密度当作常量使用。

2）黏性
液体在外力作用下流动时，液体分子间的内聚力阻碍分子间的相对运动而产生的内摩擦力的性质，称为液体的黏性。黏度是选择液压油的主要依据。

（1）黏性的意义。

以图 4-2 所示的两平行平板中液体的流动情况为例，由于各层的运动速度不

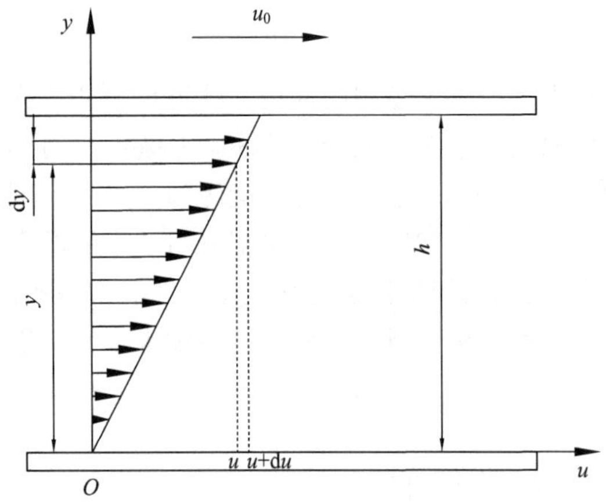

图 4-2　液体黏性示意图

同，快的流层会拖曳慢的流层，而慢的流层又阻滞快的流层，层与层之间就是因为存在黏性而产生了阻止相对运动的内摩擦力。实验测定，层流间的内摩擦力 F 与层流接触面积 A、层流间相对运动速度 du 成正比，而与层流间距离 dy 成反比，即

$$F = \mu A \frac{du}{dy} \tag{4.5}$$

若以 τ 表示剪应力，即单位面积上的内摩擦力，则有

$$\tau = \frac{F}{A} = \mu \frac{du}{dy} \tag{4.6}$$

式中，μ 为衡量液体黏性的比例系数，称为动力黏度；u 为液体流速。

（2）液体的黏度。

①动力黏度 μ。系数 μ 为动力黏度，又称绝对黏度，表示为

$$\mu = \frac{\tau}{du/dy} \tag{4.7}$$

式中，μ 的单位为帕·秒（Pa·s）。

②运动黏度 ν。运动黏度是动力黏度和密度之比，表示为

$$\nu = \frac{\mu}{\rho} \tag{4.8}$$

式中，ν 的单位为 m^2/s，习惯上称为"斯"（st）或者"厘斯"（cst），$1m^2/s=10^4st=10^6cst$。

（3）黏度与压力、温度的关系。

压力增加时，液体分子间距离缩小，内聚力增大，黏度增大。一般情况下，压力对黏度的影响较小，可不加考虑。当压力变化超过 20MPa 时需考虑压力对黏度的影响。

液体黏度随着温度的升高而降低，液体的黏度随温度变化的特性称为黏温特性。工作介质的黏度变化直接影响液压系统的工作性能，因此，黏度随温度的变化越小越好。

（4）黏度对系统的影响。

液压油黏度的大小，对系统工作影响较大。黏度过大则油液流动阻力很大，传动迟缓，而且消耗的功率也增加很多；反之，黏度过小，油液容易泄漏，系统压力不足。因此，液压油的黏度应适中，且其黏度随温度的变化率应尽量小。

3）压缩性

液体的压缩性是指液体所受的压力增大时其体积缩小的一种性质。一定体积的液体，在压力增量相同的情况下，体积的缩小量越小，说明这种液体的压缩性越小。

液体的压缩性用体积压缩系数 β 表示，它表示增加单位压力所发生的体积相对变化量，表示为

$$\beta = -\frac{1}{\Delta p} \frac{\Delta V}{V} \tag{4.9}$$

式中，β 为体积压缩系数，Δp 为压力变化值，ΔV 为受 Δp 后的体积变化值。由于压力增大时，液体体积减小，所以式（4.9）出现负号。

液体的体积压缩系数的倒数称为液体的体积弹性模量 E，表示为

$$E = \frac{1}{\beta} = -\frac{V \cdot \Delta p}{\Delta V} \qquad (4.10)$$

式中，石油基液压油的 $E = (1.4 \sim 2.0) \times 10^3 \, \mathrm{MPa}$，考虑到一般液压系统中难免混入气体，所以在计算时常常取 $E = 0.7 \times 10^3 \, \mathrm{MPa}$。压力变化不大时，液体体积变化很小，因此在讨论系统的静态特性时，通常不考虑油的可压缩性，而在研究液压系统的动态特性时，油的可压缩性则为重要因素。

4）油液中的空气

空气在油液中存在有两种状态：混入的和溶解的。溶解空气对油液的体积弹性模量和黏度不产生影响。混入的空气常以直径 0.25～0.5mm 的气泡状态悬浮于油液中，它对油液的体积弹性模量和黏度产生很大的影响。混入的空气量增加，则油液的体积弹性模量 E 急剧下降，黏度略有增加，会影响液压系统和附件的正常工作，甚至产生噪声和振动。

5）其他性能

液压油还有一些物理化学性能，如抗燃性、润滑性、机械稳定性、化学安定性等，它们都对液压系统的工作性能有重要影响。

4.2.2   液压动力学

在液压系统中，油液的流动状态、运动规律及能量转换等问题对分析液压传动系统是非常重要的，这些内容也是液压系统设计的理论依据。油液流动时，由于重力、惯性力和黏性摩擦力等因素影响，油液内部各质点在不同时间、不同空间处的运动状态是不相同的。本节主要阐述液压系统中油液在空间某特定点处或特定区域内的平均运动情况。

1. 基本概念

1）流量和平均流速

流量是指单位时间内流过某通流截面的液体体积，流量 Q 可用表示为

$$Q = \frac{V}{t} \qquad (4.11)$$

式中，V 为通过截面液体的体积；t 为流过液体体积 V 的时间。

对微小流束，通过其通流截面的流量为

$$\mathrm{d}Q = u\mathrm{d}A$$

整个通流截面 A 上的流量为

$$Q = \int_A u\mathrm{d}A$$

式中，u 为微小流束通流截面上的流速。

通流截面上的平均流速是假想的液体运动速度，认为通流截面上所有各点的流速均等于该速度，以此流速通过通流截面的流量，恰好等于以实际上不均匀的流速所通过的流量，因此，

$$Q = \int_A u\mathrm{d}A = vA \tag{4.12}$$

故平均流速为

$$v = \frac{Q}{A} \tag{4.13}$$

在液压缸中，液体的流速即为平均流速，它与活塞的运动速度相同，当液压缸有效面一定时，活塞运动速度的大小由输入液压缸的流量来决定。

2）理想液体和定常流动

流体黏性对流动有着非常重要的影响，但是由于流体黏性的复杂性，通常将流体假设为完全不可压缩又无黏性的理想流体。但实际上，任何流体都具有黏性，而且可以压缩。

根据流动是否随时间变化，可将流体流动分为定常流动和非定常流动。定常流动指流体中任一空间点处的压力、速度和密度都不随时间变化的流动，也称为稳定流动；非定常流动指流体中任一空间点处的压力、流速和密度中有任意一个随时间变化的流动，也称时变流动。在飞机液压系统中，油液在管道中的流动通常视为定常流动。

2. 连续性方程

连续性方程是质量守恒定律应用于运动流体的一种数学表达式。图 4-3 所示为非等径流管，两端的截面积为 A_1 和 A_2，压力为 p_1 和 p_2，平均流速为 v_1 和 v_2。在定常流动时，是不可压缩流。根据质量守恒定律，单位时间内流过截面 1 的流量应该等于单位时间内流过截面 2 的流量，则流量连续方程为

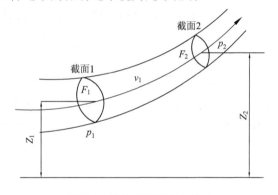

图 4-3　油液在流管中的流动

$$Q = A_1 v_1 = A_2 v_2 \tag{4.14}$$

或

$$\frac{A_1}{A_2} = \frac{v_2}{v_1} \tag{4.15}$$

流量连续性方程的含义如下。

（1）对于液体连续流，其任一截面上流量处处相等，等于截面积与平均流速的乘积。

（2）对于液体连续流，各截面流速与该截面的面积成反比，即截面积大处流速变小，截面积小处流速变大。

3. 伯努利方程

假设液体为理想液体，且作定常流动。如图 4-4 所示，在流动液体中取一流管，截面 1 处所受压力为 p_1，平均流速为 v_1，相对于基准面的标高为 Z_1；截面 2 处所受压力为 p_2，平均流速为 v_2，相对于基准面的标高为 Z_2；截面 1、截面 2 的压力能和动能分别为 $p_1/\rho g$、$v_1^2/2g$ 和 $p_2/\rho g$、$v_2^2/2g$；液体产生的能量损失为 Δh。根据能量守恒定

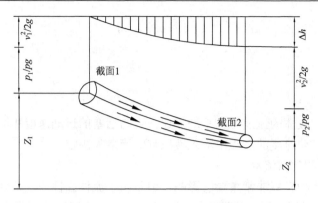

图 4-4　液体在流管中流动的能量变化

律，黏性流体的伯努利方程为

$$Z_1 + \frac{p_1}{\rho g} + \frac{v_1^2}{2g} = Z_2 + \frac{p_2}{\rho g} + \frac{v_2^2}{2g} + \Delta h \tag{4.16}$$

由于实际流量在流通截面上是变量，而式（4.16）中的动能项用平均流量 v 代替实际流量，那么动能就要引起偏差，需要加以修正，则液体在导管内流动的伯努利方程为

$$Z_1 + \frac{p_1}{\rho g} + \frac{\alpha_1 v_1^2}{2g} = Z_2 + \frac{p_2}{\rho g} + \frac{\alpha_2 v_2^2}{2g} + \Delta h \tag{4.17}$$

式中，α_1、α_2 为动能修正系数，一般在紊流时取 1，层流时取 2。

在飞机液压系统中，导管位置高度 Z 变化不大，可以忽略不计，动力变化也不大，用平均流速 v 表示已足够精确，故不论层流还是紊流，都可取 $\alpha \approx 1$。这样，伯努利方程可简化为

$$\frac{p_1}{\rho g} + \frac{v_1^2}{2g} = \frac{p_2}{\rho g} + \frac{v_2^2}{2g} + \Delta h \tag{4.18}$$

由伯努利方程可知，黏性使流体在流动过程中产生阻力，主要以压力损失的形式耗散，能量损失 Δh 是影响管路压力的重要因素。

4. 动量方程

在液压系统中，通常用动量方程来求解油液对固体面壁的作用力。根据动量定理，作用在物体上的外力等于物体动量的变化率，则流体的动量方程可描述为

$$F = \frac{\Delta(mv)}{\Delta t}$$

流体的质量 m 可表示为 $\rho Q \Delta t$，则动量方程可描述为

$$F = \rho Q (v_2 - v_1) \tag{4.19}$$

式中，F 为作用在流体上的外力；ρ 为流体密度；Q 为流量；v_2 为外力作用前的平均流速；v_1 为外力作用后的平均流速。

液体在流动的过程中，若其速度的大小和方向发生变化，则一定有力作用在液体上，

同时，液体也以大小相等、方向相反的力作用在使其速度或方向改变的物体上。据此，可求得流动液体对固体壁面的作用力，举例如下。

（1）射流对平板的液流力。

如图 4-5 所示，板面与射流间的倾角为 α，喷管流量为 Q，出口平均流速为 v_0，若为理想流体，其密度为 ρ。根据动量定理，板面对控制体内流体沿管路轴向的作用力为

$$R_1 = \rho Q(v_2 - v_1)$$

式中，$v_2 = 0$，$v_1 = v \sin\alpha$。所以流体对板面沿管路轴向的液流力为

$$F_1 = -R_1 = \rho Q v \sin\alpha$$

（2）滑阀液流力。

滑阀是液压系统中广泛运用的元件，如图 4-6 所示滑阀。当滑阀打开通过油窗孔后，流体流经阀口的速度为 v，其方向为 θ，流量为 Q，则根据动量定理可得轴向液流力为

$$F_1 = -\rho Q v \cos\theta$$

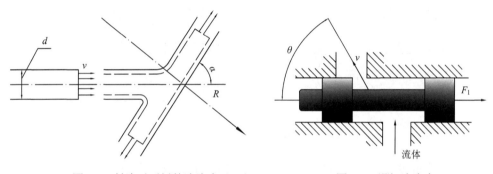

图 4-5　射流对平板的液流力　　　　　　图 4-6　滑阀液流力

上式负号表示液流力 F 与外力，即滑阀对流体在轴向的作用力方向相反，即稳态轴向液流力作用于使阀芯关闭阀口的方向。液流力是使有些滑阀在工作过程中产生振动的原因之一，因此往往对液压元件的工作性能影响较大。

4.2.3　液体流动的压力损失

由于流体的黏性，流体流动过程会产生阻力，并损耗一部分能量。在液压系统中，压力损失会导致系统温度升高，因此要尽量减少油液流动过程中的压力损失。本小节先介绍流体在管路中的流动情况，再分析流体的压力损失。

1. 流体的流动状态

实验证明，液体在导管内流动时，存在着两种不同的流动状态，即层流和紊流，液体的流动状态一般都由其本身的黏性力和惯性力所决定。以黏性力为主的流动状态称为层流，其特点是各流层的液体质点互不渗混，有比较规则的流线存在；以惯性力为主的流态称为紊流，其特点是液体质点呈无规律的旋涡状，不存在规则的流线。在飞机液压传动中，大多数液压泵的吸油油路多为层流流动；回油路和高压路多为紊流。

　　确定液体流态的准则是惯性力与黏性力的无量纲比值，称为雷诺数 Re ，其值为

$$Re = \frac{vd}{\nu} \tag{4.20}$$

式中， v 为导管液体的平均流速； d 为导管直径； ν 为液体的运动黏度。

　　对于导管，流态从层流过渡到紊流的雷诺数是 $2000 < Re < 4000$ 。为了计算方便，对于金属圆管取 $Re = 2320$ 为临界雷诺数，即 $Re < 2320$ 时为层流， $Re > 2320$ 时为紊流。

　　2. 沿层压力损失

　　如图 4-7 所示液体在等直径水平直管中作层流流动，在管流中取一段轴线与管轴重合、长 l 、半径 r 的微小圆柱体为研究对象。作用在该圆柱体的力有两端的压力 p_1 、 p_2 ，在圆柱体表面上作用的摩擦力 F_f 。液流作匀速运动，沿轴线方向上的受力平衡方程为

$$(p_1 - p_2)\pi r^2 = F_f$$

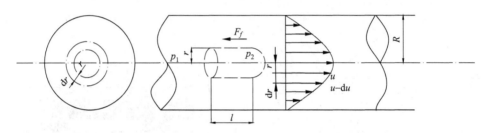

图 4-7　圆管中的层流

　　由内摩擦定律可知，液体内摩擦力 F_f 为 $-2\pi r l \mu \mathrm{d}u / \mathrm{d}r$ ，记 $\Delta p = p_1 - p_2$ ，将上式进行整理，积分代入速度的边界条件（当 $r = R$ 时， $u = 0$ ），得

$$u = \frac{\Delta p}{4\mu l}(R^2 - r^2) \tag{4.21}$$

可见，圆管内液体作层流运动时，速度分布是以导管轴线为顶点的抛物面，最大流速为 $u_{\max} = (\Delta p / 4\mu l)R^2$ 。

　　如图 4-7 所示，微小环形过流断面面积为 $\mathrm{d}A = 2\pi r \mathrm{d}r$ ，所流过的流量为 $\mathrm{d}Q = u \mathrm{d}A$ ，对其进行积分得

$$Q = \int_0^R 2\pi \frac{\Delta p}{4\mu l}(R^2 - r^2)r\mathrm{d}r = \frac{\pi R^4}{8\mu l}\Delta p \tag{4.22}$$

管道内流液的平均流速为

$$v = \frac{Q}{A} = \frac{R^2}{8\mu l}\Delta p$$

上式表明，当流体在直管中的流动为层流时，其沿层压力损失与流体黏度、管长、流速成正比，与管径的平方成反比。由于 $\mu = \nu \rho$ 、 $Re = vd / \nu$ ，代入上式整理后得

$$\Delta p = \frac{64}{Re} \frac{l}{d} \frac{\rho v^2}{2} = \lambda \frac{l}{d} \frac{\rho v^2}{2} \tag{4.23}$$

式中，λ 为沿层阻力系数，其理论值为 $\lambda = 64/Re$。实际使用时，金属管取 $\lambda = 75/Re$，橡胶管取 $\lambda = 80/Re$。

3. 局部压力损失

液体流过弯头、突然扩大或突然缩小的管路断面（如弯头和接头等）及阀门等各种局部障碍时，会发生撞击、脱流、旋涡等现象，由此而产生局部压力损失。局部压力损失 Δp_ξ 很难通过理论分析计算获得，通常由实验来确定，其计算公式为

$$\Delta p_\xi = \xi \frac{\rho v^2}{2} \tag{4.24}$$

式中，ξ 为局部阻力系数，可通过实验测得或查阅相关液压手册。

流体流过各种阀类的局部压力损失 Δp_V 为

$$\Delta p_V = \Delta p_n \left(\frac{Q}{Q_n} \right)^2 \tag{4.25}$$

式中，Δp_n 为阀在额定流量下的压力损失；Q 为通过阀的实际流量；Q_n 为阀的额定流量。

4. 总压力损失

管路系统中的压力损失等于所有直管中的沿层压力损失和局部压力损失之和，即

$$\Delta p = \sum \lambda \frac{l}{d} \frac{\rho v^2}{2} + \sum \xi \frac{\rho v^2}{2} \tag{4.26}$$

在液压系统中，绝大多数压力损失转变为热能，造成系统温度升高，泄漏增大，影响系统的工作性能。从计算压力损失的公式可以看出，减小流速，缩短管道长度，减少管道截面突变，提高管道内壁的加工质量等，都可使压力损失减小。其中流速的影响最大，故液体在管路中的流速不应过高。但流速太低，也会使管路和阀类元件的尺寸加大，并使成本增高，因此要综合考虑确定液体在管道中的流速。

实践表明，管路中的压力损失是不可避免的，但如果油液的压力能损耗过多，就会造成传动部分压力不足、动作迟缓，影响正常工作，并使油液温度显著增高，在飞机使用过程中，压力损失的大小取决于液压系统的维护质量。因此，保持油液清洁，定期清洗油滤，注意保护附件通道的流线形状，以及不使导管受到压扁和腐蚀等，都是防止系统压力损失增大的有效措施。

4.2.4　流体的孔口及缝隙流动

在液压系统中，常遇到液体流过小孔或间隙的情况，如元件的阀口、一些元件的阻尼小孔、零件间的缝隙等。

1. 小孔节流

对于液压系统，压力损失会造成系统中的能量损耗，然而在某些情况下，却要利用产生压力损失的原理，例如液压元件常利用孔口来控制系统的压力、流量和速度。迫使

液体流过孔口或槽，以达到控制传动部件的运动速度、协调各部件之间的传动动作等目的元件，称为节流元件。了解流体在孔口的流动规律对分析液压系统工作性能至关重要，目前，根据孔口的长径比l/d，可分为薄壁孔$l/d \leqslant 0.5$、短孔（$0.5 < l/d \leqslant 4$）和细长孔（$l/d > 4$），这里介绍薄壁孔和细长孔。

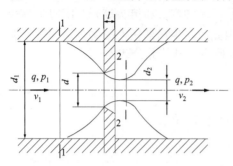

图 4-8　通过薄壁小孔的液流

1）薄壁孔口

图 4-8 所示是一种锐边节流孔，长度l和孔径d的比值为$l/d \leqslant 0.5$的薄壁孔。液体流过薄壁小孔时，因$D \gg d$，通过断面 1-1 的流速较低，流过小孔时，液体质点突然加速，在惯性力作用下，流过小孔后的液流形成一个收缩断面 2-2。对于圆形小孔，约在下游$d/2$处完成收缩。

在孔通道 1-1 和孔后最大收缩断面 2-2 之间建立水平轴线伯努利方程：

$$\frac{p_1}{\rho g} + \frac{\alpha_1 v_1^2}{2g} = \frac{p_2}{\rho g} + \frac{\alpha_2 v_2^2}{2g} + \Delta h$$

式中，p_1、v_1为通流断面 1-1 处的压力和流速；p_2、v_2为收缩断面 2-2 处的压力和流速；$v_1 \ll v_2$，故v_1可忽略不计；α_1、α_2为动能修正系数，其中，α_2为收缩断面 2-2 处的动能修正系数，完全收缩时，断面 2-2 的流动是紊流，故$\alpha_2 = 1$；Δh主要为局部损失，故$\Delta h = \xi \rho v^2 / 2$，代入上式且令$\Delta p = p_2 - p_1$，可得通过薄壁孔口的流量为

$$v_2 = \frac{1}{\sqrt{1+\zeta}} \sqrt{\frac{2}{\rho} \Delta p} = C_v \sqrt{\frac{2}{\rho} \Delta p} \tag{4.27}$$

式中，C_v为流速系数，即

$$C_v = \frac{1}{\sqrt{1+\zeta}}$$

由上式可求得薄壁小孔的流量为

$$Q = v_2 A_c = C_v C_c A_x \sqrt{\frac{2}{\rho} \Delta p} = C A_x \sqrt{\frac{2}{\rho} \Delta p} \tag{4.28}$$

式中，$C = C_v C_c$，称为小孔流量系数；C_c为收缩系数，是收缩断面面积A_c和孔口断面面积A_x的比值。

在流体完全收缩的情况下，当$Re \leqslant 10^5$时，C可查阅相关液压手册或由实验确定。当$Re > 10^5$时，上述参数默认为常数，这时$C = 0.6 \sim 0.62$；当液流不完全收缩时，可取$C = 0.7 \sim 0.8$，特别是带棱边或小倒角的孔口。

在液压系统中，薄壁孔口流量稳定，常用作节流元件。

2）细长孔口

所谓细长孔，一般指小孔的长径比即$l/d > 4$时的情况。液体流经细长小孔时，一

般都是层流状态，其流量计算公式为

$$Q = \frac{\pi d^4}{128 \mu l} \Delta p \tag{4.29}$$

由式（4.29）可见，细长孔的流量 Q 和孔前后的压差 Δp 成正比，而与液体的黏度 μ 成反比。综合对薄壁孔和细长孔的分析，总结流体流过孔口的通用流量公式为

$$Q = KA_x \Delta p^m \tag{4.30}$$

式中，Q 为流经孔口的流量；K 为由孔口形状、尺寸和流体共同决定的系数，对于薄壁孔取 $K = C\sqrt{2/\rho}$，对于细长孔取 $C = d^2/(32\mu l)$；A_x 为孔口的通流节流面积；m 为与孔口长径比相关的系数，薄壁孔 $m = 0.5$，细长孔 $m = 1$。

2. 缝隙节流

液压装置的各零件之间，特别是具有相对运动的各零件之间，一般都存在间隙。流过间隙的油液流量就是间隙泄流流量。由于间隙通道狭窄，液流受壁面的影响较大，流速低，间隙流动的流态均为层流。

液压系统中常见的间隙流动有三种情况：第一种是由间隙两端压力差造成的流动，称为压差流动；第二种是形成间隙的两壁面作相对运动所造成的流动，称为剪切流动；第三种是两种流动的组合，称为压差剪切流动。

1）平行平板缝隙

平行平板缝隙间流体的流动情况如图 4-9 所示，平板长为 l，宽度为 b，缝隙高度为 h，且 $l \gg h$，$b \gg h$，缝隙两端的压力分别为 p_1 和 p_2，

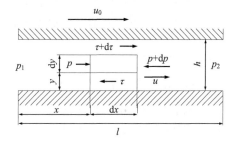

图 4-9 平行平板缝隙间的流动

压差为 $\Delta p = p_1 - p_2$。通过分析缝隙微段流体的受力状态，得到流体在压差和剪切联合作用下，平行平板缝隙中流动时的流量为

$$Q = \frac{bh^3}{12\mu l} \Delta p \pm \frac{u_0}{2} bh \tag{4.31}$$

当上平板相对于下平板的运动方向和压差流动方向一致时取"＋"号；反之，取"－"号。

当平行平板固定不动，即平板间存在压差，没有相对运动时（$\mu_0 = 0$），平行平板缝隙间的流量为

$$Q = \frac{bh^3 \Delta p}{12\mu l} \tag{4.32}$$

由以上分析可以看出，在压差作用下，通过缝隙的流量 Q 与缝隙 h^3 成正比，说明元件内缝隙的大小对其泄漏量的影响很大，因此必须严格控制缝隙大小。

当平板两端间有相对运动，但没有压差（$\Delta p = 0$）时，液体在运动平板的作用下流

动，为纯剪切运动，平板间缝隙间的流量为

$$Q = \frac{u_0}{2}bh \tag{4.33}$$

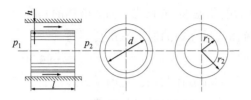

图 4-10　同心圆环缝隙间液体的流动

2）同心圆环缝隙

图 4-10 为同心圆环缝隙，内外表面之间有轴向相对运动，其中圆柱体直径为 d，缝隙值为 h，缝隙长度 l。同心圆环缝隙流量为

$$Q = \frac{bh^3}{12\mu l}\Delta P \pm \frac{\pi d h u_0}{2} \tag{4.34}$$

当相对速度为 0 时，即内外表面轴向之间无相对运动的同心圆环缝隙流量为

$$Q = \frac{\pi b h^3}{12\mu l}\Delta P \tag{4.35}$$

4.2.5　液体冲击和气穴

在飞机液压系统中，液压冲击和气穴现象会给液压系统带来不利影响，因此需要了解这些现象产生的原因，并采取措施加以防治。

1. 液压冲击

1）形成液压冲击的原因

在液压系统中，管路内流动的液体常常会因阀门突然关闭、换向阀快速换向或运动部件突然制动时，会在管路内形成很高的压力峰值，这种现象称为液压冲击。

形成液压冲击的主要原因有以下三点。

（1）阀门突然关闭，液流惯性会引起的液压冲击。对于管路中流动液体因阀门突然关闭，液流速度骤然降低到零，液体的动能瞬间转化为压力能，使管路形成压力冲击波。

（2）运动部件的惯性力引起的液压冲击。例如，高速运动的液压缸等在换向或意外卡阻时，由于惯性运转，将会引起压力急剧升高。

（3）某些液压元件动作不灵敏。在系统压力突然升高的情况下，溢流阀反应迟钝，不能迅速打开，会引起液压冲击。

2）液压冲击的危害

液压冲击产生的压力峰值往往比正常工作压力高好几倍，对液压系统的主要危害有以下三点。

（1）造成密封装置、液压管路、液压马达和阀件等损坏，或使液压元件产生错误动作。例如，各种压力阀、换向阀，对液压冲击而产生的高压非正常响应，产生错误动作，甚至造成设备损坏；高速液流反复剧烈冲击密封件、液压马达等造成元件疲劳和损坏。

（2）引起振动，产生噪声。液压冲击会产生高压冲击波，在管路内来回震荡，对导管和附件将作用高频重复载荷，使之产生疲劳裂纹而提前损坏。

（3）使系统内油温升高。高速油流将动能转化为油液内能，使油液温度升高，影响液压系统工作稳定性。

3）减小液压冲击的措施

在一个有压系统中，由于控制阀门经常关闭或开启而引起的水击现象是不可避免的，要设法减轻液压冲击的不利影响，主要采取以下几方面措施。

（1）缩短管长，延长控制阀门启闭时间。

（2）限制管路流速，如限制流速在 5～7m/s。

（3）在容易出现液压冲击的地方，设置专门的防冲击阀，或在管路中安装蓄能器以吸收液压冲击的能量。

（4）采用弹性较大的软管吸收液压冲击能量。

2. 气穴现象

液压系统的气穴现象是指由于油液某处的压力低于空气分离压时，原先溶解在油液中的空气就会分离出来，从而导致出现大量的气泡的现象。

1）气穴现象的产生

气穴现象的产生有两种情况。一种是由于气体从某些途径进入液压系统，使油液中混入气体形成气穴；另一种是由于液压系统中，某一区域油液压力低于当时环境的气体分离压，会分离出来原来溶解于液体中的气体，使油液中产生气体形成气穴，若压力进一步减小还会产生大量蒸气气泡，使气穴现象更加严重。

以柱塞泵的气穴现象为例，如图 4-11 所示，当气体混入液压系统油液中，液压泵工作时，吸油口柱塞将混有气体的油液吸进工作腔，当柱塞转到排油口时，柱塞将一部分气体和油液增压，挤入系统；另一部分经过增压的气体和油液则保存在剩余容积内，即剩余容积。由于油液中混有气体，油液的压缩性变大。吸油时，气体会膨胀，占据一部分工作腔容积，使柱塞的实际吸油量减少。排油时，膨胀后的气体又要被压缩，排出去的只是实际吸进来的油，这样就会使液压泵的供油量减少。当油液中含有

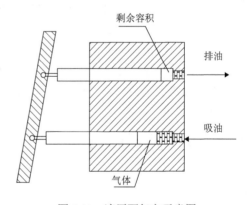

图 4-11　液压泵气穴示意图

的气体量很多而液压泵的出口压力不大时，就只是一团气体在柱塞工作腔内反复地压缩和膨胀，而不能吸油和排油，供油量降低到零，系统压力也就不能再上升，从而出现了气穴现象。

2）气穴的危害

在飞机液压系统中，当油液内含有大量气泡时，会使液体变为液气混合体，造成容积弹性系数大大降低，甚至使液压泵等附件产生气穴现象，严重地影响系统的正常工作，尤其会降低系统在高空工作的可靠性和破坏液压伺服机构的稳定性。

（1）液压泵是系统中容易产生气穴的部位。因为泵的吸油口往往是系统中压力最低的部位，易使空气离散。液压泵产生气穴现象时，供油量显著减小，甚至会使供油中断，

严重的气穴现象引起泵出口压力的急剧变化而产生振动，还可能使接头松动脱落和出口导管破裂。

（2）对于执行机构，活塞在顺载情况下运动时，由于油液来不及补充，一边工作腔的压力迅速降低，因此也可能产生气穴，作动筒内的油液混有气体而产生气泡时，会破坏油液流动的连续性，从而出现输出运动的爬行现象。

（3）当液压泵排出的油液含有大量气泡时，在高压管路中气泡受到压缩，周围的油液便高速流向原来由气泡所占据的空间，从而引起激烈的液压撞击，在高压的液气混合体冲击下，附件和导管的内壁表层受到腐蚀而剥落，这种情况称为气蚀，并使液压油因污染而提前更换。

（4）当油液因存在气泡而变成液气混合体时，其黏度会相应增大，管路流动中压力损失增大，进而使系统温度升高，效率降低。

3）气穴的预防

（1）减小孔口或缝隙前后的压力降，一般孔口或缝隙前后的压力比 $p_1 / p_2 < 3.5$。

（2）降低液压泵的吸油高度，适当加大吸油管直径，限制吸油管内的油液流速。

（3）管路要有良好的密封，防止空气进入。

（4）提高液压元件的抗气蚀能力，采用抗腐蚀能力强的金属材料，减小零件表面粗糙度。

4.3　液压供压部分的构造和工作原理

为了保证液压系统具有足够的传动功率，系统中的工作油液必须具有一定的压力和流量。液压系统供压部分的功用是：及时地向各传动部分输送具有一定流量和适当压力的工作油液。它通常由液压泵、液压油箱、卸荷装置、液压油滤、蓄压器和压力表等组成。

4.3.1　液压供压主要元件

1. 液压泵

1）液压泵的主要性能参数

（1）压力。

液压泵的工作压力是指它的输出压力，即泵出口处的油液为了克服阻力（包括管路阻力和外负载）所需建立的压力，它随阻力的增减而升降。因此液压泵的工作压力在一定程度上取决于外负载的大小。

额定压力指液压泵连续运转时所允许使用的最高工作压力，其值受到液压泵的容积效率和使用寿命的限制。

最大压力是指在短时间内超载时所允许的极限压力，它取决于泵壳体、零件的强度及压密封件的性能等。

液压泵在正常工作时，其工作压力应小于泵的额定工作压力。

（2）排量和流量。

排量 q_b 指在无泄漏情况下，泵轴每转一周所排出的油液体积。它的大小完全取决于泵密封工作腔容积的大小。

流量 Q 在无泄漏情况下，液压泵在单位时间内输出的液体体积，称为平均理论流量。显然平均理论流量 Q_{bt} 等于排量 q_b 乘转速 n_b，即

$$Q_{bt} = q_b n_b \tag{4.36}$$

由式（4.1）可知，液压泵的平均理论流量与压力无关。由于液压泵存在泄漏流量，所以实际输出的平均流量为

$$Q_{bs} = Q_{bt} - \Delta Q_b \tag{4.37}$$

式中，Q_{bt} 为泵的实际平均流量；ΔQ_b 为泵的泄漏损失。

液压泵的泄漏流量与液压油的黏度、泵的密封及工作压力有关（温度或压力升高，泄漏都会增加）。因此实际流量不仅与排量和转速有关，而且与压力等参数有关。因此，液压泵的实际流量也随工作压力变化。

液压泵在额定压力和额定转速下所输出的实际平均流量称额定流量，它是用来评价液压泵的技术规格指标之一。

（3）功率和效率。

液压泵的输入量是转矩 M_b 和转速 ω_b，输出量是压力 p_b 和流量 Q_b。在能量转换中，将输入的机械功率 N_{bI} 转换为输出功率 N_{bO}，有

$$N_{bO} = p_b Q_b \tag{4.38}$$

$$N_{bI} = M_b \cdot \omega_b \tag{4.39}$$

$$N_{bI} = p_b Q_b / \eta_b \tag{4.40}$$

式中，η_b 为液压泵考虑机械损失和泄漏损失的总效率。即

$$\eta_b = \eta_{bm} \cdot \eta_{bv} \tag{4.41}$$

式中，η_{bm} 为液压泵的机械效率，主要考虑由相对运动件摩擦造成的机械损失；η_{bv} 为液压泵的容积效率，主要考虑因液压泵相对运动零件间缝隙泄漏造成的容积损失。

2）航空液压泵概述

每套飞机液压系统都会有 1 台或多台航空液压泵。航空液压泵的驱动方式主要有发动机驱动、电动机驱动、液压马达驱动、空气叶轮驱动。发动机驱动泵为液压系统主泵，为飞机提供正常工况下主要的液压能源；电动机驱动泵通常提供应急能源，在大流量工况下作为辅助泵启用，在飞机发动机启动前，可用作地面操作的液压能源；液压马达驱动泵主要在大流量工况或非正常工况下启动，如果某套液压系统的发动机驱动泵和电驱动泵均失效，就需要相邻液压系统通过液压马达驱动泵来维持这套液压系统正常工作；空气叶轮驱动泵只有在其他泵均失效的极端情况下才启用，以保证最基本的起落架工作和飞控操作所需的能源这几种形式的液压柱塞泵通过各种组合方式保证飞机飞行、着落的安全。

航空液压泵按原理划分，主要有容积式和非容积式两种。容积式液压泵依靠液压泵密封工作容积的大小交替变化来实现吸油和排油，其在吸油侧容积增大，在排油侧容积

减小。容积式液压泵又可以分为定量式和变量式，定量式是指泵每个周期排出的液体体积为固定值，而变量式的每个周期排出的液体体积可以按一定规则变化。容积式液压泵主要有齿轮泵、摆线泵、螺杆泵、叶片泵和柱塞泵等。为获得较高的工作压力，通常采用容积式。非容积式液压泵主要有离心式和轴流式，没有可靠的密封对高压口和低压口进行隔离，产生的压力一般不高。

3）航空柱塞泵分类及特点

柱塞泵按运动形式可分为轴向式和径向式两大类，前者柱塞平行于缸体轴线，沿轴向运动；后者柱塞垂直于配油轴，沿径向运动。轴向柱塞泵径向尺寸小、结构紧凑、转动惯量小、转速高、流量大、易于实现变流量，因此是飞机上（如飞机液压系统、操纵系统和发动机燃油系统）采用最多的一种形式。轴向柱塞泵的显著缺点是结构较复杂、零件制造精度高、成本也高、对油液污染敏感，这些给使用和维护带来一定的困难。轴向柱塞泵按结构可分直轴式和斜轴式两类。直轴式（或称斜盘式）轴向柱塞泵的缸体轴与传动轴线相重合；斜轴式（或称摆缸式）轴向柱塞泵缸体轴线与传动轴线相交成一定的角度。与工业柱塞泵相比，航空柱塞泵主要有以下特点。

（1）转速高，功率密度大，体积小。

工业用轴向柱塞变量泵额定转速一般为 1500r/min，闭式泵转速可以提高到 3000r/min；而航空柱塞泵的最高转速可达 22500r/min；Eaton 公司生产的高转速柱塞泵性能参数见表4-2。随着柱塞泵转速的提高，柱塞泵体积减小、重量减轻，功率密度增加。航空柱塞泵壳体材料并没有采用工业柱塞泵广泛采用的铸铁材料，多采用铝合金材料，从而减轻飞机重量，提高飞机的承载能力和效率。高转速提高了柱塞泵振动的频率，使柱塞泵对散热性能及结构强度有更高要求。考虑到航空柱塞泵转速较高，泵轴处旋转密封一般多为机械密封。表4-3 给出了航空柱塞泵与工业柱塞泵的功率密度和寿命的比较，可以看出航空柱塞泵的功率密度提高了 1 倍多。

表 4-2 高速柱塞泵性能参数

基本型号	最大排量/（mL/r）	额定转速/（r/min）	最高转速/（r/min）	额定流量/（L/min）	自重/kg
PV3-003	0.5	18000	22500	9.00	0.8
PV3-006	1.0	15000	18750	15.00	1.1
PV3-011	1.803	12500	15600	22.53	1.8
PV3-488	80.30	4100	5125	329.2	21.0

表 4-3 航空柱塞泵与工业柱塞泵性能对比

参数	某型航空柱塞泵（AP20Vm）	某型工业柱塞泵（A10V45）
额定压力/MPa	35	28
最大排量/（mL/r）	50	45
额定转速/（r/min）	3737	1500
功率密度/（kW/kg）	5.78	2.62
平均无故障时间/h	25000	6000

（2）低脉动。

飞机液压系统可靠性要求较高，要求高转速柱塞泵产生的压力脉动和机械振动尽可能小。高频的压力脉动可能导致液压管路发生流固耦合振动，引起管路系统失效或破坏，发生灾难性事故。军用飞机液压系统压力脉动要求在±10%之内，大于等于 28MPa，其压力脉动双幅值不大于 4.2MPa；民用飞机液压系统压力脉动要求降低至±5%，B787 及 A380 使用的 EDP 的压力脉动为±1%。

（3）良好的散热性能。

飞机液压系统的温度控制十分重要，温度过高会影响飞机液压元件的寿命及可靠性。B787 的 EMP 采用直流电动机驱动，用液压泵壳体回油冷却电机方式。电动机驱动转速分为 2 级，对应输出 37gal/min（1gal=3.78543L）和 27gal/min 两级流量；泵内部也集成了增压涡轮来确保柱塞泵吸油充分；壳体腔内置摆线齿轮泵，确保在管路最大背压下回油口的流量，通过强制壳体内部油液流动来降低泵内部油液温度。

（4）可靠性高。

通常要求民用飞机故障率不高于 1/106，B787 和 A380 使用的高转速柱塞泵平均无故障时间为 25000h。相比之下，工业柱塞泵的使用寿命较短，无故障时间为 6000h 左右，航空泵平均无故障时间为工业泵的 4 倍以上，见表 4-3。

4）直轴式轴向柱塞泵

（1）基本组成与工作原理。

柱塞泵一般由壳体、转子和斜盘等组成（图 4-12），壳体端面有分油盘，盘上有两条弧形槽，一条是进油槽，一条是出油槽，分别与进油口和出油口相通。转子内有衬筒，筒内装有柱塞，沿圆周方向均匀分布在转子内并可在衬筒内沿轴向滑动。斜盘固定在壳体上，斜盘平面与转子轴线的垂线之间有一定夹角，斜盘不随转子转动。柱塞腔内有弹簧既可将柱塞顶在斜盘上以便吸油，又能将转子压在分油盘上来保证密封。

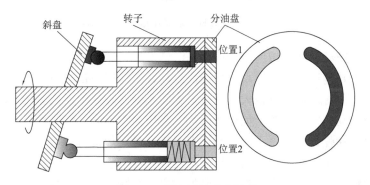

图 4-12　柱塞泵的基本组成

传动轴带动转子转动，柱塞也随之旋转，同时在衬筒内作轴向的往复运动，柱塞头部始终压紧在斜盘上。每个柱塞在从位置 1 转到位置 2 的过程中，弹簧推其向外伸出，工作腔容积增大，将油液吸入；从位置 2 转到位置 1 的过程中，柱塞被斜盘压回，工作腔容积减小，将油液挤出。转子每转一圈，每个柱塞均完成一次吸油和挤油。根据斜盘倾角或柱塞有效行程是否可自动变化，即泵的出口供油量是否可调，分为变量泵和定量泵两种类型的柱塞泵。

（2）典型直轴式柱塞泵。

直轴式柱塞泵由壳体、供油和调节三大部分组成（图 4-13），根据泵出口压力的变化，带动随动活塞改变斜盘倾角，进而改变柱塞的有效行程，实现供油量的自动调节。

供油部分由转子、斜盘和分油盘等组成。转子上有奇数（如 7、9）个柱塞孔，内装柱塞、弹簧和弹簧座。分油盘上有两条弧形槽，某一柱塞工作腔的通油孔转到两弧形槽之间时，其余柱塞仍在吸油或挤油，以减小泵出口的压力脉动量。斜盘倾角受随动活塞控制。

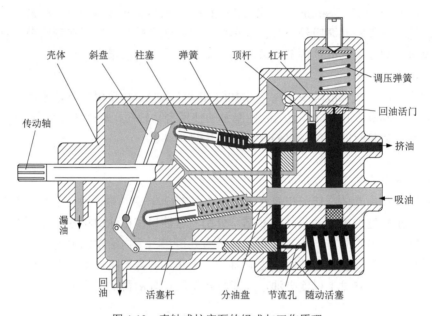

图 4-13　直轴式柱塞泵的组成与工作原理

调节部分由随动活塞和调压组构成。随动活塞受调压组和柱塞内油压控制，活塞两边的油室靠节流孔沟通。调压组由回油活门、杠杆、调压弹簧等组成。

传动部分工作时，需油量很大，系统压力较小。此时回油活门关闭，随动活塞左右室的油液没有流动，压力相等，但活塞两侧的受压面积不同，活塞要受到向左的油液作用。力在油液力和弹簧力作用下，随动活塞保持在最左边位置，斜盘角度最大，泵处在最大供油量（即充压）状态，其流量只随转速改变。

传动部分停止工作时，需油量立即降低为零，系统压力迅速增大。当系统压力增大到规定值时，回油活门被顶杆顶开，一部分出口油液便从活塞左室经节流孔、活塞右室、回油活门、转子中心孔、转子室，从回油接头流回油箱，于是活塞左右室产生了压力差。随动活塞在压力差作用下，克服弹簧弹力向右运动，减小斜盘倾角。当斜盘角度达到最小时，泵输出的油液仅供其内部润滑和散热，系统压力不再增大，此时的压力就是系统最大工作压力，泵处于卸荷状态。

5）斜轴式轴向柱塞泵

斜轴式柱塞泵的转子轴线与传动轴轴线之间存在一个倾角，转子及其柱塞分别通过带万向接头的连杆与传动轴相连。转子装在摆架内，心轴插于转子和摆架中心，转子可绕心轴高速旋转。摆架改变倾角时，通过心轴同时改变转子的倾角。基本组成和各构件关系如图 4-14（a）所示，工作原理与直轴式基本相同。转子转动时，传动轴带动转子和柱塞一起旋转。柱塞能在衬筒内作相对的往复运动，进行吸油和挤油，决定柱塞行程电转子轴线的倾角。改变转子轴线倾角，就可调节泵的供油量。

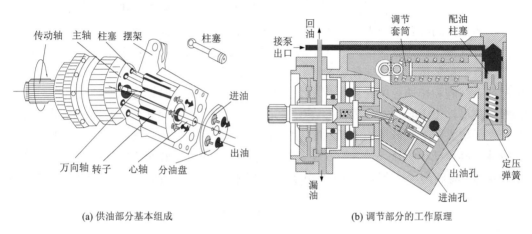

(a) 供油部分基本组成　　　　　　　　　　(b) 调节部分的工作原理

图 4-14　斜轴式柱塞泵的组成与工作原理

摆架与供油量调节机构相连，调节机构感受泵出口的压力变化，从而改变摆架倾角就改变了供油量，图 4-14（b）为柱塞泵处于最大供油状态下的调节原理。调节套筒内部油室经配油柱塞凹槽与转子低压室相通，弹簧力使调节套筒保持在右端位置，摆架处于最大倾角。当泵出口压力大于始调压力后，配油柱塞下移使泵出口与调节套筒室相通，油压作用力超过弹簧力后，调节套筒逐渐左移，摆架倾角减小，泵的供油量减小。当泵出口压力达到额定值、摆架倾角变为最小值时，泵仅输出少量油液，满足系统泄漏和润滑散热回油的需要。

6）齿轮泵结构及工作原理

齿轮泵是一种定量泵，飞机上常用外啮合齿轮泵。

外啮合齿轮泵由壳体、主动齿轮、被动齿轮、轴承和密封装置等组成（图 4-15）。主动齿轮顺时针转动时，被动齿轮被带着逆时针转动。主动齿轮吸油室 A 的齿与齿互相脱开，齿谷容积（即工作腔）逐渐增大，压力降低，油液从进油口吸入。在齿轮旋转过程中，齿谷油液被带到增压室 B，齿与齿互相啮合。将油液从齿谷中挤出，油液得到增压。齿轮每转一圈，每个齿谷完成一次吸油和挤油。

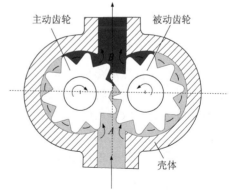

图 4-15　齿轮泵的工作原理

齿轮泵结构简单、体积小、重量轻、工作可靠、对液压油污染不太敏感。但因流量不可调节，其供油压力相对较低，流量和压力脉动较大，噪声高，故其使用受到了限制。

齿轮泵必须与压力调节装置配合使用，才能实现出口供油压力的自动调节。

7）叶片泵结构及工作原理

叶片泵工作原理如图4-16所示。单作用叶片泵主要由定子、转子、叶片、配油盘和壳体等组成。定子内表面和转子外表面均为圆柱形面，两者中心线有一偏心距 e。叶片安插在转子槽内。在配油盘上开有腰子形的吸油窗和排油窗，它们分别与吸油管和排油管相通。吸油窗和排油窗之间的区段（DC、dc 两个弧段）称工作段，处在工作段里的叶片 1 和 5 分别与转子外表面、定子内表面以及配油盘和壳体形成两个密闭的工作腔。一个对应吸油窗称为吸油腔，另一个对应排油窗称为排油腔。叶片泵工作时，只有叶片在工作段中旋转运动，才能使吸油腔和排油腔的容积发生变化，实现吸油和排油，其他浸泡在吸油腔和排油腔中的各叶片均不起作用。当转子按顺时针方向旋转时，在转子左侧吸油腔里，由于叶片 1 使吸油腔容积扩大的量大于叶片 5 使其缩小的量，结果吸油腔容积逐渐增大，形成低压，不断从吸油管吸油；同时，在转子右侧排油腔里，由叶片 1 使排油腔容积减小的量大于叶片 5 使其扩大的量，结果排油腔减小，把油挤往压力油路中去。转子每转一周，所有叶片相继转到工作段中，都同样使油泵进行一次吸油和排油。

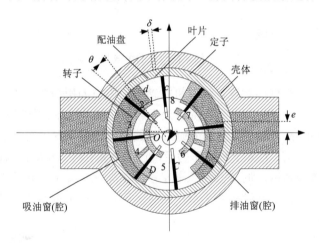

图 4-16　单作用叶片泵工作原理

叶片泵的特点是结构紧凑、外形尺寸小、运动平稳、输油均匀、噪声小、寿命长。但单作用叶片泵由于转子轴受排油压力作用不平衡，负荷较大，因此适用于低压大流量及变流量场合。双作用叶片泵有两个排油窗和两个吸油窗，相对于转子中心对称分布，因此作用在转子轴上的油压力得到平衡，流量比较均匀，应用较广泛。另一种变量叶片泵是偏心距 e 可变的单作用叶片泵，在中低压液压传动系统中得到广泛应用。

2. 液压油箱

1）液压油箱的作用和结构

液压油箱用以储存液压系统所需的油液，同时有分离气体、沉淀杂质和消散热量的作用。为此，对液压油箱的基本要求是，保证飞机在各种飞行状态和高度下箱内能保持规定的剩余压力，能储藏并正常地向系统供给足够的油液，具有足够的表面散热面积，良好的进入油泵吸入段的性能，使液压泵吸油正常，保证回流油液的流动能分离气体和沉淀杂物，以及具有合适的安放位置，便于注油和放油等。

通常飞机液压油箱电铝合金材料制成。油箱顶部设有加油口，加油口内装有粗油滤，出油接头在油箱的底部，利用导管与油泵进口相连。回油接头在油箱侧下方，内装有回油滤，外面与液压系统总回油导管相连。为了提高油泵入口压力以改善工作性能，飞机上一般采用气体增压油面，故油箱是密封的，完全密封的油箱还可以防止污染物侵入。油箱上方安装有增压空气接头，它与增压空气导管相连。

2）引气增压油箱

该油箱通常用来自发动机压气机的空气对箱内油液进行增压（图 4-17），减压器保证合适的压力，安全阀防止超压。油箱内装有倒飞装置，采用隔板式或配重式等结构，飞机倒飞时保证液压油可靠地供往液压泵。

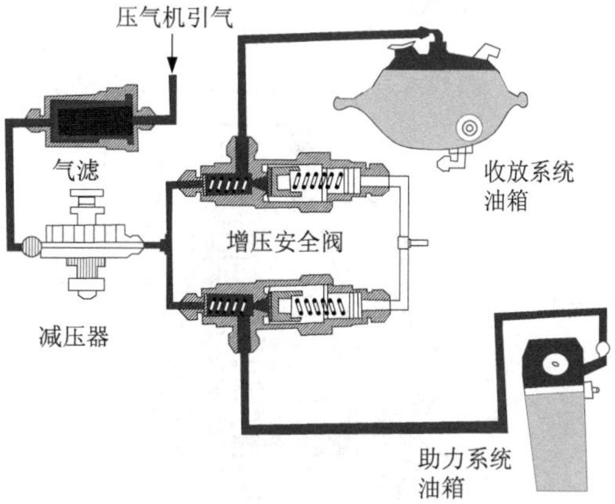

3）自供增压油箱

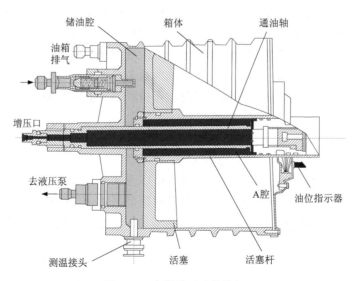

图 4-17 引气增压油箱系统的组成

箱体内的活塞与活塞杆连成一体，并套在通油轴上（图 4-18）、通油轴左端与增压气体（或油液）相通，右端有孔供气体（或油液）进入 A 腔，推活塞杆向左移动，迫使油液从油箱中挤出。一般在 A 腔设有弹簧，保证在发动机起动时液压泵进口压力不致过低。箱体左端有系统回油、向液压泵的进口供油、油箱排气的接头，箱体上还装有油温、油量测量接头等。

图 4-18 自供增压油箱的组成

3. 液压油滤

在液压系统使用过程中，泵、阀门和其他附件在正常磨损中会产生细小的金属杂质，且油液中难免会混入一些外来污染物。金属杂质和污染物不仅会加速液压元件的磨损、擦伤密封件，而且会堵塞节流孔、卡住阀类元件，使元件动作失灵以致损坏，甚至造成整个液压系统失效。一般认为液压系统故障有 75%以上是由于油液污染所致。因此，为了保证系统正常工作，提高其使用寿命，必须对油液中杂质和污物颗粒的大小及数量加以控制。在系统回路中一般采用油滤过滤油液中的机械杂质和污染物，保持液压油的高度清洁。

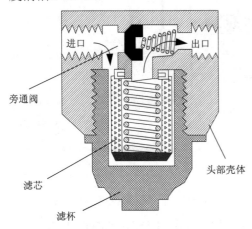

油滤主要由滤杯、滤芯和头部壳体组成，如图 4-19 所示。头部壳体用来连接机体结构和管路，滤杯用于安放滤芯，并将其固定到头部壳体上，拆卸滤杯后可更换滤芯。飞机液压系统油滤内部往往设有旁通阀和旁通指示装置，以增强供油可靠性并提高维护便利性。当油滤随着使用时间增长而逐渐被堵塞时，滤芯进口和出口压差增大，当压差增大到一定值时，旁通阀打开，确保下游油路的油液供应不中断。小型飞机一般采用旁通指示销指示油滤的旁通情况，提醒维护人员及时清洗或更换滤芯。大中型运输机一般通过

图 4-19　液压油滤的结构与工作示意图

驾驶舱中的油滤旁通指示灯指示油滤的旁通情况，如果飞行过程中油滤旁通指示灯被点亮，表明液压油滤已处于旁通状态，飞行员应做好相应的飞行记录。

常见的滤芯有 3 种类型：表面型滤芯、深度型滤芯和磁性滤芯。表面型滤芯的典型构造是金属丝编织的滤网，过滤能力较低，一般作为粗油滤安装在油箱加油管路上，磁性油滤依靠自身的磁性吸附油液中的铁磁性杂质颗粒，应用在发动机滑油系统管路中。在液压系统中，液压油滤广泛采用深度型滤芯，深度型油滤的特点是过滤介质的厚度较大，在整个厚度内都能吸收污物，深度型油滤的滤芯多为多孔可透性材料，其过滤介质有缠绕的金属丝网、烧结金属、纤维纺织物、压制纸等，但用得最广泛的是纸质滤芯。

4. 蓄压器

1）功用

在飞机液压系统中，蓄压器的功用主要包括以下 4 个方面。

（1）储存一定的压力能，保证多个传动装置需要同时供压时的输出功率。传动部分工作时，蓄压器可在短时间内和液压泵一起向传动部分输送高压油，增大供油流量，保证供压输出功率。

（2）补偿系统油液内漏或外漏，延长定量泵系统中油泵的卸荷周期。在装有卸荷装置的供压部分中，油泵卸荷后蓄压器可向系统补充油液的泄漏，以延长油泵的卸荷时间

保证油泵卸荷的稳定性。

（3）作为辅助液压源或者应急液压源。当液压泵发生故障或因断电停止供压时，蓄压器可作为辅助压力源，驱动某些部件工作，如刹车蓄压器可以在液压泵不工作时，为停留刹车提供压力，也可以在所有液压系统失效时，为刹车系统提供压力。

（4）储压与供压可减小压力脉动。液压泵的流量脉动和传动部件的惯性将造成液压系统的压力脉动，以致影响执行机构的运动平稳性。当液压泵流量瞬时增加时，一部分油液充入蓄压器，压缩冷气，由于蓄压器内冷气容易压缩，而且体积较大、相对压缩量较小，因此这部分油液进入蓄压器所引起的压力变化很小；当液压泵流量瞬时变小时，蓄压器可输出一部分油液，同理，这时压力变化也很小。

2）构造和工作原理

飞机液压系统中使用的蓄能器主要有以下几类：球形蓄能器、活塞式蓄能器和金属波纹管式蓄能器。

（1）球形蓄能器。主要包括气囊式蓄能器和隔膜式蓄能器。通过使用一个安装在球形蓄能器内的人造橡胶皮囊或隔膜将腔体一分为二，压力油液和预充气体各占据一个腔体。通过扣接、焊接或螺纹连接的方式将球形蓄能器的上、下两部分联结起来。它有 2 个螺纹连接口，一个用于连接液压管接头，一个用于安装充气管接头。在工作过程中，为防止油液全部排出时，皮囊或隔膜底部被压入油口而受损，在压力油液侧的进出口处设置带有许多小孔的屏网进行保护；为保证油液的流阻最小，屏网上小孔的有效面积应不小于油口相连导管有效面积的 70%；皮囊或隔膜底部上设置的刚性圆盘也是出于保护的目的。皮囊通过球形底部的大开口装入腔体并由螺纹旋塞紧固，充气管接头安装在螺纹旋塞上，如图 4-20（a）所示。隔膜由中间分开的两部分压紧，如图 4-20（b）所示。为防止球形蓄能器充压时发生侧向变形及放压时油液排不尽，球形蓄能器在飞机上安装时必须是气体腔朝上，轴线保持垂直，否则要在设计上采取相应的有效措施，防止隔膜或皮囊发生侧向变形，导致颈部外表面的拉伸变形过大而造成裂口的产生。

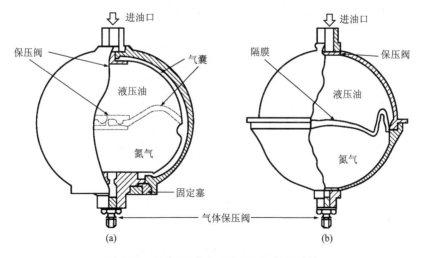

图 4-20　气囊/隔膜式（球形）蓄能器结构

（2）活塞式蓄能器。由圆筒和活塞两部分构成，端盖安装在圆筒的两端。活塞隔离油液腔和气体腔，为了防止内、外泄漏的发生，端盖和活塞上安装了密封圈用于保证密封性能。一个端盖上安装液压管接头，另一个端盖上安装充气管接头。工作时液压油进入蓄能器的液体腔，推动活塞压缩预充的气体，储存能量。当油液的压力下降，被压缩的气体推动活塞将油液排出蓄能器，输出能量。活塞式蓄能器的优点是寿命长、重量轻、安装容易、结构简单、维护方便，但是缺点是反应灵敏性差，不适于低压吸收脉动。图 4-21 为活塞式蓄能器的结构图。

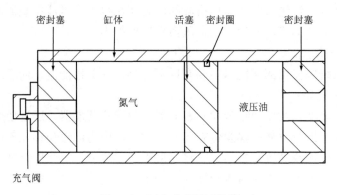

图 4-21　活塞式蓄能器结构

（3）金属波纹管式蓄能器。用金属波纹管取代蓄能器中的气囊，利用金属波纹管对压力敏感响应快的特性，来吸收回路中的压力脉动，也可以用来储能。相比于其他蓄能器，金属波纹管蓄能器的主要优点是具有较高的灵敏性、响应快，在用来吸收脉动和降低噪声时有很好的效果；其缺点是容量比较小，耐压性不如其他种类的蓄能器高。图 4-22 为金属波纹管式蓄能器的结构图。

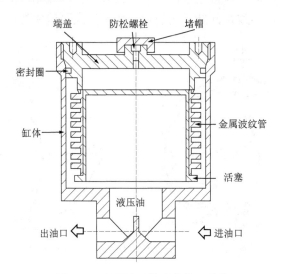

图 4-22　金属波纹管式蓄能器结构

三种航空蓄能器的优缺点比较见表 4-4。

表 4-4　三种蓄能器的优缺点比较

比较项	球形（气囊/隔膜式）蓄能器	活塞式蓄能器	金属波纹管式蓄能器
气体和液体之间的密封性	较好	稍差（特别在低温下）	较好
压力传递灵敏性	较好	较差（活塞惯性和摩擦力所致）	较好
制造工艺	不好	较好	较好
在飞机上的安装固定	相对困难	容易	相对困难
蓄能器寿命	较短	较长	较短
容积密度	较大	较小	较小

5. 散热器

液压系统在工作中，由于功率的损耗会使油液温度升高，在引气增压油箱与液压系统的连接部分，热交换器组件的进口端与发动机驱动泵和电动马达驱动泵的壳体回油管路连接，出口端与油箱连接，以对大功率高压系统中的液压油起到一定的散热降温作用。

一般正常工作温度在 30～70℃，飞机液压系统一般控制其最高温度不超过 80～120℃。当达到时就会有"油温过高"的指示灯发出警告信号。

当油温过高时，会对液压系统造成以下影响。

（1）油液黏度变小，导致系统损失增大，效率降低。

（2）油液变质，形成胶状沉淀，造成系统堵塞，摩擦增大。

（3）高温使密封圈橡胶变质损坏，密封失效。

（4）高温使零件间的配合间隙变化，导致额外的摩擦或泄漏。

系统油温过高，主要有两个方面的原因，即系统产热量增大和（或）系统散热不良。通常在大功率的高压液压系统中，需要专门的散热器组件。图 4-23（a）所示为液压散热器的油箱内部示意图，图 4-23（b）所示为液压散热器构造。而在中低压液压系统中，

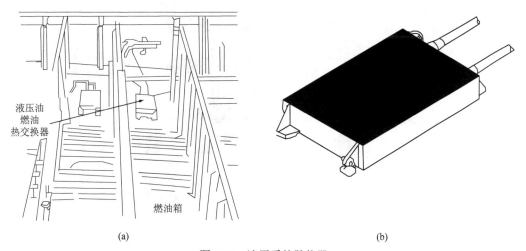

液压油
燃油
热交换器

燃油箱

　　　　(a)　　　　　　　　　　　　　　　　　　　(b)

图 4-23　液压系统散热器

一般不设置专门的液压油散热装置，因为油箱和金属管道就是很好的散热器。飞机液压散热器一般采用液冷式，利用燃油作为冷却介质，称为液压油-燃油散热器。散热器安装于燃油箱内的最底部，利用燃油作为冷却剂。液压油的回油，从散热器进口管进入，在散热器内经蛇形盘管往返流动，最后从出油口流出。为增加散热面积，散热器上焊有散热片。这种散热器的使用问题，是进出口出入油箱的密封问题。为保证散热，燃油箱内应保证有一定量的燃油。

4.3.2　液压泵的压力控制

液压泵通常由飞机上的发动机带动，只要发动机工作，液压泵就不停地工作。然而，液压系统各传动部分并不是不停地工作。在传动部分不工作的时间内，系统压力虽然可以由专门的调压装置（如安全活门）来控制，但液压泵的输出功率将由于油液流过安全活门的摩擦而转变成热能。在这种情况下，输出功率越大，油液和液压泵的温度就越高，这会给系统的工作带来许多不良后果。例如，油液的黏度变小，甚至分解变质，液压泵磨损加剧等。此外，还无益地消耗发动机的功率。因此，在传动部分不工作时，必须设法使液压泵的输出功率降到最低限度，这一措施通常称为使液压泵卸荷。

使液压泵卸荷的基本方法有两个：一个是降低流量；另一个是降低出口液压。

流量可自动调节的液压泵为可变流量泵，可变流量泵的流量随系统压力增大到一定程度时会降低到最小流量，仅供泵本身润滑散热，这时液压泵耗用功率较小，所以，这种液压泵本身就能达到卸荷的目的。流量不能自动调节的液压泵为定量泵，定量泵随系统压力的增大其流量不会自动降低。所以，装有定量泵的液压系统，都采用使液压泵的出口液压降低到最低限度的方法来卸荷。

1. 变流量泵的卸荷

图 4-24 所示为一种发动机驱动的斜盘式柱塞泵的变量机构工作示意图。变量泵按其对流量和压力特性曲线的控制情况不同，可分为恒功率变量泵、恒流量变量泵和恒压变

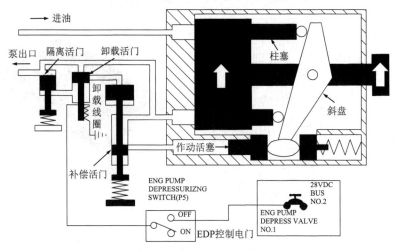

图 4-24　斜盘式柱塞泵的变量机构工作示意图

量泵。飞机液压系统中使用的变量泵多为恒压变量泵，即泵输出压力与给定值相比较，根据其差值改变供油量，从而保持泵的输出压力为给定值。

当发动机驱动泵控制电门置于 ON 的位置时，卸荷线圈断电，卸荷活门处于极上位置，补偿活门在弹簧力作用下也处于极上位置，作动活塞的左腔通回油，在弹簧力作用下推动斜盘达到最大倾角位置。随着发动机的工作，发动机转子通过附件传动齿轮箱驱动泵转子转动，油泵不断将进口液压油输送到泵出口，油泵出口压力提高。当泵出口压力升高到足以克服隔离活门弹簧力时，隔离活门打开，油泵开始向系统供压。补偿活门用于感受油泵出口压力。当油泵出口压力超过给定值（由补偿活门弹簧预紧力确定）时，液压力作用到小面积一端，补偿活门下移，油泵出口压力供到作动活塞的左腔，推动斜盘角度减小，供油量减小，从而限制油泵出口压力进一步增大。由此可见，恒压变量泵通过不断改变斜盘角度和变供油量，以保持油泵出口压力恒定。

当系统压力继续升高，达到使斜盘角度减到最小，隔离活门关闭，油泵停止向用压系统输出。此时油泵降低到最小流量，供油泵内部组件润滑和冷却的需要。这部分油液最后由油泵壳体上的油泵壳体回油管路流回到油箱。油泵的这种大压力、小流量的工作状态称为自动卸荷工作状态，此时油泵的负荷很小。

当操纵某传动部分工作而使系统压力下降时，补偿活门在其下部弹簧的作用下上移，使计量管路转而与回油管路接通。于是，斜盘角度在控制弹簧的作用下逐渐加大，油泵又向系统输出压力。

如图 4-25 所示，如果将发动机驱动泵的控制电门放在 OFF 位置，则卸荷活门的电偿活门向下移动，高压管路和计量管路接通，于是斜盘作动活塞使斜盘的角度几乎减小到 0，隔离活门关闭，油泵将停止向用压系统输出。在油泵内部仍必须有一定的压力使斜盘保持在接近于 0 的位置，以向油泵内部提供最小的供润滑和冷却用的油液流量。由于补偿活门卸荷活塞的工作面积大于补偿活门下部小活塞的工作面积，因此，补偿活门打开的压力可大大下降。油泵的这种小压力、小流量的工作状态称为人工卸荷工作状态。此时，油泵的负荷比自动卸荷工作状态还要小。

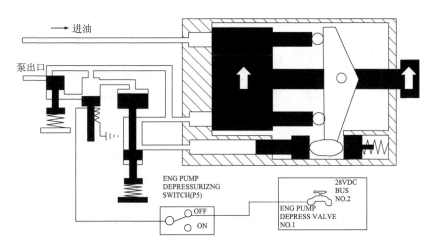

图 4-25　发动机驱动泵控制电门置于 OFF 位置的油泵状态

2. 定流量泵的卸荷

流量不能自动调节的定流量泵要在传动部分不工作时减轻负荷、减少耗用功率，就必须采用降低压力的办法来实现，常用的定量泵卸荷形式有利用开关在中立位置卸荷与利用卸荷活门自动卸荷两种。

1）利用开关在中立位置卸荷

如图 4-26 所示，要传动部分工作时，操纵开关，使液压泵出口油路与作动筒相通（图 4-26（a））。传动部分工作完毕时，把开关操纵到中立位置（图 4-26（b）），使液压泵出口油路与油箱相通。这时，油液只要克服管路中流动的阻力，泵的出口油压很小，一般只有几个大气压，这种情况称为液压泵处于"空转"状态，泵的负荷很轻，耗用功率很少，但这种卸荷形式要人工操纵，增加了飞行员的工作量。此外，这种卸荷形式不能储存一定的液压能供传动部分工作时迅速做出反应，所以传动工作的灵敏性较差。这种卸荷形式在早期的飞机上曾较广泛地采用，目前有些小型飞机上仍采用。

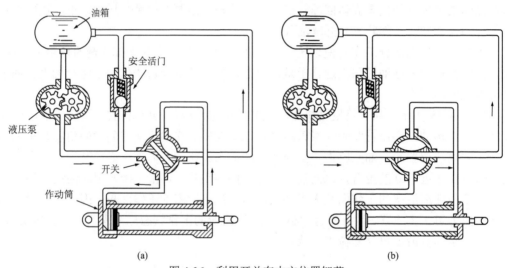

图 4-26　利用开关在中立位置卸荷

2）利用卸荷活门自动卸荷

卸荷活门也称卸荷阀，它用来使液压泵不需传动时卸除负荷。图 4-27 所示的是一种典型的卸荷活门，它由调压组（调压弹簧、柱形活塞等）和卸荷组（卸荷活塞、钢珠活门等）两部分组成，其自动卸荷的工作过程如下。

（1）充压→卸荷。

系统压力很低时，钢珠活门是关闭的，液压泵的出口油液流经单向活门通往开关、蓄压器和卸荷活门调压组的柱形活塞。调压弹簧是预压的，只有在系统压力增大到规定值时才能开始推动柱形活塞。当系统压力增大到最大工作压力时，柱形活塞底面被推到位置 a-a，高压油液即可经调压组与卸荷组之间的油路流到卸荷活塞的下面，推动卸荷活塞向上顶开钢珠活门，泵即转为"空转"。这时，卸荷活门旁的单向活门在压力差作用下迅速关闭，以保证蓄压器内储存一定的液压能。

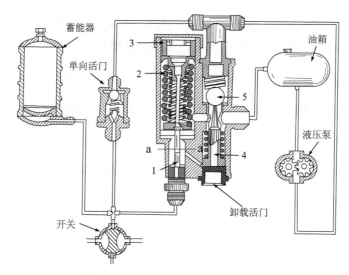

图 4-27　卸荷活门自动卸荷工作机构原理

1-柱形活塞；2-弹簧；3-作动筒；4-卸荷活塞；5-钢珠活门

（2）卸荷→充压。

传动部分工作，或者系统内部泄漏而使系统压力下降时，在调压弹簧作用下，柱形活塞向下移动，将旁边的油路堵塞，卸荷活塞不能下移，因此，钢珠活门仍保持打开，继续卸荷。当系统压力降低到规定值时，柱形活塞移到最低位置，卸荷活塞下面与回油路相通，液压迅速降低，卸荷活塞下移，钢珠活门在弹簧作用下关闭，"卸荷"状态结束，液压泵又开始向系统供油。由上述工作原理可知，这种卸荷活门从打开到关闭，系统压力有一定的变化范围，即使存在内部泄漏而使压力逐渐下降，但在蓄压器中储存了大量高压油液，故能有效地延长液压泵的卸荷时间。在整个卸荷期间，钢珠活门的开度保持不变，液压泵的空转压力比较稳定，而蓄压器储存的高压油液也可保证传动部分工作时的灵敏性。

4.4　液压传动部分的构造和工作原理

在液压系统中液压泵之后即为液压传动系统，液压传动系统包括各种液压控制阀、液压执行元件以及液压作动筒辅助装置。

4.4.1　液压控制阀

液压系统中液体流动的方向、压力以及流量的控制和调节是靠各种控制阀来完成的。控制阀的种类繁多，以致其性能和构造各有差异。按控制阀的功用不同加以分类，有方向控制阀、压力控制阀和流量控制阀三大类，以及它们的组合阀。

各种液压控制阀一般都由阀体、阀芯和操纵机构组成。操纵机构的形式很多，如手动、机动、液动、电动和电液动等。

各种控制阀的工作原理通常都是应用薄壁小孔节流原理，通过改变节流通孔的面积

（或位置）来控制流量或压力。但控制方向的节流孔一般做得比较大，使得在控制液流方向时不要影响压力和流量，则它基本上不产生节流作用。

1. 方向控制阀

液压系统的方向控制阀用来控制液流的通、断和改变方向。这类阀有单向阀和换向阀两大类。

1）单向阀

单向阀的功用是要使液流只能沿一个方向流动而不得反流，它在流动方向的阻力要小，而在反方向上必须有良好的密封性，并要求动作迅速，工作时无撞击和振动。

普通单向阀常用的有球阀式和锥阀式两种结构。图 4-28 给出一种常见的具有钢球和锥阀形式的普通单向阀（后者比前者液流阻力小且密封性好），它们都由阀芯（钢球或锥体）、弹簧、阀体等组成。当油液在"流通"方向上流过时能推开阀芯而通过，当企图反向流过时，阀芯在弹簧力和油压力作用下紧压在阀座上截断了通道。

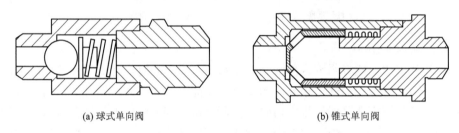

(a) 球式单向阀　　　　　　　　　　　　　　(b) 锥式单向阀

图 4-28　单向阀结构原理

球式单向阀结构简单、制造方便，但在长期使用中钢球表面与阀座接触处易磨损而出现凹痕，在钢球发生转动后，该处最容易出现渗漏而失去密封性。而锥式单向阀阻力较小，密封性好。在飞机液压系统中，单向阀常用于以下几种情况。

（1）泵的出口处，防止系统反向压力突然增高，使泵损坏，起止回作用。

（2）定量泵卸荷活门的下游，在泵卸荷时保持系统的压力。

（3）在系统的回油管路中，保持一定的回油压力，增加执行机构运动的平稳性。

2）换向阀

（1）换向阀的作用、性能要求及分类。

换向阀的作用是利用阀芯和阀体的相对运动来接通、关闭油路或变换油液通向执行元件的流动方向，从而使执行元件启动、停止或变换运动方向。换向阀的主要性能要求如下。

①油液流经换向阀时的压力损失小。

②各关闭阀口的泄漏量小。

③换向可靠，换向时平稳迅速。

换向阀按其运动形式分为转阀、滑阀和梭阀；按阀芯工作位置数分有二位、三位和多位等；按进出口通道数分有二通、三通、四通和五通等；按操纵和控制方式分有手动、机动、电动、液动和电液动等；按安装方式分有管式、板式和法兰式等。

目前飞机上常用的换向阀有电动滑阀、液动滑阀和液电阀等。电动滑阀是利用电磁铁继电器的原理直接操纵滑阀换向的，液动滑阀是利用液压推动滑阀换向，液电阀则是两者组合成的二级式滑阀，它兼有电动滑阀操纵方便、迅速以及液动滑阀流量大的优点。常用的液电阀有二位三通、二位四通和三位四通等形式（其中"位"表示工作位置数，"通"表示与外部连接的通道数）。

（2）换向阀的"位"与"通"。

换向阀的"位"是指阀芯相对于阀体停留的工作位置数，用图形符号表示即为实线方框；换向阀的"通"是指阀连接主油路的通口数，用职能符号表示。图 4-29 所示分别为二位二通、二位三通、二位四通、二位五通、三位四通和三位五通换向阀的职能符号。

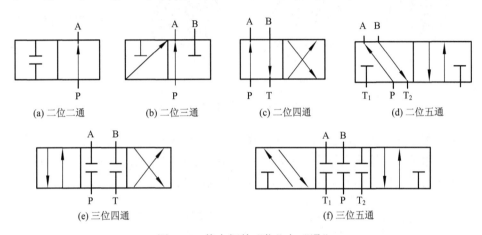

(a) 二位二通　　(b) 二位三通　　(c) 二位四通　　(d) 二位五通

(e) 三位四通　　　　　　　(f) 三位五通

图 4-29　换向阀的"位"与"通"

3）滑阀

图 4-30 所示为滑阀式电磁换向阀的换向原理及相应的图形符号图，它变换油液的流

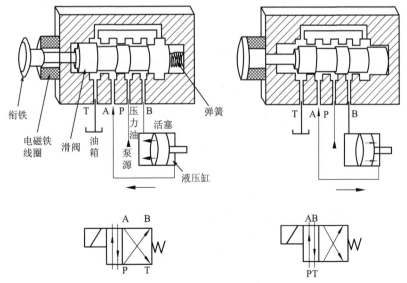

图 4-30　二位四通电磁换向阀原理图

动方向是利用阀芯相对阀体的轴向位移来实现的，换向阀变换左、右位置，即可使执行元件变换运动方向。因此阀有两个工作位置、四个通口，且阀芯靠电磁铁推力实现移动，故称为二位四通滑阀式电磁换向阀。

4）转阀

图 4-31 所示为转阀式换向阀的换向原理和图形符号图，它变换油液的流向是利用阀芯相对阀体的旋转来实现的。此阀有三个工作位置，四个通口，且为手动操纵，故称为三位四通转阀式手动换向阀。

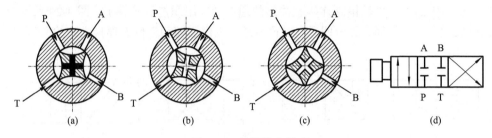

图 4-31 转阀换向原理

转阀的密封性能较差，径向力又不平衡，一般用于低压、小流量的系统中。在航空中，转阀多用于飞机液压系统中的手动阀和供地面维护使用的阀，如油箱加油阀等，也可作为选择活门使用，如起落架收放选择阀（图 4-32）。

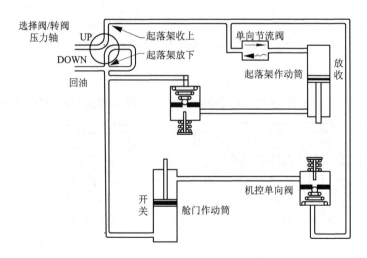

图 4-32 起落架收放控制回路

5）梭阀

梭阀是一个选择活门（图 4-33），它有两个进油口和一个出油口。正常情况下，梭阀内的阀芯被弹簧力控制在右端位置，进油口 1 和出油口相通；当进油口 1 处的压力消失或下降时，进油口 2 处的压力克服弹簧力将阀芯推到左端位置，此时进油口 2 和出油口相通。

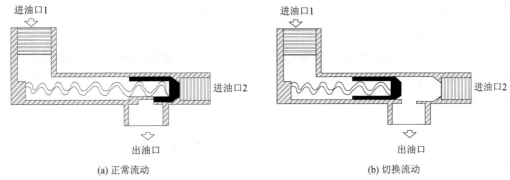

（a）正常流动　　　　　　　　　　　　（b）切换流动

图 4-33　梭阀原理图

　　梭阀在液压系统中常用于正常供油系统与备用供油系统的自动切换。例如，国产的运-7 飞机的襟翼收放系统中就有三个梭阀：一个用于正常收起和正常放下管路中传动装置松开制动器油路的装换；一个用于正常放下管路和应急放下管路中液压式马达油路的装换；一个用于正常收放管路和应急放下管路中传动装置松开制动器油路的转换。

　　2. 压力控制阀

　　压力控制阀简称压力阀，主要用于控制系统或回路的压力。其工作原理是利用作用于阀芯上的液压力与弹簧力相平衡来进行工作。根据功用不同，压力控制阀可分为溢流阀、减压阀、顺序阀和压力继电器等。

　　1）溢流阀

　　溢流阀是靠溢流作用来调节系统压力的，当系统压力超过某一定值时，溢流阀便打开，并溢出一部分压力油回到油箱，使系统压力保持在该调定的数值内。在溢流阀的调节下，被控制系统或回路的压力维持恒定，实现调压、稳压和限压的功能。对溢流阀的主要性能要求是：调压范围大、调压偏差小、工作平稳、动作灵敏、过流能力大、压力损失小以及噪声小等。

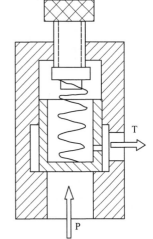

　　溢流阀根据结构和工作原理可分为直动式溢流阀和先导式溢流阀两种。

　　（1）直动式溢流阀。

　　图 4-34 所示为直动式滑阀型溢流阀的结构和图形符号图。P 为进油口，T 为出油口，压力油自 P 口作用在阀芯的

图 4-34　直动式滑阀型溢流阀

底面上。设弹簧刚度为 k，弹簧预压缩量为 x_0，则弹簧预紧力为 kx_0；阀芯底部承压面积为 A，进油压力为 p。为分析简化起见，阀芯与阀体间的摩擦力、阀芯自重和液动力忽略不计。

　　阀芯上的受力平衡方程式为

$$pA = k(x_0 + x) \tag{4.42}$$

式中，k 为弹簧刚度；x_0 为弹簧预压缩量；x 为弹簧附加压缩量；p 为进油压力；A 为

阀芯底部承压面积。因此，$p = k(x_0 + x)/A$，由于 $x \ll x_0$，x 可忽略不计，即 $p = kx_0/A \approx \text{const}$。

用调节螺钉调节弹簧的预压缩量 x_0，即可获得不同的调定压力，此压力值基本保持恒定。若溢流阀的进口压力 p 为液压泵的出口压力，那么溢流阀就起到了调定液压泵出口压力的作用。

由于这类溢流阀是利用阀芯上端弹簧直接与下端液压力相平衡来工作的，因此称为直动式溢流阀。直动式溢流阀具有结构简单，灵敏度高，成本低的优点，但压力受溢流量变化的影响较大，调压偏差大，不适于高压、大流量场合，常用于调压精度不高的场合或作安全阀使用。

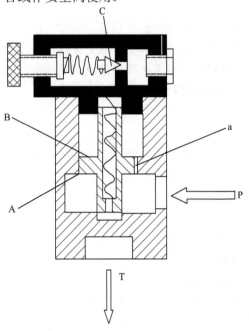

图 4-35　先导式滑阀型溢流阀

（2）先导式溢流阀。

先导式溢流阀由先导阀和主阀组成。图 4-35 所示为先导式溢流阀的工作原理和图形符号图。P 为进油口，T 为回油口，压力油自 P 口作用在主阀芯底面 A 上，同时又经阻尼孔 a 进入主阀芯上腔，作用在主阀芯上端面 B 和先导阀 C 上。

设进口压力为 p，A 腔压力为 p_A，B 腔压力为 p_B，主阀芯承压面积为 A，主阀平衡弹簧的弹簧刚度为 k，预压缩量为 x_0，附加压缩量为 x。阀芯与阀体之间的摩擦力、阀芯自重和液动力忽略不计。

主阀芯的受力平衡方程式为

$$p_A A = p_B A + k(x_0 + x) \qquad (4.43)$$

式中，p_A 为主阀芯下腔压力（$p_A = p$）；p_B 为主阀芯上腔压力；A 为主阀芯上、下承压面积；k 为平衡弹簧的弹簧刚度；x_0 为平衡弹簧的预压缩量；x 为平衡弹簧的附加压缩量。因此，$p_A = p_B + k(x_0 + x)/A$，由于 $x \ll x_0$，x 可忽略不计，故

$$p_A = p_B + \frac{kx_0}{A} \qquad (4.44)$$

又因 $p_0' = p_B$，即 p_B 基本恒定，同时平衡弹簧较软，k 很小，故

$$p = p_B + \frac{kx_0}{A} \approx \text{const} \qquad (4.45)$$

阀的开启压力与调压弹簧的预紧力和先导阀阀口面积有关（开启压力 p_0' = 调压弹簧预紧力/先导阀阀口面积）。调节调压弹簧的预紧力即可获得不同的进口压力，调压弹簧须直接与进口压力作用于先导阀上的力相平衡，因此，调压弹簧刚度较大；而平衡弹簧只用于主阀芯的复位，故平衡弹簧刚度较小。

　　先导式溢流阀压力流量特性优于直动式溢流阀，因此广泛应用于高压、大流量和调压精度要求较高的场合。但先导式溢流阀是二级阀，其灵敏度和响应速度比直动式溢流阀低一些。

　　2）减压阀

　　减压阀是利用液流流经缝隙产生压力降的原理，使得阀的出口压力低于进口压力的压力控制阀，用于要某一支路压力低于主油路压力的场合。按其控制压力可分为定值输出减压阀（出口压力为定值）、定比减压阀（进口和出口压力之比为定值）和定差减压阀（进口和出口压力之差为定值）。对定值输出减压阀的性能要求是，出口压力保持恒定，且不受进口压力和流量变化的影响。

　　图 4-36（a）所示为直动式减压阀的工作原理和图形符号。P_1 为进油口，P_2 为出油口。图 4-36（b）所示为先导式减压阀的工作原理和图形符号。与先导式溢流阀相同，先导式减压阀也是由先导阀和主阀两部分组成的。P_1 为进油口，P_2 为出油口，设进口压力为 p_1，出口压力为 p_2，由先导阀调压，主阀减压。

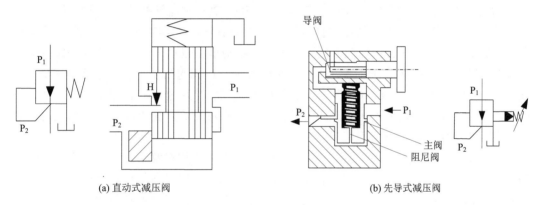

(a) 直动式减压阀　　　　　　　　　　(b) 先导式减压阀

图 4-36　减压阀

　　主阀芯的受力平衡方程式为

$$(p_2 - p_3)A = k(x_0 + x) \tag{4.46}$$

式中，p_2 为减压阀出口压力；p_3 为主阀芯上腔压力；A 为主阀芯上下端承压面积；k 为平衡弹簧的弹簧刚度；x_0 为平衡弹簧的预压缩量；x 为平衡弹簧的附加压缩量。因此，$p_2 = p_3 + k(x_0 + x)/A$，由于 $x \ll x_0$，x 可忽略不计，故

$$p_2 = p_3 + \frac{kx_0}{A} \tag{4.47}$$

　　与先导式溢流阀相同，p_3 由先导阀调定后基本不变，平衡弹簧较软，即开口大小变化时，平衡弹簧预紧力变化很小，因此 p_2 基本恒定。所以，

$$p_2 = p_3 + \frac{kx_0}{A} \approx \text{const} \tag{4.48}$$

　　此外，减压阀在系统受外界干扰影响而使进口压力 p_1 变化时，阀芯也能自动调整减压口开度使得出口压力保持恒定，因此减压阀不仅具有减压功能，还可起到稳压作用。

　　减压阀的性能主要是保持输出压力稳定，在试验中检查其性能的主要指标如下。

（1）最大压力下的压力波动。在进口为最大压力、零流量下，在规定减压范围内要求压力变化平稳，出口压力不应上下波动。

（2）进口压力变化对出口压力影响。在最大流量、最大进口压力下，逐渐降低进口压力，阀的出口压力要求不变。

（3）流量变化对出口压力的影响。在进口压力最大，出口压力最小情况下，改变流量时其出口压力变化应最小。

在飞机液压系统中用减压阀的场合是在刹车系统里，因飞机上应用的减压阀与一般机床设备中应用的要求不一样，其构造与一般机床设备中常见的有较大差别。刹车减压阀是在驾驶员按压它时才打开，才有压力油进入刹车作动筒内进行刹车。通往刹车作动筒的油压（减压阀出口压力）与按压它的操纵力的大小成正比，即驾驶员按压得厉害时减压阀输出压力大，反之则小。当驾驶员不再按压它时，刹车作动筒里的压力油要返经该阀并流回油箱，即仍要通过该阀释压。这样，它在构造上要复杂些。

图 4-37 所示为飞机刹车减压阀的工作原理图。其进口压力为 14.71MPa，出口的减压压力最大不超过 11.77MPa，最小不低于 1.77MPa。刹车减压阀的油腔 A 与液压系统压力油路相通。刹车时，驾驶员通过脚蹬将套筒 1 向右压（图 4-37（a）），使推杆 3 向右移动，盘形活门 5 压在分油活门 8 的左端面上，将刹车油腔 C 与回油腔 D 切断（原来不刹车时，刹车油腔 C 通过分油活门 8 的内孔与回油腔 D 相通）。继续向右压套筒 1 时（如图 4-37（b）），分油活门 8 向右移动，压力油便从油腔 A 经过缝隙 E 减压后进入刹车油腔 C，并通过刹车作动筒使机轮刹车。分油活门 8 在移动时，由于缓冲器 9 的限流孔 B 的作用而受到阻尼。

刹车油腔 C 内的压力油，通过分油活门 8 的内孔，作用在盘形活门 5 上，形成一个液压力。这个液压力的作用方向与弹簧 2 对盘形活门的作用方向相反。当这个液压力增大到一定值时，分油活门 8 推动盘形活门 5 一起向左移动，使缝隙 E 关闭，停止给刹车作动筒供油。也就是说，刹车油腔 C 内的刹车压力会自动保持一定值不再增加，这个值与驾驶员的脚蹬力相适应。

当驾驶员放松脚蹬，使套筒 1 向左移动一定距离时，弹簧 2 作用在盘形活门 5 上的力减小，盘形活门 5 上的作用力失去平衡，刹车油腔 C 的压力油便使盘形活门左移，套筒 6 在弹簧 7 作用下也跟着盘形活门左移，使刹车油腔 C 通过套筒 6 的节流缝隙 F 与回油腔 D 连通，并向回油路排油（如图 4-37（c））。刹车油腔 C 的压力开始降低，使盘形活门 5 在弹簧 2 作用下又向右移动，直到盘形活门 5 压在分油活门 8 的左端面上为止，刹车油腔 C 与回油腔 D 又断开，使刹车油腔 C 内的压力保持在一个新的值上。这样，当驾驶员改变脚蹬力从而改变套筒 1 的左右位置，便可改变刹车油腔 C 的刹车压力。当脚蹬完全松开使套筒 1 左移到头时，盘形活门 5 随推杆 3 在弹簧 4 和 7 作用下处于最左边位置，使刹车油腔 C 与回油腔 D 连通，刹车压力下降到零，机轮完全解除刹车。

缓冲器 9 和套筒 6 可消除刹车减压阀在工作时产生的自身振动现象。

3）顺序阀

本小节介绍的是压力顺序阀，它直接利用进口油路本身的压力来控制液压系统中各元件动作的先后顺序，即当进口压力升高到预调数值时，它才使油路接通，使后一个工

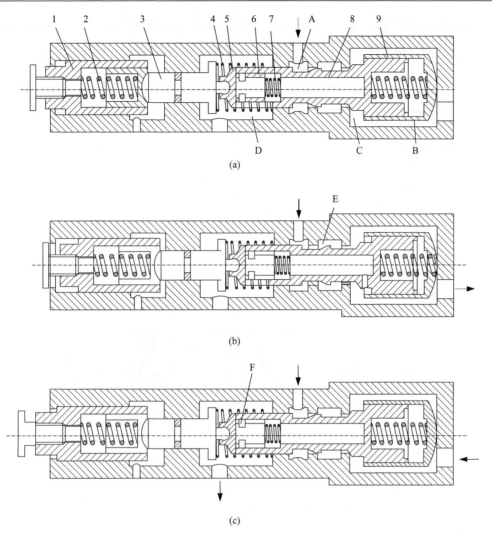

图 4-37　飞机刹车减压阀工作原理图

作机构动作。其原理图如图 4-38 所示，图 4-38（a）是结构原理图，图 4-38（b）是工作原理示意图。在进油路 A 的压力未达到顺序阀的预调压力前，阀口关闭。当进油路 A 的压力升高到预调数值时，阀芯在 C 腔受到的液压力克服弹簧力使阀芯向上移动，打开阀口，使油路 A 与油路 B 连通起来。通过弹簧可调整顺序阀的预调压力。

　　与二级式的溢流阀及减压阀一样，顺序阀也有由主阀与导阀组成的二级式结构，用以改善其工作特性。

　　飞机上类似于这种顺序阀的是各种转换活门、优先活门以及定压接通活门等。图 4-39 所示为定压接通活门。当通到进口 A 的压力低于 6.37MPa 时，阀芯 1 在弹簧 3 与 4 作用下使阀口关闭；当进口压力高于 6.37MPa 时，阀口便打开，使油液通过，从出口 C 流出。由于有小孔 B 连通大气，使定压活门只要其进口压力大于 6.37MPa 能够克服弹簧 3 和 4 的张力，便能使阀口打开。即使定压活门后面的压力上升到等于进口压力，阀口还是打开。这是因为弹簧座 2 的右端连通大气，使阀芯右边所受的液压力永远小于左边所受的液压力。这就在油路中起到顺序的作用而不影响油路压力下降。

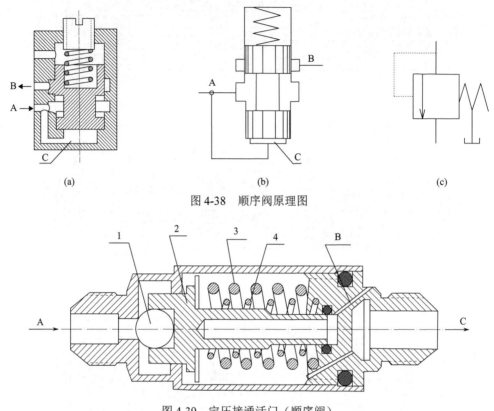

(a)　　　　　　　　　　　(b)　　　　　　　　　　　(c)

图 4-38　顺序阀原理图

图 4-39　定压接通活门（顺序阀）

4）优先活门、液压延时器和压力继电器

（1）优先活门。

优先活门也是控制工作顺序的部件，但与顺序活门的不同之处是，优先活门是依靠液压作动力打开的，而顺序活门是通过机械接触打开的。

图 4-40 所示为优先活门的工作情况。当优先活门上游的压力低于预定值时，优先活门关闭，此时优先活门下游无液压，从而使优先活门上游的液压元件优先工作。当优先活门上游的压力达到预定值时，优先活门打开，液压流过优先活门，优先活门下游的液压元件开始工作。

图 4-40（a）表示无足够的压力打开活门，没有液压油流过优先活门；图 4-40（b）表示有足够的液压压力使活门保持打开，液压油可以流过优先活门；图 4-40（c）表示回油时液压油反向流动。

（2）液压延时器。

液压延时器（简称延时阀）用于控制采用同一液压源供压，具有并联多个执行元件的动作顺序。如飞机起落架收放系统中，用于控制先打开起落架舱门后收放起落架的动作顺序。

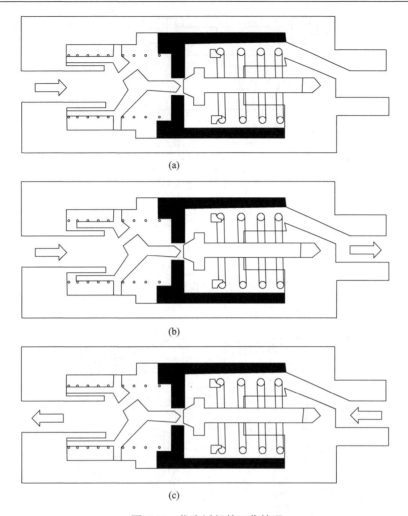

(a)

(b)

(c)

图 4-40　优先活门的工作情况

　　图 4-41 所示为采用延时阀的顺序回路。延时阀由一个节流阀 a 和一个传压筒 b 及单向节流器 c 组成。

　　当换向阀在左位时，压力油经单向节流器进入作动筒 I 的右腔使活塞伸出；与此同时压力油经过节流孔 a 进入传压筒 b 的左腔和作动筒 II 的左端。由于节流孔 a 的节流作用和传压筒右端与回油路相通，因此不能在作动筒 II 的左腔建立起所需的工作压力，只能使传压筒的自由活塞缓慢地向右移动。只有当自由活塞运动到右端极限位置时，作动筒 II 才有可能作伸出运动，从而起到延时作用。换向阀再次换向，则在作动筒作缩入运动时，传压筒自由活塞左移给作动筒 II 施加背压，同样使作动筒 II 的运动落后于作动筒 I 的动作。

　　（3）压力继电器。

　　压力继电器又称为液压电门，其用途是根据液压系统压力的变化自动接通或断开有关电路（如图 4-42 所示）。压力继电器主要由接管嘴 1、柱塞 2、顶杆 3、推杆 4 和弹簧 5 组成。在壳体上固定有微动电门 6 和插销接头 7。微动电门经插销接头与外面的电路接

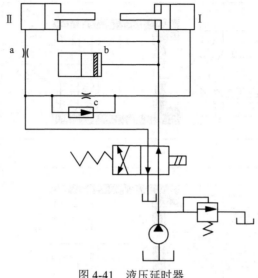

图 4-41　液压延时器

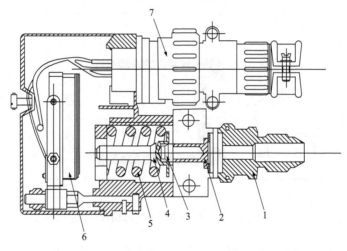

图 4-42　压力继电器

通。当输入接管嘴 1 的压力未达到压力继电器开始工作的压力时，推杆 4 在弹簧 5 作用下稍微离开微动电门 6 的按钮，此时微动电门使电路接通。当输入压力增大时，柱塞 2 克服弹簧力逐渐向左推动推杆 4，并压微动电门 6 的按钮。当压力达到规定值时，微动电门按钮被按下，其内部触点转换，使电路断开。

3. 流量控制阀

　　流量控制元件简称为流量阀。其功用是调节和控制液压系统管路中的液体流量，以调节和控制执行机构的运动速度。

　　任何流量阀的基本组成部分是能起节流作用的节流元件。当液体流经节流元件时会引起显著的压力损失，包括沿程压力损失和局部压力损失。

流量控制阀有节流阀、均流阀、定流量阀，本小节重点介绍节流阀及其工作原理。

1）节流阀

（1）节流原理。

在定量泵系统中设有两条并联油路（图 4-43（a）），在油路 I 中安装节流阀，则 I 油路中液阻受节流阀调节而变化，于是并联的 I 油路和 II 油路中流量相对大小就会变化。这样就改变了 I 油路的流量，即调节了执行机构的运动速度。可见，定量泵的流量是固定的，在 I 油路用节流阀调节流量时，必须有 II 油路的溢流阀与之并联，将多余的油从溢流阀流回油箱。这和两个并联电路中电流和电阻的相互关系类似（图 4-43（b））。

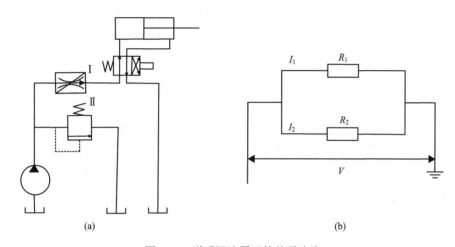

图 4-43　说明调速原理的并联油路

现代飞机液压系统中常用变量泵作为供油源，相当于图 4-43 所示系统中装溢流阀的 II 油路。故在飞机液压系统的执行机构处串联节流阀都可起到调节速度的作用。

对节流阀的要求如下。

①对于可调节流阀，要求它调速范围大，调节均匀。

②不易堵塞，特别当小流量时不易堵塞。

③油液温度变化和负载变化对流量的影响要小。

根据这些要求，薄壁小孔节流形式较为优越。另外，带压力补偿、温度补偿的节流阀比简单节流阀更能满足要求。

（2）节流阀。

图 4-44 所示为单向节流阀，其功能是保证油液在一个方向上流动时受节流作用，而在另一个方向上流动时畅通无阻。它的阀芯上开有一个节流小孔 A，当油液从左向右通过时，必须经过节流小孔 A 受到节流作用；当油液从右向左通过时，阀芯被顶开使之畅通。这种阀可以安装在飞机液压系统的起落架收放管路中，放起落架时，起节流作用，保证起落架缓慢放下；收起落架时，不起节流作用，不影响收上速度。还有一种层板式的简单节流阀，可起缓冲或限流作用。例如，将它装在压力表传感器前，可消除压力脉冲对压力表指示的影响；装在执行机构管路中，可使执行机构运动速度不会太快太猛。

这种层板阀中每个节流片上开有一个或两个直径 0.5mm 的小孔，相邻两片的小孔错开90°，而不在同一直线上。当液流通过各节流片时要经过复杂的弯曲路线，增大了节流作用。

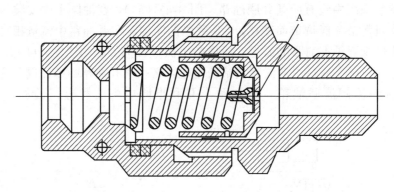

图 4-44　单向节流阀

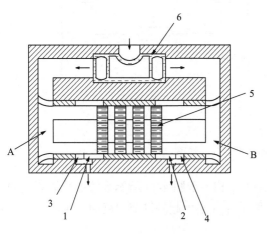

图 4-45　均流阀工作原理图

2）均流阀

均流阀又称为分流阀或等量协调活门。它可使两个同尺寸的执行机构在承受不同负载时，或两个支路上液阻不等的情况下，能获得接近相等的流量供应而实现同步。

图 4-45 所示为均流阀工作原理图。油液从上部进油口进入，经过节流器 6 上的左右节流孔，分成左右两路，分别经出油孔 1、3 和 2、4，由下部两个出油口流出。当均流阀后面左、右油路中的压力损失及外载荷相等时，流量也相等，通过均流阀左右节流孔的压力损失也相同。因此 A、B 油腔的压力相等，调节活塞 5 保持在中间位置上。此时，均流阀后面左右执行机构的运动速度是一致的。

当左边油路中压力损失或外载荷增大时，油液流量减小，左边节流孔压力损失减小。于是 A 腔压力大于 B 腔压力，推动调节活塞 5 向右移动，使左边出油孔 1 逐渐开大，右边出油孔 2 逐渐关小。这就使左边的流量增加，右边的流量减小。当两边的流量重新相等时，左右节流孔的压力损失也重新相等。使 A、B 腔压力又相等，调节活塞 5 便停止移动。

可见，当均流阀左右两出油通路中流量由于外界原因造成不等时，均流阀能使流量相等。但是，已经出现的两边执行机构行程差值则无法消除。如上所述，左边油路因出现过流量减小，行程已经落后，右边执行机构将会先到达行程终点。一旦到达终点，B腔压力将迅速上升，将调节活塞 5 推至左边极限位置。为了保证执行机构仍能跑完落后的那部分行程，均流阀中设有小孔 3 和 4，调节活塞运动到极限位置也堵不住它们。

4.4.2 液压传动执行元件

作动筒和液压马达是液压传动系统中的执行元件，是把液压能转换成机械能的能量转换装置。

液压辅助附件包括液压导管、管接头、蓄压器、液压油滤、油箱、各种传感器和测量设备等，它们都是液压系统不可缺少的组成部分。从液压系统承担的职能看，它们只起辅助性的作用，但是，它们在系统中数量多、分布广、影响大，如果这些辅助附件工作不正常，就会影响系统的性能，破坏系统的工作，甚至导致严重事故。

1. 液压作动筒（包括作动筒辅助装置）

1）作动筒的工作原理及其分类

在飞机液压系统中，作动筒广泛应用于舵面的操纵、起落架、襟翼和减速板的收放，以及发动机喷口、进气锥和燃油泵的操纵等场合。

图 4-46 所示为作动筒的工作原理。它由筒体 1、活塞 2、活塞杆 3、端盖 4、密封 5、进出管道 6 等组成。不管其结构形式如何，作动筒的基本组成大体如此。

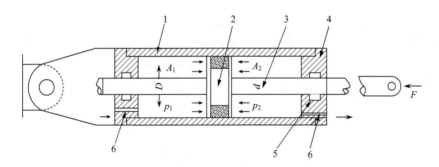

图 4-46 作动筒工作原理图

作动筒的工作原理是：当筒体固定时，若筒体左腔输入液压油，油液压力升高到足以克服外界负载时，活塞就开始向右运动；若连续不断地供给油液，则活塞以一定的速度连续运动。

由此可知，作动筒工作的物理本质在于：利用油液压力来克服负载，油液流量决定运动速度。所以，输入作动筒的油液压力和流量是作动筒的输入参数，是液压功率；作动筒的输出力和速度（或位移）是其输出参数，是机械功率。以上所述压力、流量、输出力、输出速度便是作动筒的主要性能参数。

若将活塞杆用铰链固定（筒体不固定），则向作动筒输入压力油时，筒体运动，其工作原理与上述筒体固定相同。

如图 4-47 所示，常见作动筒的基本结构形式有以下六种。

（1）单活塞单杆，单向作用型（图 4-47（a））。

（2）单活塞单杆，双向作用型（图 4-47（b））。

（3）单活塞双杆，双向作用型（图 4-47（c））。

（4）双活塞单杆，三位置作用型（图 4-47（d））。

（5）双活塞双杆，三位置作用型（图 4-47（e））。

（6）双活塞共杆，双腔双向作用型（图 4-47（f））。

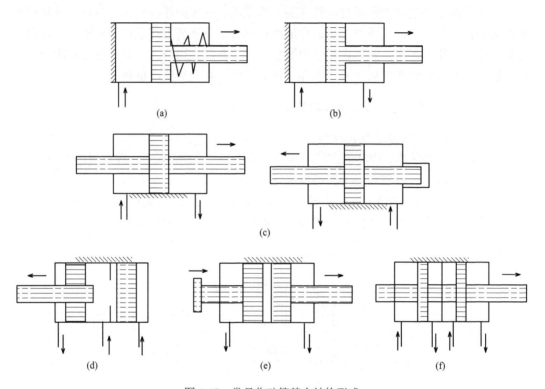

图 4-47　常见作动筒基本结构形式

2）典型作动筒结构特点

图 4-48 所示为某型飞机的主起落架收放作动筒。属于单活塞杆双作用作动筒，并带有机械锁定装置。由锥形活塞、卡环、收上来油接头、锁槽、外筒、固定杆、弹簧、放下来油接头等组成，此作动筒在结构上具有如下特点。

（1）活塞杆内腔插有固定杆，收起落架时，油液可经活塞上小孔进入活塞杆与固定杆之间的内腔，这样，既能增大活塞杆直径，又不减小收上腔的活塞有效面积。

（2）为了保证收放起落架时硬导管不会影响作动筒转动，主起落架作动筒上端采用旋转接头来连接导管。

（3）为了防止起落架意外收起，作动筒内部设有机械锁定装置（机械锁）。并在作动筒外部增设了液压锁，当机械锁失效时，液压锁还起作用，提高了可靠性。

3）机械锁定装置

在飞机液压系统中，常见的作动筒机械锁定装置有钢珠锁和卡环锁。

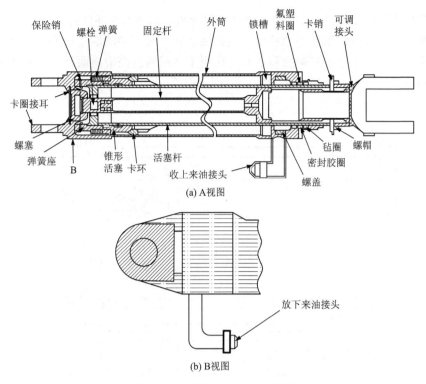

(a) A视图

(b) B视图

图 4-48　液压收放作动筒构造图

（1）钢珠锁。

图 4-49 所示，当活塞杆在液压作用下伸出，活塞上的钢珠（8～12 个）与锥形活塞接触时，推动锥形活塞右移而压缩弹簧。当活塞带着钢珠移到锁槽处时，钢珠被锥形活塞挤入锁槽，将活塞锁住。当锥形活塞在油压作用下离开钢珠时，活塞便在油压作用下向左移动，并带着钢珠脱离锁槽而开锁。

钢珠锁结构简单、工作可靠，是应用最广泛的一种机械锁。

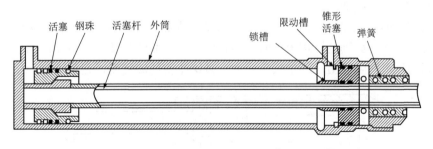

图 4-49　钢珠锁

（2）卡环锁。

如图 4-50 所示，卡环锁是一种开口的弹簧圈。其工作原理是：当活塞杆在液压作用下移到伸出位置并达到顶点时，卡环便与壳体上的锁槽重合，卡环膨胀开并卡入槽内，活塞被锁定（图4-50（a））。定位的方法是游动活塞凸部插入卡环内径里，制止卡环收缩。此时活塞杆受外载荷作用便不会移动。当收回活塞杆时，游动活塞在液压作用下向左移动并将卡环松开，卡环在其弹力和活塞杆作用下从锁槽斜面滑出而开锁（图 4-50（b））。卡环锁的特点是承力大（接触面大），受力平稳，用于承受外力较大的作动筒。

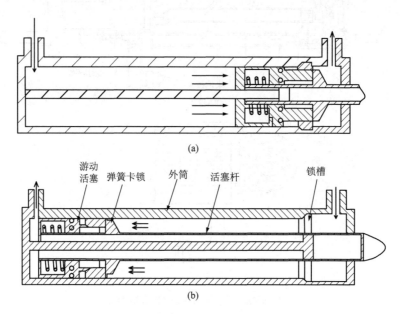

图 4-50　卡环锁

4）缓冲装置

一般的液压作动筒可不考虑缓冲装置，但当活塞运动速度很高、运动部件质量很大时，为防止活塞在行程终点处发生机械撞击，引起噪声、振动和设备损坏，必须设置缓冲装置。例如，起落架收放作动筒，就需要设置缓冲装置。缓冲装置按原理可分为缝隙节流缓冲和节流阀缓冲两类。

（1）缝隙节流缓冲。

缝隙节流的原理如图 4-51 所示。在作动筒主活塞前后各有一个直径比主活塞略小的缓冲凸台，当作动筒到达行程末端时，凸台将一部分油液封死，被封闭的油液通过凸台与缸壁间的环形间隙流出，产生液压阻力，减缓作动筒的速度，起到缓冲的作用。

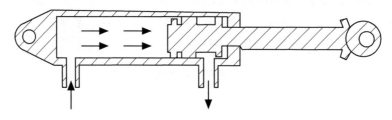

图 4-51　带缝隙节流凸台的作动筒

（2）节流阀缓冲。

节流阀缓冲装置的基本工作原理是：在作动筒行程末端安装节流阀，限制回油流量，使之产生反压力，从而减缓部件的运动速度。图 4-52 所示为带终点缓冲装置的起落架收放作动筒原理图。外筒一端的内壁上有四个小孔与接头相通，接头内有单向节流活门。

单向节流阀

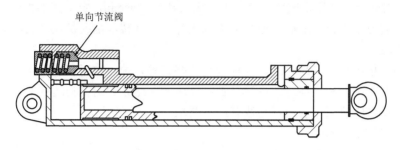

图 4-52　带单向节流阀的作动筒

当放下起落架时，活塞杆向内缩入。当活塞边缘还没有盖住外筒上的小孔时，回油通道较大，阻力较小，起落架的放下速度较大；当活塞向左移至开始盖住第一个小孔时，回油阻力开始增大，起落架放下速度开始减小。随着活塞继续向左移动，其余各小孔相继被盖住，起落架的放下速度便越来越小；四个小孔全被盖住后，活塞左边的油液只能通过单向节流活门中间的小孔流出，起落架的放下速度大大减小。因此，活塞到达终点时，不会与外筒产生较严重的撞击。

收上起落架时，空气动力和起落架本身的重量都阻碍起落架向前收上，带杆活塞的运动速度较慢，不需要缓冲。这时，高压油液从左边的接头进入，顶开单向节流活门，油液流动阻力较小，因此，无论小孔是否被活塞盖住，缓冲装置都不起缓冲作用。

5）排气装置

液压系统在安装过程或长时间停放之后会有空气渗入，由于气体存在，使执行元件产生爬行、噪声和发热等一系列不正常现象。所谓作动筒的"爬行"现象，是供油压力、空气弹性力、作动筒动摩擦和静摩擦力以及传动部件的惯性力相互作用的结果。实践证明，在飞机刹车系统中，产生刹车松软现象的主要原因是系统中混入了空气。

为消除空气对系统的影响，必须排除积留在作动筒内的空气。对单向式作动筒应装放气活门，维修后进行排气（如刹车作动筒）；而对双向式作动筒，一般不设放气嘴，在维修后进行若干次往复行程操作就可将气体排到油箱中。

2. 液压马达

液压马达在构造上与液压泵相似，只是工作原理与液压泵相反，它是将液压泵传来的液压能转化为机械能来传动部件。液压马达也有齿轮式、径向柱塞式、轴向柱塞式等构造形式。它的主要性能参数是流量、转速和扭矩（瞬时扭矩和平均扭矩）。流量的计算与液压泵相似，有理论流量和实际流量的区别。液压马达的转速与其输入流量、几何尺寸、斜盘倾角和效率有关。

柱塞式液压马达的转速可调范围很大，其实际输出扭矩的大小由其负载扭矩大小而定。

齿轮式液压马达结构简单、制造容易，但输出扭矩和转速的脉动性较大，在低速传动时泄漏大，容积效率低，所以齿轮式液压马达适用于高速小扭矩条件下工作。

轴向柱塞式液压马达具有结构紧凑、径向尺寸小、重量轻、惯性小及动态反应快（时间常数小）等优点，适用范围较广。最大转速可达 6000r/min，由于其容积效率高，因此能在很低的转速下工作，最低转速可低到每分钟只有几转，也就是说，它的调速范围很大，应用比较广泛。

液压马达按结构分有齿轮式、叶片式和柱塞式等几种；按工作特性可分为高速马达和低速马达两大类；根据马达的排量是否可以改变，可分为定量马达或变量马达。

对液压系统中所采用的液压马达有如下要求。

（1）结构简单、紧凑。

（2）密封可靠，泄漏小，要求可承受一定的工作压力。

（3）摩擦损失小，发热小，效率高。

（4）维护方便，对油中杂质不敏感。

（5）成本低，使用寿命长。

（6）输出转矩脉动小，启动转矩大，稳定工作转速低。

图 4-53 为轴向柱塞式液压马达工作原理图。高压油通过配油盘配油窗口进入柱塞底部产生液压力推动柱塞伸出。斜盘对柱塞的反作用力可分解成径向力 T 和轴向力 F。轴向力 F 与柱塞轴向液压力相平衡，而径向力 T 则产生扭矩，推动缸体克服负载并以转速 n 转动，从而完成液压能向机械能的变换。它适用于高转速、低扭矩的工作场合。

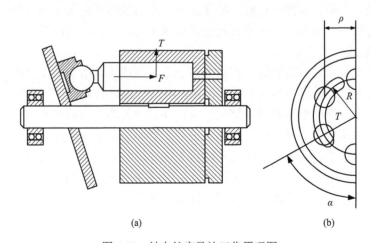

(a)   (b)

图 4-53　轴向柱塞马达工作原理图

液压泵和液压马达在原理上可以互逆。实际上有些液压泵和液压马达由于结构上的原因是不能互逆的。例如，一些轴向柱塞泵为防止因柱塞腔在高低压转换时产生压力冲击而采用非对称配油盘，以及为提高泵吸油能力使泵吸油口尺寸大于排油口尺寸。因为马达的转向是反、正转旋转，内部结构要求对称，所以这些结构的泵就不能做马达用。

4.5　电液伺服系统的组成和工作原理

目前液压传动应用十分广泛，它与机械、电气、气压传动相比，具有明显的优点，但与电信号相比，液压传递速度慢得多，在传统液压传动基础上电、液结合的电液伺服系统更具优越性。本节将对电液伺服系统的组成和工作原理进行介绍。

4.5.1　电液伺服系统概述

伺服控制也称为随动控制，是一种自动控制系统。在这种系统中执行机构能自动地跟随控制机构的输入信号而动作，同时还起到放大信号功率的作用。凡是采用液压控制元件和液压执行元件，根据液压传动原理建立起来的伺服控制系统，都称为液压伺服系统。

液压伺服系统的种类很多，可以从不同的角度进行分类。例如，按是否连续作用分类，可分为断续作用的伺服系统和连续作用的伺服系统；按调节参数的不同分类，可分为位置控制伺服系统、速度控制伺服系统、加速度控制伺服系统及负载力控制伺服系统；按其液压调节方式分类，可分为节流调节式液压伺服系统和容积调节式液压伺服系统；按其输入信号的形式分类，又可分为模拟伺服系统和数字伺服系统；按系统中信号传递介质的形式分类，又可分为机液伺服系统、气液伺服系统和电液伺服系统。

机液伺服系统在飞机的舵面操纵中使用较多，这种系统结构简单、工作可靠，而且价格低廉，能比较准确地跟随飞行员的操纵信号来控制舵面的偏转角，但与电液伺服系统相比，机液伺服系统的控制精度不够高，在长距离控制时重量较大。电液伺服系统综合了电气和液压两方面的优点，具有控制精度高、响应速度快、输出功率大、信号处理灵活、易于实现各种参量的反馈等优点。因此，在负载质量大又要求响应速度快的场合最为适合，所以电液伺服系统广泛用于航空、航天、国防和工业自动化控制系统的各个领域。

电液伺服系统也在不断地进步，其中泵控电液伺服系统，是近十年来国际液压技术界的一项重大技术创新成果。传统液压系统的速度控制一般是通过伺服阀、节流阀节流调速或伺服变量泵容积调速方式来实现的，在这种系统中，电动机的转速和方向是不可调节的。而泵控电液伺服系统是通过改变电动机的转速和方向，使定量泵的输出流量发生变化，从而改变液压执行机构的速度和方向，实现液压系统的速度和位置控制。泵控电液伺服系统采用普通异步电机+电液伺服专用泵+油泵电机伺服控制器，实现油泵电机的无级调速，使油泵的供油量与实际流量需求相一致，几乎消除溢流现象，减少甚至完全消除待机和保压时的能量消耗，以达到节能的目的。

4.5.2　电液伺服系统组成

电液伺服系统是一种反馈控制系统，主要由电信号处理装置和液压动力机构组成，典型电液伺服系统组成原件如下。

（1）指令元件。它给出一定形式和量纲的控制信号，可以是机械装置，如凸轮、连杆等，提供位移信号；也可以是电气元件，如电位计等，提供电压信号。

（2）反馈检测元件。检测被控制量，并给出系统的反馈信号。

（3）比较元件。把控制信号和反馈信号加以比较，给出偏差信号。

（4）伺服放大器。把比较元件所得的偏差信号放大并转换成电液伺服阀能接收的信号。

（5）电液伺服阀。它是电液伺服系统的核心元件，既起电气信号与液压信号间的转换作用，又起信号的放大作用。

（6）液压执行元件。通常是作直线运动的作动筒（也称油缸）或作旋转运动的液压马达，用来将液压能转变成机械能去传动负载。

（7）控制对象。如飞机的舵面及其他负载。

其中伺服放大器和电液伺服阀是核心元件，起着匹配的作用。

1. 伺服放大器

电液伺服系统中的伺服放大器接入较小的电控制功率就能工作，而它的输出端则控制着大功率工作油液的流动分配。因此伺服放大器是一种具有放大作用的、起机械与液流转换作用的液压元件，即以机械运动来控制流体动力的元件。

伺服放大器可以由单个或多个（通常两个）液压放大级组成，分别称为单级或多级伺服放大器。不同特点的液压伺服系统可以采用各种型式的单级或多级伺服放大器。

基本的液压放大元件有滑阀式、喷嘴挡板式和射流管式 3 种。其中喷嘴挡板阀一般用作多级液压放大器中的前置放大级，其他两种可作为单级液压放大器使用。

滑阀和喷嘴挡板阀都是节流式放大器，即以改变液流回路上节流孔的阻抗来进行流体动力的控制，但两者有不同形式的节流孔。射流管阀是一种分流元件，它是靠射流管偏转时，射流在两个接收孔间的分配不同来进行流体动力的控制。

1）滑阀式伺服放大器

滑阀液压放大器有圆柱形滑阀和平板形滑阀两类，圆柱形的使用较多。圆柱形滑阀是借阀芯与阀套之间的相对运动改变节流孔的面积来达到对液流的控制的。

圆柱形滑阀可从不同角度进行分类。如根据液流进入和离开滑阀的通道数目可分为二通、三通和四通滑阀；根据滑阀的工作边数目（即节流孔数目）可分为单边、双边和四边滑阀；根据阀芯的凸肩数目可分为双凸肩、三凸肩和四凸肩滑阀；根据滑阀在中间位置时的开口或重叠形式可分为零开口（零交叠量）、预开口（正开口或负交叠量）和负开口（正交叠量）的滑阀等；根据阀套上节流窗口的形状可分为环形节流窗口阀套和断续节流窗口阀套的滑阀。

图 4-54 表示四边滑阀的工作原理，阀芯在起始中立位置时 4 个节流窗口 1、2、3、4 都处于正好封闭的状态，作动筒也静止不动。当阀芯 a 向左边移动一个小位移 X_v 时，窗口 1、3 便有开口量 X_v。具有压力 P_s 的高压油液便经窗口 1 进入作动筒 b 的左腔，推动作动筒向左运动，而作动筒右腔的油经窗口 3 以压力 P_0 流回油箱。当作动筒向左移动的位移达到 X_v 时，窗口 2、3 即关闭，作动筒便停止运动。由此可知，滑阀对其输入信号 X_v 起到放大和伺服控制的作用。由图 4-54 可以看出，滑阀的阀套与作动筒壳体固连

在一起，作动筒的运动反馈到滑阀上，不断地将滑阀打开的节流窗口关小，这种作用称为负反馈。

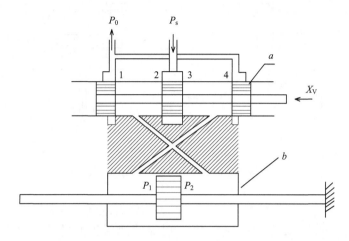

图 4-54　四边滑阀的工作原理

2）喷嘴挡板式伺服放大器

喷嘴挡板液压放大器在电液伺服系统中通常用作前置放大级。这种液压放大器有单喷嘴式和双喷嘴式两种。对于单喷嘴式放大器当供油压力改变或温度改变时，喷嘴前腔压力改变，使中立位置无输入也会有输出，这种现象称为压力零漂及温度零漂。对于双喷嘴式放大器，由于两个喷嘴是对称配置的，零漂现象大大减小，但中位漏损增大了。

图 4-55 所示为单喷嘴挡板伺服放大器的原理图。它由固定节流孔、喷嘴前腔、喷嘴与挡板组成。其中喷嘴和挡板构成可变节流孔。在系统供油压力 P_s 作用下，工作油液经固定节流孔、喷嘴前腔、喷嘴、喷嘴端面与挡板之间的间隙 δ 后排入回油腔。喷嘴前腔与负载腔（即执行机构的工作腔）相连，间隙 δ 的大小取决于挡板相对喷嘴端面的位置，而挡板随控制信号产生位移。

挡板位置改变时，可变节流孔截面积改变，通过喷嘴的油液流量将发生变化。由于前面有恒压油源及固定节流孔，因此喷嘴前腔内的压力 P_a（即通往负载的压力）将同时发生变化，从而使执行机构运动。执行机构的运动速度将取决于进入负载腔的液体流量 Q_{P_0} 用小功率操纵挡板，即可在放大器的输出端（负载腔）得到很大的工作油液流动功率 $N = P_a Q_{P_0}$，这就是喷嘴挡板放大器的简单工作原理。

双喷嘴挡板放大器比单喷嘴挡板放大器有挡板受力情况得到改善（自动静平衡）、灵敏度提高、抗干扰能力强等优点。总的来说，使用双喷嘴式（图 4-56）代替单喷嘴式的伺服系统日益增多。双喷嘴挡板放大器实际上是将两个单喷嘴挡板放大器连接成推挽形式。当挡板处于两喷嘴之间中立位置时，两喷嘴负载腔压力相等，输出差动压力 $P_P = 0$，即无输出。若挡板在中立位置时距两喷嘴的距离均为 X_{d0}，则挡板偏离中位时对每边喷嘴的最大距离可为 $2X_{d0}$，挡板偏离中位时，如向左偏移 X_d，则 $P_{\varepsilon 1}$ 增高，$P_{\varepsilon 2}$ 下降，因此有压力差 $P_P = P_{\varepsilon 1} - P_{\varepsilon 2}$ 输出，可以推动执行机构运动。

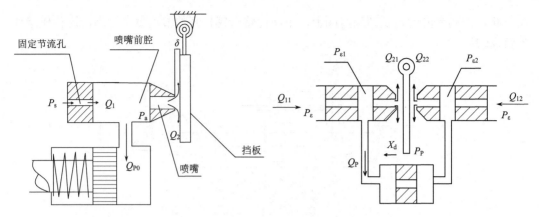

图 4-55　单喷嘴挡板放大器结构及工作原理　　　　图 4-56　双喷嘴挡板阀结构及工作原理

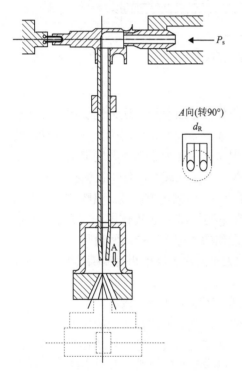

图 4-57　射流管式放大器典型结构

3）射流管式伺服放大器

射流管液压放大器是一种非节流式液压放大器，其工作原理与前两放大器有根本区别。这种放大器的性能主要靠实验测定。射流管式伺服放大器典型结构如图 4-57 所示。

上述 3 种液压放大器各有其优缺点。滑阀式节流放大器在电液伺服阀中广泛作为功率放大器使用，它与变量泵相比，具有快速性好、结构简单紧凑等优点；但与喷嘴挡板式节流放大器相比，又有一系列缺点，例如，阀芯上作用力较大，因此对控制元件的拖动力要求较大，阀芯的摩擦力不易控制，并且是重要的非线性因素来源；滑阀副制造时要求精确的配合公差，成本较高，体积、质量较大，因此惯性较大。此外，滑阀对油液的污染也较敏感。

作为前置级液压放大器，喷嘴挡板式节流放大器摩擦小、体积小、惯性小、灵敏度高、要求控制功率小、结构简单、制造要求较低，它比滑阀式节流放大器有较大的优越性，不足之处在于泄流量较大，故喷嘴挡板式节流放大器一般也只能作为前置级使用。

喷嘴挡板式节流放大器抗污染性也较差，油液内杂质冲刷喷嘴边缘，使之变钝而易引起零位漂移，不能确保性能稳定，所以对射流管液压放大器的研究一直在进展中。射流管液压放大器的计算比较复杂，变动参数较多而不易匹配，特性也不易预知，所以应用受到限制，但它不易被脏物堵塞，且压力效率和容积效率高，若得到较好的完善和发展，它可能更多地代替喷嘴挡板式节流放大器作为伺服阀的前置放大器。

表 4-5 列举了三种常用伺服放大器的工作原理、优缺点及其使用场合。

表 4-5 三种常用伺服放大器比较

比较项	双喷嘴挡板式	射流管式	滑阀式
工作原理	通过两个固定节流口和两个可变节流口组成液压全桥，按节流原理工作	按动量转换原理工作	按节流原理工作
优缺点	优点：结构简单，体积小，运动件惯性小，需要驱动力小，无摩擦，灵敏度高； 缺点：中位泄漏大，负载刚度大，输出流量小，间隙小，易堵塞，抗污染能力差	优点：喷嘴与接收器之间的间隙大，不易被污染物堵塞，抗污染能力强，效率高，可靠性高； 缺点：结构复杂，加工调试难，运动零件惯性大，射流管的引压刚度小，易振动	优点：允许位移大，线性好，输出流量大，流量增益高； 缺点：结构相对复杂，体积大，装配要求高，运动件惯量大，液压力大，要求驱动力大
使用场合	适合小信号工作，常用作两级伺服阀前置放大级	常用作两级伺服阀前置放大级	常用作两级和三级伺服阀功率放大级，还可与直线力马达连接构成直驱式电液伺服阀

2. 电液伺服阀

电子电气元件作为反馈测量元件及放大变换元件是比较理想的，液压执行装置的输出功率大，结构紧凑，作为动力元件十分合适。因而电液组合系统可以获得较高的静态和动态品质。目前普遍采用电液伺服阀来完成从电到液的中间转换功能，电液伺服阀将小功率的电信号转变为阀的运动，阀的运动又去控制通往执行机构的油液流量和压力。

根据放大器的级数分类，电液伺服阀可分为单级、两级和三级伺服阀。单级的通常以滑阀式放大器居多，它的优点是结构简单，缺点是使用流量受到限制，以及容易受到液动力的反向干扰。两级伺服阀有两级液压放大器，第一级可用滑阀、喷嘴挡板阀或射流管阀，第二级通常采用滑阀。两级伺服阀是采用最多的形式。三级伺服阀通常用在要求流量很大（200L/min 以上）的情况下，飞机上一般不采用三级伺服阀。

根据第一级的结构分类，可分为滑阀式、单喷嘴挡板阀式、双喷嘴挡板阀式和射流管阀式。

根据反馈形式分类，可分为滑阀位置反馈式、负载压力反馈式和负载流量反馈式三类。其中滑阀位置反馈式又可分为机械位置反馈式、机械力反馈式、电气反馈式、直接反馈式和位置比例式；而负载压力反馈式又可分为静压反馈式和动压反馈式。应用较多的是滑阀位置反馈伺服阀；负载压力反馈伺服阀一般在飞机上特定部位使用，如飞机刹车液压伺服系统；电反馈伺服阀的研究起步较晚，其直驱式电液伺服阀已成功应用于军用飞机。

滑阀位置反馈和负载流量反馈伺服阀，其主要控制对象都是阀的输出流量，统称为流量伺服阀。接下来以使用较多的流量伺服阀为例来说明其结构、工作和性能。

1）电液伺服阀的结构和工作原理

较多的电液伺服系统的控制对象是执行元件的运动速度或位置，也就是说，主要是控制阀的输出流量，所以流量伺服阀用得较多。流量伺服阀包括滑阀位置反馈和负载流量反馈两种。这里以位置反馈式为例说明其结构与工作。

图 4-58 所示为一种直接反馈式电液伺服阀。它的第一级为喷嘴挡板放大器，而且两个喷嘴直接安装在第二级的阀芯上，挡板连接在力矩马达的衔铁上。当控制电流通过力矩马达使挡板左移时，滑阀右端压力增加，左端压力下降，阀芯左移。此时两个喷嘴也随阀芯向左移动，使挡板又逐渐处于两个喷嘴的中点，阀芯也就停止运动，这样就保证了阀芯的位移与控制电流成比例。当控制电流反向时，阀芯也将反向运动。由于伺服阀喷嘴直接安装在阀芯上，因此阀芯的运动与挡板是一致的，反馈比为 1。这种反馈机构也称液压跟踪器。

图 4-59 所示为另一种直接位移反馈式电液伺服阀，它与前一种伺服阀的主要不同点是喷嘴不安装在阀芯上，而与阀芯有一定距离，使反馈比小于 1，这种结构能方便地实现喷嘴的调整与锁紧，同时，它避免阀芯带喷嘴导致尺寸受其影响。

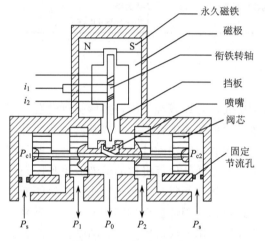

图 4-58　直接反馈式电液伺服阀

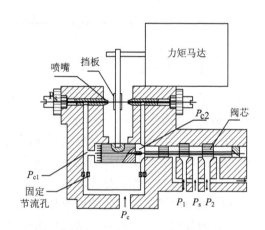

图 4-59　直接位移反馈式电液伺服阀

图 4-60 所示为压力反馈式电液伺服阀原理图。它由两个反馈喷嘴来担负负载压力反馈作用的。当有信号电流输入使滑阀动作后，在负载油路上将有负载压差 $P_f=P_1-P_2$。通过反馈喷嘴的作用，负载压力 P_f 反馈到挡板上，使挡板趋于恢复零位，从而使两个控制喷嘴压差趋于零，阀芯停止运动。

图 4-61 所示为流量反馈式电液伺服阀的工作原理图，这种阀是将负载流量通过两个流量计转换为力，此力又通过两个反馈弹簧反馈到挡板上，因此这种阀在构造上的特点是增加了两个反馈流量计和两个弹簧。

由于负载流量反馈式伺服阀中的流量计工艺要求较高，制造难度较大，所以使用较少。

2）电液伺服阀的性能和展望

电液伺服阀的第一级放大器大多采用喷嘴挡板阀，因此，具有摩擦力小、重量小、惯性小、灵敏度高等优点。

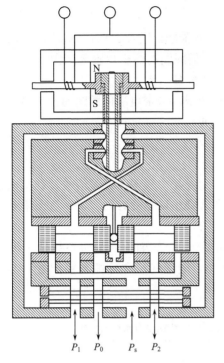

图 4-60　压力反馈式电液伺服阀

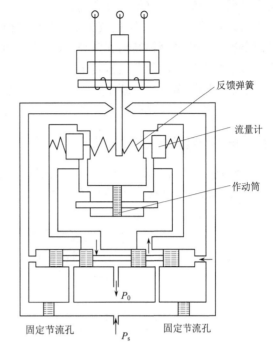

反馈弹簧

流量计

作动筒

固定节流孔　　　P_s　　　固定节流孔

P_0

P_1　P_0　P_s　P_2

图 4-61　流量反馈式电液伺服阀

　　直接反馈（位移）式和力反馈式伺服阀的静态放大器系数受其他参数的影响较小，因此伺服阀性能比较稳定，抗干扰能力较强，零位漂移小，但有些其他类型的伺服阀就不具备这些优点。负载流量反馈伺服阀特点就是较好地保持输出流量有一个恒定的稳态值，从而使液压马达能在负载干扰下有一个恒定的转速。

　　航空航天和军工等高精尖领域的发展需求极大地促进着电液伺服阀向着性能更高的方向发展。目前仅从航空航天方面对电液伺服阀的发展方向做出几点预测。

　　（1）小型化。航空航天领域电液伺服阀朝着体积小、质量轻的方向发展，如 Moog 公司 30 系列的电液伺服阀就是顺应这一趋势而研发的，这一系列伺服阀尺寸很小，质量仅为 186g，在满足要求的同时能够减轻飞机的重量。

　　（2）高可靠性。应用于航空航天领域的电液伺服阀，很重要的一个要求就是高可靠性，目前余度伺服阀是对应这一趋势而研制的，高可靠性还体现在抗污染能力上，射流管伺服阀和直驱式电液伺服阀抗污染能力强，射流管伺服阀具有失效对中和可靠性高的显著优点。

　　（3）数字化和智能化。电子技术与液压技术的深度结合是航空电液伺服阀一个发展方向。通过把电子控制装置安装于伺服阀内或改变阀的结构等方法，可以形成种类众多的数字产品。阀的性能由软件控制，可通过改变程序，方便地改变设计方案，实现数字化补偿等多种功能。

　　（4）复合材料。电液伺服阀某些关键部件如阀芯阀套、反馈杆小球、前置级弹簧管的材料是影响伺服阀寿命的重要因素。开发和研究耐磨性能更好的复合材料代替现有材料也是伺服阀的一个重要发展方向。

（5）3D 打印应用。航空液压元件要求体积小、质量轻。结合 3D 打印技术，可以生产出不规则形状的阀体结构和镂空阀芯，进一步减轻伺服阀的体积和质量，因此利用 3D 打印技术构造伺服阀复杂结构是电液伺服阀生产加工的新方向。

总之，随着新材料、新工艺、新技术的发展与应用，未来电液伺服阀的设计与制造会朝着标准化、智能化、数字化和绿色化的方向发展。

4.5.3　电液伺服系统的工作原理

电液伺服系统的基本原理是：反馈信号与输入信号相比较得出偏差信号，利用该偏差信号控制液压能源输入到系统的能量，使系统向着减小偏差的方向变化，直至偏差等于零或足够小，从而使系统的实际输出与希望值相符。

飞机上的舵面操纵是采用电液伺服系统的典型例子。舵面电液伺服系统是飞机自动驾驶仪的一个组成部分，它主要包括伺服放大器、液压舵机和反馈装置，如图 4-62 所示。

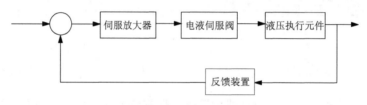

图 4-62　舵面电液伺服系统

自动驾驶仪中的伺服放大器一般都是电气式的。它通常包括信号综合和信号放大等部分，有的还包括校正网络。信号综合部分将来自敏感元件的各个控制信号和来自反馈装置的反馈信号进行综合。校正网络可以对信号进行校正以改善调节质量。放大部分先将控制信号进行电压放大，然后进行功率放大，最后输入伺服放大器，将放大后的控制信号输送到液压舵机，控制舵机工作。

液压舵机通常由电液伺服阀和液压执行元件组成。电液伺服阀按照伺服放大器传来的控制信号控制高压油液，受控制的高压油液推动作动筒中的活塞运动（有时是活塞固定，外筒运动），使作动筒输出大功率去推动飞机的舵面偏转。

反馈装置的作用是将舵机的输出电信号返回到放大器中去，以改善系统的动态品质和提高系统的精度。当反馈信号是舵机的位移信号时，称为位置反馈；当反馈信号是舵机的速度信号时，称为速度反馈。

舵面电液伺服系统除了包括上述 3 个主要部分外，还有一些辅助装置，如液压舵面配有液压源、交换放大器和反馈装置配有电源等。飞机上调节进气锥、尾喷口、雷达天线、前轮转弯等电液伺服系统的工作原理大体相同。

以上所述的电液伺服系统是节流式的，称为阀控（配油柱塞控制）伺服系统。电液伺服系统按调节方式可分节流式和容积式两种。节流式调节均采用带溢流阀的定量泵源回路，其中一部分油液流入执行机构，其余则溢流流回油箱，从流量利用的角度来看，有很大一部分油液没有做任何有效功就白白浪费掉了，因此它的效率较低，而且这部分损耗的能量转化为热能，提高了油温，常需采取冷却措施。但节流式调节结构简单、价格低廉，还具有反应速度较快等优点，所以仍有不少系统是采用节流式的。

容积式调节（泵控伺服）则靠变流量泵或变量马达来调节流量和压力，传动部分需要的流量较少或压力较小时，变流量泵能自动改变供油流量和压力，以适应传动部分的需要，因此它的功率损失小。但它的缺点是系统较复杂，成本较高，更主要的缺点是系统的动作性能很大程度上与变量泵的变量性能等有关，而且当变量泵和执行元件之间的封闭回路较长时，封闭容积较大，加上变量机构有较大的惯性，这就造成了容积式系统反应速度慢，系统的动态性能不如节流式系统好。根据上述情况，一般在功率较小的系统中，往往采用节流式调节，它的反应速度较快，虽然效率低，但因功率较小，故损失不大。大功率系统中往往不一定要求太快的反应速度，而功率损失的大小是重要问题，所以大系统采用容积式系统比较适宜。在飞机上，容积式电液伺服系统常用于大型飞机的舵面控制、某些功率较大的雷达火炮控制以及飞机交流电源恒速传动等。

飞机交流电源恒速传动装置的基本原理如图 4-63 所示，这种恒频交流电源系统具有供电质量高，系统重量轻，易于解决高速、高空飞行时供电系统发生的问题等特点，因此得到广泛的应用。为了实现恒频交流供电，必须采用恒速传动装置。因为航空发动机的转速在飞行中可能发生变化，这就会引起由发动机带动的交流发电机的供电频率变化，为了保持发电机的频率恒定，在传动系统中必须包括恒速传动装置。这种装置的核心部分即为容积式速度伺服控制系统。它由离心配置转速传感器、控制阀、作动筒斜盘调节机构、柱塞式变量泵、液压马达、游星轮复合机构等组成。

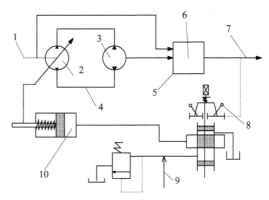

图 4-63　恒速传动装置的组成示意图

1-发动机转速输入；2-变量泵；3-液压马达；
4-稳定补偿转速；5-转速调定；6-游星轮
复合机构；7-转速输出；8-离心配重
转速传感器；9-控制系统液压源；10-作动筒

超速调节：若发动机转速加快，或发动机负载减小，使恒速传动装置的输出轴转速超过额定值，则转速传感器配重的离心力增大而甩出。为克服弹簧力，配油柱塞移动，使作动筒通回油，活塞杆缩进，变量泵斜盘倾斜角变小，液压马达的转速下降，恒速传动恢复原有平衡，配油柱塞关闭通往作动筒的油路，变量泵斜盘停在新调节好的位置上，保持恒速传动装置的输出转速等于额定值。

失速调节：若发动机转速下降，或发动机负载增大，使恒速传动装置输出轴的转速低于额定值，则转速传感器的配重离心力减小而收拢。弹簧力使配油柱塞向另一端移动，高压油液通向作动筒，将活塞杆推出，变量泵斜盘角度加大，液压马达转速上升，恒速传动装置的输出转速上升。当输出转速恰好等于额定转速时，调速器各元件重新恢复原有平衡。由于变量泵与液压马达组装一起，因此系统调节反应速度较快。

4.6　液压基本回路

现代液压系统虽然越来越复杂，但不外乎是由一些基本回路组成的。这些基本回路具有各种功用，例如执行元件速度和方向的调整变换、几个元件同时动作或先后次序的协调动作、工作压力的限制和调整、泵源的功率控制等。掌握这些最典型的、最基本的回路，是分析或设计复杂的液压系统的基础。

4.6.1　顺序控制回路

在液压传动中，多个执行元件由同一液压油源向它们提供液压油，并根据各执行元件的运动顺序进行控制，完成预定功能的回路称为顺序控制回路。如放下起落架时，要求先打开起落架的上位锁，然后才放下起落架；收起落架时，一定要在起落架收好以后再关闭护板和舱门。这就要采用顺序控制回路来解决。顺序控制回路的种类很多，下面介绍几种常见的顺序回路。

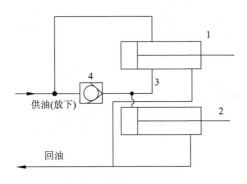

图 4-64　利用顺序作动筒的顺序回路

1. 利用顺序作动筒的顺序回路

图 4-64 所示为飞机起落架广泛使用的上位锁开锁顺序回路，以实现先开锁再放起落架。其中开锁作动筒 1 是顺序作动筒，其特点是筒体上安装有顺序管路 3；2 是起落架收放作动筒。其动作顺序为：当放起落架时，飞机液压源来油先推动开锁作动筒 1 打开上位锁，然后高压油才能通过顺序管路 3 进入起落架收放作动筒 2，将起落架放下；当收起落架时，从图示"回油"路来高压油，推动 2 和 1 一起动作（上位锁是靠弹簧复位的，不必利用开锁作动筒），2 的回油经单向阀 4 从图示"供油"路流回。

2. 利用电行程开关和电磁阀的顺序回路

图 4-65 所示为某飞机起落架收放系统的一种顺序回路，它利用电行程开关 A、B、C

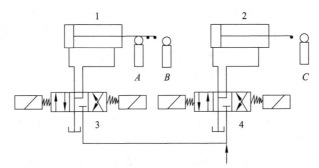

图 4-65　利用电行程开关和电磁阀的顺序回路

以及电磁阀 3 和 4，实现起落架作动筒 1 和轮舱护板作动筒 2 的顺序动作。当收起落架时，电磁阀 4 右端通电，高压油使护板作动筒 2 的活塞杆伸出，打开轮舱护板；当活塞杆运动到规定位置时与电行程开关接触，使电磁阀 3 左端通电，高压油进入作动筒 1 的有杆腔，将起落架收上。起落架到达收上位置时，电行程开关 A 被触动，使电磁阀 4 的左端通电，高压油进入作动筒 2 的有杆腔，使轮舱护板关闭。

　　起落架放下的全部顺序动作与收上时相似。如果起落架在收放过程中发生控制电源中断的情况，两个电磁阀能自动回到中位，从而避免发生错误动作。

4.6.2　速度控制回路

　　在飞机液压系统中，各机构的运动速度要求各不相同，而液压能源却是公用的，这就要采用速度控制回路来解决各个执行元件不同的速度要求。液压系统中执行元件运动的调节或变换是通过流量控制元件来实现的，以满足负载对速度变化的需求。速度调节回路包括减速回路、增速回路和同步回路。

1. 减速回路

　　对流入液压执行元件或自执行元件流出流量减小的控制由节流阀的通流截面面积的减小来实现。根据流量阀在油路中的位置的不同，可分为出路节流减速回路、进路节流减速回路、旁路节流减速回路。

　　图 4-66（a）所示为歼击机起落架收放系统中常用的一种控制流量的进路节流减速回路，在放下起落架（活塞杆伸出）的高压进路上安装节流阀和单向阀，当放起落架时单向阀关阀液压油只能经节流阀进入作动筒，使作动筒放下动作平稳。这种回路一般用于负载为"正"的场合（即负载与活塞的运动方向相反）。

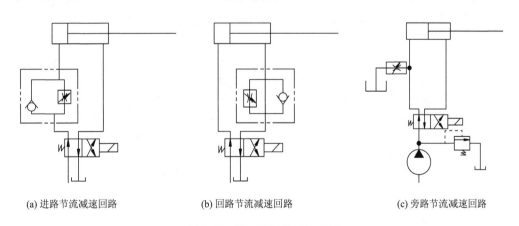

(a) 进路节流减速回路　　　　(b) 回路节流减速回路　　　　(c) 旁路节流减速回路

图 4-66　用节流阀的减速回路

　　图 4-66（b）所示为一种回路节流减速回路，节流阀和单向阀并联安装在回油路上。这种回路一般用于负载为"负"的场合或负载突然减小的场合。此回路的优点是能形成背压以承受"负"载荷，防止突进，运动较平稳，在机床液压系统中用得很多，此种回

路有一个缺点，若泵源是采用溢流阀保持给定压力时，则系统效率较低，因为泵源的功率消耗与作动筒的负载和速度无关，低载低速时系统效率低，系统发热大。

图 4-66（c）所示为一种旁路节流减速回路，将节流阀与进油路并联安装，构成旁路回油，此回路的优点是泵源的压力随负载而变，此处溢流阀起安全阀的作用，仅在超出安全压力时打开，所以系统效率较高。其缺点是速度调节范围比前述两种回路要小。

2. 增速回路

常用的增速回路有自重增速回路、用蓄压器的增速回路、双泵增速回路、变量泵增速回路和用阀切换的增速回路。

图 4-67 所示为歼击机液压传动中常采用的一种增速回路。当电磁阀接通到位置 2 时，液压泵排油通向作动筒，同时将液控单向阀打开，蓄压器也可向作动筒供油，活塞快速上升。当电磁阀处于位置 1 时，液压泵使蓄压器蓄压，而活塞靠弹簧和自重返回（下降）。当蓄压器压力达到设定值时，卸荷阀 A 使泵卸荷，而由液控单向阀保持蓄压器的压力。

3. 同步回路

在飞机液压传动中，许多场合要求几个作动筒同时动作协调同步，如左右襟翼在操纵时有一定的同步要求，否则飞行不稳定；各起落架在同时收放时也有一定的同步要求。常见的同步回路有用分流阀的同步回路、串联同步回路、并联同步回路和并联加机械固结同步回路等。

用分流阀控制两个并联液压缸同步运动回路如图 4-68 所示，其主要由液压缸分流阀、单向阀和电磁阀组成。液压缸 1、2 具有相同的结构尺寸，分流阀 3 连接在它们的进油路上。通过分流阀流入液压缸 1、2 的流量是相等的，才能实现速度同步运动的控制。

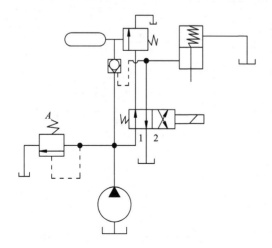

图 4-67　用蓄压器的增速回路

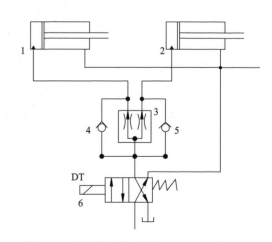

图 4-68　用分流阀控制的同步运动回路

分流阀 3 将压力油分流后分别进入液压缸 1、2 的左腔，并且进入两腔的压力油量是相等的，压力油同时推动液压缸 1、2 的活塞同步向右运动。当对电磁阀 6 通电后，压力油分别进入液压缸 1、2 的右腔，并推动液压缸 1、2 的活塞向左运动，将位于左腔的油液分别经单向阀 4、5 排回。在该回路中，节流口的开度可根据液压缸负载进行调节，保证分流阀阀芯两端的压力保持相等，阀芯处于平衡位置，流过节流阀的流量相等，保证了两缸的速度同步。该回路中流入两液压缸的流量采用分流阀实现自动调节，活塞运动同步。该回路使用方便，具有较高精度，误差为 2%～5%。

4.6.3 方向控制回路

方向控制回路又称为换向回路，用以转换液压执行元件的运动方向。例如飞机的起落架、襟翼、减速板的"收"和"放"的动作，就是用方向控制回路来完成的。在飞机液压传动中，绝大多数方向控制回路属于阀芯移动型的电动二级阀（电磁阀）回路，其中有三位四通、二位四通和二位三通等。

图 4-69 所示为某歼击机副翼助力器的切换回路，其功用是当飞机液压系统泵源发生故障时，切断液压源，并使液压助力器的作动筒两腔互通，便于人力操纵副翼或电动机构操纵副翼。图示位置为液压系统正常工作状态，当电磁阀通电换位后，便构成上述切换回路。

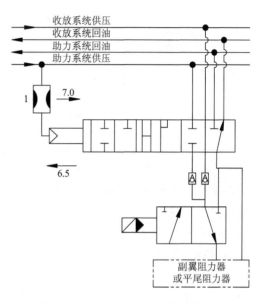

图 4-69 二位三通电磁阀的切换回路

4.6.4 压力控制回路

压力控制回路是使液压系统中某处的压力提高、减小或保持为某一定值的回路，按其用途可分为调压回路、减压回路、增压回路、消除冲击压力回路等。

图 4-70 所示为用溢流阀的双压回路，是一种调压回路，可供给同一作动筒有两种不同压力和流量的回路。图示位置是作动筒正处于被低压推动的情形，当换向阀 2 切换后，转为高压推动，低压泵则由溢流阀通油箱卸荷。当换向阀 1 切换时，控制换向阀 3 换向，作动筒运动换向。

减压回路用于泵源是高压，而局部工作部分需要低压时减压。图 4-71 所示为单路减压回路，液压泵出口压力为高压 21MPa，经过减压阀 1 进入作动筒 2，压力下降为 15MPa。单向阀的作用是在活塞 2 返回时，使回路直通油箱。

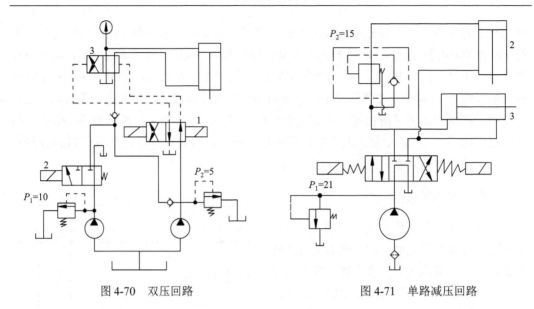

图 4-70　双压回路　　　　　　　　　图 4-71　单路减压回路

　　液压冲击是造成液压装置发生故障的重要原因之一，消除冲击压力回路可有效地解决因液压冲击造成的问题。在飞机液压系统中，常见的消除冲击压力回路有用缓冲活塞的消除冲击压力回路、用蓄压器的消除冲击压力回路和用溢流阀的消除冲击压力回路。用缓冲活塞的消除冲击压力回路的缓冲活塞结构类似增压器，在油路连接上，小活塞一端连接液压系统的压力管路，大活塞一端连液压系统的回油管路。用蓄压器的消除冲击压力回路是在液压泵的出口至换向阀的入口处安设蓄压器，以消除换向阀高速换向或瞬间返停中位时造成突然性的冲击压力，这种回路几乎所有的飞机液压系统均采用。用溢流阀的消除冲击压力回路是在作动筒的进出口管路上设置小型直接作用式溢流阀，将此阀的压力调定为高出最大工作压力的 5%～10%，可以消除活塞中途停止或换向时由于运动部分的惯性引起的剧烈冲击。

4.6.5　安全回路

　　为确保液压系统在各种工作环境下安全可靠地工作，液压系统采取了各种形式的安全措施，如设置安全阀的安全回路来防止超压，称限压回路；如设置液压安全器，防止破损管路大量油液外漏；如用液压转换活门的安全回路等。还有用热安全阀的安全回路，使被锁闭在作动筒内的油液受热膨胀而造成很大压力时，可打开阀门泄油；用单向阀的简单锁定回路，可将活塞锁定在极限位置。此外，飞机的助力液压系统也是一种确保安全的具有"多余"泵源的系统。

4.7　飞机全机液压系统及其设计要点

4.7.1　飞机液压控制典型回路

　　随着飞机的发展，液压系统的用途和控制的对象越来越多，视各类飞机的不同特点，飞机液压系统的回路一般有：起落架收放回路、襟翼收放回路、减速板收放回路、舱门收放回路、进气锥、辅助进气门、放气门和尾喷口操纵回路、燃油泵控制回路、前轮转弯和刹车操纵回路、各主操纵面和前缘襟翼操纵回路、变后掠机构操纵回路、发动机反推系统回路等。这里仅讨论几个典型工作回路。

1. 起落架收放回路

现代飞机起落架收放系统一般以液压为正常收放动力源，以液压、冷气或电力等作为备用电力源。起落架收放系统能否正常工作直接影响飞机和乘客的安全。起落架液压收放系统的功能应保证起落架的顺序控制和安全可靠，因此它的工作回路应由一些基本顺序回路和安全回路或顺序阀和安全阀组成。顺序回路保证起落架的收和放、舱门的开和关以及开锁和上锁的顺序协调。同时，起落架和舱门应在收上和放下位置紧锁。下面介绍一种由机控（协调阀控制）作动筒的起落架收放液压回路。

图 4-72 所示为一常用的协调阀控制起落架收放和起落架舱门开关顺序的典型起落架收放回路原理图。通过电液换向阀控制起落架的收上与放下。

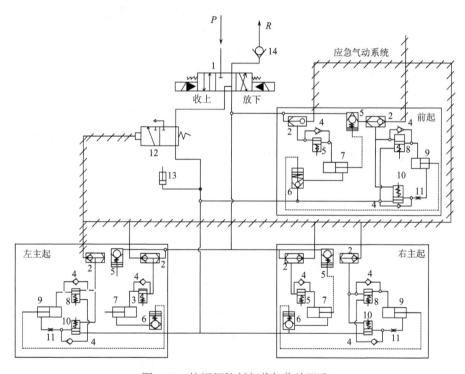

图 4-72　协调阀控制起落架收放回路

1-电液换向阀；2-应急转换阀；3-舱门锁；4-单向阀；5-放下协调阀；6-收上协调阀；7-舱门作动筒；8-起落架上位锁；9-起落架收放作动筒；10-起落架下位锁；11-限流阀；12-应急排油阀；13-自动刹车作动筒；14-单向阀

当进行起落架放下时，压力油进入舱门放下管路，打开舱门锁，再进入舱门作动筒打开舱门。舱门打开后，连动机构会压通放下协调阀，压力油进入起落架放下管路，先打开起落架上位锁（同时进入起落架下位锁使其归位准备接受起落架锁环进入），再进入起落架收放作动筒放下起落架，完全放下后，起落架下位锁锁上。

当起落架收上时，来自电液换向阀的压力油先打开起落架下位锁，再进入作动筒将起落架收起，在起落架机构压通收上协调阀后，进入舱门作动筒，关闭舱门。

起落架收上、放下过程的回油，经过电液换向阀和单向阀，回到主液压系统总回油管路。通过对限流阀的调整，可保证左、右主起落架的同步。

当起落架收放系统发生故障时，可以利用应急气动系统将起落架放下。

采用该回路时，应注意以下几个问题。

（1）可用机械锁将舱门锁在打开位置，从而可取消舱门作动筒内的滚珠锁或卡环锁。

（2）可在舱门回路或起落架回路增加液压锁，用以辅助机械锁（尤其是作动筒内部的滚珠锁或卡环锁）对舱门或起落架的锁定。

（3）应急排油阀置于起落架收上管路，这样，可保证电液换向阀卡在收上位置时，仍可进行起落架应急放下。

2. 前轮转弯系统回路

起落架的前轮转弯系统为飞机在地面机动滑行时提供方向控制，而主起落架转弯系统跟随前轮转弯系统工作，当前轮在一个方向上转动一定角度时，主轮会在相反方向上转动一个比前轮略小的角度。同时，还应考虑飞机的前轮减摆。飞机转弯系统包括输入机构、传动钢索、转弯计量活门、转弯作动筒、转弯套筒、反馈机构、减摆器拖行释压装置等重要组件。

图 4-73 为电液伺服控制前轮转弯回路原理图。该回路主要是通过位移传感器代替输入输出机构，通过转弯控制单元，进行输入和反馈信号的比较判断，检测前轮的偏转角度，用输入和反馈信号的差值控制伺服阀工作，驱动前轮转弯作动筒，保证前轮按驾驶员的指令转向。

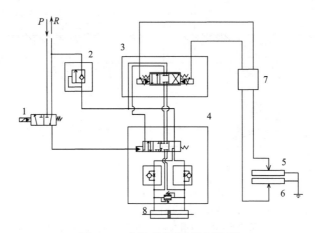

图 4-73　电液伺服前轮转弯回路

1-电液换向阀；2-回油补偿器；3-伺服阀；4-转弯减摆器；5-手轮位置传感器；6-反馈位置传感器；
7-转弯控制单元；8-转弯作动筒

为了保证飞机前轮转弯的动态过程特性，通常在最大动力操纵前轮转弯状态下，操纵速率不超过 20°/s，且在操纵输入信号与反馈信号之间相差 3～5s 时，应得到最大操纵速率，保证足够的前轮操纵响应特性。

当驾驶员切断转弯控制开关时，电液换向阀断电，转弯控制回路与回油相通，转弯减摆器的阀芯在弹簧力作用下移至最左端，使转弯作动筒的两腔通过阻尼阀相互沟通，可在飞机高速滑跑过程中，提供前轮摆振阻尼。

回路中，回油补偿器的功用是使整个转弯控制回路的回油压力提高，以防止在前轮减摆过程中，转弯作动筒由于瞬时负压而产生气穴，降低减摆能力。

该回路安装、调整、维护简单方便。如果转弯控制单元采用数字式或模拟式计算机完成控制律运算，即形成电传操纵前轮转弯控制回路。

若使用电传转弯控制，还应设置机内自检测，实现故障指示，报警与故障安全保护。

3. 襟翼收放回路

襟翼收放系统主要要求实现襟翼二位或多位操纵并保证左右襟翼收放位置同步。如图 4-74 所示是用终点电门加液压锁实现多位控制的后退式襟翼收放回路原理图。襟翼起飞着陆和收上三种状态对应于作动筒的收放位置是由终点电门控制的，左右襟翼作动筒通过均流阀来达到位置的协调，作动筒收上位置有钢珠锁锁住，中间位置靠液压锁锁住。

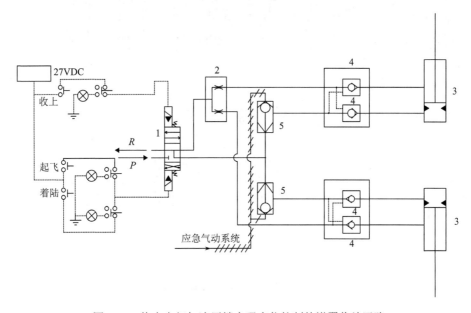

图 4-74 终点电门加液压锁实现多位控制的襟翼收放回路

飞机起飞时，驾驶员按下襟翼控制盒的"起飞"按钮，给电液换向阀 1 的放下电磁铁通电，压力油与放下管路相通，经过应急转换阀 5 和放下管路液压锁 4 进入作动筒 3 的放下腔，同时，也将收上管路液压锁 4 打开。在作动筒开锁后，作动筒伸出，襟翼放下。当襟翼到达起飞位置时，触动终点开关，电液换向阀断电回至中位。此时，作动筒收放管路的液压锁可将襟翼锁在起飞位置，起飞位置信号灯燃亮。在此过程中，作动筒的回油通过打开的液压锁和分流阀（分流集流阀）2 及电液换向阀 1，回到系统油箱，分流阀控制运动过程的同步。收上为放下的逆过程，仍是靠分流阀实现左右襟翼的同步动作。

为了保证飞机安全着陆，在该回路中采用了气动应急放下措施。

采用该襟翼收放回路时，应注意以下两点。

（1）在收、放管路上都应设置液压锁，放下管路液压锁防止襟翼在中间和放下位置时，由于气动载荷作用而自动收上，收上管路液压锁则防止襟翼在中间位置时由于重力作用而掉下。

（2）使用分流阀，必须注意流量的匹配且应该双向调节。

4.7.2　典型全机液压系统实例

1. 典型战斗机全机液压系统

图 4-75 为典型歼击机全机液压系统原理图，在飞机上装有两套相互独立的液压系统（收放系统和助力操纵系统）。

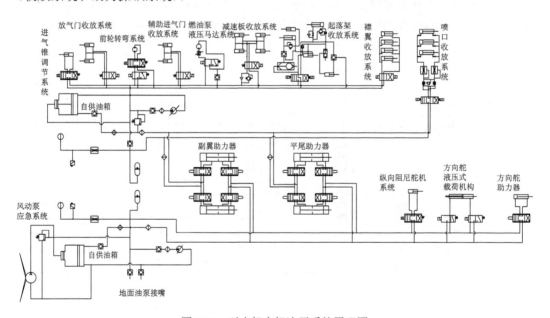

图 4-75　歼击机全机液压系统原理图

液压收放系统用于正常收放前主起落架、襟翼、减速板、进气锥、辅助进气门、放气门以及操纵发动机喷口、前轮转弯、带动燃油泵液压马达等，同时为副翼、平尾双腔助力器的一腔提供液压源。

液压助力系统用于副翼或平尾双腔助力器的另一腔、方向舵助力器、方向舵载荷机构以及纵向阻尼舵机等提供能源。

为保证助力系统工作可靠，在助力系统能源回路上并联一台应急风动泵，为助力操纵系统提供应急能源。起落架应急放下采用了高压冷气。

1）进气锥调节系统

进气锥调节系统采用了电液伺服控制的无级位置控制系统，进气锥的位置随飞行马赫数的增加自动向前伸出。

2）放气门收放系统

当飞机作超声速飞行时，如果进气道的进气量大于发动机所需进气量，打开放气门放出多余的空气，防止发生喘振。放气门收放系统由两个作动筒和一个两位四通电磁阀组成，电磁阀由锥体放气操纵系统自动控制，也可用转换开关进行人工控制。

3）辅助进气门收放系统

发动机在地面工作或处于起飞状态时，由于飞机飞行速度为零，为保证发动机所需进气量，打开辅助进气门补充进气。辅助进气门收放系统组成与放气门收放系统相似，用转换开关进行人工控制。

4）燃油泵液压马达系统

该系统由电磁阀、调速阀、叶片马达及单向阀组成。电磁阀通电，马达带动燃油泵旋转，为满足燃油泵恒速要求，在马达供油管路上装置有调速阀。电磁阀断电后马达停止转动，为防止马达反转，在回油管路上装有一个单向阀。

5）喷口操纵系统

发动机喷口操纵系统由三位四通电磁阀、双向液压锁、热安全阀、定量器、同步活门和作动筒组成。电磁阀由自动调节系统进行控制。定量器用于管路破裂时防止油液外漏，在作动筒回油时，油液可以畅通无阻地反向流过定量器。为保证三个作动筒动作同步，在作动筒进出油路上安装有同步活门，用调整各管段流动阻力的方法使三个作动筒同步动作。

6）起落架收放、襟翼收放、前轮转弯系统的工作原理已介绍，此处不再赘述。

7）副翼、平尾和方向舵助力操纵系统

副翼和平尾助力器作动筒都是双腔的，每个腔均有自己的分配机构，均由单独的泵源供压。方向舵助力器为单腔结构，仅由助力操纵系统泵源供压。

8）纵向阻尼舵机系统

纵向阻尼舵机由增稳系统进行控制，它通过复合摇臂与平尾助力器连接，这样保证了驾驶员操纵与阻尼舵机操纵的独立性。

9）方向舵液压式载荷机构

方向舵液压式载荷机构能给驾驶员脚蹬以力的感觉，其传动原理如图 4-76 所示。电磁阀 1 通电，高压油与加载作动筒细杆腔接通，粗杆腔通过电磁阀 2 与回油接通，这时载荷机构输出大梯度的作用力，用于空中飞行。电磁阀 1 与电磁阀 2 同时通电，加载作动筒两腔同时通入高压，这时两腔的液压力相互抵消一部分，载荷机构输出小梯度的作用力，用于起飞着陆。

2. 典型客机全机液压系统

这里简要介绍 B737 典型中型客机的液压系统，为确保民航客机的安全性和可靠性，它采用了包括余度控制在内的多种措施。民机载客量大、体积和重量大，飞机的系统构造复杂但又精炼，与其他类型飞机相比，民机液压系统表现出明显的特点。从图 4-77 可以看出 B737 液压系统由系统 A、系统 B 和备用系统三个独立的液压系统组成。

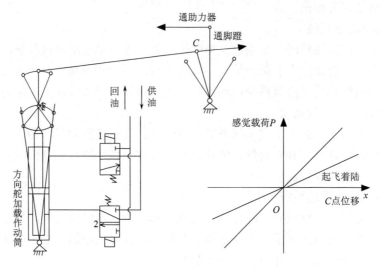

图 4-76　方向舵液压式载荷机构运动图

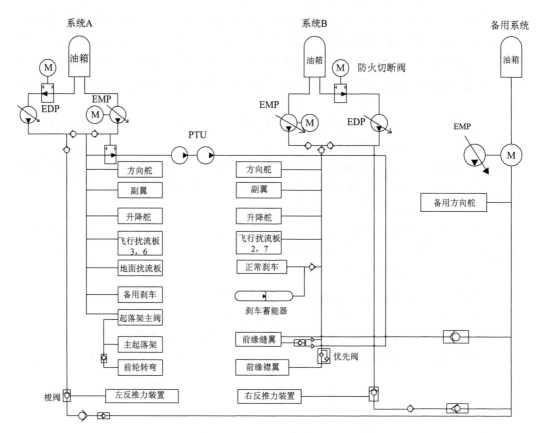

图 4-77　B737 液压系统

1）主液压系统

B737 主液压系统包括液压系统 A 和液压系统 B，两套液压系统独立工作，为飞机系统提供 3000psi 的正常液压动力。两套系统的组成几乎相同，主要由压力组件、发动机驱动泵（EDP）、电动马达驱动泵（EMDP）、增压油箱、回油滤组件、热交换器等部件组成。主液压系统 A 和 B 分别向以下系统提供压力（图 4-78）。

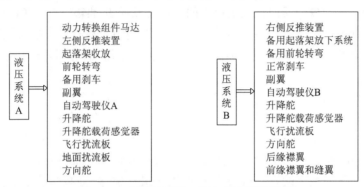

图 4-78 主液压系统 A 和 B 所供压的装置

（1）油箱增压系统。

由增压系统来的空气经限流器到达油箱增压组件（图 4-79）。增压管路上的通气装置可帮助去除空气中的污染和水分。在此组件中，空气经过单向阀和一个空气过滤器。一部分空气排出系统，但是大部分空气流经单向活门、限流器、油箱释压活门，然后流到空气压力指示器和油箱。

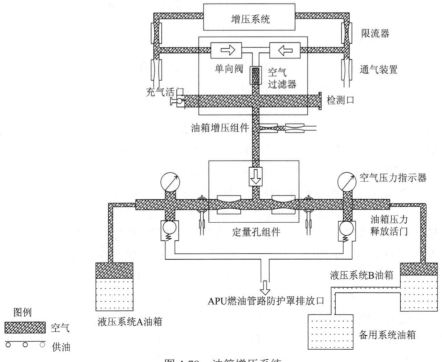

图 4-79 油箱增压系统

管路中的限流器可在系统下游出故障时防止增压管路失压，油箱释压活门可使相应的油箱释压，空气压力指示器主要显示油箱空气压力。为保护油箱，当油箱中的空气或油液压力高于 60～65psi 时，压力释压活门自动打开。从每个压力释压活门释放的压力由 APU 燃油管路防护罩排放口排出。

液压系统 A 油箱内有一发动机驱动泵立管，在油箱底部的接口为电动马达驱动泵提供油液，油箱底部的放油活门是人工操纵的。液压系统 B 油箱中有一 EDP 和 EMDP 立管，在油箱底部的接口为动力转换组件（PTU）的泵提供液压油。位于油箱底部的放油活门是人工操纵的。系统 B 油箱经加油平衡管连接到备用油箱，其压力同时给备用液压系统油箱增压。

（2）发动机驱动泵。

发动机驱动泵是一个带有电磁控制释压活门的变量压力补偿柱塞泵，主要为液压系统 A 和 B 提供压力。该泵可在正常模式和释压模式下工作，在正常模式下，油泵额定状态为在 3750r/min 转速下，压力为 2850psi 下最大流量为 37.5gal/min。

移动位于液压面板上的发动机液压泵电门到 OFF 位时，油泵内的电磁释压活门可控制 EDP 的输出压力。系统通过一个 28V 直流电路来操纵活门：当 1 号发动机液压泵（ENG 1 HYD PUMP）或 2 号发动机液压泵（ENG 2 HYD PUMP）电门处于 ON 位时，电磁释压活门未通电，允许 EDP 的输出压力到液压系统；当 1 号发动机液压泵或 2 号发动机液压泵电门处于 OFF 位时，电源由 2 号 28V 直流汇流条（对于液压系统 A EDP）或 1 号 28V 直流汇流条（对于液压系统 BEDP）给 EDP 电磁释压活门通电，将关闭该活门，切断油泵输出；当电磁释压活门处于关闭位时，油泵内的壳体回油继续流动。当拉下发动机火警电门时，EDP 供油关断活门移到关断位，切断供给 EDP 的液压油，在此条件下没有壳体回油流动。

（3）电动马达驱动泵。

电动马达驱动泵安装在位于主起落架轮舱中央的前隔框的吸震架上，主要为液压系统 A 和 B 提供压力。其主要包含如下组件：由滑油冷却的三相 115V 交流马达、离心泵、单级变量压力补偿液压泵。

液压油在进入离心泵之前先进入电动马达壳体以冷却电动马达。离心泵将油液推入单级变量压力补偿液压泵，液压泵将维持相应系统压力组件的压力供应。两个 EMDP 的额定状态是 2700psi，流量为 5.7gal/min。在 EMDP 的压力输出管上的消声器用来减弱 EMDP 的噪声和振动，金属条为油泵到飞机结构提供可靠接地。

供给液压泵的一部分油液变成壳体回油。壳体回油在它通过壳体回油管到达热交换器和油箱之前冷却并润滑油泵。在 EMDP 内部的温度电门监控 EMDP 的温度，当温度达到 235°F（113℃）或更高时，信号到达液压控制面板，并点亮该泵的超温指示灯。当温度在 185°F（85℃）和 215°F（102℃）时，温度电门复原位。

位于液压面板上的电动液压泵电门控制电动马达驱动泵（EMDP）。另有一保护电路在探测到接地失效或电流过载时，关断电动马达。当电动液压泵电门处于 ON 位时，28V 直流电给电动液压泵继电器通电，吸合三个触点，使 115V 交流电源到达 EMDP 电动马达。当电动液压泵电门处于 OFF 位时，电动液压泵继电器断电，关闭马达。电动液压泵继电器通过 EMDP 接地，其触点控制 115V 交流电源到 EMDP。

电动液压泵超温警告灯通过位于 EMDP 上的温度电门接地。当油泵温度正常时，温度电门是断开的，液压面板上的超温指示灯不接地；当油泵温度达到 235°F（113℃）时，温度电门闭合，给超温指示灯一个接地信号，这使超温指示灯点亮。当油泵温度回到正常值时，温度电门自动复位。

2）辅助液压系统

辅助液压系统向液压系统 A 和 B 提供备用压力源，由备用液压系统和液压动力转换组件（PTU）系统组成。

（1）备用液压系统。

备用系统泵源只有一个排量为 14L/min 的 EMP。当系统 A 或系统 B 出现失效情况时，备用系统泵源开启，为方向舵、前缘襟翼、缝翼、发动机反推力装置提供备用液压动力，保证飞行的安全性。

备用液压系统的核心组件包括以下 4 个。

①油箱。备用液压系统的油箱向电动马达驱动泵供应液压油，同时接收回流液压油。

②电动马达驱动泵。电动马达驱动泵有一个机械连接在液压泵上的电动马达，是备用液压系统内唯一的液压动力来源。

③备用液压系统组件。备用液压系统组件执行以下功能：清洁来自备用 EMDP 的压力油；控制压力到前缘襟翼和缝翼；控制压力到备用方向舵压力控制组件（PCU）；提供定量的压力到反推装置；监控系统压力；保护系统，防止超压。

④壳体回油滤组件。壳体回油滤组件清洁来自电动马达驱动泵的壳体回油。

（2）液压动力转换组件系统。

PTU 是一种特殊形式的液压泵，实际上是一个液压马达和泵的组合件。如图 4-80 所示为 B737 液压系统 PTU 工作原理。在工作时，利用某一个液压源系统（A 系统）的液压驱动 PTU 中的液压马达转动，液压马达带动泵转子转动，从另一个液压系统（B 系统）吸油，建立压力。液压动力转换组件系统只向前缘襟翼和缝翼提供液压压力。

图 4-80 动力转换组件工作原理

液压动力转换组件系统的核心组件包括以下几个。

①动力转换组件。由共轴的液压马达和液压泵组成，马达通过 PTU 控制活门接受来自液压系统 A 的压力，驱动马达转动。油泵接受来自液压系统 B 油箱的供油并向前缘襟翼和缝翼提供备用压力。

②PTU 压力油滤组件。清洁来自动力转换组件油泵的压力油。

③PTU 控制活门。控制液压系统 A 的压力到达动力转换组件的马达。

④EDP 自动缝翼系统压力电门。监控来自液压系统 B 发动机驱动泵的压力，并将来自该电门的信号送往 PTU 控制活门的控制电路。

4.7.3　飞机液压系统设计要点

1. 飞机液压系统的设计要求

通常根据飞机战术或使用技术要求，提出对飞机液压系统如下几个方面的要求。

1）使用要求

液压系统根据控制对象的不同特点，有传动系统和伺服系统两种类型，前者只完成一位或多位的收放动作（如起落架、襟翼和减速板的收放），它要求液压源提供的流量在外负载变化的情况下变化要小；后者要求作动部件跟随操纵指令而动作（如平尾、副翼和方向舵助力操纵、前轮转弯及雷达操纵等），它要求液压源提供恒压，而流量有较大变化。因此通常把对飞行安全影响较大的操纵部件，如助力操纵系统的能源与其他能源分开，而且要有多套能源，或采用多余度作动装置。对危及着陆安全的，如起落架收放、襟翼收放和机轮刹车等应备有应急操纵系统。此外，各作动部件应考虑动作的顺序和单独或复合动作的要求。

2）载荷要求

液压系统的载荷主要考虑作动部件的质量力和气动力。载荷随作动部件行程的变化曲线（即飞行载荷谱）是液压系统设计分析的依据。

3）工作环境要求

系统环境的温度、振动频率与振幅、冲击力度、噪声、污染和腐蚀、过载以及湿度等问题，都必须有详细了解，这些对液压系统设计都有一定影响。

4）性能要求

液压系统对作动部件的行程、运动速度、加速范围、位置误差和同步动作的时间误差等都有一定的要求，它们是液压系统设计的主要原始依据。表 4-6 和表 4-7 分别列出了各型战斗机液压系统各作动部件的收放时间和液压伺服系统各作动部件的运动速度要求。

表 4-6　液压系统各作动部件的收放时间要求

机型	收放起落架时间/s	收放襟翼时间/s	收放减速板时间/s	刹车时间/s
歼击机	7～8	2～3		
前线轰炸机	<20	6～8	2 左右	刹车 1.5
远程轰炸机	<25	20～25		松杆 1

表 4-7　液压伺服系统各作动部件的运动速度要求

机型	副翼操纵角速度/((°)/s)	平尾方向舵操纵角速度/((°)/s)
歼击机	>60～70	40～50
轰炸机	>45	20～25

5）重量和可靠性要求

飞机液压系统的重量和可靠性要求往往用它的指标给予控制。

对于重量控制指标,是将液压系统各作动装置的输出功率相加起来除以系统的总重,得出功率密度,这个值越大说明重量控制得越好。

对可靠性的控制指标可用液压系统平均故障间隔时间来表示,即用统计出液压附件 10^6 小时内可能出现的故障次数,就得到各附件的平均故障间隔时间,把各液压附件的平均故障间隔时间相加便得到全系统的平均故障间隔时间值。这个值越小,系统的可靠性就越高,对现代客机液压系统,鉴于它对飞行安全的重要功能作用,其可靠性若用故障率来控制,则要求其故障率不得大于 10^{-9}/飞行小时,只有在应用多余度的基础上才可保证如此低的液压系统故障。例如,采用不能转换到直接手动操纵的不可逆助力操纵的客机和运输机,根据飞机发动机台数不同,均有 3～4 重的余度,有了这种余度,操纵系统能够保持分系统发生两次连续故障后的工作能力。在液压分系统故障概率不超过 $5×10^{-4}$/飞行小时的条件下,可以保证三余度系统的故障概率为 10^{-9}/飞行小时。

2. 液压系统原理图设计和主要参数估算

液压系统框图用来表示液压系统的总体组成和关系,如全机液压系统分为几个分系统,各分系统操纵哪些部件和它们之间的关系,是否采用应急系统等。

液压系统原理图是其框图的进一步具体化,它用国际符号表示系统各主要组成部分、关系及其工作原理,表示实现系统各项功能所需的一些基本回路和元件。

液压系统的功率可按飞机各作动部件所能承受的最大载荷进行估算,每个作动部件其输出功率为 N（hp,1hp=745.7W）:

$$N = \frac{Pv}{75} \tag{4.49}$$

式中,P 为作用在作动部件上的最大外载荷（kg）;v 为作动装置的平均运动速度（m/s）。

再根据飞行过程中各作动部件的动作顺序求得全系统所需的最大输出功率。

在初步选定系统工作压力的条件下,可估算系统的流量 Q 为

$$Q = \frac{450 \times N}{p} \tag{4.50}$$

式中,p 为系统工作压力（kg/cm^2）;N 为系统输出功率（hp）;Q 为系统流量（L/min）。

3. 液压系统主要元件参数的确定

这里仅就执行元件和液压泵的主要参数确定作简要介绍。

（1）确定液压作动筒的有效面积 A,可根据已知液压作动筒的最大负载和已选定的系统额定压力估算,若考虑最大外负载作用下系统还能保持一定的速度（以充分发挥泵、源的效率）为前提,则估计泵源至作动筒之间供、回油管路压力损失占 20%,此时系统工作点压力在额定压力 p_e 的 0.8 处,则有

$$A = \frac{P_{\max}}{0.8 p_e} \tag{4.51}$$

式中，P_{max} 为作动筒所承受的最大外载荷；p_e 为额定压力。

（2）计算各作动装置的需要流量和油泵流量。

每一个收放作动筒的需用流量为

$$Q_i = F_i v_i = \frac{F_i L_i}{t} = \frac{V_i}{t} \tag{4.52}$$

式中，F_i 为作动筒有效面积；v_i 为作动筒平均速度；L_i 为作动筒行程；V_i 为作动筒工作腔容积；t 为收放时间。

每一工作部分需用流量为

$$Q = \sum Q_i = \frac{\sum V_i}{t} \tag{4.53}$$

对于全机液压系统应考虑在各个飞行阶段参与工作的部分不尽相同，则需分别求出各个飞行阶段系统的需用流量图（图 4-81），从而找出在整个飞行过程中液压系统所需的最大供油量 Q_{max}。

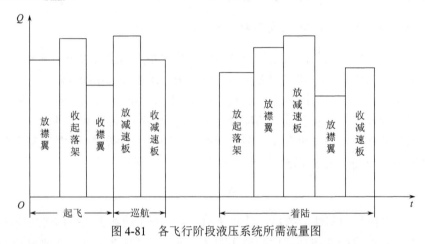

图 4-81　各飞行阶段液压系统所需流量图

此外，液压泵的供油量必须大于 Q_{max} 才能保证收放装置的性能，因为：①液压系统存在内部漏油；②系统中某些控制阀有一支流直接流回油箱；③长时间使用液压泵会使供油量下降；④液压泵供油量随发动机转速下降也会减小。

这些总流量损失为 $\sum \Delta Q$，因此液压泵供油量 Q_b 应为

$$Q_b = Q_{max} + \sum \Delta Q \tag{4.54}$$

式中，Q_{max} 为液压系统所需最大供油量。

4. 液压系统性能核算实例

【例】　某飞机主起落架收放作动筒的尺寸为：$D=7.8cm$，$d=4.4cm$，$L=47.8cm$；前起落架收放作动筒的尺寸为：$D=6.0cm$，$d=3.5cm$，$L=27.6cm$；按总体要求，起飞时起落架收起时间为 7~8s，按 7s 计算。两个襟翼收放作动筒尺寸均为：$D=4.4cm$，$d=3.0cm$，$L=50.2cm$；两块侧减速板收放作动筒尺寸为：$D=6.8cm$，$d=2.8cm$，$L=11.6cm$；下减速板收放作动筒尺寸为：$D=5.0cm$，$d=2.2cm$，$L=28.2cm$。是否合

乎总体设计要求。

解　前主起落架收放作动筒工作容积为

$$V_q = \frac{\pi}{4}(6.0^2 - 3.5^2) \times 27.6 = 517(\text{cm}^3)$$

$$V_{2h} = \frac{\pi}{4}(7.8^2 - 4.4^2) \times 47.8 = 1560(\text{cm}^3)$$

起落架收放系统作动筒总工作容积为

$$\sum V_i = V_q + 2V_{2h} = 517 + 2 \times 1560 = 3647(\text{cm}^3)$$

起落架收放系统所需流量为

$$Q_q = \frac{3.64}{7} = 0.52(\text{L/s}) = 31.2(\text{L/min})$$

襟翼作动筒放下腔的总容积为

$$V_{if} = 2 \times \frac{\pi}{4} \times 4.4^2 \times 50.2 = 1540(\text{cm}^3) = 1.54(\text{L})$$

襟翼放下时间为

$$t = \frac{1.54}{31.2} \times 60 \approx 3(\text{s})$$

在总体所要求的范围之内。

减速板三个作动筒放下腔总容积为

$$V_{jif} = \left(2 \times \frac{\pi}{4} \times 6.8^2 \times 11.6 + \frac{\pi}{4} \times 5^2 \times 28.2\right) \times \frac{1}{1000} = 13.9(\text{L})$$

减速板放下时间为

$$t_{jif} = \frac{13.9}{31.2} \times 60 \approx 2.5(\text{s})$$

在总体要求范围之内。

如果核算结果超出了总体要求的范围，就应当重新确定作动筒尺寸或在有关收放部分的管路上加装节流元件来达到总体要求。

4.7.4　液压系统的计算机辅助设计与分析

液压系统的设计主要内容：①液压系统原理图的拟定，包括执行元件类型和油路类型的确定、基本回路的选择、系统原理图的绘制等方面；②液压系统设计性能的验算与分析，主要是用以评判系统设计的质量，并加以改进和完善。液压系统的计算机辅助设计可以快速准确的处理数据，大大缩短设计周期，提高设计质量。下面介绍一种基于AMESim 软件对液压系统的设计与仿真。

1. 液压系统的设计建模

液压系统的原理图和其他元件的设计绘制，可以先将元件的图像符号和外形存入数据库,以便设计时直接调用。在 AMESim 软件中建立液压系统的模型主要包括四个步骤,分别是草图模式、子模型模式、参数模式和运行模式。

1)草图模式

根据系统的实际结构,在液压模型库中选择元件子模型构建整个系统的仿真模型。

2)子模型模式

该模式中主要是为每一个元件选择一个合适的数学模型假设,此步骤能对草图模式中搭建的模型合理性进行验证。

3)参数模式

参数模式主要是为每个元件的子模型设定所需要的特定参数,在该模式下建立的参数数据应该根据搭建的液压系统的实际参数进行设定,此项模式只需对液压系统有一定的理论基础就可以完成。

4)运行模式

运行模式是仿真结果的关键,它的合理与否可以决定仿真的真实性,用户主要在运行参数对话框中设定仿真开始、结束时间、通信间隔、最大时间步长以及误差限即可进行仿真并分析仿真结果。

2. 液压系统的仿真分析

该软件的基本步骤看似简单,但真正仿真一个实际系统使其达到预期的结果并不那么容易,对液压系统进行仿真时,不仅系统整体结构的数学模型起着决定性作用,各个元件子模型中的结构参数也同样重要,合理地设定这些参数往往比较困难。因此,设置参数、分析结果并修改参数是仿真中的重要环节。这里简要介绍一种前起落架收放系统仿真。

在 AMESim 仿真软件中选择元件模型来设计系统,系统的模型库中集成大多数标准液压元件的仿真子模型,避免了仿真者自行设计数学模型。

完成系统仿真图后,要进行实际系统元件模型的选择和参数设定,如主液压泵、主蓄能器、电磁阀、前起落架作动筒及其各自参数设定。

(1)主液压泵选择恒压泵模型,主要参数为:名义流量 12L/min,额定压力 15.2MPa,额定转速 4000r/min,机械效率 95%。

(2)主蓄能器采用忽略热交换的液压蓄能器,主要参数为:初始压力 15.2MPa,预设气体压力 11.8MPa,容积 1L,入口孔径 12mm,流量系数 0.7,临界雷诺数 2320。

(3)电磁阀采用 3 位四通电液比例阀,主要参数为:各段流道的流量 50L/min,各段流道相应的压降 0.25MPa,比例阀的自然频率 80Hz,阻尼率 0.8。

(4)前起落架作动筒选择双腔单杆液压缸模型,主要参数为:活塞直径 65mm,杆径 35mm,行程 0.554m,运动部件等效质量 2.8kg。

(5)其他部件参数可按实际情况选取。

在仿真时间 0~25s 的时间里运行系统仿真,起始 2s 主液压泵开始运转,电磁阀不打开;在第 2s 结束时,通过设置的阀门信号开启模型打开电磁阀。系统仿真的主要控制点压力流量变化如图 4-82 和图 4-83 所示。

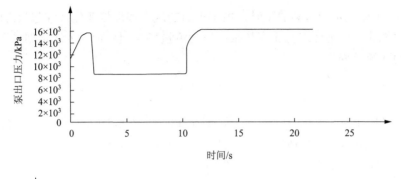

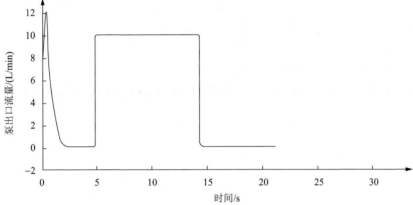

图 4-82　前起落架放下时主液压泵的出口压力和流量

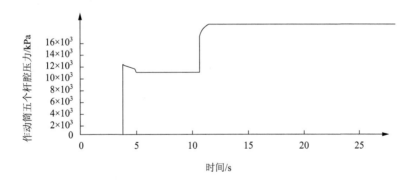

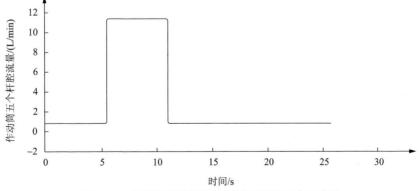

图 4-83　前起落架放下时作动筒无杆腔压力和流量

图 4-82 主要显示起落架放下时，主泵出口的压力和流量变化（收起状态略），压力和流量变化规律很好地体现恒压变量泵的压力流量特性。图 4-83 为起落架放下时作动筒无杆腔压力和流量变化。

习 题

4-1 液压传动的原理是什么？液压传动系统的负载和输出速度取决于哪两个主要参数？

4-2 液压系统由哪些部分组成？划分依据是什么？

4-3 什么是连续性方程和伯努利方程？解释其含义。

4-4 已知某液压系统管路，管末端收缩比 $A_2/A_1 = 0.5$，油液重度 $\gamma = 8500 \text{N/m}^3$，运动黏度 $\nu = 1.92 \times 10^{-5} \text{m}^2/\text{s}$（20℃），管道流量 $Q = 80 \text{L/mm}$，求该管道的压力损失。

4-5 简要解释液压冲击和气穴。如何减少液压冲击和预防气穴？

4-6 液压控制阀按其功用分为哪几大类？尝试对每一类举出一两个例子。

4-7 总结利用顺序作动筒、电行程开关和电磁阀的顺序回路各自的特点及之间的区别。

第 5 章　飞机燃油系统

5.1　飞机燃油系统方案的设计

5.1.1　飞机燃油系统的油箱配置

油箱的功用是储存燃油。飞机燃油系统的重量特性、工作寿命、可靠性、耐久性和可修复性，在许多方面取决于燃油箱的结构、位置和性能。燃油重量一般占飞机起飞重量的 30%～60%。飞机上的燃油大多存放于机翼、机身内的油箱。有时，在飞机上还有悬挂的副油箱。

在布置油箱时，首先要考虑飞机的可用容积。此外，还要考虑随着燃油的消耗，飞机重心和对称性产生的变化。特别是纵向重心的变化及对称于机身轴线布置的油箱耗油量不等。对于军用飞机，还要考虑油箱的着弹概率及防护性。把油箱布置在机翼内可以使机翼卸载，减轻结构重量，对座舱防火也有利。对于运输机，机身内要装载货物或旅客，因此主要是将燃油箱配置在机翼内。对于这种配置，有时翼型的厚度不仅要根据气动力要求进行选择，也要兼顾机翼的可用容积。从油箱的构造、重量以及燃油系统的流体力学和生存力这些方面考虑。最好是把油箱安置在机身内。在小型高速飞机，如歼击机上，由于机翼变薄，从容积上考虑也要求把一些油箱布置在机身里。

在现代喷气战斗机上，副油箱在飞机上的布置主要考虑到气动力的影响、抛掉后对飞机飞行性能的影响、重心位置的变化，以及结构上的可能安装性等。

根据飞机的类别、飞机结构的受热状况、机翼在飞行中的变形量，以及燃油箱在飞机上位置的不同，油箱所采用的基本结构有：硬油箱、软油箱、整体油箱和悬挂副油箱等。

5.1.2　飞机燃油系统的供油方案

发动机供油方案由燃油箱数量及其在飞机上的配置，以及发动机数量及其在飞机上的安装位置决定，典型的方案如下。

1）有主油箱的供油系统

飞机燃油系统的油箱根据不同的供油方式一般可分为三大类：主油箱、普通油箱和副油箱。主油箱又称为消耗油箱，是指那些直接向发动机供油的油箱；普通油箱不直接向发动机供油，而是先把燃油输到主油箱再向发动机供油；副油箱是挂在机身外可投掷的油箱。

对于机动性要求高的飞机，为保证机动飞行时的供油，主油箱将更加复杂，重量必然增大。因此为减轻燃油系统重量，主油箱的数目应尽量少，通常飞机上设置一到两个主油箱，其他为普通油箱。对民用飞机来说，油箱数量比较少，有时所有油箱都是主油箱。

如图 5-1 所示，这种系统适用于单发动机的飞机（其中，主油箱内的三个浮子阀是控制输油顺序的）。如果主油箱到发动机之间的主供油管路发生故障，例如主油箱增压泵损坏，则可开虚线圆圈内的应急供油阀，由其他油箱直接向发动机供油（同时，应关闭主油箱上方的燃油切断阀）。

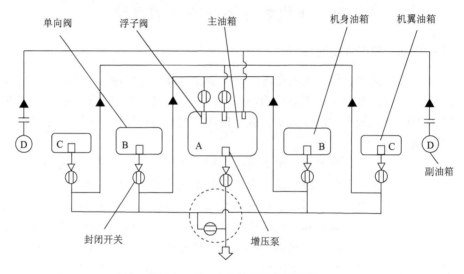

图 5-1 有一个主油箱的供油系统

2）等量供油系统

这是现代喷气式运输机经常采用的一种方案。在飞行中，它的基本供油方式是由各主油箱向各自对应的发动机供油。这种等量供油的特点是，主油箱容量比较大，因此，普通油箱数量少、传输简单；处于重心前后的油箱向发动机等量供油，耗油过程中重心变化比较小。因为重心变化小，传输简单，耗油程序只需由随机工程师手动控制，省去了一套复杂的自动控制系统。

5.1.3 飞机燃油系统的供油动力

按照供油动力的不同，供油系统可分为泵供油、压力供油和重力供油。

泵供油是常采用的方式，其中最常用的是交流电动离心泵，在燃油消耗量很大的飞机上，也有采用空气涡轮或者液动涡轮驱动的离心泵。由于涡轮的外廓尺寸小，因此涡轮泵也用于结构高度小的机翼油箱内。此外，由于涡轮泵不需要铺设动力电缆，从而减小了系统的火灾危险。在有些飞机上，采用了由飞机液压系统的液压马达带动离心泵的供油系统，这比电动泵要轻些，而且还可合理利用飞机液压系统的储备功率。近年来，喷射泵也在供油系统中得到了越来越多的应用，主要用于抽吸普通油箱中的燃油而不是向发动机直接供油。

为了提高系统工作的可靠性，一般在油箱中安装两台泵，它们或者并联工作，或者分为主辅，辅泵在主泵发生故障时自动投入工作。有些系统中，主泵和辅泵由相互独立的动力源驱动（如电或压缩气体）。

　　压力供油就是用发动机压气机引出的压缩气体或冲压气体，将燃油从油箱中压出，如可投掷的副油箱就基本上是采用这种方式。

　　重力供油就是燃油借助重力自流来实现向发动机供油，一般用于具有高度优势的油箱上，其特点是结构简单，一些轻小型飞机上也常采用这种方法供油。

5.1.4　飞机燃油系统的输油路线

　　对于有普通油箱（副油箱类似）的燃油系统，普通油箱在向主油箱输油时，有各种连通方式，它们可以分为集流式和分散式两大类。集流式是各普通油箱内的燃油先汇入一条输油总管，然后再输往主油箱。分散式方案则是各普通油箱单独向主油箱输油。

　　图 5-2 所示为双发动机分散式输油方案的三种连接方式。其中：

　　（1）图 5-2（a）的特点是一个普通油箱只向一个主油箱输油，称为直接输油的分散式方案。它的缺点是：每个普通油箱对主油箱只有一个输油出口，一旦它损坏，将无法出油。而且，由于主油箱内的油来自不同的油箱，进入两台发动机的燃油温度也可能不同。

　　（2）图 5-2（b）的特点是一个普通油箱同时都有两套输油管路，而且接通了两个主油箱。因此，输油的可靠性提高了。当一个主油箱发生故障时，可通过供油系统的交叉供油功能实现对两台发动机的供油，而所有普通油箱内的燃油仍可通过第二个主油箱输出。另外，由于一个普通油箱同时可向两台发动机供油，耗油率提高一倍。这对于尽快用完高温区的燃油是有利的。协和式飞机就是采用这种输油方式。这种方案的缺点是：结构元件的数量多、重量大。

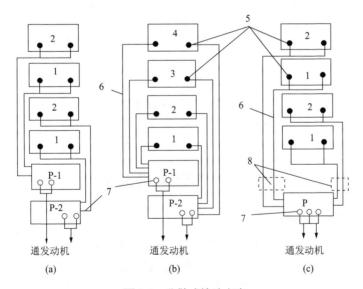

图 5-2　分散式输油方案

1～4-普通油箱；5-输油泵；6-输油管路；7-增压泵；8-比例器；P、P-1、P-2-主油箱

（3）图 5-2（c）的特点是所有燃油均进入一个主油箱。它的优点是：对于超声速飞机，从不同油箱里来的燃油得到混合，主油箱内的燃油温度比较低，两台发动机的进油一致。同时，由于混合后的油温比较稳定，供油系统中安装的燃油散热器（靠燃油带走热量）能均匀地工作。主油箱个数少、重量轻。它的缺点是：必须使用比例器，使各油箱成比例耗油。

分散式输油方案的共同优点是：各普通油箱之间没有直接的管路连接，因此，某一输油管路发生故障，不影响其他部分正常工作。它们的共同缺点是：输油管路多，结构重量大（包括导管中剩余燃油也可能多），操纵复杂，有大量的控制机构和检测元件。

图 5-3 所示为双发飞机集流式输油方案的三种连接方式。与图 5-2 比较可知，集流式主要就是在分散式方案中加入总管。同时，为了防止燃油通过总管在各油箱间串流，每个油箱出口都装了单向阀。三种具体集流式方案之间的优劣与分散式类似。它们的共同优点是：结构重量比分散式有较大减轻，系统的操纵和控制比较简单。它们的共同缺点是：输油总管中的单向活门发生故障时，各油箱之间可能串油，影响正常输油。

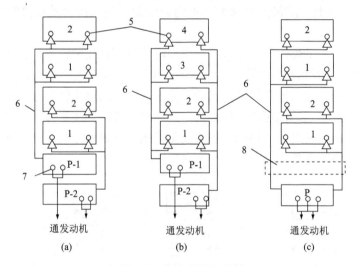

图 5-3 集流式输油方案

1～4-普通油箱；5-输油泵；6-输油管路；7-增压泵；8-比例器；P、P-1、P-2-主油箱

5.2 飞机燃油箱惰化

5.2.1 燃油箱惰化的定义和作用

飞机作为一种快速、便捷的交通工具，在生活中越来越普遍地应用于人们的出行和货物运输，同时军用飞机作为国家重要的战略武器装备，在保卫国家安全方面承担着不可或缺的作用，飞机的研发制造水平体现了一个国家的综合实力和工业发展水平。飞行安全事故发生时，会导致机毁人亡的惨剧，造成生命财产的损失，其中飞机油箱燃烧爆炸是飞机失事的主要原因之一。美国联邦航空管理局（FAA）对过去飞机失事原因调查

结果表明，中央翼热油箱的事故率为每飞行 6000 万小时发生一起飞行事故，尤其是随着现代飞机电子设备增多，热负荷增大，利用燃油作为环控系统热沉，导致其温度升高，进一步增大了燃油的点烧风险。

研究表明，越南战争期间，美国空军数千架飞机坠毁的主要原因是地面小型防空武器袭击造成飞机油箱燃烧爆炸。美国航空规章制定咨询委员会对近四十年的民用运输飞机事故调查表明，其中十六起飞行事故主要是由燃油箱失火爆炸引起的。1996 年环球航空 TWA800 号航班起飞后，中央翼油箱由于线路破损产生电火花而点燃油箱可燃蒸气，导致飞机油箱爆炸，机上 230 人全部罹难，飞机爆炸后残骸如图 5-4 所示；2009 年 11 月 28 日，津巴布韦 AVIENT 航空公司 MD-11 型飞机在中国上海浦东机场起飞过程中燃油泄漏导致油箱起火，如图 5-5 所示，造成机上 3 人死亡，4 人重伤。因此，FAA 相继颁布了一系列适航条例，旨在消除飞机燃油箱的外部点火源，并且相继开展了降低或消除飞机油箱可燃性的理论与实验研究。

图 5-4　环球航空 TWA800 号班机爆炸残骸　　　　图 5-5　B747 燃油箱爆炸事故

油箱内发生燃烧爆炸的三要素有可燃物（燃油及燃油蒸气）、点火源、助燃物（氧气），在飞机油箱中燃油和燃油蒸气时刻存在，常见的点火源如雷电、静电、线路电火花、炮弹袭击等也不可完全避免。研究表明，气相空间氧气浓度高于燃油燃烧所需最低极限氧气浓度（limiting oxygen concentration, LOC）时，当存在外部点火源，油箱极易发生燃油爆炸，通常对于民用飞机 LOC 设置为 12%，军机设置为 9%。因此采用一定方法主动降低油箱气相空间氧气浓度，使其低于燃油燃烧所需 LOC，在整个飞行过程中保持低于支持燃油燃烧所需要的氧浓度水平，称为油箱惰化技术。FAA 关于飞机油箱可燃性的理论和实验研究表明，油箱惰化技术是一种实时有效地降低油箱气相空间氧气浓度，减少燃烧爆炸事故的方法。

油箱惰化技术始于 20 世纪 60 年代，美国军方为保证战机在遭受 23mm 航空炮弹袭击时油箱不发生火灾，采用携带液氮或 Halon 气体等方式，降低气相空间氧气浓度，达到保护飞机安全的目的。随着飞机油箱惰化技术的深入研究与发展，机载制氮惰化系统已广泛地应用于商用运输飞行如 B747、B767、B777、A-300、A-320 以及欧美现役军用飞机如 F-22，AH-64 武装直升机等机型。我国从 21 世纪初才开始进行飞机油箱惰化系统的研究与开发，通过国外技术引进与自主研发相结合的方式将其应用于国产飞机如天马公务机、大型军用运输机 Y-20、军用无人机、大飞机 C-919、第五代制空战斗机 J-20 等。

5.2.2　燃油箱惰化技术分类

应用于飞机燃油箱惰化方法很多，但总的说来，可分为两大类：一类是被动式惰化措施，即在油箱内填充防爆材料，如填充网状聚氨酯泡沫材料（抑爆泡沫）或铝箔网；另一类是主动式惰化措施，即通过携带的惰化气体来控制油箱上部空间的氧浓度，以实现防火抑爆的目的。经过近 60 年的发展，飞机燃油箱惰化技术经历了从无到有，从低能到高效的发展阶段。

1. 网状抑爆泡沫惰化技术

1）网状铝合金填充材料

网状铝合金填充材料主要由不规则的六角形网眼结构组成，是由轻薄铝片经过切缝和拉伸形成网格状，并通过折叠或盘绕形成三维网状体，结构如图 5-6 所示，网状铝合金材料具有较大的比表面积和极好的导热性。

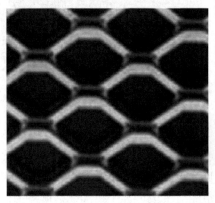

图 5-6　网状铝合金填充材料

金属填充材料防火抑爆机理可分为物理和化学两种，其中物理机理包含火焰受阻效应和热传导效应，化学机理包括器壁效应和降温效应。当火焰在网状填充物间传播时，由于网状铝合金孔隙小，阻碍了火焰的传播直至火焰熄灭。在燃烧反应中，铝合金材料由于器壁效应吸附了燃烧反应中的自由基，使单位体积内参与燃烧反应自由基数量减少，降低了燃烧反应速率，直至反应中断。正是在以上物理和化学双重抑制机制的作用下，达到了油箱内防火抑爆的目的。

网状金属铝合金填充材料具有寿命长、无污染、导热性能好、防火抑爆效率高等优点，但同时铝合金材料质量较大，占据一部分油箱体积，增加了飞机代偿损失。

2）网状聚氨酯填充材料

网状聚氨酯泡沫是一种低密度，具有软质开孔的泡沫材料，通常呈五边形十二面体立体骨架结构，如图 5-7 所示。网状聚氨酯泡沫具有高度的柔软性、可塑性，较大的抗拉和撕裂强度，孔隙率可高达 97%以上，使其具有表面积大，流体流通阻力小等优点。

 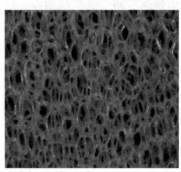

图 5-7　网状聚氨酯泡沫

聚氨酯类飞机油箱防爆材料在 60 年代初由美国 Scottpater 公司首先研制成功，并于 1968 年提出网状泡沫塑料（Ⅰ型）标准，后来又发展了更先进的网状泡沫塑料（Ⅱ型和Ⅲ型），1973 年对它们进行了标准化，1975 年又进行了修订，后又发展了两种聚醚型网状泡沫材料（Ⅳ型和Ⅴ型），并于 1978 年重新标准化，1981 年、1984 年又进行了二次修订，随后也进行了大量的改性和实验研究。在此期间，苏联也进行了一系列网状泡沫材料的研究，制定了相应标准 TY6-05-5127-82，并在苏-27 等飞机上使用。图 5-8 所示为 C130 飞机燃油箱所安装的网状泡沫。

图 5-8　C130 中的网状泡沫

聚氨酯填充材料防火抑爆机制主要体现在：①燃烧过程中吸收和转移燃烧反应放出的大量热量，钝化反应中自由基的作用，降低反应速率；②由于填充材料较大的比表面积，增大了散热面积，起到一定冷却作用；③聚氨酯泡沫较小的空格单元可阻止火焰的传播；④当油箱受到外界干扰，如撞击、炮弹袭击等可阻止燃油外泄，减少油箱气液混合程度，降低火灾的影响。但是抑爆泡沫存在着增加重量、减少载油量、积聚静电、易于过早老化和更换周期短、经济效益差等问题。

2. 液氮/气氮惰化系统

传统的气氮、液氮惰化技术是在每次飞行前通过向飞机上的气氮、液氮储存罐充氮

（气氮/液氮储存在机上的绝热罐内，在每次飞行后都必须重新加满），当飞机油箱需要惰化时，由飞行员打开气氮、液氮开关（液氮瓶内具有一定压力的液氮通过温控器转换成氮气），氮气由管路不断充填到油箱内，以保持油箱气相无油空间氧气浓度低于 9%，从而达到油箱惰化的目的。

气氮惰化系统出现在 20 世纪 50 年代末和 60 年代初，F-86 和 F-100 飞机演示了气态氮惰化系统为这些飞机的燃油箱提供部分时间的惰化。F-86 所用系统的重量为 52.6kg，仅提供 9min 的燃油箱惰化使用时间；经过重大改进后的 F-100 所用系统为 19kg，惰化时间为 35min，但这些系统均未投入作战使用。

液氮惰化系统在 20 世纪 60 年代后期出现在 SR-71 "黑鸟"、XB-70 "北欧女神"（在项目的原型机阶段即被取消）和 C-5A "银河" 超大型运输机上。在 SR-71 飞机上对燃油箱惰化的主要需求是防止燃油自燃，因为其以大马赫数飞行时，燃油温度可能达到 200℉以上。

对液氮惰化方法的主要挑战在于遥远战区的后勤支援措施。对于 C-5A "银河"，这个问题还是可以接受的，因为该飞机仅在全世界少数几个大型基地上使用。

虽然气氮、液氮惰化技术可以满足飞机油箱对惰性气体瞬时大流量的要求，但其重量较大，并且需要一套复杂的后勤保障系统，成本高，效率低，因此不适合于大多数战斗机应用。

3. Halon 1301 惰化系统

20 世纪 70 年代初期，美国军方研制了一种使用 Halon1301 的惰化系统并通过验证，F-16 "战隼" 是采用该方式惰化燃油箱的第一架飞机，后来这一系统的衍生型还曾安装在 F-117 "夜鹰" 上。

Halon1301 是一种低沸点（其沸点为-57.75℃）并具有较好热稳定性和化学惰性的物质，通常被压缩成液态储存在飞机上。当油箱需要惰化时，控制系统将打开惰化气体流量控制器，大量的 Halon1301 气体流向飞机油箱，以保证飞机油箱在整个任务过程中始终处于安全状态。

由 Halon1301 系统提供的防护效果随哈龙浓度而变化。例如，浓度 9%（按体积计），将提供对 50mm 口径的穿甲燃烧弹（API）的防护；而需要用 20%的浓度来防护 23mm 口径高能燃烧弹（HEI）弹头造成的更大的威胁。

由于重量和空间的限制，Halon1301 惰化系统仅可使用相对较短的时间，因此，驾驶员必须在进入敌方空域之前，选择使用该惰化系统，驾驶员一旦作出抉择，无油空间压力从大约 38kPaG 减少到 13.8kPaG，空气排出机外。此时哈龙释放到所有燃油箱，历时 20s，达到立即惰化的状态。从这一点起，由哈龙比例控制阀与来自通气系统的进入空气按照固定的比例混合，随着飞行高度的增加，在燃油箱内保持一个恒定的哈龙水平，在下降过程中，为了维持所要求的无油空间压力，通气系统使无油空间内的哈龙/空气混合物排出机外。为补偿燃油对哈龙的吸收和燃油消耗，通过一个固定不动的限流孔，连续地向无油空间释放 Halon1301。由于哈龙气体随燃油消耗以及随飞机机动飞行而不断消耗，因此，完全惰化的飞行时间长短受到所携带的液体哈龙数量的限制。

为了完善该技术，美国军方还研制了一种精密气体传感器，它可与燃油数字综合管理技术相结合，使 Halon1301 气体能按精确需要供给油箱，节省了 Halon1301 气体的消耗，在同等性能条件下，减少了储存 Halon1301 系统的体积和重量，该技术成功应用于 A-6 "入侵者"飞机上。

由于 Halon1301 是一种碳氟化合物，有破坏大气臭氧层的作用，鉴于来自 EPA（美国环境保护局）的压力，目前已不再生产和应用哈龙惰化系统了。

4. 机载制氮惰化系统

机载制氮惰化系统（on-board inert gas generation system, OBIGGS）即利用空气分离装置（air separation modules, ASM）将发动机引气或座舱空气进行氧氮分离，形成高浓度富氮气体（nitrogen enriched air, NEA），经过降温除杂等过程后进入油箱，以此降低气相空相空间氧气浓度，达到惰化的目的。

机载制氮惰化系统无须在地面进行液氮或高压气氮补给，系统结构简单，可靠性高，经济性能好，可实现飞行包线下的全程惰化，目前已广泛地应用于军用和民用飞机油箱惰化。根据 NEA 分离方式不同，OBIGGS 又可分为变压吸附机载制氮惰化系统，中空纤维膜机载制氮惰化系统。

1）变压吸附机载制氮惰化系统（pressure swing adsorption-on board inert gas generation system, PSA-OBIGGS）

当空气流过填充有沸石或 Na/Ca 硅酸铝等多孔介质的吸附床时，空气中的氮气将会被沸石吸收，吸附床出口可形成浓度高达 93% 的富氧气体（oxygen enriched air, OEA），可用于座舱供氧。但随着反应的进行，沸石吸收氮气达到饱和时，切断高压空气进气口，减小吸附床内压力，同时通入一部分富氧气体进入吸附床。当压力降低且气相空间氮气浓度降低时，被吸附的氮气从沸石中释放出来，形成 NEA 用于油箱惰化，通常变压吸附制氮系统安装两个或多个吸附床同时进行氮气吸附和解吸过程，PSA-OBIGGS 示意图如图 5-9 所示。

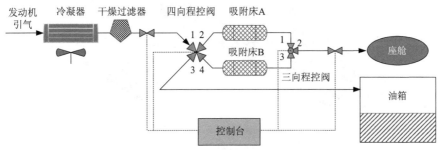

图 5-9　PSA-OBIGGS 示意图

在过去的研究中，Boeing 公司研究了小型 PSA 制氧系统在商用飞机中的应用，第一代 PAS-OBIGG 已应用于 V-22 旋翼机、C-17 大型运输机。但由于变压吸附制氮对引气要求较高，吸附性受气源温度和压力等影响较大，且控制系统复杂，因此在实际油箱惰化过程中仍存在运营和维护问题。

2）中空纤维膜机载制氮惰化系统（hollow fiber membrane-on board inert gas generation system, HFM-OBIGGS）

中空纤维膜空气分离组件由成千上万根极细的空心聚合纤维捆扎形成，一种典型的中空纤维膜内径为 $100\sim120\mu m$，外径为 $140\sim180\mu m$，非对称中空纤维膜形状和空气分离装置制作方法如图 5-10 所示。

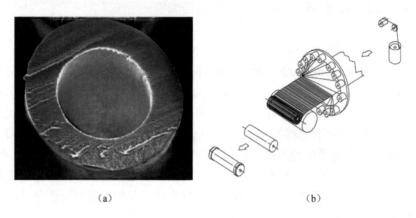

（a）　　　　　　　　　　　（b）

图 5-10　中空纤维膜形状和空气分离装置制作方法

中空纤维膜分离特性与气体渗透性有关，由于空气中氧气和氮气在中空纤维膜中的溶解度和扩散速率不同，因此当空气沿着纤维膜向前移动时，氧气优先被聚合物壁面吸收，使空气中的氧气含量降低，形成 NEA，同时纤维壁面吸收的氧气在较低的压力下容易被解析出来，从而可持续地产生 NEA。ASM 装置可生成含氮量在 90%以上的富氮气体，空气分离过程如图 5-11 所示。

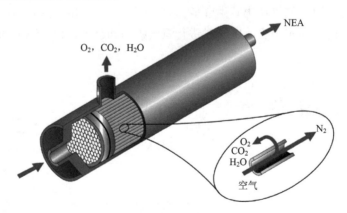

图 5-11　中空纤维膜空气分离过程

空气流过中空纤维膜空气分离装置可生成高浓度 NEA 用于飞机油箱惰化，HFM-OBIGGS 示意图如图 5-12 所示。发动机引气经过降温和干燥过滤后进入中空纤维膜空气分离装置形成 NEA，然后 NEA 进入油箱气相空间降低其中的氧气浓度，达到惰化的目的，而 OEA 则直接排向大气环境。HFM-OBIGGS 具有体积小、重量轻、可实现全程惰化等优点，而且在惰化系统中运动部件少、可靠性能高、油箱所需惰化时间短。目前 HFM-OBIGGS 已广泛应用于各种型号的飞机如 F-22 战斗机，波音和空客系列客机以及我国最新研制的大飞机 C919、C929 等。

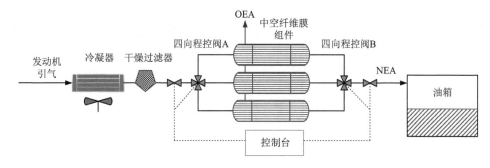

图 5-12　HFM-OBIGGS 示意图

与分子筛制氮系统相比，渗透膜制氮系统更适合用于机载制氮设备，其突出的优点如下。

（1）体积小、重量轻、耗气量少。中空纤维膜分离器填充密度很大，很小的体积内就可以有很大的渗透面积，而且采用原料气在空心纤维内移动的方式，分离器外壳不需承压，避免了沉重的承压结构，系统更为简单，所需管道与阀门数量都少得多，重量更轻，更适合在飞机上使用。它还特别能生产出含氧量更低的气体且在性能要求一定的情况下，其引气量只有分子筛系统的一半。

（2）可靠性高。由于分子筛制氮依靠压力变化实现氧氮分离，在要求连续供氧的场合下，只能用两床、三床或多床分子筛系统并依靠旋转阀切换工作状态，结构复杂，尤其是快速变压吸附系统，旋转阀运动频繁，其寿命一直是一个难以解决的问题；而膜分离系统的运动部件相对较少，系统更为简单，可靠性更高。

（3）对水蒸气不敏感。分子筛对水有极大的亲和力，而且吸水性对压力变化不敏感，因此在快速变压吸附过程中分子筛一旦吸水则很难脱附，吸水量的累积会导致制氮能力不断下降。而膜分离则明显不同，操作上只要保证进入膜组件的原料气相对湿度低于90%，避免水蒸气在膜表面冷凝，就可以保证水蒸气的渗透不会影响到富氮气体流量。

目前在各类军机和民机上，渗透膜制氮系统使用最为普遍，例如我国国产大飞机 C919 的惰化系统流程如图 5-13 所示，其包括引气处理、空气分离和富氮气体分配三部分组成。

5. 燃油催化惰化技术

除氮气外，二氧化碳也是一种优良的惰化气体，例如美军曾经尝试在 B-36、B-47 和 B-50 等飞机上通过携带干冰、引入发动机或 APU 废气来获得二氧化碳。此外通过燃烧燃油的方式获取二氧化碳来惰化油箱是非常容易想到的办法,但是直接燃烧危险性大,因此采用无焰的催化燃烧是可行的方式。

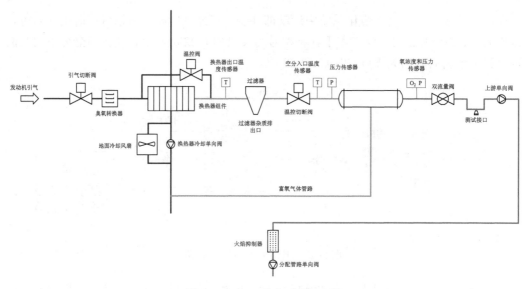

图 5-13　C919 惰化系统流程图

　　1969 年，American Cyanamid 公司以 C-141 型飞机为样机对燃油催化惰化技术进行了预研，其中包括概念设计、催化剂的选择、系统部件及整体性能计算，为早期耗氧型惰化技术的研究奠定了基础。技术指标包括：惰气氧浓度为 2%～9%；含水量不超过 5ppm；维护的情况下催化剂寿命超过 500h；系统重量不超过燃油重量的 0.4%；可在 101.3kPa/min 的压降下保证惰化需求；可在 24km 高度下对亚声速和超声速飞机油箱提供惰化保护。

　　American Cyanamid 公司对 12 种不同类型的催化剂进行了试验，根据催化剂选型试验，对反应温度、惰性气体成分、催化剂寿命等方面进行分析，初步挑选出了 Code A 和 F 型催化剂（成分不明），进一步采用丙烷和 JP-7 燃料试验后，优选了 Code A 型催化剂，其最低反应温度为 306℃，最高为 564℃，平均为 435℃。

　　C-141 耗氧型惰化系统总重量约为 1200kg，其中，反应器重约 170kg，换热器重约 580kg，气体除水装置重约 380kg，冷却水重约 80kg。显然，装置重量和尺寸过大且需要用水冷，大大增加了设备的复杂性。

　　1971 年，United Aircraft 公司为长程战略轰炸机 B-1 的惰化系统进行了预研，旨在初步发展催化惰化系统的概念，在这项研究中完成了对燃油催化惰化系统的概念设计，并以 B-1 为应用对象研制了燃油催化惰化系统样件，完成燃油催化惰化系统的地面测试。

　　设计的惰化系统如图 5-14 所示，其设置了三级催化反应器，且每级反应器后均设置了换热器，该换热器采用板翅式，第一级和第二级换热器结构热侧流通长度为 18.69cm，冷侧为 30.96cm，第三级换热器热侧为 34.62cm，冷侧为 27.61cm。同时，系统中还设置了预冷器、油冷器、再热器等多个其他换热器，对燃油和反应器出口产物进行冷却或加热。从图中可以看出，该系统由来自发动机的引气驱动，不消耗任何电力。

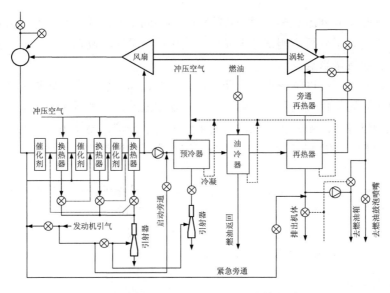

图 5-14　United Aircraft 公司设计的惰化系统

该惰化系统只有同期液氮惰化系统重量的 50%。从流程可以发现，United Aircraft 公司的方案设计虽然十分完善，考虑了启动预热和紧急下降等各种极端情况，但是相对于同期进行研究的膜分离和分子筛惰化系统而言，该流程十分复杂，因此最终并未对系统进行相关装机实验研究。

AiResearch Manufacturing 公司于 1974 年为大型轰炸机设计了新一代耗氧型惰化系统，对 American Cyanamid、United Aircraft 公司设计系统进行改进，系统重量大幅减少，性能显著提高。

为满足不同模式下的流量需求，系统安装了 2 个不同的反应器，系统设计为可采用低速、最大正常降落、紧急下降 3 种不同的工作模式。惰化系统流程如图 5-15 所示，由大流量催化反应器、小流量催化反应器，反应器控制组件、阻火器、电加热器、燃油泵、冷凝器、涡轮、模式控制阀、水分离器、压力控制组件和过滤器等组成。

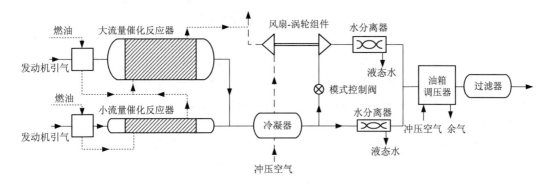

图 5-15　AiResearch Manufacturing 公司设计的惰化系统

AiResearch Manufacturing 公司测试了 41 种不同工况，并对冲压空气流量、工作模式、油气比等进行了分析，测试结果显示，催化反应温度最高约达 760℃，且引气比对反应器温度也有直接影响。

燃油惰化技术存在以下缺点：①催化反应温度过高，燃油存在燃烧的风险；②系统控制较为复杂；③催化反应器易产生积碳，需要定期维护，滤网需要定期更换；④催化燃烧后产生的气体对油箱的腐蚀性尚未完全明确；⑤在催化燃烧中有可能生成未完全氧化的产物，如 CO、NO 以及硫化物，这些气体作为可燃的有毒气体，系统中缺少合理的处理方法。

特别是反应物为燃油，即使加入过量空气，进行严格的冷却，也很难使反应器出口产物的温度低于燃油自燃温度，虽然可以通过冲压空气进一步冷却，但是一旦冷却失效，高温的惰气会直接进入气相空间，导致燃爆事故。故该技术唯一可见装备在现役飞机上的型号为伊尔 76/78，其他机型上未见报道。

6. 绿色惰化技术

2004 年，美国 Phyre 公司在为空军研发一种用于去除燃油中溶解氧气的新型除氧系

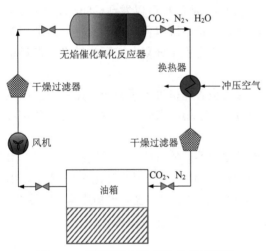

图 5-16　低温催化氧化惰化技术原理图

统时，开发出了一种经济、高效、环保的耗氧型油箱惰化系统。该系统不需要使用发动机引气，系统除一个低压泵外，无任何运动部件，因此功耗低、结构紧凑、重量轻。低温催化氧化惰化技术的原理如图 5-16 所示，利用燃油蒸气与空气混合物进行无焰催化氧化反应生成二氧化碳、氮气、水等，经过降温干燥后将二氧化碳和氮气混合惰气通入油箱进行惰化。由于催化剂研究的发展，新型催化剂可将反应温度控制在 220℃以下，防止控制系统失效时由于温度过高而造成燃油自燃，而且惰化系统体积小，重量轻，集成度高，可适应各种不同安装环境，因此具有良好的应用前景。

2007 年后，Phyre 公司对该系统进行了完善与测试。由于该系统不但能够解决中空纤维膜式 OBIGGS 存在的需要发动机引气的问题，而且不像纤维膜式系统一样，需要排放富氧气体，因此称为"绿色机载惰性气体发生系统（GOBIGGS）"。图 5-17 为 Phyre 公司 GOBIGGS 样机照片及与油箱的连接方式。

由图 5-17（a）可知，样机紧凑，壳体内主要有催化反应器/换热器 HX1 和水分离器/换热器 HX2，换热器 HX1 尺寸为 38cm×30.5cm×30.5cm，重量为 28kg，换热器 HX2 为 23.5cm×17.8cm×12.7cm，重量为 5kg。系统有 3 台风机，其中，风机 P1 和 P2 分别为换热器 HX1 和换热器 HX2 冷侧提供冷却气源，而风机 P0 从油箱抽吸气相空间气体。

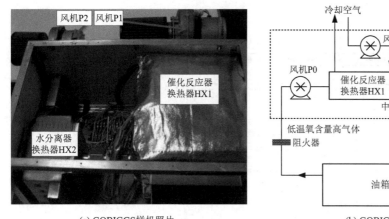
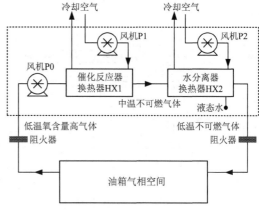

(a) GOBIGGS样机照片　　　　　　　　(b) GOBIGGS流程示意图

图 5-17　GOBIGGS 装置和流程

由图 5-17（b）可知，GOBIGGS 只要将进出口管道与油箱气相空间进出口连接即可完成安装，相比 OBGISS 需要考虑从发动机引气及 OEA 等气体的排出而言要简单许多。

目前，这项技术还处于试验阶段。一旦技术成熟，GOBIGGS 有可能成为与中空纤维膜式 OBIGGS 相媲美甚至更优秀的 OBIGGS。

7. 电动惰化技术

从 20 世纪 40 年代起，飞机上的二次能源，就采用液压能、气压能和电能 3 种混合能源模式，多种二次能源使飞机和发动机的结构复杂化，能源使用效率降低，可靠性和生命力降低。多电/全电飞机就是用电能代替集中式的液压能源和气压能源，使各种二次能源统一为电能，并且将飞机的发电、配电和用电集成在一个统一的系统内，实行发电、配电和用电系统的统一规划、统一管理和集中控制，其核心是：飞机系统化的研究理念和集成化的技术思想。这一理念在航空电力系统平台顶层设计领域正引发一场深刻的变革。但是，以前在飞机上采用液压作动或气压作动的部件和装置均需要改成电能作动，而传统的机载惰化系统也利用了发动机的引气作动，因此多电/全电飞机中分离膜所需的高压气体也将必须由自带的电动压气机提供。

United Aircraft 公司是一家具有环控背景的综合性航空设备制造公司，其为波音 787 客机设计的电作动机载惰化系统创新性极强，称之为氮气发生系统（nitrogen generation system, NGS），与传统燃油系统制造公司（如派克宇航公司）所设计的惰化系统有很大差异，图 5-18 是 2010 年 8 月最终定型的惰化系统流程示意图，其核心部件是一台电机直联的两级变频离心压缩机，转速变动范围为 40000～82000rpm，在压缩机的进气和排气侧装有联动的流量控制活门，因此压缩机的流量和排气压力可双自由度调节，为分离膜提供更加精准的高压气源。系统中充分考虑了各气路之间的换热问题，集成式的换热器包含了电机冷却、中冷和高压气体冷却等多个功能，热量的梯级利用可以减少冲压空气的消耗。从公开的资料显示，这套电作动机载惰化系统虽然流程复杂，但是集成化程度高，设备的质量和尺寸并没有大幅度增加，代偿损失较气压作动的惰化系统可降低 60%

以上。

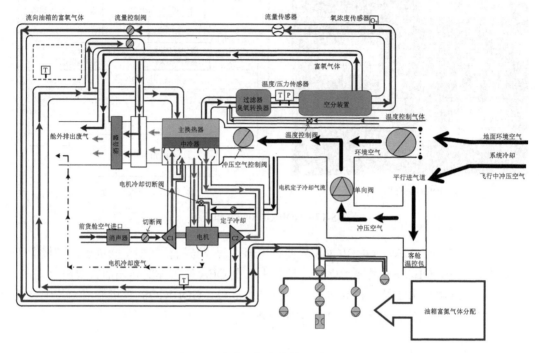

图 5-18　多电飞机中的惰化系统原理图

但是，并非分离膜所需的气源从发动机引气变为电动压气机产气就完成了传统机载惰化系统向电作动惰化系统的转换，在多电/全电飞机中，对能量的综合利用较传统飞机严格，而电作动的部件也易于实现能源的优化和管控。实际上，在整个飞行过程中，每个阶段所需的富氮气体流量和浓度有很大差异，例如在地面滑行和起飞阶段，应当向油箱充注大流量和中纯度的富氮气体，以便使油箱气相空间氧浓度迅速达到可燃极限以下；巡航阶段，应充入小流量和高纯度的富氮气体，且根据航程不同，流量和纯度也应有差异；俯冲阶段，需充入大流量和低纯度气体，且越接近地面，所需流量越大。

发动机引气的压力和流量并非自主可控的，因此传统的气压作动惰化系统是被动接受引气条件来产生富氮气体，经常会造成需求和供给不一致的现象。例如，地面滑行阶段，发动机引气压力低，分离膜无法生成足够气量的富氮气体，造成惰化所需时间延长，不得不增加分离膜数量；而巡航阶段，过多的分离膜数量又造成富氮气体流量过大，大部分流入油箱后被直接排出机外，不仅造成了发动机引气能量的损失，也带走了燃油蒸气，对环境造成污染。

电作动惰化系统中，完全可以通过检测分离膜后及油箱中氧浓度、富氮气体流量、外界和机内温度等参数，来实时调节电动压气机转速和控制流量控制活门开度来调节富氮气体流量和纯度，使系统工作在相对优化节能的状态，实现按需产生惰化气体，从而极大程度上降低能量消耗，这与多电/全电飞机中提高能量的综合利用效率，减少排放量，降低对环境的影响这一理念吻合。

8. 燃料电池油箱惰化技术

所谓燃料电池油箱惰化技术指的是利用化学催化重整原理，燃油蒸气在催化剂作用下裂解生成氢气和二氧化碳，氢气和压缩空气中的氧气进入氢氧燃料电池发生化学反应生成水，同时产生电能，排出的尾气经冷凝后进入油箱，降低油箱内的氧气浓度，如图 5-19 所示。

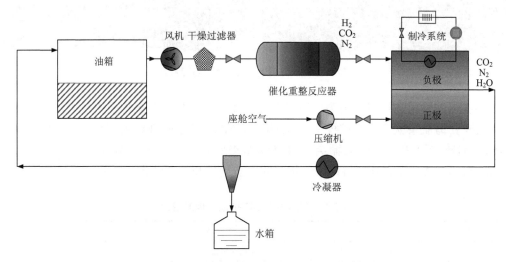

图 5-19　燃料电池油箱惰化系统示意图

此系统中燃料电池反应产生的大量水蒸气可收集存储用于客机乘客生活用水，燃料电池产生电能可供飞机上的用电设备使用，催化重整产生的二氧化碳和未参与反应的氮气进行油箱惰化，燃料电池油箱惰化系统可实现飞机供电、供水和油箱惰化三重功能。

燃料电池油箱惰化系统的概念由德国航空航天热力学研究中心提出，旨在适应现代多电飞机用电负荷的增加，减少化石燃料应用，减少 CO_2 排放。通过与空客公司合作，燃料电池系统已通过系统集成优化应用于 A320 飞机进行了地面和飞行阶段的实验测试，如图 5-20 所示。实验结果表明，燃料电池尾气中氧气体积分数低于 10%，可满足商用客机油箱惰化要求，每小时可生产 50L 水用于座舱乘客使用，并且飞机巡航阶段，燃料电池发电效率可达到 50%，远超过发动机 30%~40% 的发电效率。随着飞机朝着多电化、大型化方向发展，燃料电池系统在满足油箱惰化的要求下可提供更多电能及乘客用水需求，极具研究价值和应用前景。

5.2.3　民机燃油箱惰化相关适航条例介绍

对于商用飞机市场，为了提供某种形式的机载抑爆系统，在设备购置成本和营运费用方面的矛盾，一直是燃油箱惰化系统应用的主要障碍，一直到 20 世纪 80 年代后期和 90 年代，膜技术进步，机载空气分离系统营运成本被各航空公司接受，且在适航条款要求下，机载油箱惰化技术才在民用飞机上得到了具体应用。

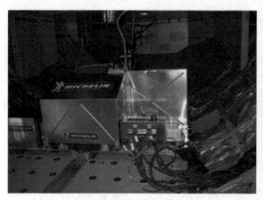

图 5-20　燃料电池惰化系统实验测试

事实上，民用飞机燃油箱惰化技术的发展及应用与其安全运营历史是密不可分的，具体反映在适航条款变迁的过程中。我国的 CCAR25 部适航规章主要参照联邦航空条例 FAR25 部转化而来，民用运输类飞机燃油箱点燃防护方面的适航要求对应的条款为 FAR25.981，FAA 先后颁布与该条款相关的适航规章和符合性指导文件汇总见表 5-1。

表 5-1　燃油箱点燃防护适航规章目录

编号	名称
CCAR 25/FAR 25	Airworthiness Standards: Transport Category Airplanes
FAR 26	Continued Airworthiness and Safety Improvements for Transport Category Airplanes
Amendment 25-102	Fuel Tank Ignition Prevention
Amendment 25-125	Fuel Tank Ignition Prevention
AC 25.981-1B	Fuel Tank Ignition Source Prevention Guidlines
AC 25.981-1C	Fuel Tank Ignition Source Prevention Guidlines
AC 25.981-2A	Fuel Tank Flammability Reduction Means
DOT/FAA/AR-05/8	Fuel Tank Flammability Assessment Method User's Manual
AC 25.1309-1A	System Design and Analysis
SFAR 88	Transprot Airplane Fuel Tank System Design Review, Flammablity Reduction, and Maintenance and Inspection Requirements, Proposed Rule
AC 20-53B	Protection of Aircraft Fuel Systems Against Fuel Vapor Ignition Caused by Lightning
AC 20-136A	Protection of Aircraft Electrical/Electronic Systems against the Indirect Effects of Lightning
SAE ARP 1870	Aerospace Systems Electrical Bonding and Grounding for Electromagnetic Compatibility and Safety
SAE ARP 5416	Aircraft Lightning Test Methods

历史上，FAR25.981 条款先后经历了三次修订，分别是修正案 25-11（1967 年 6 月 4 日生效，NPPM（立法建议）：65-43）；修正案 25-102（2001 年 6 月 6 日生效，NPPM：99-18）；修正案 25-125（2008 年 9 月 19 日生效，NPPM：05-14）。

修正案 25-11 新增了 25.981 条"燃油箱温度"。要求必须确定燃油箱最高温度，该值应低于预计的油箱内燃油最低自燃温度，并留有安全裕量；燃油箱内可能点燃燃油的任何部位的温度均不得超过燃油箱最高温度。若任一部件的工作、失效或故障可能提高油箱内的温度，则必须在该部件的所有可能的工作、失效或故障情况下表明燃油箱温度符合规定。

该修正案修订了 FAR25 部 D 分部、E 分部、F 分部、G 分部的 18 个条款，涉及发动机反推系统、工作特性、燃油系统、冷却系统、操纵器件和防火等适航要求。

该修正案要求飞机制造商与运营商执行严格适航设计标准，以防止燃油箱温度超限，这些设计标准涉及电气、机械和燃油箱内部安装等众多问题，其部分示例如下。

（1）燃油箱内布线。对正常使用过程中进入燃油箱的电能、燃油箱布线内的短路和感应电流/电压规定了上限值，由此来支持本征安全的目标。

（2）燃油泵设计。燃油泵必须能够长期的干态运行而不产生可能点燃燃油箱油气的局部高温。设计还必须使由于部件磨损或外来损坏而引起火花的概率减至最小。

（3）电搭接。燃油箱内设备的安装必须有合适的电搭接，以使得由于雷电、高能辐射场（HIRF）、静电或故障电流所引起的放电不会点燃燃油蒸气。

（4）电弧间隙。必须在部件和结构之间提供合适的间隙，以确保不会出现由于闪电而引起的电弧。

至于是否需要控制燃油箱内易燃蒸气的暴露时间，该修正案并未给予明确的要求。

截至 1998 年 7 月，回顾近 40 年来全世界运输类飞机营运记录，曾发生过 16 起由于飞机燃油箱爆炸而引发的事故。这些事故，特别是 TWA800 航班事故，促使美国 FAA 去研究围绕燃油箱爆炸的潜在安全性、现有条例的充分性、按这些条例进行合格审定的飞机服役历史以及与燃油箱系统有关的维修做法等问题。

1999 年 10 月 26 日，FAA 发布 NPRM99-18，该通知提出了三个不同的立法要求。

（1）要求特定运输类飞机的设计批准持有人对飞机燃油箱系统进行安全审查，并对任何确定需要重复检查或维护的事项制定具体的燃油箱系统维护和检查文件。

（2）要求禁止这些飞机在指定的时限外运营，除非这些飞机的运营人将燃油箱系统的维护和检查文件已置入他们的检查程序之中。

（3）对于新的设计，建议要求将燃油箱系统的可燃性降至最低，要求进行详细的失效分析来排除燃油箱内出现点火源的可能，并在持续适航文件的限制部分中含有强制的燃油系统维护措施。

2001 年 5 月，FAA 发布了 Federal Register《运输类飞机燃油箱系统设计评审：降低可燃性，维护和检查要求》以及 FAR21 部特别适航条例 SFAR88《燃油箱系统容错评估的等效安全条款》，要求型号合格证和补充型号合格证的持有人/申请人对在役飞机和新设计飞机进行深入评估，查明所有潜在点火源，并制定点火源防护相关的适航限制类维护、检查和关键构型控制限制项目，同时也初步提出了对燃油箱可燃环境控制的要求。

2001 年 6 月，FAA 发布实施了 25-102 修正案，该修正案将 FAR25.981 条款标题由"燃油箱温度"修订为"燃油箱点燃防护"；条款中的（a）款和（b）款分别重新排序为（a）（1）款和（a）（2）款，并新增（a）（3）款、（b）款和（c）款。

修订前的 25.981 条仅定义了运输类飞机燃油箱系统表面温度的限值，为了处理将来的飞机设计，修订后的 25.981 条既可以处理燃油箱内点火源的阻止问题，又可以缩短燃油箱含有可燃蒸气的时间。其（a）款明确包含有效排除运输类飞机燃油箱系统内点火源的要求；（c）款要求将燃油箱内可燃蒸气的形成降至最低。

事实上，当点火源出现后，燃油箱是否会燃烧爆炸，从本质上来说还与油箱内可燃蒸气的暴露相关，为此，FAA 开展了降低点火后爆炸可能性的研究工作。通过研究，FAA 认为：通过将氧含量降低到支持燃烧级别之下来防止可燃燃油蒸气的点燃，可以显著降低点火源进入燃油箱后爆炸的可能性。为此，FAA 还专门开发了机载燃油箱惰化原型系统，并将该系统安装在空客 320 和波音 737、波音 747 飞机上，进行了试飞实验，并获得了成功。

2008 年 9 月，FAA 颁布更新了 25.981 条款"燃油箱点燃防护"细则要求，即 25-125 修正案。该修正案修订了 25.981（b）款和（c）款，新增了（d）款。要求运输类飞机的营运人和制造商采取措施大幅减小灾难性的燃油箱爆炸事件发生的概率，并建立以性能为基础的一系列要求，在最易爆炸的油箱内设定了可接受的可燃性暴露值，或者要求在受影响的燃油箱内安装点火缓解措施。

对于"降低可燃蒸气"的要求，FAA 推荐飞机可以应用两种技术路线满足条款要求：①具有降低可燃性的措施（flammability reduction means, FRM），即指采用惰化气体冲洗油箱油面上方空间或洗涤油箱内燃油的技术，使得油箱内可燃蒸气浓度降低到安全水平，保证氧气浓度始终低于 12%；②具有减轻点燃影响的措施（IMM），即指即使油箱内发生燃爆，设计上也能降低燃爆危害，保证飞机结构不损坏、飞机着陆安全，避免人员伤亡。由于目前尚未有成熟、可行的 IMM 技术应用于飞机设计，新研飞机均倾向于采用 FRM 技术。

5.3　民机燃油系统

以某高亚声速中短程双发民用运输机燃油系统为例，阐述一般运输机燃油系统的工作原理。

1. 系统简介

民用飞机燃油系统一般由燃油储存、分配、指示三个部分组成。典型系统工作原理如图 5-21 所示。

1）储存系统

储存系统由整体油箱、燃油箱通气系统和连续除水系统组成。

（1）整体油箱。

全机储存油量为 22104L（5840gal），分别储存在左主油箱、右主油箱和中央翼油箱三个整体油箱内。在每个主油箱 2# 和 6# 肋的底部，各设有一排铰页式单向阀，它只允许燃油向内侧流动，某一侧机翼下沉时，又能阻止燃油向外侧流动，以确保在各种飞行状态下，均能保持燃油泵浸在燃油内。每边机翼的上翼面，各有一个重力加油口，位于翼尖通气防溢油箱的内侧。在无压力加油设备情况下，可用其向各主油箱加油。油箱内的主要密封方式是金属与金属之间的过盈配合，采用密封剂的缝隙密封、隔板密封和接合

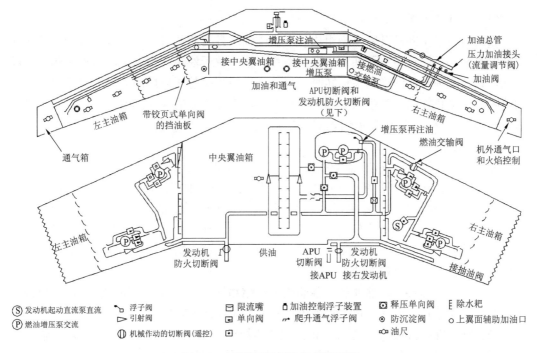

图 5-21 某型民机燃油系统原理图

面密封。在油箱底部和油箱侧壁 101.6mm 以下的部位，涂有聚氨基甲酸酯涂层，以防腐蚀。中央翼油箱上部外表面涂有环氧树脂，起着燃油油气隔层的作用，以防止任何燃油油气通过油箱上蒙皮渗入机身旅客舱。

（2）燃油箱通气系统。

燃油箱通气系统由每个机翼翼尖处的通气防溢油箱、通气管路、通气浮子阀等组成。通过通气管路使每个主油箱与另一侧机翼翼尖处的通气防溢油箱相连通。每个通气防溢油箱内设有竖管，防止向机外溢油；每个主油箱有两个通气口，一个为敞开式钟形口，位于外侧端头；另一个是爬升通气浮子阀，位于内侧端头。在油箱内侧端头处通气管有一个高点。每个主油箱通气管还有两个摆动式通气回油单向阀，一个位于高点外侧，另一个位于中央翼油箱内。

中央翼油箱内设有单独的钟形通气口以及爬升通气浮子阀。它们与左主油箱通气管相连。

当飞机处于横向水平姿态时，油箱内敞开式钟形口处在油面之上，爬升通气浮子阀浸在油内并处于关闭状态；当飞机进入爬升状态时，爬升通气浮子阀打开，使油箱通气；当爬升角增大时，钟形口浸没在油内，燃油进入通气管，但是由通气管内的高点阻止其向外侧流动；当飞机在地面滑行或爬升时，少量燃油可能进入通气管，并且在随后飞机姿态变化时，可能进入通气箱，但当通气管内的燃油油面高出约 25.4mm 时，摆动式通气回油单向阀打开，使通气管内的燃油流回油箱。

通气系统能防止加油或机动飞行时燃油溢出机外，也防止加油时燃油箱过压，并在所有的飞行状态下将油箱与环境压力之间的压差保持在允许的限制范围内。

（3）连续除水系统。

由引射泵、单向阀及除水耙组成。左右主油箱各有两个引射泵，分别位于油箱内侧端部的前面和后面。中央翼油箱也有两个引射泵，位于油箱中部附近。引射泵包括喷嘴和文氏管，当油箱内的增压泵运转时，来自增压泵旁路的压力燃油通过管路流过引射泵的喷嘴，在文氏管中产生吸力，因此积集在油箱底部深处的含水燃油经过管路和油箱除水耙被抽出。燃油-水混合液流向增压泵进口，由泵送到发动机。

2）分配系统

分配系统分为压力加油-抽油系统、发动机和 APU 供油系统。

（1）压力加油-抽油系统。系统由自动调压式压力加油接头、电动加油阀（每个油箱一个）、加油控制板及加油管路等组成。选择自动加油时，加油控制板通电，并通过板上的油量选择显示装置调节或预选加油量，加油阀便自动打开，当流入各油箱的燃油达到预选值时，加油自动终止。当无外电源可供使用时，可手动打开和关闭各加油阀，用油箱底部的磁性油尺来监视加油量。

通过压力加油接头、抽油阀、各油箱内的燃油增压泵，可完成快速抽油，将燃油从压力加油接头泵抽出机外，也可实现停机时的油箱间燃油转输。

（2）发动机和 APU 供油系统。供油系统由燃油增压泵、燃油切断阀、燃油交输阀及燃油导管等组成。每个主油箱内装有两台燃油增压泵，可分别向发动机和 APU 供油。当打开燃油交输阀后，每一主油箱可向任一台发动机或两台发动机供油。中央翼油箱装有两台型号与主油箱内的相同，且串联工作的燃油增压泵，因此其出口压力高于左、右主油箱内的燃油增压泵，优先向发动机供油。

右主油箱内装有一台直流起动泵，在无交流电源可供使用时，能向发动机和（或）APU 提供增压燃油，进行起动。

3）指示系统

指示系统由燃油量指示、燃油低压指示、燃油温度指示及油尺等组成。

燃油量指示系统可在驾驶舱内显示燃油量并控制压力加油。整个系统由一套标准电子模块、座舱燃油量显示器、油量选择显示装置、电容式油量传感器、补偿传感器和故障隔离探测器组成。电子模块是一台信号处理机，具有双电源通道和双数字微处理机通道，自身有余度。它接受来自各油箱内的油量信号，并进行处理，使油量信息以数字形式显示在驾驶舱内，微处理机具有自动监控所有测量功能的能力。在发生故障时它将显示受影响的油箱，然后选用备份通道，恢复正常工作。油量显示器是一套固态电路装置，受电子模块控制，提供各油箱油量、总油量和飞机总重的数字显示。它接受来自电子模块的数据，进行译码和显示。

各油箱内的电容式油量传感器感受油箱内的油量，产生电信号输入到电子模块。该信号在求和网络中相叠加并平衡。当油箱油量变化时，输入电子模块的信号使求和网络失去平衡，合成信号被加到加法器上，直到重新建立零点。这一信号经过处理，电路再次平衡，得到新的油量显示值。如果燃油介电常数随温度而改变，油量传感器发出的电信号便发生变化，补偿传感器发出的电信号也成比例地变化，补偿由于油量传感器发出的电信号的变化引起电子模块电路中的变化，从而使误差得到修正，提高系统测量和指示的精度。每个油箱内部装有磁性油尺，每根油尺由外尺管、尺杆、尺座及磁性浮子组成，用于地面目视检查各油箱内的油量。

2. 设计特点

（1）供油安全可靠。飞机燃油系统中采用多种方法来确保安全可靠地向发动机和APU供油。

（2）双泵供油。每个主油箱内装有两台相同型号的燃油增压泵，若它们单泵功率即可满足一台发动机的最大燃油消耗量的要求，则两台互为应急泵。它们通过不同的电源汇流供电，以增加可靠性。每个主油箱内，靠近增压泵的两个翼肋的底部各设有一排铰页式翼肋单向阀，仅允许燃油向内侧流动，构成一个储油舱，确保在任何飞行姿态下油泵均可正常供油。此外也防止燃油横向流动而造成过大的结构载荷。

（3）交输供油。当接通交输供油阀后，可由任一主油箱向任一台或两台发动机供油，或可由中央翼油箱同时向两台发动机供油。

（4）重力供油。飞机各油箱内的燃油增压泵均失效时（通常由于飞机电源系统失效所致），可借助重力向发动机供油。各主油箱燃油增压泵的蜗壳上，都设有旁通阀。油泵停转后，旁通阀便自动打开，允许燃油流入供油管路输往发动机。中央翼油箱由于所处位置较低，不能实现重力供油。

（5）合理的用油顺序。飞机燃油系统采用了三油箱布局的形式。考虑了燃油对机翼的卸载作用的用油顺序是，首先用尽中央翼油箱内燃油，然后再用主油箱内燃油。因此，中央翼油箱内的两台增压泵串联使用，使其出口压力高于左右主油箱内增压泵的出口压力，则中央翼油箱优先供油，一旦中央翼油箱内的燃油用尽，便立即自动转为主油箱到发动机一一对应供油，无须驾驶员作任何操作。

（6）连续除水。以油箱内增压泵旁路的压力燃油为能源。可连续不断去除积聚的水分，防止水在油箱内长期积聚而引起油箱和导管腐蚀，并可减少系统的不可用油量。

（7）机械驱动各主要阀门。系统中的主要阀门如发动机燃油切断阀、燃油交输阀等，均通过钢索和滑轮实现手动传动。因此可靠度高，但设计制造较复杂，系统重量增加。目前，如波音系列飞机均采用可靠度甚高的电动阀。

（8）自动调压式压力加油接头（图5-22）。其正常加油压力为 0.34MPa。当接头入口压力为 0.34～1.04MPa 时，流量便自动受限。在流量大于 568L/min 的所有条件下，接头的出口压力能保持为 0.31～0.34MPa，从而确保整个系统不致遭受过高压力而损坏。

（9）油量。使用十分方便。

（10）数字式燃油量指示。系统中有一台微处理机，其测量精度比指针式指示系统要高（并便于驾驶员判读），但低于装有燃油密度计的系

图 5-22　自动调压式压力加油接头

统（如波音 757、波音 767）。

（11）油量传感器故障隔离探测器。每个主油箱和中央翼油箱内都装有一根油量传感器故障隔离探测器，并与传感器的导线相接。通过测量各传感器的电容值，便可确定故障传感器的编号，而不必完全抽空油箱内的燃油（仅要求油面低于探测器安装座），也不需要地面人员进入各油箱，从而大大减少维护工作。

（12）磁性油尺。用于停机或无电源加油时目视检查油箱内的油量，在各种停机姿态和各种油量条件下均可使用。虽然测量精度低于油量指示系统，但它在使用时无须通电，不要求人员进入驾驶舱，也不会引起漏油，既安全又方便。

5.4 军机燃油系统

以某高空高速歼击机燃油系统为例，阐述一般歼击机燃油系统的工作原理。

1. 基本原理

该飞机燃油系统（图 5-23 中，阿拉伯数字由小到大表示燃油的消耗顺序，阿拉伯数字加#号表示机身油箱标号）由下列部分组成：7 个机身油箱、4 个机翼整体油箱、1 个悬挂在机身下部的副油箱；4 条管路：供油管路、输油管路、通气管路和增压管路；调节各油箱消耗顺序的控制压力系统。

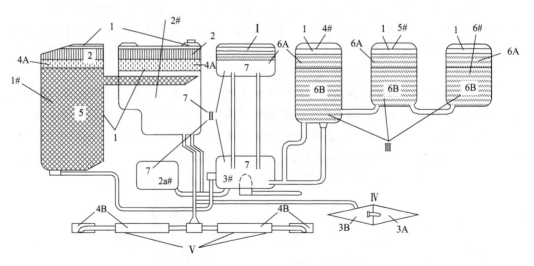

图 5-23 某型歼击机燃油系统原理图

油箱按消耗和信号顺序分成五组：第 1 组、第 2 组、第 3 组、第 4 组和第 5 组（图 5-23 中罗马数字）。第 1 组油箱包括 1#油箱和到连接管下缘的 2#油箱上部。第 2 组油箱是消耗油箱组，它包括 3#油箱、2#油箱下部和 2a#油箱；第 3 组油箱包括 4#、5#及 6#油箱；第 4 组油箱为副油箱；第 5 组油箱为 4 个机翼油箱。

每组内的各油箱是连通的，而 2#油箱下部和 2a#油箱用带单向活门的导管与 3#油箱

（主油箱）相连。导管上的单向活门用来防止燃油从 3#油箱倒流，因此可以提高系统的可靠性。

每组油箱的燃油均用油泵通过增压管路耗用。

从第 1 组油箱的增压油泵（安装在 1#油箱内）引出第 1 条通向主油箱的管路，中间经过特种活门和单向活门。单向活门位于油箱中，紧靠在特种活门的后面，利用压力控制系统打开和关闭所有的特种活门。单向活门的任务是防止主油箱的燃油倒流。

第 2 条增压管路是从安装在 4#油箱中的第 3 组油箱油泵，通过带直径 25mm 限流孔的单向活门和特种活门到主油箱的下壁。限流孔、单向活门和特种活门的功用，与第 1 组油箱增压管路的有关部分是相同的。

在第 3 组油箱的油泵不工作的情况下，为了保证 4#、5#及 6#油箱的燃油消耗，从 4#油箱到 3#油箱之间设了一条辅助管路，管路上有一个单向活门。有鉴于此，从第 3 组油箱的油泵接出来的导管只通到主油箱的下壁就中止了，这样，在倒飞时活门若打开了，可以防止主油箱的燃油倒流。

第 2 条传输管路是从机翼整体油箱到 2#油箱的连接管路。机翼油箱燃油不是用油泵输出的，而是用比机身油箱增压压力高 0.2×10^5 MPa 的空气余压压出的。来自增压系统的空气进入后部机翼整体油箱内，并将燃油沿着连接导管压入前部整体油箱中，燃油再从这里经过单向活门、网状油滤、2#油箱上的特种活门和装在油箱内的单向活门输入 2#油箱里。

用比机身油箱增压压力大 0.6×10^5 MPa 的空气余压将机身下部副油箱中的燃油压出。燃油通过副油箱中的油滤沿着挂架中的导管进入带单向活门的机身进油口。

这样一来，全部各个油箱中的燃油均传输到 3#油箱中，然后再利用该油箱下部的油泵沿着供油管路将燃油输入发动机。

3#油箱的下部装备成一个倒飞油箱段，其目的是在作短时间（最大油门状态 15s，加力状态 5s）倒飞或负过载飞行时，保证向发动机连续不断地供油。

2. 设计特点

（1）采用压力控制用油顺序。副油箱压力最高，比机身油箱增压压力大 0.6×10^5 MPa；机翼油箱压力小些，比机身油箱增压压力高 0.2×10^5 MPa；机身油箱压力最小。所以最先使用副油箱中的燃油（起飞时为保证安全，最先使用图 5-23 中 1 和 2 部分的燃油），用完后可扔掉副油箱以便投入战斗；机翼油箱防弹能力比机身油箱防弹能力差，所以接着使用机翼油箱中的燃油，最后使用机身油箱中的燃油。这与民航飞机是不同的，民航机翼油箱可以卸载，所以民航机优先使用机身油箱中的燃油。

（2）油箱个数多。战斗机机翼较薄而且面积较小，机翼油箱不足以提供作战任务所需的燃油，机身又没有比较大的空间，只要有一定的剩余空间就用来安装油箱，所以机身油箱个数较多，这与民用飞机相比是不同的。

（3）设有倒飞油箱。该战斗机是高空高速战斗机，在战斗过程中要求具有倒飞能力，设置倒飞油箱以便飞机能作短时间的倒飞或负过载飞行时，保证向发动机连续不断地供油。

习　题

5-1　飞机燃油系统主要由哪些元件组成？说明其作用及形式。

5-2　飞机油箱通气系统有哪几个方面的作用？在飞机爬升和下滑过程中，油箱通气系统是如何工作的？

5-3　什么是飞机的压力加油系统？简述典型压力加油系统的组成及工作原理。

5-4　针对应急放油操作中飞机的安全问题，对应急放油系统具体要求有哪些？

5-5　飞机燃油系统的供油方式有哪几种？控制燃油箱向发动机供油顺序有哪几种形式？

5-6　简述民机燃油系统的组成部分及其特点。

5-7　飞机燃油系统通常采用哪些供油方案，举例说明。

5-8　结合简图详述双发动机分散式输油方案的三种连接方式及其特点。

第6章 飞机起落架系统

6.1 飞机起落架系统概述

飞机起落架系统，又称为飞机起落装置或飞机起落架，是飞机在地面停放、滑行、起降滑跑时用于支持飞机重量、吸收撞击能量的飞机部件（图6-1），其主要功能包括以下几个。

（1）承受飞机与地面接触时产生的静、动载荷，防止飞机结构发生破坏。

（2）消耗飞机在着陆撞击和在不平整的跑道上滑行时所吸收的能量，防止飞机发生振动。

（3）飞机着陆后，为了缩短滑行距离，吸收和消耗飞机前进运动的大部分动能。

（4）在飞机的地面滑行过程中，纠正飞机航向，操纵飞机转弯。

（5）空中飞行时收起以减少阻力。

这些都是飞机起落架系统的基本功能，对于舰载飞机而言，其起落架还需要实现一些特殊功能，如弹射起飞、拦阻着舰等。典型的舰载机起落架系统如图6-2所示。

图6-1 运输机起落架系统 图6-2 舰载机起落架系统

6.2 飞机起落架系统的组成

为实现飞机起落架功能，起落架系统主要由缓冲系统、收放系统、刹车系统、转弯操纵减摆系统等组成，如图6-3所示。

（1）缓冲系统。消耗飞机在着陆撞击和在不平整的跑道上滑行时所吸收的能量，减缓飞机振动。

（2）收放系统。在起降过程需要与地面交联时放下并锁定，在飞行时则收于飞行器之中。

（a） （b）

图 6-3　飞机起落架系统

（3）刹车系统。为了缩短滑行距离，吸收和消耗飞机前进运动的大部分动能。

（4）转弯操纵减摆系统。在飞机的地面滑行过程中，纠正飞机航向，操纵飞机转弯，并防止发生摆振现象。

6.3　起落架缓冲系统

　　起落架缓冲系统主要具有两大功能：一是结构承载功能，承受飞机与地面接触时产生的静、动载荷，防止飞机结构发生破坏；二是缓冲减震功能，消耗飞机在着陆撞击和在不平整的跑道上滑行时所吸收的能量，减缓飞机振动。起落架缓冲系统主要由缓冲支柱、缓冲器、机轮和轮胎等组成，如图 6-4 所示。

（a） （b）

图 6-4　起落架缓冲系统

6.3.1 缓冲支柱

缓冲支柱需要承受地面的垂向、航向和侧向撞击载荷，通常由承力支柱和缓冲器组成。图 6-5 所示为起落架缓冲支柱受力情况。

按照承力支柱和缓冲器的组成方式，缓冲支柱结构形式可分为支柱式和半摇臂式。支柱式起落架的受力支柱本身就是减震器，机轮直接连接于支柱下端，支柱上端则固定在机体骨架上，如图 6-6 所示。

支柱式起落架的缺点是：当受到来自正面的水平撞击时，减震支柱不能很好地起减震作用；另外，活塞杆不但承受轴向力，而且承受弯矩，因此减震支柱的密封装置容易磨损及可能出现卡滞现象。

摇臂式起落架的机轮通过可转动的摇臂与减震器的活塞杆相连。图 6-7 所示为典型的摇臂式起落架结构简图。

图 6-5 起落架缓冲支柱受力情况

(a)

(b)

图 6-6 支柱式起落架

摇臂式起落架（图 6-7）的减震支柱只承受轴向力，密封性能好，另外吸收来自正面的水平撞击的性能也好，故在高速飞机上得到了广泛应用。摇臂式起落架的缺点是构造复杂，重量较大，接头较多且受力较大，因此它在使用过程中的磨损较大。

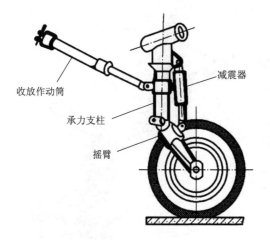

图 6-7　摇臂式起落架

收放作动筒
减震器
承力支柱
摇臂

6.3.2　缓冲器

缓冲器是所有现代起落架必备的通用部件。缓冲器的功用是吸收飞机着陆和滑行期间的动能，是起落架最重要的部件。缓冲器有两种基本类型：由钢或橡皮制成的固体弹簧缓冲器（图 6-8（a）、（b））及由气体或油液组成的流体弹簧缓冲器（图 6-8（c）），或是这两种介质的混合——油-气缓冲器（图 6-8（d））。

不同种类的缓冲器效率如图 6-9 所示，其中，油-气式缓冲器效率高、可重复使用，使用最为广泛。

(a) 金属弹簧缓冲器

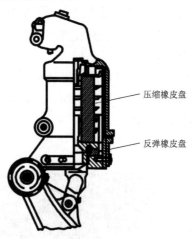

压缩橡皮盘
反弹橡皮盘

(b) 橡皮缓冲器

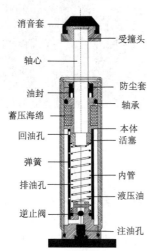

消音套
受撞头
轴心
油封
防尘套
轴承
蓄压海绵
本体
回油孔
活塞
弹簧
内管
排油孔
液压油
逆止阀
注油孔

(c) 流体弹簧缓冲器

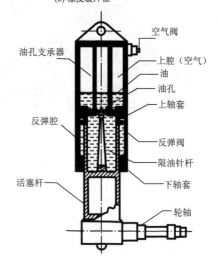

空气阀
油孔支承器
上腔（空气）
油
油孔
上轴套
反弹腔
反弹阀
限油针杆
活塞杆
下轴套
轮轴

(d) 油-气缓冲器

图 6-8　不同种类缓冲器

油-气缓冲器的缓冲特性,可通过落震试验获得的载荷-行程曲线描述,某缓冲器的载荷-行程曲线如图 6-10 所示。曲线下端所包络的面积,与最大载荷最大行程组成矩形面积比,称为缓冲器效率。实际上获得的效率通常在 70%～80%,一般能达到 70%以上的效率都算是好的设计。缓冲器设计原则如下。

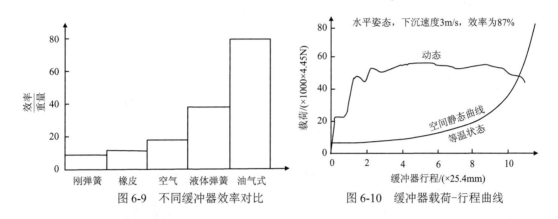

图 6-9　不同缓冲器效率对比　　　　　图 6-10　缓冲器载荷-行程曲线

(1) 缓冲系统应当在保留某些行程余量的条件下(10%),吸收给定过载下的使用功量,粗暴着陆情况除外。

(2) 缓冲系统应当柔软,吸收冲击反力应具有渐增性,最大反力发生在行程尾段。

(3) 缓冲系统应能吸收由重复冲击引起的振动,防止反行程剧烈反弹引起机轮跳离地面的情况。

(4) 正反行程中消耗功量应占缓冲器所吸收功量的 80%左右,正反行程总时间不应超过 0.8s,轮胎吸收能量不超过总冲击能量的 25%～40%。

(5) 缓冲器正反行程干摩擦力一般不超过缓冲器总轴向力的 5%。

6.4　起落架收放系统

现代飞机起落架都可收放,收上起落架飞行不仅可减小阻力,而且有利于飞机姿态控制,因此起落架的收放直接影响到飞机的起飞着陆性能。

民用飞机主起落架收放方向有沿机翼展向与弦向两种,前、主起落架均收入专门的轮舱内,并由舱门掩盖。

起落架的配置方案,在主支柱的安装位置确定之后,需结合飞机的内部安排、装载情况及结构承力系统方案综合选取。如图 6-11 所示的几种常见的收藏方式如下:

(1) 主轮收入机身,如图 6-11(a)所示。

(2) 主轮沿展向收入机翼,如图 6-11(b)所示。

(3) 主轮沿展向部分收入机翼,即支柱收入机翼,机轮转一角度后再收入机身,如图 6-11(c)所示。

(4) 重型飞机的主起落架沿展向部分收入机翼(支柱应收入机翼,小车式机轮收入机身),如图 6-11(d)所示。

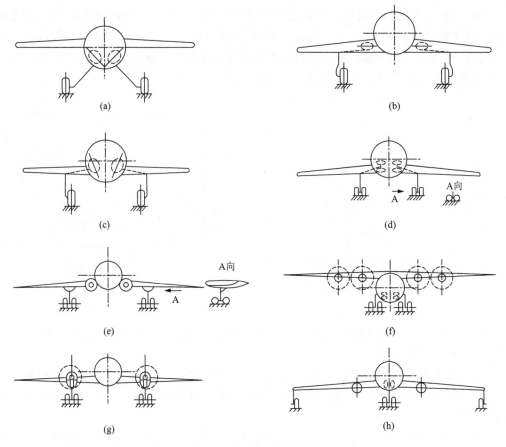

图 6-11　起落架的收放方向

（5）主轮沿弦向收入机翼上的专用短舱，如图 6-11(e)所示。

（6）主轮收入机身的专用短舱，如图 6-11(f)所示。

（7）主轮沿航向收入机翼上的发动机短舱，如图 6-11(g)所示。

（8）自行车式起落架的主轮收入机身，翼下辅助轮收入机翼短舱，如图 6-11(h)所示。

多数双发或多发装于机翼的飞机，主起落架沿翼弦向前收入发动机短舱，个别向后收入（图 6-11（d）、（e）），多数飞机前起落架向前收入机身舱，少数向后收入机身舱，个别向一侧收入机身舱。为了缩小起落架的收藏空间，多数小车式起落架收上时，由转轮机构将轮架转动一角度再收入，放下时定位器使轮架放正。

为了保证起落架的收放安全、可靠，对收放系统的要求是：收放时间符合规定；收上、放下到位可靠固定；起落架的收放与舱门开关协调；驾驶员能掌握起落架收放情况；不能正常放下时，能应急放下。为此，收放机构包括收放动作筒、收放位置锁、舱门收放及调协装置、操纵控制与位置信号、地面安全装置与应急放下装置等（图 6-12）。起落架收放动力有电动与液压传动，民用飞机大都采用液压传动，下面介绍的都是液压收放系统。

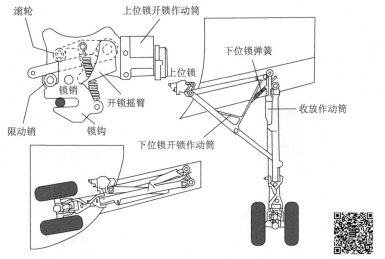

图 6-12　起落架收放机构

大客运动学仿真

　　起落架收放控制系统的主要功能是在飞行员或操作人员对飞机起落架给定收与放的指令时，能够通过信号指令以及传感器信号准确地进行逻辑计算，并操控执行机构实现起落架的收放作动。对于液压系统而言，机载电控系统主要控制液压电磁阀的功能切换；对于电驱动装置而言，电控系统则给电机驱动板发送正确的驱动指令。图 6-13 和图 6-14 所示为典型的 B737 收放机构及系统图。

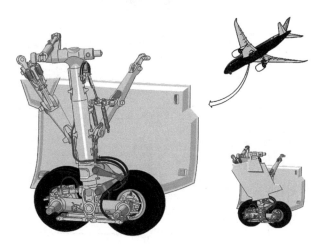

图 6-13　B737 收放机构

　　图 6-15 所示为典型的起落架液压收放控制系统原理图，图 6-16 所示为起落架收放液压系统架构，通过电控系统控制起落架收放阀门切换供压和回油的供给方向，并操控起落架、舱门作动器以及锁机构作动器等。液压的电控系统原理大致如图 6-17 所示，飞行员操控起落架收放手柄，机电核心机根据手柄信号和传感器信号结算电磁阀电磁线圈控制指令，并通过总线传送控制指令给远程配电装置控制电磁阀状态从而实现作动装置的驱动。余度设计方法需要考虑传感器和配电装置的双余度设计。

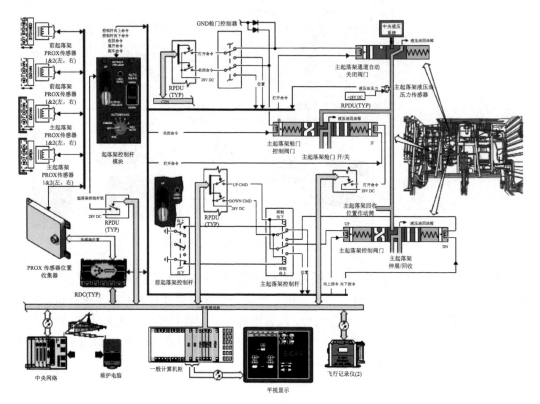

图 6-14　B737 收放系统

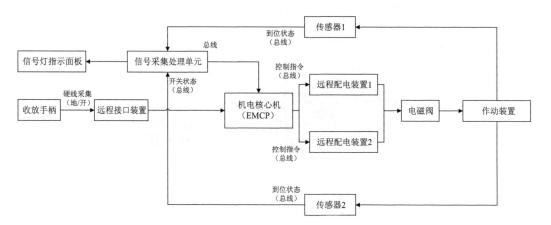

图 6-15　起落架液压收放控制系统原理图

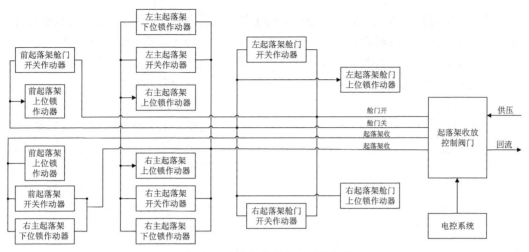

图 6-16　起落架收放液压系统架构

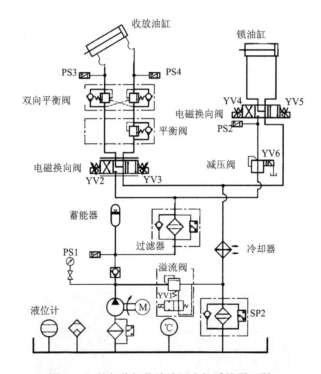

图 6-17　某起落架收放液压电控系统原理图

　　起落架正常收放控制失效时，多数飞机可应急收上，由应急收轮电门或手柄控制液压转换活门使其收上，起飞不能上时应与地面联系后，再决定应急收上还是回场。所有飞机在正常放下失效时都可应急放下起落架，保证着陆安全。应急放下主要通过应急放下装置控制，应急放下装置工作失效时，也可在空中改变飞机姿态甩下起落架或采取特殊方式着陆，对不同机型的不同情况采取的方法有所不同。下面主要介绍通过应急放下装置放下起落架。

对收上锁为液锁的起落架，应急放下时主要操作应急放下手柄，控制应急放下活门打开，使收上管路回油解除液锁，起落架在重力及气流冲压作用下放下并上锁。

对收放电门信号控制液压转换活门的起落架，当正常控制电信号失效而液压正常时，可通过人工手柄经机械传动控制液压转换活门，接通液压至动作筒放下。

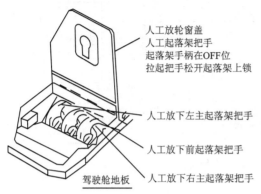

图 6-18　波音 737 飞机应急开锁放下起落架手柄

收上锁为机械锁的飞机液压传动失效时，可通过人工开锁手柄经机械传动打开收上锁，起落架在重力、气流冲压或弹簧力作用下放下。图 6-18 为波音 737 的应急放下开锁手柄，应急放下时正常收放手柄"中立"位，打开盖板将三个应急手柄上拉到头开锁，检查确已放下后应急手柄压下复原。

有的飞机正常液压放下失效时，采用气压应急放下起落架。使用时，正常收放手柄"中立"位，揭开"应急放下起落架"按钮保险盖，压下按钮接通气压进入动作筒，打开舱门锁、收上锁再传动起落架放下。

有的飞机正常供压放下失效时，则应急供压放下起落架，应急液压由电动油泵或手摇泵提供。采用应急供压或气压应急放下起落架的飞机，一般不采用人工打开收上锁的放下方式。

6.5　起落架刹车系统

飞机机轮刹车系统包括两部分，刹车机轮和刹车控制系统，如图 6-19 所示。刹车机轮由支撑飞机进行地面运动的机轮和在刹车过程中吸收转化飞机动能的刹车装置构成。刹车控制系统包含刹车控制盒、液压、机械、电器、电子部件，以操纵控制刹车装置的制动状态。

图 6-19　起落架刹车系统

6.5.1 刹车机轮

刹车机轮一般由轮毂、刹车装置和轮胎三个主要部件组成，如图 6-20 所示。

按刹车结构形式又分三种：弯块式、软管式和盘式。典型的刹车装置如图 6-21 所示。目前使用最多的是盘式刹车机轮。

图 6-20　刹车机轮组成

图 6-21　刹车装置

如图 6-22 所示，液压盘式刹车装置一般由刹车汽缸、刹车壳体、动静盘、自动调隙回力机构等组成。

（1）刹车汽缸：锻铝件，内部装有由液压驱动的活塞。

（2）刹车壳体：承受拉伸、扭转载荷，在刹车时承受高温，并将刹车力矩传递到起落架轮轴法兰盘上。

（3）动静盘：摩擦偶，目前常用的摩擦材料有碳/碳刹车盘、碳/陶刹车盘等。

（4）自动调隙回力机构：刹车盘磨损间隙增大时调整拉杆伸出量；松刹时，在回力弹簧作用下解除动静盘的接触。

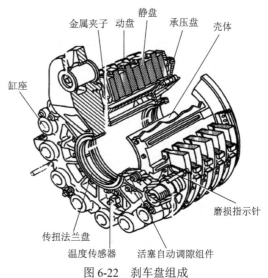

图 6-22　刹车盘组成

6.5.2 刹车系统

如图 6-23 所示，刹车系统按作用分为：①停放刹车系统；②起飞停机刹车系统；③正常（主）刹车系统；④应急（备份）刹车系统；⑤起落架收上机轮刹停系统。

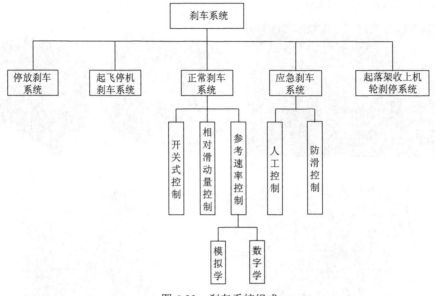

图 6-23　刹车系统组成

刹车系统最基本的组成包括：刹车操纵踏板（或手柄）、防滑控制盒、机轮速度传感器、刹车装置、电液伺服阀/电刹车作动控制器。

正常刹车用脚蹬机械操纵形式，正副驾驶均可实现刹车，系统具有串联刹车功能，并能保证左右差动刹车。驾驶员通过脚踏板施加一个刹车操纵力给减压活门，减压活门输出刹车压力的大小与施加的刹车操纵力成正比。该压力通过电液压力伺服阀、转换活门、定量器到机轮刹车装置，对飞机实施正常刹车。

如图 6-24 所示，由速度传感器、控制盒、电液压力伺服阀组成防滑控制系统。速度传感器感应刹车主机轮速度，将机轮速度信号送给防滑刹车控制盒，防滑控制盒按照一

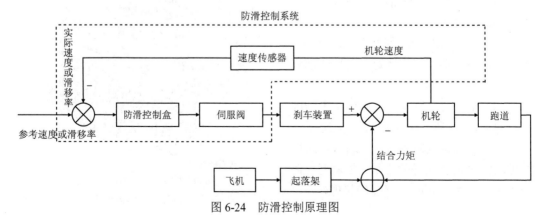

图 6-24　防滑控制原理图

定的控制策略，输出一个与机轮打滑深度对应的阀门电流信号，调节电液压力伺服阀的输出刹车压力，改变刹车机轮的刹车力矩，使机轮解除打滑并在打滑解除后继续实施刹车。通过对刹车压力的调节，飞机达到最佳的刹车效果。飞机防滑刹车系统液压结构图如图 6-25 所示。

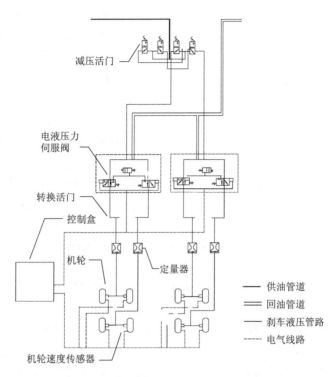

图 6-25　飞机防滑刹车系统液压结构图

6.5.3　防滑刹车控制系统

防滑刹车系统对飞机起飞、着陆安全起着重要的作用，刹车系统性能的好坏直接影响到飞机及机载人员的安全。由于飞机着陆过程持续时间比较短，工作环境复杂，会受到各种外部因素和内部不稳定因素影响，因此要求防滑刹车系统必须安全、可靠、迅速，确保安全刹停飞机。

1. 防滑刹车系统工作原理

机轮在刹车力矩作用下的动力学方程为

$$\dot{\omega} = \frac{M_b - \mu_x F_z r_e}{I} \qquad (6.1)$$

式中，ω 为机轮角速度；M_b 为刹车力矩；F_z 为轮胎垂直压力；μ_x 为轮胎与地面的结合系数；r_e 为机轮滚动半径；I 为机轮绕轮轴的转动惯量。

在飞机重量一定的情况下，结合系数是影响飞机与地面结合力的主要因素。结合系

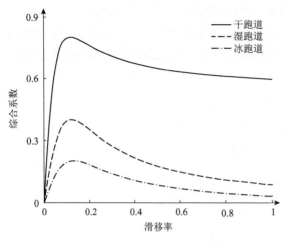

图 6-26　不同跑道状态下的滑移率
与结合系数之间关系

数受很多因素影响，如飞机速度、滑移率、垂直载荷、轮胎侧倾角、滑移角、轮胎的新旧程度、轮胎的花纹形式、跑道表面状况等。而且在刹车过程中，由于刹车时要产生大量的摩擦热，会造成轮胎弹性的降低，因此 μ_x 值要不断地发生变化，单纯地想把 μ_x 值精确地控制在最大值，实际上是非常困难的。其中，滑移率的影响最为重要。由图 6-26 可看出，结合系数最大点处的滑移率就是最佳滑移率。因此，要达到最大的刹车效率，就必须保证飞机在整个刹车过程中，滑移率保持在最佳位置附近，从而保证飞机始终能获得最大结合系数，进而能获得最高刹车效率。

在不考虑飞机速度对轮胎结合系数的影响下，根据 Pacejka 轮胎模型得到的计算结合系数的仿真模型，可得

干跑道：$\mu_x = 0.8\sin(1.5344\arctan 14.0326\sigma)$ （6.2）

湿跑道：$\mu_x = 0.4\sin(2.0192\arctan 8.2098\sigma)$ （6.3）

积雪跑道：$\mu_x = 0.2\sin(2.0875\arctan 7.201788\sigma)$ （6.4）

防滑刹车的工作原理是：当飞机刹车压力产生的刹车力矩大于地面结合力矩时，机轮便会打滑，刹车机轮的速度降低，在刹车压力控制单元和刹车力矩调节装置作用下，刹车力矩降低，机轮打滑解除；机轮打滑解除后，防滑系统又会使刹车压力按一定的规律上升，重新寻找与地面结合力矩相适应的刹车力矩。飞机着陆刹车过程中，飞机刹车系统就是这样周而复始不断重复工作，直到飞机速度为零。从理论上要求，刹车控制装置应能自动地对轮胎和跑道摩擦系数的最大值进行寻优，使飞机的刹车滑跑距离最短，轮胎和刹车片磨损量最小，这样刹车效率得以提高，然而在实际的刹车控制器设计中，实现起来有相当的难度。

影响刹车系统性能的因素很多，主要有两个方面：一方面是飞机自身及其着陆环境的物理特性，如飞机非对称着陆、飞机着陆速度、着陆场上的风力和风向状况、路面状况、飞机起落架和轮胎情况等；另一方面是防滑刹车系统的高效性和可靠性，它需要综合利用液压传动技术、电子技术、伺服控制技术和材料科学技术，并能根据前一方面因素的变化，充分利用地面提供的摩擦力，安全、可靠、快速地刹停飞机。因此飞机刹车系统是一个具有不确定性与时变参数的复杂非线性系统。

2. 防滑刹车系统现状及发展趋势

飞机防滑刹车系统经过近六十余年的研究，已经取得了很大的进步。最早的防滑刹车系统是以俄罗斯为代表的惯性防滑刹车系统。惯性防滑刹车系统的最大优点是可靠性

高，俄罗斯至今仍在新型飞机上装备这种防滑系统。但是这种刹车系统效率低，着陆距离长，刹车不稳定。

20 世纪 40 年代初，美英两国开始了电子防滑刹车系统的研制，最著名的是美国 Hydro-Aire 公司的 MARK 系列。MARK 系列现已从最初的 MARK Ⅰ 型发展到最先进的 MARK Ⅴ 型。

MARK Ⅰ 型为机械式-惯性防滑刹车系统，通过惯性传感器检测直接操作液压阀，故无法仔细区分跑道表面状况及轮胎的打滑程度，也不能在跑道表面大范围变化的情况下获得好的刹车性能。因此，这种刹车效率低，在 1960 年被 MARK Ⅱ 型代替。调节式 MARK Ⅱ 型使用速度传感器测量机轮速度，并使用微分电路得到机轮的速度变化率。这种方式使得刹车的效率更高，刹车也更加平稳。20 世纪 60 年代初，为了适应飞机大推力、大载荷和高降落速度的要求，美国推出了基于模拟信号闭环反馈的 MARK Ⅲ 型刹车系统。具有非常精确的机轮速度检测机构、轮胎打滑误差检测机构、压力偏调和相位补偿元件，与调节式的 MARK Ⅱ 相比，MARK Ⅲ 型的控制率也有了本质的变化。近几年来，随着微电子技术的飞速发展，单片微控制器的不断出现，电子防滑系统的数字化成为刹车系统的发展方向之一。70 年代后期数字式防滑系统出现，20 世纪 80 年代初期，世界上第一个使用微处理器的数字式防滑刹车系统 MARK Ⅳ 问世。除了一般模拟式电子防滑刹车系统的优点外，还有响应快、工作平稳、自适应性强、刹车效率高、自检测功能和维护方便等优点。Boeing757 和 Boeing767 采用了 MARK Ⅳ 系统。

我国在引进消化吸收的基础上，也相继研制出了多种带防滑控制的飞机刹车系统，并研究改进了如过分胎损、低速打滑加深、非正常跑道下刹车效率低等问题。国内有关专家和研究所从 60 年代末开始相继研制了四种模拟电子防滑刹车系统，其中仿美式 MARK Ⅰ 的速率系统已经运用于运十飞机上，1981 年研制的模拟式速度差式电子防滑刹车系统也已经在运七和 FBC-1 上使用。近年来，电子防滑刹车系统在国内有了一定的发展，先后为 J8Ⅲ、J7E、JH7A、Y7 等机种研制了配套电子防滑刹车系统，有些已批量装备部队。其水平相当于美国的 MARK Ⅲ 系统和英国的 OSCAR 系统。这两种系统均属于国外 70 年代研制的模拟式电子防滑刹车系统。我国的 10 号工程采用了数字式防滑刹车控制系统，它采用的是两余度电传防滑刹车控制系统，在国内属领先水平，总体技术接近于美国 F-16 飞机的刹车系统，但是在防滑控制的可靠性、可维修性以及刹车效率和冗余技术等方面存在较大的差距，有待进一步研究。

为了提高飞机在小结合系数跑道上的性能和安全性，要考虑防滑刹车与地面滑行方向的综合控制，即把防滑刹车、前轮转弯和方向舵控制的功能通过计算机协调来实现飞机滑行速度的控制，该综合控制系统主要用于光滑跑道和战时环境。国外已经在这个问题上进行了相当深入的研究，国内也有必要开展这方面的研究工作。由于液压系统容易起火，并且难于维修，以及考虑到"多电飞机"的应用，近年来，国外已经开始了全电刹车系统的研究，实验证明全电刹车的刹车效率远优于液压刹车系统，全电刹车系统也是我国今后研究的重要方向。

3. 防滑控制方式分析

飞机防滑刹车系统分为两大类：脉冲式刹车、打滑监控式刹车。第一类系统工作时，不管机轮是否打滑，按预先设定的时间间隔交替进行刹车、松刹，直到飞机刹停为止。这类系统的刹车效率次优，但性能稳定。第二类系统通过传感器监测飞机的运动，根据机轮是否打滑进行控制，这类系统的刹车性能可望达到最优。按系统被控量与控制方式的差别，第二类系统可分为 4 种：开关式防滑刹车系统、速度变化率加压力偏调控制的防滑刹车系统、滑移速度控制式和滑移率控制式防滑刹车系统。

开关式防滑刹车系统包括机械式防滑刹车系统和机械-电气式防滑刹车系统，后者也称为惯性防滑刹车系统，如 MARK I，这种系统的控制量是机轮的减速度，通过减速度的大小控制刹车装置运作。由于系统的给压或放压为开关式，刹车效率低，工作不平稳，起落架受力状况差。

速度变化率加压力偏调控制的系统，控制量仍为减速度，因使用压力偏调，每次松刹车，防滑系统不必像 MARK I 系统那样使刹车压力回零，所以刹车效率大幅度提高，工作平稳，起落架受力状态明显改善。MARK II 系统就是这一种类型。

滑移速度控制式防滑刹车系统也具有压力偏调功能，控制量是准滑移速度。滑移速度是飞机沿跑道的纵向速度与刹车机轮线速度的差值，系统用参考速度代替飞机速度计算滑移速度，得出准滑移速度。系统在干跑道上的性能较好，在混合跑道上性能较差。Boeing 飞机装备的 MARKIII、MARKIV 防滑刹车装置就是这种原理，我国自行研制的电子防滑系统也是这种原理。

滑移率控制式防滑刹车系统控制飞机的滑移率，即控制滑移速度与飞机速度的比率。在诸多外界因素中，滑移率对结合系数的影响最大。系统尽力把滑移率控制在与结合系数最大值对应的滑移率附近，使系统刹车效率最高。计算滑移率的飞机速度通常用自由滚动前轮的速度代替。这种系统不带压力偏调，预先设定期望的滑移率，与实际计算的滑移率比较，然后进行控制。欧洲的一些商用或军用喷气式飞机采用这种原理的防滑刹车系统。

为了研究恶劣天气条件下飞机防滑刹车系统性能恶化的原因，NASA 对各种原理的刹车系统进行了试验，试验结果见表 6-1。可以看出，干跑道上，滑移率控制式系统和滑移速度控制式系统的性能相当，刹车效率最高，速度变化率控制式系统性能次之，惯性防滑刹车系统最差。湿跑道上，惯性防滑刹车系统和滑移率控制式系统刹车效率较高，滑移速度控制式较差，速度变化率控制式系统的性能最差。

表 6-1　几种防滑刹车系统性能比较（试验车）

系统名称	跑道状况	刹车效率		
		由刹车压力计算	由刹车力矩计算	由结合系数计算
速度变化率控制式系统（带 PBM）	干跑道	0.85	0.83	0.81
	湿跑道	0.69	0.67	0.66
滑移速度控制式系统（带 PBM）	干跑道	0.91	0.93	0.91
	湿跑道	0.70	0.71	0.68
滑移率控制式系统	干跑道	0.89	0.93	0.94
	湿跑道	0.70	0.75	0.81
惯性防滑刹车系统	干跑道	0.81	0.76	0.74
	湿跑道	0.71	0.78	0.69

实际装机防滑刹车系统控制律常采用 PID 或 PID＋PBM 控制进行设计，PID＋PBM 中的积分级与常规的积分级不同，积分级既可以增加，又可以减小，称之为压力偏调级，简称 PBM。

4. 防滑刹车系统的评判指标

刹车系统的评判指标是衡量刹车系统设计好坏的标准，目前还没有统一的定量指标，但遵循的原则是：系统在各种情况下能安全可靠地工作，轮胎磨损均匀，系统工作稳定，没有抖动，刹车效率高，能保持航向的稳定等。其常用定量指标主要有三种：刹车效率、失效速度和刹车距离。

刹车效率包括压力效率、力矩效率、结合系数效率，分别指在一定时间内各自参数的实际值占理想值的平均百分比。对刹车系统来说，按照不同的时间段进行计算而得到的效率值差别较大，但一般取最能代表系统工作状态的时间段，即选择飞机速度处于中高速阶段的参数进行计算。刹车效率具体定义为：沿实测曲线（一般是结合系数曲线）第一次打滑产生点与最后一次松刹之间结合系数平均值同刹车过程中最大结合系数平均值之比，如图 6-27 所示。

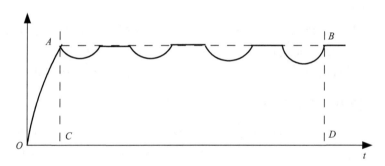

图 6-27　刹车效率计算定义

图中，点 A 为第一次打滑开始点；点 B 为最后一次松刹点。图中实线表示实际测量值。点 A 到点 B 的虚线连线表示打滑峰点值的连线，刹车效率定义为

$$\eta_b = S_{曲} / S_{直} \times 100\% \tag{6.5}$$

失效速度是指在飞机着陆过程的最后，由于防滑控制系统反应迟钝、灵敏性低，系统不能再解除机轮打滑时的飞机速度。

刹车距离是指飞机从刹车系统开始工作到飞机完全刹停时的整个防滑刹车控制过程中飞机的滑行距离。

5. 辅助功能要求

1）接地保护功能

飞机着陆过程中，从机轮着地开始刹车计时，由于机轮刚着地时瞬时速度为零，没有得到充分加速，此时轮胎与地面的结合力非常小。为了防止造成机轮深滑动以及爆胎，起初并不能对系统加压，而是让机轮速度迅速跟随上飞机速度，等到飞机大部分重量落

在地面后，才对系统施加刹车压力，让机轮速度迅速下降，启动防滑开始正常工作。

2）侧间保护（交叉保护）功能

飞机降落时跑道表面的状况极少一致。如果一个机轮或某一侧起落架上的全部机轮遭遇一段结合系数极低的区域时，如果不采取措施，机轮速度受刹车压力影响，马上就会下降。如果飞机两边轮子速度不一样，飞机就会偏离轨道，危险很大。所以飞机在这种情况下要保证系统的性能，必须不断比较来自飞机两侧机轮的速度，检测低转速机轮，当其转速小于门限时，马上解除刹车压力，以使该机轮加速旋转。但是，飞机在低速时，要靠这种差动刹车允许飞机两侧的机轮有不同的刹车压力，以保证前轮转弯系统发生故障时，飞机仍具有转弯能力；或飞机一侧刹车压力部分丧失时，两侧刹车力的平衡，此时交叉保护要失效。

3）自锁保护

一些大型飞机或小车式起落架飞机的后面机轮有两排，有时候由于跑道表面状况不一致，前后机轮的速度可能不一样，这样就会极大地影响飞机的运行。飞机在这种情况下要保证系统的性能，必须不断比较来自前后机轮的速度，检测低转速机轮，当其转速小于门限时，马上解除刹车压力，以使该机轮加速旋转。

4）低速探测

由于防滑刹车系统在工作的后期变得不灵敏，不能对机轮的打滑予以解除，可能造成机轮严重拖胎。而且在低速时为了便于驾驶员灵活地对飞机进行操作，防滑控制盒应在机轮速度达到设置的失效速度（30km/h）时，强制防滑刹车系统停止工作。

6.5.4　典型民机起落架刹车系统

B777 采用了液压驱动的高效碳刹车。在每个主轮中都有一个单独的刹车，由波音惯用的双液压系统加储压器供压构成的三套液压为刹车提供动力。并由压力驱动活门决定由哪一个系统供压。前起落架机轮无刹车，在收前轮舱后由摩擦装置使其停转。B777 飞机起落架系统提供了着陆自动刹车、中断起飞自动刹车机轮防滞保护、机轮防锁死保护、接地保护、防滑水保护等功能。这些都使 B777 飞机刹车效率提高。为了达到降低使用成本的目的，B777 刹车系统增加了一个称为"滑行刹车释放"的功能。刹车的磨损量通常取决于刹车力的大小和刹车能量的高低，但碳刹车还要受到另一因素的显著影响，那就是刹车次数。着陆时，在脱离跑道前驾驶员通常只需踩一次刹车就能将飞机减到低速。但在滑行时却需要多次踩刹车以便调整速度。然而，这时并不需要 12 个主轮都进行刹车。"滑行刹车释放"就是在滑行中刹车时使每边 6 个主轮中每次总有 2 个主轮不刹车而减少磨损，为了使每个机轮的刹车磨损一致，在每次刹车时，没刹车的机轮是不同的。因此，最终的结果就是所有机轮的刹车在滑行时的使用次数和磨损量都减少了大约 1/3，从而显著延长了刹车寿命，降低了使用成本。

A380 刹车控制系统架构如图 6-28 所示，可以看出，机身机轮和机翼机轮都可以进行刹车，但它们采用的是两套相互独立的液压系统：机身机轮刹车用的是黄色液压系统，机翼机轮刹车则采用绿色液压系统。刹车系统采用单腔刹车，每对机轮拥有一个伺服阀。A380 采用自适应控制算法，通过对机轮的逐一控制来实现优化的刹车功能。每个机轮的

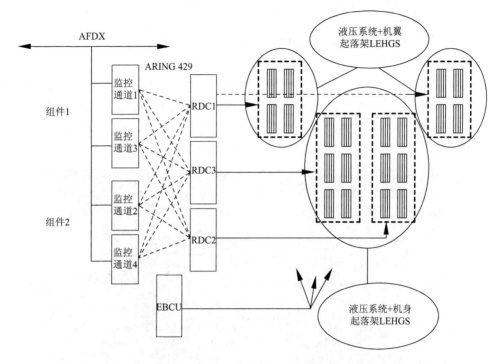

图 6-28　A380 刹车控制系统架构

控制能够连续和独立地实时进行，并且考虑了每个机轮的独立参数和特别的环境条件。A380 的刹车系控制系统包括很多的刹车模式，主要包括正常刹车、备份刹车、应急刹车和停机刹车等。这些模式分别采用了不同的液压源、控制单元和激活方式，从而实现了差别化的刹车功能。

机轮刹车模式见表 6-2。

表 6-2　机轮刹车模式

刹车模式	液压源	控制单元	激活方式	实现功能
正常	黄色—机身机轮 绿色—机翼机轮	IMA	自动刹车开关；脚蹬	防滑刹车；脚蹬刹车；自动刹车
备份（带防滑）	LEHGS+蓄压器	IMA	自动刹车开关；脚蹬	防滑刹车；脚蹬刹车；自动刹车
备份应急刹车	LEHGS+蓄压器；蓄压器	IMA	脚蹬	不带防滑刹车；脚蹬刹车仅能施加有限压力
应急刹车（EBCU）	LEHGS+蓄压器；蓄压器	EBCU	脚蹬	不带防滑刹车；脚蹬刹车仅能施加有限压力
最终刹车	LEHGS+蓄压器；蓄压器	EBCU	停机刹车开关	在所有机轮上施加刹车
停机刹车	正常刹车或 LEHGS+蓄压器	—	停机刹车开关	仅在机身机轮施加刹车

6.6 起落架操纵转弯与减摆系统

对于前三点式起落架布局的飞机，操纵转向主要有三种方式：非对称推力、差动刹车和操纵前轮转向。其中操纵前轮转向可使飞机转弯更灵活，还避免了差动刹车使轮胎磨损和局部高温，甚至在主起落架轮胎漏气时仍然能操纵飞机，典型的起落架操纵转弯系统如图 6-29 所示。目前，国外的大型民用机和大多数军用机都采用这种方式。

图 6-29　起落架操纵转弯系统

随着民用航空的发展，机场呈现出一种繁忙的景象，如何保障机场的安全运行，提高机场的运作效率，提升飞机地面操纵特性是现代航空发展中新的课题。现代民用飞机的发展对飞机前轮转弯操纵系统的设计提出了以下要求：①现代民用飞机要求在低速时具有大角度机动的能力，能迅速滑离跑道并转入滑行道，以减少占用跑道时间；②飞机地面机动时具有防倾翻和侧滑的能力；③飞机高速滑跑时应保证具有滑跑方向性稳定性，受到扰动时能够迅速恢复航向；④应通过对前轮转弯机构的设计，使飞机具有防摆振的能力；⑤当飞机在不对称受载滑跑时，如侧风着陆、单侧主轮爆破，单侧主轮刹车失灵等恶劣条件下，能通过操纵前轮保持飞机的正确航向。这些都要求飞机前轮操纵转弯系统具有大角度转弯能力和良好的阻尼特性及动态响应特性。

起落架前轮转弯操纵系统一般采用一体化设计技术，集前轮转弯操纵与前轮减摆技术于一体，并采用两套（手轮和脚蹬）独立的转弯指令传感器方案，进一步增加操纵安全性。飞机低速机动滑行转弯时采用手轮操纵，具备大角度转弯的功能；高速滑行时采用脚蹬操纵，具有方向纠偏和前起落架减摆功能；操纵系统应设置自由转动状态，并在地面牵引时设置脱开扭力臂的机构，以防转弯系统受到损坏。现代飞机普遍采用电传液压操纵系统，避免了机械传动零件在飞机上协调安装占用大量空间带来的麻烦，不仅有效减轻飞机机体重量，而且飞机的机动性能和操纵系统的可靠性都具有很大的提高。

系统设计要求为：①设计布局；②动力操纵角；③自由偏转范围；④对中；⑤两种操纵系统。

性能要求为：①输出力矩；②寿命；③操纵速率和控制律；④死区和迟滞；⑤动态稳定。

6.6.1　前轮转弯机构结构形式

常见的前轮转弯机构结构形式有：单作动筒式、双作动筒式、齿轮齿条式、旋转作动齿轮式等（图 6-30～图 6-33）。

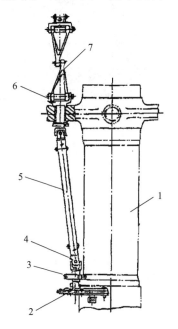

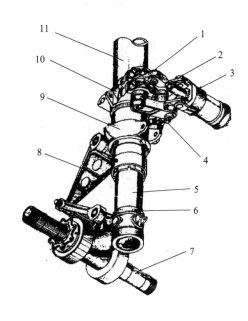

(a) 运8飞机前轮操纵随动系统　　　　　　(b) 运8飞机前轮操纵系统

1-缓冲支柱；2-减速器；3-带卡环的叉形件；4-杆接头；　　1-摇臂；2-支架；3-操纵作动筒；4-连杆；5-活塞杆；6-杆头；
5-传动杆；6-叉形件；7-防扭臂　　　　　　　　　7-轮轴；8-防扭臂；9-操纵卡箍；10-中部接头；11-外筒

图 6-30　单作动筒式前轮操纵机构

国外大型民机前轮转弯机构目前一般有两种设计形式,包括齿轮齿条和双作动筒式,其中又以双作动筒式转弯机构居多。

齿轮齿条式转弯机构多用于中小型飞机中，民机中采用齿轮条式转弯机构的最常见机型为 A320 飞机，其转弯机构如图 6-34 所示。齿轮齿条形式的前轮转弯操纵机构传动连续平稳，结构紧凑，受飞机在着陆和地面机动过程中引起的振动的影响较小。结构的运动较简单，只有齿条的平动和齿轮的转动，易于实现液压系统的控制。由于在转动过程中作动筒推动齿条的力的方向始终不变，垂直于轮齿的剖面，只要给齿轮选定合适的压力角，齿条传给齿轮的力矩基本不变，从而齿轮齿条机构的传动效率基本不变，且传动效率较高。由于它失效时一般是某个单个的轮齿先出现裂纹、磨损或塑性变形等现象，对整体性能的影响不大，因此它的可靠性较高。

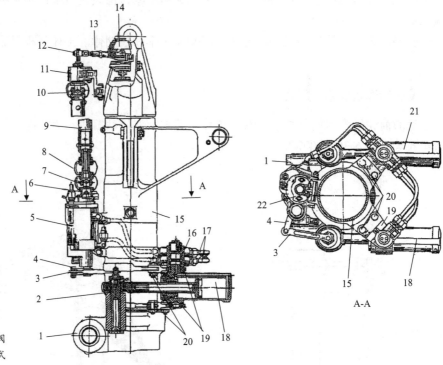

带随动换向阀
的双作动筒式
前轮转弯机构

图 6-31　双作动筒式前轮转弯机构

1-偏转衬筒；2-连接操纵作动筒活塞杆与偏转衬筒的固定销；3-反馈拉杆；4-反馈摇臂；5-分配机构；6-下部接头；
7、10-万向接头；8-橡皮套；9-万向轴；11-上部接头；12-万向轴摇臂；13-分离机构活动部分拉杆；14-分离机构；
15-缓冲支柱；16-总管；17-导管；18、21-操纵作动筒；19-操纵作动筒固定支架；20-连接支架与偏转衬筒的固定螺栓；
22-调整螺钉

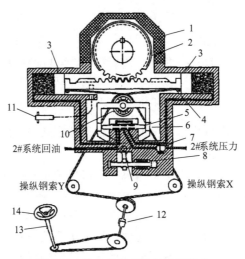

图 6-32　齿轮齿条式前轮转弯机构

1-防尘盖；2-扇形齿轮；3-活塞；4-活塞齿条机构；5-控制阀（分流阀）；6-输入连杆；7-可更换过滤器；
8-对中机构；9-轴销；10-输入滑轮；11-装配销；12-联轴器；13-操纵柱；14-驾驶盘

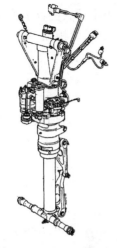

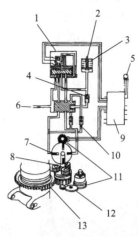

(a)"阵风"飞机前轮操纵机构　　　(b)"阵风"飞机前轮操纵减摆系统原理图

图 6-33　旋转作动齿轮式前轮转弯机构

1-伺服阀；2-回油；3-补偿器；4-单向限流阀；5-指令电位计；6-高压油；7-伺服马达；8-游星凸轮；
9-操纵控制盒；10-减摆阻尼器；11-反馈电位计；12-回归齿轮；13-正齿轮

　　但是整个操纵力矩仅作用于少数轮齿上，在有些情况下，齿轮的尺寸太大而无法获得应用。A300B 飞机用两个并联齿条-齿轮作动筒克服载荷过大的问题，如图 6-35 所示。它的结构过于紧凑，地面的修理维护不是很方便。制造与安装精度要求高，成本较高。齿轮齿条式转弯机构由于齿根处的弯曲应力最大，且有应力集中作用，在较高的弯曲应力的反复作用下，齿根处会出现疲劳裂纹，随着疲劳裂纹的不断扩展，导致疲劳折断；齿面接触处的接触应力是脉动循环应力，且应力值很大，接触应力多次反复作用后，在节线附近的齿根部表面层会产生细小的疲劳裂纹，这些裂纹的扩展，导致表面层材料剥落，形成点蚀；此外，它还容易出现齿面胶合、齿面磨损、齿面塑性变形等失效现象，不易满足强度与疲劳的要求，使用寿命较低。

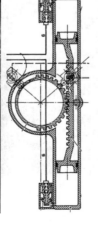

图 6-34　A320 飞机齿轮齿条式前轮转弯机构　　　图 6-35　A300B 飞机齿轮齿条式前轮转弯机构

双作动筒式转弯机构由两个推拉作动筒组成，能提供更大的操纵力矩，起飞重量在A320以上的空客飞机以及波音飞机均采用推拉作动筒式转弯操纵系统。双作动筒式转弯机构按作动筒的类型又分为单杆式和双杆式。双杆式作动筒的特点是推拉压力相同，液压系统简单，但转弯角度过死点后一个作动筒失效，力矩减小，作动筒工作效率不高，且整个系统挤占空间较大，B737-300/400/500 等型号上采用了此类作动筒，图 6-36 为 B737-400 双杆式前轮转弯机构。单杆式作动筒占用空间较小，但液压系统较复杂，通过旋转换向阀的设计，使得经过死点后作动筒施行差动，增大了转弯力矩。以 B737-600/700/800/900 机型为代表的其他大部分波音和空客飞机均采用此类作动筒，B777 和 A330、A340、A380 的前轮转弯机构如图 6-37～图 6-40 所示。

图 6-36　B737-400 双杆式前轮转弯机构

图 6-37　B777 单杆式前轮转弯机构

图 6-38　A330 前轮转弯机构

图 6-39　A340 前轮转弯机构

双作动筒形式的前轮转弯操纵机构结构可靠，易于满足强度与疲劳的要求，使用寿命较长且易于降低质量；由于前轮在转动过程中，作动筒的角度一直在发生变化，且需要复杂的液压系统进行控制，因此转动效率不稳定，难以保证它的可靠性；对制造与安装精度的依赖性低，易于控制成本；由于它的结构分布较松散，因此易于修理与维护。但是由于它的转动不是匀速转动且易受外部因素的干扰，因此传动不够平稳；结构松散，不方便起落架的收放。作动筒端部接头处承担的载荷比较大，且有应力集中作用，因此在交变载荷的作用下容易出现疲劳断裂的失效现象。转动机构的运动复杂，对液压控制系统的要求较高，可靠性难以保证，因此对设计人员的要求较高。

图 6-40　A380 前轮转弯机构

6.6.2　前轮转弯操纵控制系统

前轮操纵系统结构形式可分为四种：机械式操纵系统、机械-液压式操纵系统、电传操纵、数字式电传操纵。其中机械式操纵系统操纵力比较小，只用在早期操纵力很小的轻型飞机上。借助液压助力系统偏转前轮的机械-液压式操纵系统，通过机构或钢索将操纵指令传送到控制阀，由控制阀操纵作动筒伸缩偏转前轮，其结构简单、使用可靠、经济性良好、操纵力大，广泛用于民航飞机和大型运输机及早期战机上。电传操纵是对飞行员人性化的设计，飞行员在座舱内只需操纵电门来代替手轮和脚蹬操纵，由电导线传送操纵指令，通过操纵控制盒处理传送来的电信号，控制操纵作动器伸缩偏转前轮。西方战斗机上，普遍装有电传式前轮操纵系统。数字式电传操纵最大限度地减轻飞行员的负担，是前轮操纵系统向智能化发展的方向。

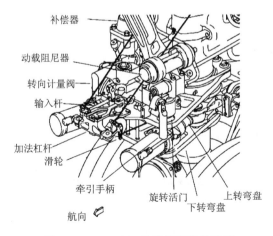

图 6-41　B737-800 前轮转弯操纵系统

1. 机械-液压式前轮操纵系统

波音 737 客机的前轮转弯操纵系统（图 6-41）采用的是机械-液压式操纵系统，它由以下组件构成：交替前轮转弯开关、方向盘、控制钢索、方向舵踏板、求和机构、转弯计量阀模块、转弯作动筒、前轮转弯卡圈。

它的前轮转弯输入来自方向盘或是方向舵踏板，当飞行员移动方向盘至满行程时，前轮将向左或向右转动最大到 78°。当飞行员在地面将方向舵踏板移动至满行程时，前轮将转动最大到 7°。来自方向盘或是方向舵踏板的转弯输入通过一个循环索到达计量阀模块。来自方向盘或者方向舵踏板的转弯输入通过控制钢索到达计量阀，这将产生一个输入，它通过求和机构来移动转弯计量阀。这将使液压通过旋转阀到达操纵作动筒。

其工作原理：作动筒通过活塞两侧不同的压力来带动前起落架机轮，它的移动范围是 0°～78°。

1）前轮转动：0°～23°

高压来流到达一个作动筒的全径端，到达另一个作动筒的环面端。这使得一个作动筒伸展，一个作动筒收缩，通过扭力臂带动前起落架机轮转动。

2）前轮转动：23°～78°

当机轮转动到 23°时，旋转阀转动，为收缩的作动筒两边传送压力。拉伸的作动筒继续拉伸来转动机轮，之前收缩的作动筒也开始拉伸，此时两个作动筒同时拉伸，这就允许前起落架转到 78°。图 6-42 为 B737 飞机前轮转弯液压操纵系统简图。

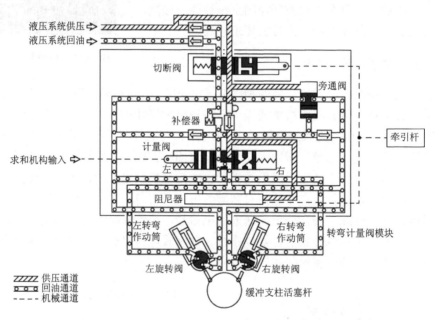

图 6-42　B737 飞机前轮转弯液压操纵系统简图

2. 电传液压式

1）ARJ21 前轮操纵减摆系统

图 6-43 所示为 ARJ21 前轮转弯液压操纵系统简图。

由图可知该前轮转弯操纵系由一个单向阀、一个过滤器、一个选择阀、两个回填阀、一个分流阀、两个减摆阀、一个蓄能器、一个压力维持阀、一个伺服阀以及一个转弯作动筒组成。

各个组件的作用如下。

（1）单向阀。安装于液压区的供流口，它允许高压来流到达液压区，防止流向相反的方向。它帮助压力维持阀使前轮转弯操纵系统内的压强在液压源供给不可利用时维持一定的值。

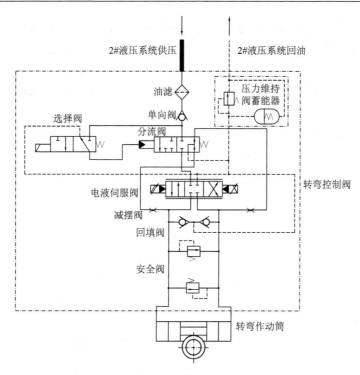

图 6-43　电传液压前轮转弯液压操纵系统

（2）过滤器。用于拦阻下游部件的污染物。

（3）选择阀。用于隔离伺服阀中的液压，直到它被激活。

（4）回填阀。用于防止低压时回路中出现空穴现象。

（5）分流阀。在转弯模式下使两个作动筒的液压通路相互隔离，在出现空穴现象时，该阀允许作动筒的通路与蓄能器连通。

（6）减摆阀。安装在两个工作通路中，它们既可以共同操作也可以单独操作来控制液压流体在通道中的流动。这些阀门有 2 个功能：①使工作通路的回流减少到一个指定值；②当压力超过一定的限制时，允许工作通路中的回流增加。

（7）蓄能器。用于防止液压系统中出现空穴现象。

（8）压力维持阀。安装在蓄能器和出油口之间，它的作用是使液压区中的压强维持为一个指定的值。

（9）伺服阀。使液压与作动筒隔离，直到出现转弯输入，此时，①伺服阀使各个作动筒的一端高压来油连通以获得要求的转弯方向；②控制液流速度以获得需要的转动速度；③让各个作动筒的另一端与低压回路连通使作动筒中的活塞运动。

（10）齿轮齿条式作动筒。通过作动筒内活塞的运动带动齿条平动，进而使与之啮合的齿轮转动，再通过扭力臂带动前轮转动，从而实现前轮转动。

手轮转弯或脚蹬转弯时，手轮下的角位移传感器或脚蹬下的角位移传感器发出指令信号给转弯控制组件 SCU，SCU 对该指令信号和安装于前起落架上的位置反馈传感器发送的位置信号进行比较处理后，控制转弯控制阀内的电液伺服阀，使压力油流入转弯作动筒相应一腔，推动活塞运动，通过齿轮、齿条及扭力臂带动前轮偏转，使前轮达到指定转角。手轮转弯时，前轮转角最大可达±66°。脚蹬转弯时，前轮转角最大可达±8°。

当电控转弯失效时，系统自动转换为自由转向模式，驾驶员采用差动刹车等方式使飞机转向。在轮胎爆破等紧急情况下可以按压正、副驾驶盘顶端的 DISARMING 按钮，使前轮转弯系统转换到自由转向模式。

减摆功能是通过转弯控制阀内的节流阀实现的。当飞机地面牵引时，转弯系统也处于自由转向模式，自由转向时，最大正常牵引角为 66°。

2）A330 前轮操纵减摆系统

A330 宽体客机转弯系统是电液伺服系统。在液压系统内，电子元件将转弯输入提供给电液阀，电液阀控制液压流体的流动，这些液压流体流过带动转弯机构的液压作动筒。系统内的反馈传感器为转弯机构提供修正位置信号。

（1）系统组件。

安装于前起落架上的组件包括：①一个旋转换向阀；②一个液压区；③一个换向阀；④一个伺服阀；⑤两个转动换向阀；⑥两个转向作动筒（单杆作动筒）。

（2）转弯输入。

它的主要的转弯输入来自两个方向盘（各自位于飞行员的位置上），每个方向盘都可通过操纵一个传感器将信号发送给刹车转弯控制集合（BSCU），无论单独操作一个方向盘还是同时操作两个方向盘，飞行员都可以得到偏离飞机中心线的最大角度——72°。当飞机的地面速度超过 10n mile/h（1n mile=1.852km）时，可获得的最大角度将减少，减少量与在 BSCU 中规定的转弯控制/飞机速度法则成正比。

每个方向盘上都有一个用于隔离来自方向舵踏板输入的按钮，这就防止了飞机在被固定进行飞行前的舵板检查时发生转弯运动，可以减少前起落架的应力并防止轮胎磨损。在飞机降落过程中，如果需要，也可以使用该按钮。方向舵踏板（或自动驾驶仪偏航控制）同样可以提供转弯输入给 BSCU（通过飞行控制主电脑（FCPC）），但是该输入在起飞和着陆过程中是不同的。图 6-44 和图 6-45 分别为方向舵踏板和手轮操纵的最大允许转弯角度与飞机地面速度之间的关系曲线图。

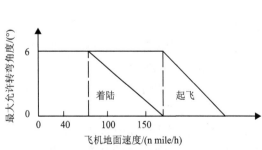

图 6-44　方向舵踏板的最大允许转弯角度
与飞机地面速度之间的关系

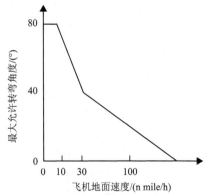

图 6-45　手轮操纵的最大允许转弯角度与飞机
地面速度之间的关系

①着陆。

在飞机从接触地面到速度降至 100n mile/h 这个过程中，前轮是不允许有任何偏离飞机中心线转动的。在飞机速度从 100n mile/h 降至 40n mile/h 这一过程中，前轮的最大允许转角从零按照线性比例逐渐增加，飞机速度在 40n mile/h 时达到最大，为 6°。在飞机的速度逐渐从 40n mile/h 降至 0 这一过程中，前轮的最大允许转角始终保持为 6°。

②起飞。

在飞机速度从 0 加速到 100n mile/h 这一过程中，前轮转弯的最大允许转角始终为偏离飞机中心线 6°。当飞机速度从 100n mile/h 加速到 150n mile/h 时，前轮的最大转角按照线性关系降至 0°。

当主起落架和前起落架的减震器没有受压时，转弯系统的控制会自动取消。转弯输入将被送到 BSCU，BSCU 通过输入计算需要的转弯角度、运动速度以及转动方向，随后 BSCU 提供控制电流以操纵系统中的电液阀。

BSCU 包含的功能有：①监测前轮转弯运动；②监测转弯系统，防止其发生故障和缺陷；③在飞机着陆前进行内部飞行测试；④当故障发生时隔离系统。

图6-46和图6-47分别为A330飞机前轮转弯操纵系统的简图和前轮操纵液压系统原理图。

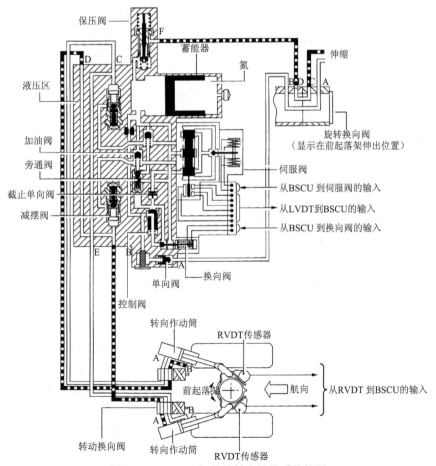

图 6-46 A330 飞机前轮转弯操纵系统简图

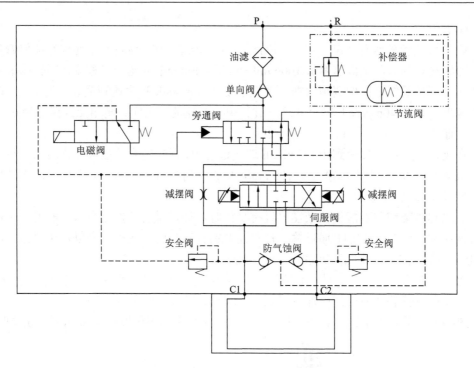

图 6-47　A330 前轮操纵液压系统原理图

（3）工作原理。

该前轮转弯系统有四种工作模式：动力转弯模式、自由转动、拖拽和显示。

①动力转弯模式。

在以下条件都满足时，前轮转弯是被允许的：

a）可获得绿色液压能源供给；

b）主起落架之一处于地面状态；

c）起落架舱门是关闭的；

d）防滑和前轮转弯开关是打开的；

e）有一个 ENG MASTER 开关是打开的；

f）拖拽杠杆被固定在飞行位置（而不是拖拽位置）。

当满足必要的条件时，BSCU 激活换向阀，释放控制阀中的控制压力，控制阀打开使液压通过伺服阀，BSCU 控制伺服阀（将线轴维持在中间位置）将液压与转向作动筒隔离。

当控制阀打开时，控制压力也会通过分流阀，两个转向作动筒的工作通路相互隔离。方向盘、方向舵踏板或者自动驾驶仪发出一个转弯输入时，数据将到达 BSCU，随后，BSCU 会计算伺服阀的控制电流（需要的角度与前轮的正确位置之间的差别）。这样做是为了获得需要的转弯方向和旋转速度。然后，BSCU 开启伺服阀将液压与正确的工作通路连通。同时，伺服阀传感器（LVDT）将数据传到 BSCU 的监测通道。

高压来流通过液压区和转动换向阀到达每个转向作动筒需要的端部。这样做可获得如下的转弯方向：

　　a）0～17°，高压来流通过一个作动筒的全径端，通过另一个作动筒的环面端；

　　b）17°～最大转弯角度，高压来流通过两个作动筒的全径端。

　　在该操作过程中，液压流体从转向作动筒中流经相关减摆阀中的限制器，随后流到回路。如果产生一个更大的力，分流阀也可以使工作通路相互连通，并使工作通路和回路连通。流体到达另一个减摆阀和回路，使得两个作动筒的压强一样。如果在其他工作通路中发生空穴现象，相关的回填阀将打开以增加流体的压强，蓄能器中的压强和工作通路中减少了的压强使该阀打开。

　　当前轮与需要的转向角度不一致时，BSCU 将做一个转弯修正，它控制伺服阀使前轮到达正确的位置。

　　当前轮的转向管转动时，传感器（RVDT）将准确的转弯角度数据传到 BSCU（命令和监测通道），在前轮靠近设定的转向角度的过程中伺服阀的控制电流逐渐减小。当前轮到达需要的转向角度时（或最大转向角度），伺服阀断开。

　　②自由转动。

　　当以下情况发生时，BSCU 断开换向阀：

　　a）防滑和前轮转弯开关关闭；

　　b）BSCU 不能控制系统（由于某些指定的失效发生）。

　　当这些发生时，转弯机构就能够自由转动，在自由转动过程中，作动筒中的液压流体可以通过减摆阀和分流阀从一个作动筒流到另一个作动筒。这些阀在动力转弯模式用同样的方法操作，只是当时分流阀在压强降低时才能操作。填充阀也是用同样的方法进行操作来防止出现空穴现象。

　　③拖拽。

　　在拖拽过程中，前轮向左或向右偏离飞机中心线的角度可以达到最大值。在下列情况中飞机可以被拖拽：

　　a）刹车制动器被关闭（电子箱的指示灯没有亮）；

　　b）杠杆（位于电子箱内）被设定在牵引位置并且安全销 5115GC 被插上了。

　　当前轮离开飞机中心线时，每个作动筒的活塞杆都将按照需要拉伸或收缩，当活塞杆运转时，它们将液压流体从每个作动筒的一端移动到另一个作动筒相反的一端。液压流体流向减摆阀的下游，一小部分液压流体流经减摆阀到达分流阀，使转向作动筒的两个工作通路相互连通。分流阀这样做可以允许作动筒活塞两侧的容积不同。

　　当转弯角度超过 17° 时，两根活塞杆同时拉伸。同时，蓄能器将系统内的液压流体保持充满状态。拖拽完成时，安全销被移除并且电子箱内的杠杆回到飞行位置。如果前轮不与飞机中心线一致，当系统有效时，BSCU 将把它们移到中间。

　　④显示。

　　如果 BSCU 不能控制系统（由于某些指定的故障发生）：

　　a）发动机/警告显示器显示前轮转弯机构失效；

　　b）系统显示器显示标有前轮转弯机构的转动页面（黄色的）；

　　c）将发出一阵可听见的单音节乐声；

　　d）MASTER CAUT 灯亮起。

如果防滑和前轮转弯操纵开关关闭：

a）发动机/警告显示器显示 A/SKID & NWS OFF；

b）轮转页面显示 NW STEER；

c）将发出一阵可听见的单音节乐声；

d）MASTER CAUT 灯亮起。

当满足前轮转弯的条件时，BSCU 会激活选择阀，将分流阀打开，使高压液流进入伺服阀。由于此时还没有转弯输入，因此 BSCU 会控制伺服阀（将位于伺服阀中的片轴维持在中间位置）使液压与齿轮齿条式作动筒相隔离。此时分流阀使各个旋转作动筒相互隔离，为实现转弯功能做好准备工作。

当方向盘、方向舵踏板或是自动飞行系统产生一个转弯输入，并把数据传到 BSCU时，BSCU 将自动计算伺服阀的控制电流（取决于要求的转角与前轮的实际位置之间的偏差），这将获得要求的转动方向和转速。BSCU 通过伺服阀控制液压流向正确的通路，推动齿轮齿条式作动筒运动，从而带动轮轴转动。同时，伺服阀传感器将反映伺服阀中的线轴位置的数据反馈到 BSCU 的监控通道中去，从而达到伺服控制的目的。

高压油液可通过液压通路到达需要的齿轮齿条式作动筒端部，从而获得需要的转动方向。在这个操作过程中，液压流体从作动筒中通过相应的减摆阀中的限流器流回回路。减摆阀通过减少流体的速度来达到减震的目的。

如果外力引起有害的角度变化（当飞机以高速运动时），相应的减摆阀将起到减压阀的作用，这样做使得更多的液压流体从作动筒中流回回路。当产生更大的外力时，安全阀将把该通路与另一个通路和回路连通，这将造成液流到达另一个减摆阀和回路以使得两个作动筒中的压力相等。如果另一个通路中发生气穴现象，相应的回填阀将打开以增加液压。由于蓄能器中有一定的压力，当通路中压力减少过多时，回填阀将自动打开。

当前轮与需要的转角不一致时，刹车转弯控制集合将发出一个转弯修正。通过控制伺服阀使前轮到达正确的位置。

当前起落架的前轮转动时，起落架上的传感器会发送正确的转角数据到刹车转弯控制集合（命令和监控通道），在前轮逐步接近要求转角的过程中，伺服阀会相应地减少控制电流。当前轮到达要求的转角时，伺服阀自动断开，输入电流为零。采用综合电传控制技术，将前轮转弯的手轮操纵控制、方向舵脚蹬与前轮操纵的联动控制和差动刹车功能均由一个控制器实现综合控制，确保飞机的正确航向和着陆安全。图 6-48 和图 6-49所示分别为 BSCU 飞机起落架系统刹车部分和转弯部分的结构简图。

6.6.3 大型宽体客机前主轮协同转弯系统

飞机前轮转弯系统作为一种飞机起飞和着陆的保障装置，其良好的地面机动性和滑行稳定性是其主要功能特点，在民用客机中已广泛应用。但宽体客机由于体型较大，在进行机动转弯时，主起落架后排机轮会远离主轮转动中心，因此会导致轮胎产生严重的侧滑现象。轮胎的侧滑会大大缩减轮胎使用寿命，同时会造成起落架遭受额外的侧向应力，对起落架结构造成的安全隐患。国外的宽体客机，主轮多采用多轮小车式结构。如A380、B777 等较大宽体飞机，系统供应商通过采用前轮与主轮协同转弯的先进技术成功解决了主轮胎侧滑这一技术难题。

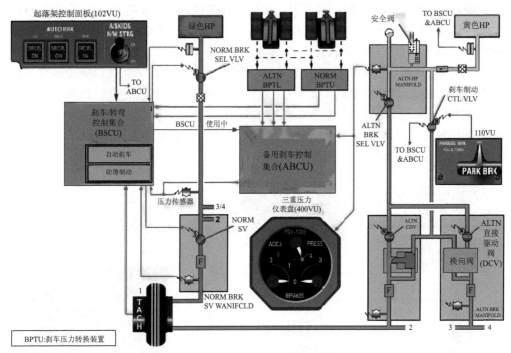

图 6-48　BSCU 飞机起落架系统（刹车部分）

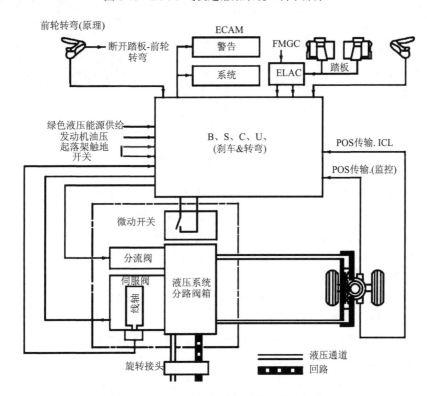

图 6-49　BSCU 飞机起落架系统（转弯部分）

以 A380 为例对主轮协同转弯控制系统进行说明。

A380 飞机是超大型四发、双通道、双层宽体客机，其液压能源系统采用绿（G）、黄（H）两套液压系统和 E1、E2 两套电作动系统，其前轮转弯系统由绿色液压系统驱动，主轮协同转弯控制系统由黄色液压系统驱动。

A380 主轮协同转弯系统原理如图 6-50 所示。系统压力主要由发动机驱动泵（EDP ENG），或者电机驱动泵（EMPs）提供。主轮协同转弯系统由机轮转向控制系统（WSCS）实施控制和监控。主轮协同转弯控制系统的启动取决于前起落架机轮的转角：只有当前前起落架机轮转角超过 20°且飞机的速度小于 30kn（1kn=1.852km/h）时，主轮协同转弯控制系统才会有效且转弯角度不超过±15°。

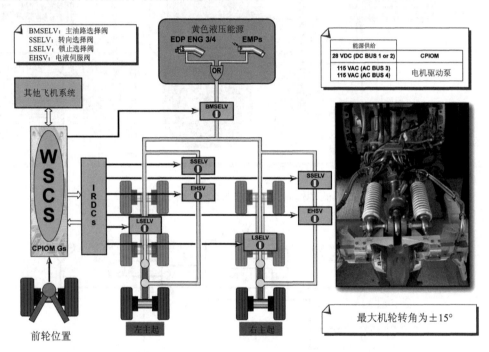

图 6-50　A380 主轮协同转弯系统

WSCS 通过控制主油路的选择阀 BMSELV 实现液压主轮协同转弯控制系统油路液压油的通断；通过控制左右两个转向选择阀（SSELV）的开启和关闭实现左右转向机轮的选择作动；通过控制电液伺服阀（EHSV）实现系统对机轮转向作动器压力的控制；通过控制锁止选择阀（LSELV）实现对转向机轮作动器的锁死。

A380 起落架系统的转弯是通过控制前轮和机身机轮的后轮一起完成的，但主要是前轮。前轮转弯采用了传统的推挽作动设计，而机身机轮后轮的转弯保证了飞机具有良好的操作性和灵活性，并能实现小角度转弯。

A380 的转弯控制系统框图如图 6-51 所示。转弯控制系统采用 CPIOM-G 模块，组件 1（G1、G3）和组件 2（G2、G4）是互为余度备份的关系，也就是在航电系统设计上经常提到的激活（active）/热备份（stand-by）。两者之间用 AFDX 总线相互通信，一旦处于激活状态的一边出现故障，处于热备份状态的另一端立即切换至激活状态。以组件 1 为例，G3 和 G1 分别是转弯控制系统的控等交联，G1、G2、G4 和 RDC 的交联制和监控通道，G3 与转弯选择阀、RDC 与 G3 相同。

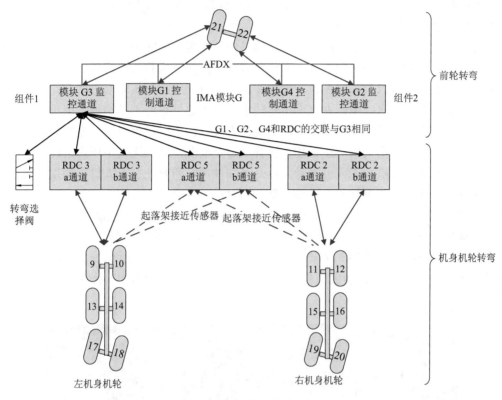

图 6-51　转弯控制系统框图

6.7　多电/全电起落架作动系统

多电飞机是指通过电力系统取代原有的液压、气压和机械系统等飞机技术，是全电飞机发展的一个过渡过程及其必经之路。多电飞机的研究水平是一个国家综合技术水平的体现，同时也是经济发展水平的重要象征。多电飞机系统的元件有足够的自检能力，易于场外的维护，所需要的试验设备也很少。这主要得益于取消了更换油滤、添加液压油等定期维护工作，且电气参数本身易于监测，电力作动系统中的微处理机内具有很强的机内自检能力。此外，多电飞机还使得飞机的飞行适应任务范围扩宽。这主要是由于数字飞行控制系统是软件驱动的，飞机可以通过直接而快速的软件改变来实现最新控制规律和适应其他的飞行任务。

与传统飞机相比，多电飞机在可靠性、可维修性、生产使用费用、舒适性、系统升级能力、对环境的影响等方面都有质的提高。据估计，飞机飞行控制面采用电力作动控制后，可使民用全电飞机的燃油消耗节省 5%～9%，地面设备减少 50%。军用战术飞机的起飞总重减少 272~454kg，飞机受轻武器攻击的受损面积减少 14%。另据预测，采用全电技术后，战斗机的维护人力可减少 15%，寿命期成本可减少 8%~9%，易损性可减少 20%，对于 F-16 飞机平台，电力系统的可靠性可提高 4 倍，对于 F35 这样的平台来说，飞机起飞总重可减少 8%，由于减少了地面保障设备，部署要求可减少 20%，飞机的维护将由 3 级维护变为 2 级维护。

目前，多电飞机技术已在航空领域得到了广泛应用。但在起落架系统领域，由于作动功率和阻尼力的要求和限制，其多电化发展处于整个飞机系统的落后状态，即使是最先进的 B787 客机，除刹车系统外，收放和前轮转弯仍采用液压驱动方式。对于大型飞机，油源系统在整个飞机中所占比重相对较小，故紧迫性可能不是很强。但是，通用飞机及无人机重量轻，操纵力矩较小，且在飞机主操纵面上采用机电作动系统较成熟。如果仅仅在起落架系统上采用液压系统，将背负整个油源，其在飞机中所占的比重较大。因此，为降低通用飞机及无人机重量，提升系统性能，研制能在无人机、通用飞机及新型电动飞机上使用的多电起落架系统更有迫切性。

国外在起落架电动收放、电动转弯与减摆、电刹车、电驱动地面滑行等方面进行了大量研究，部分已投入实际应用阶段。目前在起落架子系统中应用全电技术处于领先地位的是刹车系统，B787 即采用了全电刹车系统。图 6-52 所示为 B787 全电刹车系统中采用的电作动机构和全电刹车装置图，图 6-53 所示为 B787 全电刹车系统原理示意图。

图 6-52　B787 电作动机构和全电刹车装置图

在 A380 的收放系统中，也采用了机电解锁器作为收放系统锁机构的解锁作动装置，如图 6-54 所示。

虽然在收放系统锁机构中已有机电作动器使用，但对于负责起落架收放动力的机电作动器所能提供的推力大小、作动行程及自身尺寸和重量是实现全电收放系统的关键和难点。大型民机收放所需要的作动力预估计为几吨甚至十几吨的量级。机电作动器的这一性能关系到收放机构的设计，也决定了机电作动器最终是否能完全取代液压作动器。目前国内外对于收放作动机构采用电作动机构的研究仍处于理论研究和试验研究阶段，在某些无人机上已实现初步应用，如图 6-55 所示，其全电收放控制系统简图如图 6-56 所示。

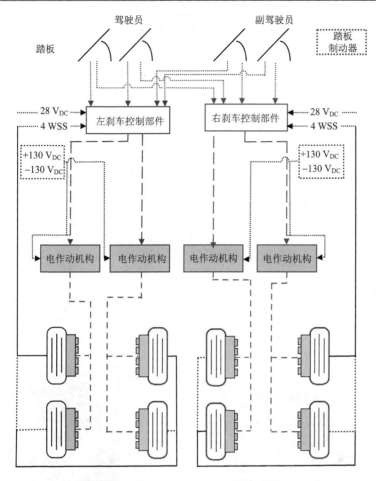

图 6-53　B787 全电刹车系统原理示意图

图 6-54　A380 机电解锁器

图 6-55　某无人机全电收放作动筒

国外科研机构 DRESS 对机电前轮转向系统进行探索，完成了前轮转弯系统的初步设计，如图 6-57 所示，其控制系统电路板如图 6-58 所示。

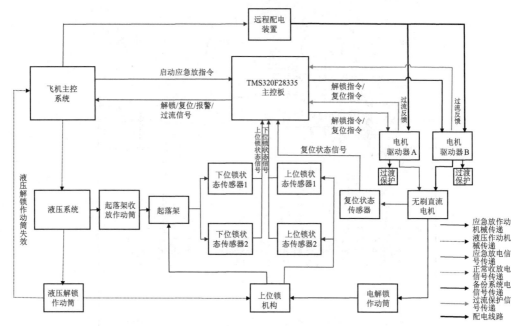

图 6-56　某无人机全电收放控制系统

图 6-57　全电式前轮转弯操纵作动机构

图 6-58　全电式前轮转弯电子控制系统电路板

　　通过对试验样机一系列的性能测试,该机构预测机电一体化将显著提高前轮转弯机构的可靠性和可用性,除此之外,将转弯系统和自动地面导航系统协调合作,将显著提高飞机的地面操纵性,使航空运输更加有效。试验现场图如图 6-59 所示。

　　霍尼韦尔国际公司、赛峰集团、空中客车公司共同开发了飞机绿色电动滑行(electric green taxiing system, EGTS)方案,该方案使用安装在主起落架机轮的牵引电机实现拖动,并在飞行员操作下滑行至跑道端。EGTS 技术借助飞机辅助动力装置的电力驱动位于主起落架机轮上的两台电动马达(图 6-60),飞机在不使用主发动机的情况下实现自主后退和滑行。霍尼韦尔国际公司和赛峰集团称:EGTS 技术现阶段测试表明该技术可以加快滑行速度,提高经济效益,减少环境污染和地勤人员风险,且随着电机功率密度大幅提升,动力机轮效率也将越来越高。该方案可为每次飞行节约多达 4% 的航程燃油消耗,并降低高达 75% 的碳排放和高达 50% 的氮氧化物排放。

图 6-59　全电式前轮转弯操纵系统试验现场

图 6-60　霍尼韦尔和赛峰集团携 EGTS 技术参加珠海航展（2014 年）

习　　题

6-1　简述飞机起落架系统的主要功能。

6-2　简述起落架系统的组成。

6-3　简述起落架缓冲系统的设计要求。

6-4　简述对起落架收放系统的要求。

6-5　简述起落架收放系统的功能原理

6-6　简述应急放下起落架装置及应急放下方式。

6-7　飞机刹车系统按作用分为哪几类？

6-8　什么是机轮打滑与滑移率？什么是机轮与地面的结合力？主要影响因素有哪些？

6-9　简述防护刹车控制系统的主要作用。目前主要的防滑控制方式有哪几类？

6-10　简述目前对飞机前轮转弯操纵系统的功能要求。

6-11　简述前轮转弯机构结构形式。

6-12　简述 ARJ21 飞机前轮转弯操纵系统工作原理。

6-13　简述 A380 飞机前主轮协同转弯系统工作原理。

6-14　简述多电全电起落架作动系统的发展现状。

第7章 人机与环境控制系统

7.1 人机与环境控制系统概述

人机与环境控制系统的基本任务是：在各种不同的飞行状态和外界条件下，使飞机的驾驶舱、旅客舱、设备舱及货舱具有良好的环境参数，以保证机组人员、乘客的正常工作条件和生活环境，确保设备的正常工作及货物的安全。人机环境参数主要包括座舱的空气温度、压力和压力变化率等，其他还包括空气的流速、湿度、氧分压、清洁度和噪声等。为保证座舱内部条件良好，应使这些参数维持在规定的范围内，因此必须采取相应的技术措施，需要各种机械和自动控制装置及安全保护设备。除上述与舒适度有关的功能外，人机与环境系统还提供除雾、防冰、排雨、抗过载等功能。

7.1.1 低气压对人体的影响

低气压对人体有以下 4 个方面的影响：①减压症；②高空胃肠胀气；③体液沸腾；④肺损伤。下面分别叙述。

1）减压症

减压症是指由于环境压力的降低，使溶解在肌体中的氮气过饱和游离出来形成的气泡所导致的综合症状。这一症状在航空航天和潜水活动中常见。诱发减压症的外部环境因素有 2 个：①环境压力低于某个值。②环境压力降低过快。这使得体内氮气来不及排到体外而形成气泡，只要减压速度适当，可避免此类减压症。

2）高空胃肠胀气

高空胃肠胀气是一系列症状的总称，其主要表现为腹胀和腹痛，无明确的发生阈限高度，在较低高度即可能发生。高空胃肠胀气的原因有：①胃肠气体膨胀。②胃肠道机能差。因个体差异，排泄不畅，影响排气功能。③食物产气。有些食物易于产气，增加了胃肠道内的气体总量。

3）体液沸腾

液体的沸点随着压力的降低而降低，当液体压力低于体温所对应的饱和压力时，液体就会沸腾，产生体液沸腾现象。在大气高度为 19km 时，标准大气的压力为 6.47kPa，对应水沸腾的温度为 37.4℃，而人和恒温动物的体温均为 37℃左右。因此，当高度超 19km 时，暴露的人或其他恒温动物会产生体液沸腾现象。

4）肺损伤

当飞行器爬升或下降速率过大时，肺内气压与环境压力相差很大，肺内支气管、微气管会受到损伤。肺损伤的基本条件是：①减压时间过短。一般快速减压或爆炸减压，时间在几十毫秒至 1 秒之间。②减压幅度过大。③肺脏和呼吸道的机能状态欠佳。

7.1.2   温湿度对人体的影响

人是恒温动物,为了维持正常的生理机能,体温只在一个很小的范围内变动。人体最大的生理性体温变动范围为 35～40℃。在非感染性病理发热的条件下,体温上升到 38.3℃以上则为轻症中暑;体温上升到 40℃时,称为体温过高,此时出汗停止,出现重症中暑,如果不采取措施,则体温将迅速上升;体温升到 42℃以上时,身体组织开始受到损伤;一般认为人的最高致死体温为 45℃。相反,如果人体核心体温下降到 34℃以下时,就会产生健忘、讷吃和定向障碍等严重症状;当体温下降到 30℃时,全身会剧烈疼痛,意识模糊;体温降至 28℃以下会出现瞳孔反射、意识运动丧失、深部腱反射和皮肤反射全部消失,濒临死亡。

图 7-1 所示为人体和周围环境之间的热量交换,主要包括四个途径:与其他壁面之间的辐射换热、与空气之间的热对流、皮肤等部位的蒸发吸热、和接触物体之间的热传导。从换热途径可以发现人体周围空气的温度、湿度对人体换热具有重要的影响。适宜的温湿度环境不仅能使人保持正常的热平衡和舒适感,还能确保正常的人-机功效。因此,设计和控制座舱温湿度环境,当发生应急情况时,能提供行之有效的保护措施是航空航天工程中的关键技术。

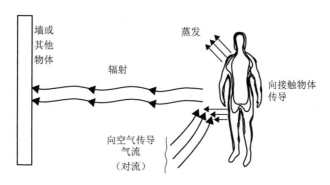

图 7-1   人体和环境的热交换

7.1.3   座舱压力条件及要求

飞行器在高空飞行时,外界环境及舱内环境等都存在着威胁人员生存的各种因素,为了保证飞行安全和舒适,现代飞行器广泛采用气密座舱。所谓气密座舱,是指与外界大气环境隔离,气密性足够,压力、温度、湿度、通风换气条件等均控制在适宜的范围内,以保证驾乘人员生存和正常工作、设备处于正常工作的特殊环境空间。

飞行器座舱内压力选择主要考虑以下 4 个方面。

(1)为了避免人员缺氧,需要有足够的氧分压。对缺氧性缺氧(由于吸入体内的气体中氧分压低而引起的缺氧),以进入呼吸道气体中的氧分压(即气管气氧分压或肺泡气氧分压)为指标。

(2)为防止火灾,大气中需要有足够的惰性气体。大量的地面试验和载人航天的实践证明：纯氧环境着火危险性很大。

（3）避免减压病。对于航空飞行，舱内压力必须大于相应飞行高度上的外界大气压力，以防止乘员在低压环境下诱发的减压症。载人航天实践证明：舱外活动是宇航员的一项重要工作。为了完成舱外活动任务而又避免减压症，乘员舱压力的设置应综合考虑航天服的压力及宇航员出舱活动前的预吸氧方案。

（4）人类生活习惯及其他因素。根据人类的生活习惯，地面大气压力下氧体积分数为21%的氧氮混合气体是乘员舱大气的理想选择。

一般情况，飞机在地面状态座舱内外压力保持一致，随着飞行高度的增加，为了兼顾座舱内外压差所带来的结构载荷和人员的安全性和舒适性，座舱内的压力随着高度变化而变化，这一变化程序称为座舱压力制度。座舱内的压力也可以用座舱高度表示，座舱高度是指座舱内部气压所对应的标准大气压力高度。不同种类的飞机，执行的任务不同，采用的压力制度也不同（图7-2）。

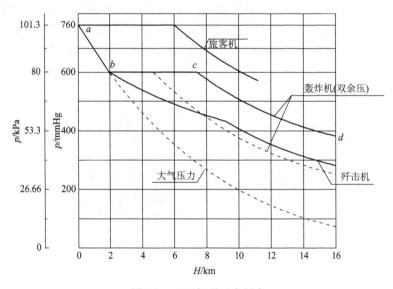

图 7-2　不同机型压力制度

1）军用飞机

一般军用飞机舱内高度选择的主要因素是防止诱发人员的减压症和结构的爆炸减压，不是防止高空缺氧。对于大多数人来说，减压症发生于8km左右的高度；当舱内压力对应的高度大于3~4km时，舱内人员必须使用氧气设备。对于高性能歼击机，为保证良好的机动性能，必须采用低余压制度，一般舱内外压差控制在29.3~36kPa之间。轰炸机由于续航时间较长，执行任务时可能有受损伤而产生爆炸减压的危险，因此，采用双余压制度，即续航过程中采用高余压制度，舱内外压差控制在40.53~72.39kPa之间；战斗时采用低余压制度，舱内外压差控制在39.2kPa。这样既可以满足长时间续航过程中的座舱环境的舒适性，又可保证战斗时的安全性。

2）旅客机

旅客机的压力制度制定时主要考虑舱内驾乘人员的舒适性要求，并防止高空缺氧症。因此，旅客机巡航时的舱内压力对应高度一般不超过 2.4km，采用高余压制度，舱内压力控制在 81.46～101.3kPa 的范围内。对于某一机型，舱内的压力制度还要根据该机型的实用升限来确定。例如，当飞机升限为 12km 时，若舱内余压选用 81.46kPa，则舱内外余压最大可达 62kPa。表 7-1 为国外几种客机和运输机座舱高度和最大余压值数据。

表 7-1　国外几种客机和运输机的座舱高度和最大余压值

机种	最大巡航高度/m	座舱高度/m	舱内外最大压差/kPa
波音 737	11278	2438	59.3
波音 747	12802	2438	63.8
波音 757	10973	2286	61.7
空客 310	12497	2438	60.7

座舱压力的变化速率及其持续作用时间的长短会对人体产生明显的影响，可引起特殊的疼痛感。如飞机爬升、下降和供气量变化时，座舱内空气的绝对压力将发生变化。压力的急剧变化对人的中耳有很大影响。因此，须控制飞机的爬升和下降速率。

对于旅客机、运输机，座舱压力增加速率要求控制在 18～21.3Pa/s，减压速率要求控制在 21.3～42.7Pa/s；对于军用飞机（歼击机、轰炸机），增压速率要求控制在 0.40～0.67kPa/s，减压速率要求控制在 0.67～1.333kPa/s。

7.1.4　座舱温湿度条件及要求

适宜的舱内有限空间气候环境对保证驾乘人员的身体健康、高效工作和完成任务等具有重要意义。无论是飞机还是航天飞行器，乘员舱气候环境都是受控的，其各参数的选择必须在人体的舒适范围内。有限空间气候环境参数除压力外，主要指舱内空气温度、湿度、舱壁温度和风速，以及它们的综合指标，如有效温度、三球温度等。

乘员舱的热源主要来自宇航员的代谢产热、舱内仪器设备工作产热、太阳辐射热和气动热等。这四种热源的产热率是不断变化的，例如，宇航员的产热率可从睡眠时的大约 80W/人到运动时的 300W/人，甚至更多。因此，乘员舱环境控制系统应具有排热、排水汽和适当通风的能力，使舱内人员处于舒适状态。

1. 舱内温度条件及要求

在各种不同飞行条件下，为保证舱内适宜的温度环境，需要对舱内进行必要的加温或冷却，舱内温度条件的要求主要根据飞行器的类型及其工作要求而定。

1）旅客机

为保证旅客的舒适，要求舱内空气温度控制在 15～26℃，对于大多数乘客，最适宜的温度范围为 20～22℃，舱内任意两点的温度差不超过 3～5℃。此外，为改善驾乘人员的舒适感，舱内壁表面与空气之间的温度差要求不大于 3℃。

2）歼击机

对于军用飞机，驾乘人员较少，要求控制的温度是飞行员身体周围的环境温度，所以需要用飞行员周边温度来规定或表示。飞行员周边温度用 t_{pe} 表示，是指飞行员周围规定点所测温度的算术平均值。

通常在冷却条件下，飞行员周边温度在高湿度状态下可规定约为 24℃，在低湿度状态下可规定约为 29℃。规定这些温度值的目的在于避免飞行员智力和体力下降。

2. 舱内湿度条件及要求

较理想的舱内相对湿度范围是 30%～70%，根据舒适度要求，最好控制在 50% 左右。高空飞行时，外界大气十分干燥，舱内空气湿度很低，使人体感到不舒适，眼、鼻、喉可能因干燥而感到不适，但若在飞机空调系统中加装加湿设备，一方面会增加飞机的重量，另一方面由于飞行过程中高空大气的温度一般比座舱温度低很多，因此在飞机蒙皮内侧会产生水蒸气冷凝的现象，冷凝水很难排出，滞留在飞机内壁和绝热层内，会腐蚀飞机结构。现代军用飞机飞行员在高空飞行时使用氧气面罩，故一般短时间执行任务可不加湿，大多数短途飞行的旅客机也不加湿。对于续航时间长的飞机，为保证空勤人员的良好工作环境，驾驶舱内往往需要加湿，但客舱一般也不加湿（特殊要求除外）。其原因是客舱内乘客较多，乘客呼出的水蒸气会使客舱内保持一定的相对湿度，因此不需要加湿。例如，美国 DC-8 客机，冬天高空飞行时，乘客满度为 80%，没有加湿装置，客舱内的相对湿度为 8%～10%，驾驶舱为 5%～6%，大多数旅客无不舒适感。

对于飞行高度超过 10km，飞行时间超过 12h 的飞机或航空急救运输机等特殊用途的飞机，在空调系统中，需要加装加湿设备，给驾乘人员所处的环境加湿。为了保持舒适环境，相对湿度的下限通常取为 30%。

7.2　座舱压力调节系统

7.2.1　座舱增压气源形式

由于现代飞机大部分都采用密闭座舱，座舱内压力大于大气压，为了调节座舱压力，必须向座舱内提供一定压力的气源。目前，作为座舱空气调节系统增压供气源的有以下 3 种形式。

（1）发动机或辅助动力装置压气机。

图 7-3 所示为现代民航客机典型气源布局，分别从左右发动机引气，中间由隔离活门（交输活门）隔断，并可在需要时联通。当隔离活门关断时，左右发动机分别为左右系统提供气源；当隔离活门打开时，可以用任一发动机的引气为两侧系统提供气源。此引气系统除了从发动机引气外，还有 APU 引气和地面气源引气的相关附件和功能。为了把从发动机压气机引气对飞机功率消耗和燃油消耗降到最低，许多现代旅客机采用从发动机压气机高、中级引气的方案。在大多数飞行条件下，空气由中压级引出，当中压级压力不足时，由压气机的最后一级引出。这种直接从发动机压气机引气的方式较为简单，

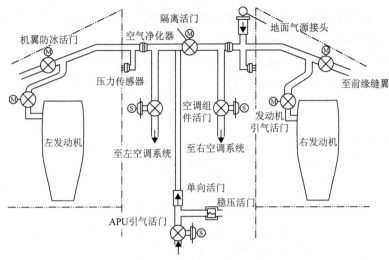

图 7-3　发动机压气机引气

其出口压力较高，不需要增压和传动附件，故组成的系统质量较轻。这种增压供气方法是目前喷气发动机飞机中应用最广泛的一种，但它的缺点如下。

①从发动机压气机抽出空气对发动机性能有一些影响。

②供气压力受发动机工况（如发动机转速、喘振放气等）影响。

③供出的空气可能受到发动机中燃料燃烧产物以及滑油的泄漏等污染（尤其是高压级引气情况下）。

（2）空气涡轮驱动的离心式增压器。

这种增压器的工作原理如图 7-4 所示，涡轮由发动机压气机提供的空气驱动，离心式压气机由涡轮驱动。这种增压器可提供清洁空气，供气压力不受发动机工况的影响，能保证座舱的正常增压，并且从发动机引出的空气量和压力可以调节，因此，它功率浪费较小。但这种形式的增压器与直接从发动机压气机引气的增压器相比，结构复杂，质量较大，供气压力较低。

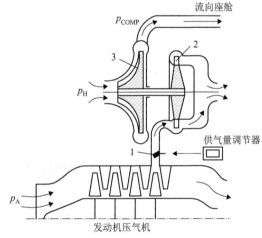

图 7-4　空气涡轮驱动的离心式增压器

1-供气量调节器的节气门；2-动力涡轮；3-离心式增压器

（3）独立增压器。

独立增压器根据增压器的原理可以分为容积式增压器和离心式增压器。容积式增压器有活塞式、叶片式、转子式和螺杆式等，作为座舱的增压器一般采用后两种。离心式增压器的工作原理是：使进入增压器的空气产生动能，增压器叶轮旋转时吸入的空气不仅被加速，而且在离心力的作用下不断被压缩，在扩压器内动能转变为压力能。离心式增式增压器的特点是供气量大，叶轮转速高（20000～35000r/min）。当座舱用气量大时，这种增压器较为合适。这种增压器的增压比，单级一般为 1.5～3.0，当单级出口压力不能满足要求时可采用两级增压器。

独立增压器根据轴功的来源又可以分为发动机轴驱动的独立增压器和电驱动的独立增压器。随着多电飞机技术的发展，电驱动的独立增压技术也逐渐受到了重视，波音 787 就采用了电驱动的独立增压器。

7.2.2   座舱压力控制

座舱压力控制系统一般包括座舱压力控制器和排气活门，其中座舱压力控制器是座舱压力控制系统的关键元件，是实现座舱压力制度的核心控制机构；实现 3 段式座舱压力制度需采用气动式座舱压力控器；而直线式座舱压力制度需要电子式座舱压力控制器。排气活门是座舱压力控制系统的执行机构，气动式座舱压力控制系统采用气动排气活门，电子式压力控制系统采用电动马达驱动的排气活门。

1. 气动式座舱压力控制系统

气动式座舱压力控制系统包括气动式座舱压力调节器和气动排气活门。座舱压力调节器可分直接作用式和间接作用式两种。它们都含有两个主要机构，即绝对压力调节机构和压力差调节机构。前者在飞行高度增大到一定程度后，使座舱内绝对压力保持不变或随高度升高而缓慢下降，后者使座舱内外的最大压力差保持一定，排气活门是配合座舱压力调节器实施座舱压力制度的执行机构。

1）气动直接作用式座舱压力调节器

这种座舱压力调节器，是由绝对压力调节机构和压力差调节机构直接控制放气活门来调节座舱压力的。它通常装设在通风量较小的气密座舱内，因此，客机上不能采用直接作用式座舱压力调节器。图 7-5 所示为按 3 段式座舱压力制度工作的直接作用式座舱压力调节器的工作原理，它的工作可分为 3 个阶段。

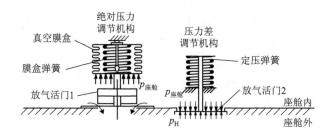

图 7-5   气动直接作用式座舱压力调节器的工作原理

第一阶段：从海平面到高度 H_1，座舱压力较大，使真空膜盒受到较大压缩而将放气活门 1 保持在最大开度位置。这时，进入座 H_1 舱的增压空气能顺利地经放气活门 1 排出机外，阻力很小，可以认为座舱内外无压差，即座舱压力与大气压力相等。

第二阶段：当飞行高度升高到 H_1 时，放气活门的开度恰好是座舱压力 $p_{座舱}$ 降到等于该高度的大气压 p_H，而源源不断进入座舱的新鲜增压空气则将呼吸过的废气经放气活门排出座舱，这时，膜盒上的气压作用力正好与膜盒及其弹簧的张力 $p_{弹簧张力}$ 平衡。

高度继续升高，膜盒继续将放气活门关小，排气阻力继续增大，即内外压力差随高度升高而增大，而座舱压力则保持为高度 H_1 的大气压力。

第三阶段：高度升高到 H_2 时，座舱内外压力差增大到规定的最大值，压力差调节机构开始工作。这时，放气活门 2 上的气压作用力与定压弹簧的初始张力相等。此后，高度继续升高，座舱内外压力差保持规定值。多余的气都经放气活门 2 放出，这时由于座舱压力小于高度 H_2 的气压，真空膜盒上的气压作用力总是小于膜盒弹簧张力，因此膜盒膨胀，将放气活门 1 全部关闭，在这阶段中，绝对压力调节机构不起作用，全靠压力差调节机构调节座舱压力。

直接作用式座舱压力调节器在现代大、中型客机中已无采用，如今客机上大多采用气动式、电子式或微机电动式的间接作用式座舱压力调节器。

2）气动间接式座舱压力调节器

这种调节器由绝对压力调节机构和压力差调节机构间接控制放气活门控制座舱压力。它的放气活门较大，适用于通风量较大的气密座舱。图 7-6 所示为一种气动间接作用式气动座舱压力调节器的工作原理。它包括压力调节盒和放气活门机构两大部分。

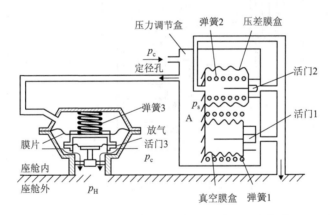

图 7-6　气动间接作用式座舱压力调节器的工作原理

压力调节盒有与座舱相通的限流小孔和通大气的管路，盒内有绝对压力调节机构和压力差调节机构。它们的放气活门 1 和放气活门 2 控制着调节和通向大气的管路。工作时，座舱内的一部分空气经小孔进入调节盒，再经活门 1 和活门 2 排入大气。从图中可以看出，压力调节盒就像一个带有直接作用式压力调节器的小型通风式气密座舱。高度变化时，绝对压力调节机构和压力差调节机构使调节盒内的气压按一定的规律变化，它的工作与直接作用式座舱压力调节器相同。

放气活门机构的工作由压力调节盒控制。薄膜上腔和调节盒相通，下腔则和座舱相通。由于活门 3 的重量和弹簧 3 的张力都很小，而薄膜面积较大，所以座舱压力只要稍微超过调节盒内气压，就可以打开活门 3，使座舱内多余空气排出。这样，当高度变化时，座舱压力就能跟随着调节盒内的气压按照座舱压力工作制度的规律变化。

2. 电子式压力控制系统

现代民航客机座舱增压系统具有正常压力控制和应急压力控制两大功能，其中正常压力控制系统为电子式压力控制系统。电子式压力控制系统原理如图 7-7 所示，系统主要包括：座舱压力控制面板、两台座舱压力控制器（互为备份）、排气活门、座舱压力传感器、安全活门及负压活门。

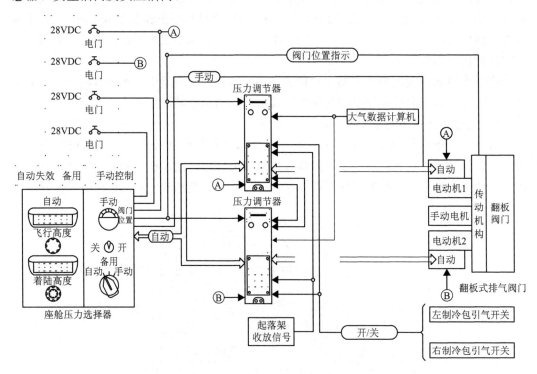

图 7-7　电子式压力控制系统工作原理图

座舱压力调节系统包含两个完全相同但相互独立的数字式控制器，每一个控制器均包含自动控制、驾驶舱自动控制及独立的手动控制电路。当选择的座舱压力控制器工作时，另一个座舱压力控制器作为备份，监控工作控制器的运行。座舱压力选择器完成飞机巡航高度选择、降落机场高度选择、自动/备用/手动工作方式选择、手动控制、自动失效指示、备用手动方式排气活门位置指示功能。排气活门是控制系统的最终执行机构，由电机控制器、电机、减速器、位置传感器及阀门本体组成，具有余度备份功能，同时具有手动操控的功能。

正常压力控制具有 4 种工作模式：自动模式、备用模式、人工交流模式和人工直流模式。正常工作为自动模式，备用模式为半自动，作为自动模式的备份，两个人工模式分别通过独立的电动马达直接控制排气活门，作为自动与备用模式的备份。所有工作模式都通过调节排气活门的位置，保持座舱压力为要求值。

在现代民航客机自动模式增压系统工作时，座舱压力控制包括地面增压环节、起飞增压环节、巡航控制环节、下降控制环节和着陆增压环节。飞机座舱高度在整个飞行过程中随飞行高度变化而变化的关系如图7-8所示,图中的实线*A-B-C-D-E-F*为飞机飞行高度曲线,称为飞行高度剖面;虚线*a-b-c-d-e-f*为飞机座舱高度曲线,称为座舱高度剖面。

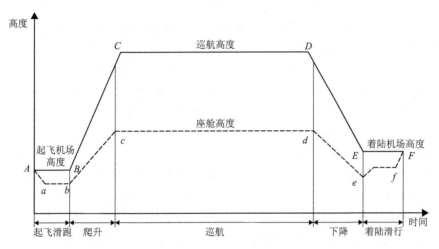

图 7-8　现代民航客机飞行高度剖面和座舱高度剖面

根据座舱高度剖面曲线,可得到现代飞机座舱增压系统的以下特点。

(1)飞机座舱在地面需要预增压。在飞机起飞滑跑段,座舱高度低于跑道高度(一般为 189ft(1ft=0.3048m),压差为 0.1psi),这种在起飞前(还包括着陆后)使座舱压力比机场场压还高的增压方式称为座舱预增压。主要目的是防止飞机姿态突然改变时引起座舱压力波动。因为飞机姿态改变,如飞机起飞由滑跑拉起时,排气活门出口反压也会突然变化,如果排气活门的开度很大,会导致座舱压力波动;当预增压后,排气活门开度减小,在起飞抬起前轮时,冲压气流不会对座舱压力产生影响。

(2)在进入巡航高度时,存在提前转换。飞机爬升到巡航高度前,当外界大气压力比预定巡航高度对应的大气压力高 0.25psi(即座舱余压值比正常余压值低 0.25psi)时,座舱增压系统提前进入等压控制段,之后飞机继续爬升到预定巡航高度。设置 0.25psi 转换压力的目的,是防止当飞机在巡航中因颠簸而掉高度时引起座舱增压控制系统的频繁切换,进而引起座舱内压力的波动。在高空,0.25psi 的压差,对应高度差约为450m,这意味着飞机巡航时只要瞬时下降高度不超过 450m,座舱内压力均保持稳定。当座舱的余压值再次出现比预定值低 0.25psi 时,飞机增压控制才转入下降程序。

(3)巡航中,需限制座舱的最大余压。在飞机巡航飞行中,座舱余压保持为正常余压。飞机跃升高度时,座舱余压会相应增大,当余压达到最大余压时,座舱高度随着飞行高度的增加而上升。

(4)爬升和下降时,座舱高度变化率需严格控制。飞机爬升时,座舱高度变化率受座舱高度变化率限制器控制,使座舱高度变化率不超过 500ft/min。飞机下降时,座舱高度变化率受座舱高度变化率限制器控制,使座舱高度变化率不超过 350ft/min。同时将着陆接地点的座舱高度目标值设置为比着陆机场高度低 300ft,防止着陆瞬间的冲击以及起落架减震支柱压缩、伸张行程引起的座舱压力波动。

7.3 座舱温湿度调节系统

为了满足座舱内的压力、温度、湿度和通风换气等要求，需要采用飞机座舱空气调节和增压系统。供给座舱的空气一般由发动机压气机或座舱增压器提供，所提供的增压空气具有很高的压力和温度，对于座舱的增压和加温都比较方便，因此制冷系统是飞机座舱空调系统中的重要组成部分。本节将重点介绍飞机的制冷系统。

根据座舱和设备冷却的需要，飞机空调主要采用空气循环制冷系统和蒸发循环制冷系统。空气循环制冷系统的性能系数比蒸发循环制冷系统的要小，经济性也不好，在目前一般的地面普冷领域里很少应用，但它在飞机上具有一定优势，原因是飞机上发动机的压气机代替了压缩机，小型高速冷却涡轮代替了膨胀机，使空气循环系统的机械尺寸和质量大大减小。虽然空气循环制冷系统性能系数较低，但由于其系统质量轻、尺寸小、可靠性高、检修和维护工作量少、系统调节和控制方便，尤其是冷却工质（空气）可同时输入座舱作为增压通风之用（即增压通风和冷却由同一系统来完成），因此，空气循环制冷系统在飞机上获得了广泛应用。

蒸发循环制冷系统初期在旅客飞机上得到了应用，以保证飞机在地面和高空均有较好的制冷效果。其主要优点是性能系数高，功率消耗较小；主要缺点是结构复杂、质量大。由于这些缺点的存在，蒸发循环制冷系统在旅客飞机上逐渐被淘汰。随着电子设备功率密度逐渐增加，为了减少飞机性能代偿损失并节能、节省飞机燃油等特点，蒸发循环制冷开始在新一代的战斗机中逐渐被重视起来。

7.3.1 空气循环制冷系统

目前，飞机制冷系统以空气循环制冷系统为主。空气循环制冷系统利用高压气源供来的空气，通过冷却涡轮，在涡轮中膨胀做功，使空气本身的温度和压力大大降低。为了消耗这部分功，涡轮可以带动风扇、压气机、泵或其他辅助装置，使高压空气中的热焓转变为机械功，从而达到降温或制冷的目的。下面从空气循环制冷的热力过程开始，分析空气循环制冷系统的基本原理。

所谓制冷就是将热量由低温传向高温，它是人为的非通常的逆向过程，因此要消耗功。所带走的热量与所消耗的功之比称为制冷系统的性能系数或制冷系数。制冷系数越高，表明带走同等热量所消耗的功越小，经济性越好或制冷系统效率越高。基本的理想空气制冷循环为逆向布雷顿循环。它由两个等熵和两个等压过程组成，如图7-9所示。

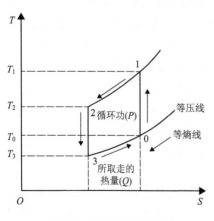

图 7-9 逆向布雷顿循环

这个循环由等熵压缩 0-1、等压降温 1-2、等熵膨胀 2-3 和等压吸热 3-0 组成。循环运行时消耗的功率为 P，将热量（$Q+P$）排向高温，最后由低温工质吸收热量（Q）。

1. 典型空气循环系统

空气循环冷却系统根据其工作过程的不同分为不同的几种形式，典型的有涡轮通风式（简单式）、升压式和三轮式等。

1）涡轮通风式制冷系统

涡轮通风式制冷系统由增压空气源、热交换器和高速涡轮组成，如图 7-10 所示。增压空气源可以来自冲压空气、座舱增压器或发动机压气机。涡轮通风式制冷系统可称为涡轮风扇式制冷系统、简单式空气循环制冷系统。它由热交换器和高速涡轮组成，基本形式如图 7-10 所示。

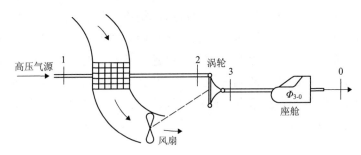

图 7-10　涡轮通风式制冷系统

由发动机压气机等气源供出的高温高压空气，经过调节装置后，通向热交换器进行冷却，并在冷却涡轮里进一步膨胀冷却后，供向座舱。通常在涡轮的驱动下，采用风扇抽吸热交换器的冷却空气。这样即使飞机处于地面停机状态，系统也有冷却作用。这是由于风扇或引射器可以抽吸或引射冷却空气，使供向座舱的高温高压热空气得到冷却。这种利用发动机压气机引出的空气作为气源的涡轮通风式制冷系统是目前最简单、质量最轻的制冷系统。在许多机种，尤其是军用机上，得到了广泛应用。它的主要缺点是：随着飞行高度的增加，空气密度下降，风扇负荷减小，冷却涡轮转速增加，涡轮寿命受到影响，因此飞行高度受到限制。若要保证高空涡轮不超速，则要求在低空时，涡轮转速较低，但这样会使涡轮效率降低，影响系统的制冷能力。

2）升压式制冷系统

升压式制冷系统又可称为涡轮压气机式制冷系统。其基本形式如图 7-5 所示。它由初级热交换器（第一级热交换器 PHX）、次级热交换器（第二级热交换器 SHX）和涡轮压气机组件等组成。其系统工作原理图 7-11 所示。

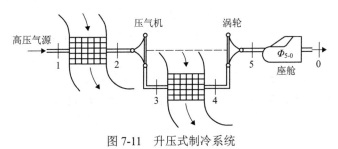

图 7-11　升压式制冷系统

与涡轮通风式制冷系统相比，人们对升压式制冷系统研究的时间更长。升压式制冷系统原先用于活塞式飞机，其增压源为发动机驱动的离心式或罗茨式压缩机。这种增压源出口压力较低。为了保证座舱增压和获得足够的冷却能力，将增压源供出的空气用冷却涡轮驱动的压气机进一步压缩，再通过中间冷却器，送至冷却涡轮制冷。此时涡轮膨胀比较大，故温降也较大。

在英美飞机，尤其是旅客机上，升压式制冷系统广泛应用。这是因为早期发动机压气机的密封装置不够完善，如果用压气机作为座舱增压供气源，其供出的空气可能被压气机的污物（如滑油等）所污染，使供入舱内的空气不清洁、不新鲜，有损乘客的健康。若采用专用座舱增压器，则其增压比较小。因此大多采用升压式制冷系统。

目前，针对喷气式飞机，在采用发动机压气机作为增压供气源的情况下，同样较多地采用升压式制冷系统。原因是：①高空飞行时，发动机压气机出口压力较低，升压式制冷系统可部分解决舱内增压问题；②高速飞行时，升压式系统的涡轮膨胀比要比涡轮通风式制冷系统的大，故制冷量较大；③在相同制冷要求下，升压式制冷系统的供气压力或引气量较小，引起飞机性能的代偿损失小，发动机耗油较少，经济性好；④与涡轮通风式制冷系统相比，升压式制冷系统的涡轮运转平稳，转速变化小，涡轮寿命较长。

与涡轮通风式制冷系统相比，升压式制冷系统的缺点是：飞机在地面停机状态或起飞滑跑时，两只热交换器缺乏冲压空气，系统制冷能力很小。而涡轮通风式制冷系统中，在冷却涡轮的驱动下，第二只热交换器的风扇不断地抽风，因此它仍有良好的制冷能力。有 2 个方法可以克服升压式制冷系统的缺点：①采用由电机传动或涡轮驱动的专用通风机，当飞机在地面停机状态或起飞滑跑时，抽吸冷却空气；②采用从发动机压气机直接引气的引射器，引射冷却空气。

3）三轮式空气循环制冷系统

现代飞机大多采用空气循环制冷系统。升压式制冷系统的缺点是地面制冷能力差，为了加强地面制冷能力，需要在热交换器冷边安装风扇（或引射器）。这一方面增加了质量，另一方面又需要驱动风扇的动力（或发动机压气机引气，供引射器之用）。而涡轮通风式制冷系统虽有地面制冷能力，但循环效率低，涡轮发出的功率只有 15% 用于驱动热交换器的冷却空气风扇，其余 85% 被浪费（会导致冷却空气压力和温度升高的不利现象）。为了提高空气循环制冷系统的效率，可将升压式和涡轮通风式组合起来，构成升压式-涡轮通风式组合制冷系统。它的特点是：冷却空气风扇和升压式压气机安装在一根轴上，由涡轮驱动，这类系统称为三轮式空气循环制冷系统。三轮式制冷系统既具有升压式系统的优点：供气压力小，节省功率；又具有涡轮通风式系统的优点：有地面制冷能力。由于升压式压气机吸收了大部分（85%左右）涡轮功率，故还可防止制冷装置过速。三轮式制冷系统是空气循环制冷系统的一次重要革新，它在现代旅客机上得到了广泛应用，例如波音 747、空客 300B 和 DC-10 等。它的基本形式和工作原理如图 7-12 所示。

从发动机压气机（或辅助动力装置 APU）供来的空气经过供气调节装置后供给制冷系统。热空气先经过组合式热交换器的初级热交换器得到初步冷却，经过升压式压气机后，温度、压力均有所提高，而后热空气再经过组合式热交换器的次级热交换器时得到冷却，最后通过涡轮膨胀降温流向座舱。三轮式制冷系统中，风扇的作用是抽吸冷却空气，从而使整个系统性能优良。在这种制冷系统中，压气机和风扇在一根轴上，转速高，并要求风扇流量大、压头低，因此风扇的气动设计和风扇噪声要认真考虑。

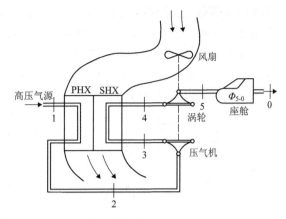

图 7-12　三轮式空气循环制冷系统

2. 空气循环中水蒸气的处理

在分析上述基本形式的空气循环制冷系统时，均认为作为系统工质的空气是干空气，这个假设在高空飞行时是正确的；但在低空飞行、海平面飞行或停机状态下，作为制冷工质的空气并非干空气，在通过涡轮膨胀冷却时，若涡轮出口温度低于露点温度，则空气中的水蒸气将凝结为水或冰，凝结过程中释放出的大量的热量将影响涡轮出口温度，在湿空气条件下，涡轮实际出口温度将比干空气条件下的涡轮出口温度高，因此，此时应该考虑空气湿度对系统制冷能力的影响。

除了在设计时需要考虑由于涡轮出口水蒸气凝结造成的温度上升，在制冷系统结构上为防止座舱喷水、结雾，以及防止座舱玻璃蒙上水汽或座舱内湿度太高，制冷系统的涡轮出口处往往装有水分离器。水分离器作用时将涡轮所凝结的水大部分分离掉，但使制冷系统的制冷能力大为降低，如图 7-13 所示。

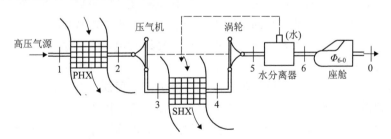

图 7-13　装有水分离器的制冷系统

7.3.2　蒸发循环制冷系统

蒸发循环制冷系统又称压缩蒸气制冷循环系统。它是利用液态制冷剂蒸发时吸收空气中的热量来冷却座舱空气及设备散热量的系统。蒸发循环制冷系统的特点是：①系统的冷却效率高（性能系数 COP 高）；②在地面停机状态下，具有良好的冷却能力；③高空高速飞行时，节省燃油，经济性良好，但系统的质量较大，在 20 世纪 60～70 年代的一些客机（续航时间长的）上获得了广泛应用。后来因为空气循环冷却系统的技术进展较大，逐渐在新一代的客机上取代了蒸发循环冷却系统。目前蒸发循环制冷系统在直升机和机载电子设备冷却方面有广泛的应用前景。

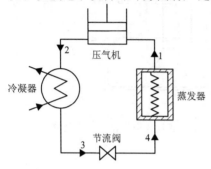

图 7-14　蒸发循环系统原理图

蒸发循环制冷系统的工作原理如图 7-14 所示，制冷剂（气态）在压气机中压缩，压力和温度升高，然后在冷凝器中冷却，转变成液态，经节流装置节流成低温低压的气液两相流体后流向蒸发器，液态制冷剂在蒸发器中蒸发，吸收了供给座舱空气的热量。压气机用涡轮驱动，冷凝器的冷边空气，在地面依靠涡轮风扇或电动风扇抽吸，飞行时利用冲压空气。

图 7-15 所示为美国"那发乔（Navajo）"行政机的空调系统原理图，其制冷由氟利昂蒸发循环系统来完成。活塞式制冷压缩机安装在发动机上，由发动机通过皮带轮驱动，转速约为 3000r/min。氟利昂蒸气在压缩机里被压缩并输送到冷凝器，由冷却空气（冲压空气）冷却，然后通过同心管式热交换器（回热器）进一步降低温度，再经过接收器/脱水器（干燥器）到膨胀阀，节流后在蒸发器里吸热，最后又回到同心管式热交换器（回热器），使氟利昂蒸气温度提高，被吸入压缩机不断循环。正常情况下，蒸发器的蒸发温度为 0.6℃。涡轮增压器（气源系统）的供气和座舱再循环空气（或新鲜的冲压空气）混合后，通过蒸发器时被冷却，供向座舱。

7.3.3　高性能制冷系统

1. 三轮高压除水制冷系统

20 世纪 70 年代以来，随着飞机、发动机和电子设备的发展，对制冷系统提出了更高的要求：①节约能源，节省燃油，减少系统引起的飞机性能代偿损失；②从内外涵发动机的内涵引气，减小引气量；③为了更安全可靠地对电子设备进行冷却，要求冷却空气中没有水分。因此需要改进系统，提高空调系统的性能。通常的空气循环制冷系统，在低空高湿度的条件下，无法获得最大的制冷能力，重要原因之一是为了系统的正常工作，涡轮出口温度不能低于零度，以避免涡轮出口导管和附件结冰。

提高空气循环制冷系统的制冷能力的方法之一是高压除水（在空调系统中，涡轮入口之前的压力称为高压，涡轮出口之后的压力称为低压），即在空气供入涡轮之前，将其中的水蒸气除去。由于高压除水可以除去空气中绝大部分水分，从而使涡轮出口温度很低，甚至达 $-30 \sim -40℃$，因此对于相同的制冷量，系统所需的引气量小，可提供干燥的低温空气，不仅节省发动机功率，而且对保护电子设备非常有利。低压除水的缺点是：①低压除水效率低，流阻大，使涡轮出口反压高；②低压水分离器的凝聚网袋易堵塞，需要经常装拆维修保养。高压除水可以克服低压除水的缺点，且除水效率高。需要

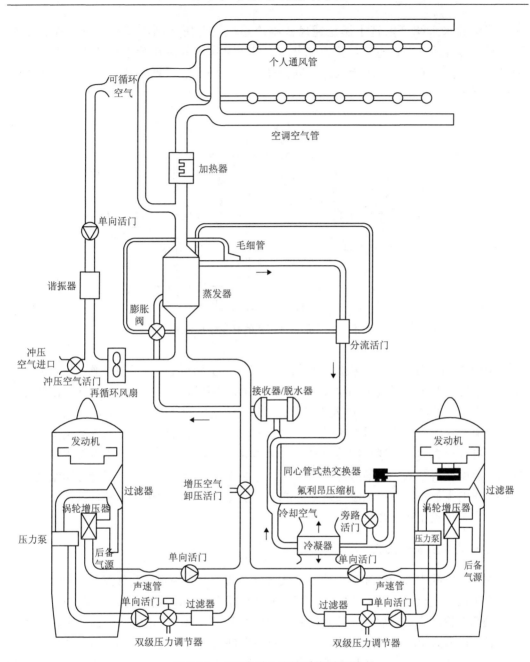

图 7-15　"那发乔"空调系统原理图

指出的是：高压除水机理与低压除水的不同，高压除水是在冷凝器中凝结出水分，并变为较大的水滴，故不需要凝聚网袋，且易于从空气中分离出来，高压除水效率一般可达95%～98%。在同样的温度条件下，高压湿空气的压力越高，凝结出的水分越多，空气中所含的水蒸气量大大减少，这样可使涡轮出口允许温度大大降低，在同样的制冷能力下，引气量也大大减少。低引气量系统或高性能系统大多指的是高压除水系统。

高压除水系统可以基于涡轮通风式制冷系统、升压式制冷系统或三轮式制冷系统；可以具有回热器，也可以没有回热器。基于升压式的高压除水系统的基本形式如图 7-16 所示。其中，高压除水部分除涡轮冷却器外，还包括回热器、冷凝器和高压水分离器等。

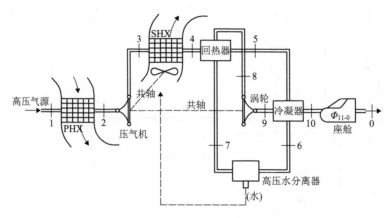

图 7-16　基于升压式的高压除水系统

由图 7-16 可知，从发动机压气机供出的空气，首先经过供气调节装置，然后经过初级热交换器、升压式压气机和次级热交换器，进入高压除水部分的回热器（在回热器内往往有少量的凝结水分），再进入冷凝器。利用涡轮出口的低温空气，对冷凝器进行冷却时，冷凝器内将凝结出大量的水分，其中绝大部分的水分可以通过高压水分离器进行分离；没有被分离的水分通过回热器时，在回热器内再蒸发。较干燥的空气经涡轮膨胀冷却后，温度变得较低，再通过冷凝器，它一方面作为冷凝器的冷源，另一方面给涡轮出口凝结出的少量水分或冰加温、溶化并蒸发，使冷凝器出口提供干燥和低温的空气，满足座舱和电子设备舱的需要。

2. 四轮高压除水系统

四轮高压除水冷却循环与早期使用低压分水的空调系统相比其优点是进入座舱的空气较为干燥，缺点是冷凝器中空气温度可能降到冰点以下，这样在进入涡轮时可能结冰进而损坏涡轮。为了克服这一缺点汉密尔顿标准公司在 B-777 的环控系统中增加了第二级涡轮，其结构简图如图 7-17 所示。从飞机主发动机引入高温高压的空气作为空调系统的供气，引气首先经过初级换热器，高温空气第一次降温；再经过压气机压缩，加温加压；然后依次经过次级换热器、回热器热边、冷凝器热边，使得空气温度降到零点温度以下，析出冷凝水；然后通过水分离器，将析出的水分从空气中分离，喷到换热器的冷边，可以充分利用水的蒸发潜热；空气从水分离器出来之后，作为回热器冷边通过；之后通过高压涡轮，膨胀降温；在作为冷凝器的冷边通过之后，经过低压涡轮膨胀降温；最终将冷空气供往座舱。

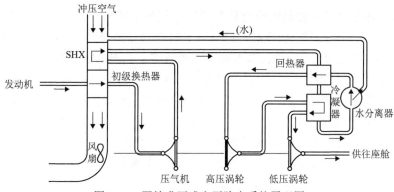

图 7-17　四轮升压式高压除水系统原理图

3. 综合热管理系统

随着飞机的性能提高，电子设备的数量和功率不断增加，如何有效排除飞机内部产生的大量热量、有效利用这部分废热，成为飞机系统必须解决的关键问题。传统的方法是采用空气循环制冷系统来提供冷源，环控系统、液压系统、润滑系统以及燃油系统都相互独立和隔离，各子系统的热量不能互补，废热得不到利用，热量的使用有重复和浪费的现象。例如飞机的燃油在进入发动机油喷嘴之前要预热到某个温度范围，有利于提高燃烧效率。同时随着技术的发展，电子设备的发热量在飞机系统尤其是战斗机的系统中所占比例越来越高，热流密度也不断提高，采用空气循环冷却对引气量的要求也越来越高，因此需要综合考虑飞机整体的能量利用，同时整合空气循环制冷系统、蒸发循环制冷系统各自的优点，图 7-18 为 F-22 战斗机的综合热管理系统原理。

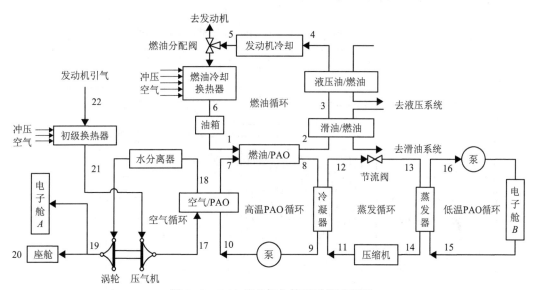

图 7-18　F-22 战斗机热管理系统原理图

F-22 战斗机的机载综合热管理系统由 5 个子系统组成：空气循环子系统、低温 PAO（poly-alfa-olefine）循环子系统、蒸发循环子系统、高温 PAO 循环子系统、燃油循环子系统。空气循环子系统主要是向座舱和电子舱 A 提供足够制冷量、以达到空气调节的目的。低温 PAO 循环子系统的载冷剂直接与电子舱 B 进行热交换，通过蒸发器将电子舱 B 的热负荷传递给蒸发循环子系统。蒸发循环子系统将从低温 PAO 循环子系统吸收的热量传递给高温 PAO 循环子系统，高温 PAO 循环子系统将从空气循环和蒸发循环子系统吸收热量通过燃油/PAO 换热器传递给燃油。燃油从油箱流出，依次经过燃油/PAO 换热器、滑油/燃油换热器、液压油/燃油换热器、发动机冷却换热器、吸收座舱、电子舱 A 和 B 的热负荷，并起到冷却滑油和液压油的作用，从而作为热沉，实现全机综合热管理。吸收热量后的燃油经燃油冷却换热器冷却后，若燃油流量大于发动机的所需流量，则多余的燃油经燃油冷却换热器冷却后再返回油箱。

7.3.4　湿度调节系统

由于飞机的制冷系统具有较高的除水率，同时飞机在高空飞行时，高空空气中的含水量很低，因此座舱内的空气湿度一直偏低。由于铝合金机身不耐腐蚀，在之前的飞机中一直没有加湿装置。随着复合材料的使用，加湿系统也开始在长途的民航客机中开始使用。目前波音公司的 B787、B777X 和空客的 A380 在驾驶舱和机组休息室安装或选装了 CTT Systems 公司的加湿设备。加湿器采用冷蒸发原理进行加湿，其工作原理如图 7-19 所示。该装置的主要部件是含有空气通道的玻璃纤维板，当干空气流过湿润的玻璃纤维板时，玻璃纤维板中的水蒸发到空气中，增加了空气的湿度，同时降低空气的温度。

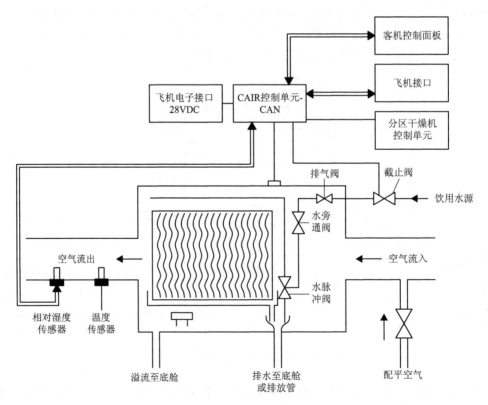

图 7-19　加湿系统原理

7.4　飞机氧气系统

随着飞行高度的增加，大气压力逐渐降低，氧分压也逐渐降低。对于军机，由于座舱压力较低，需要给飞行员提供氧气，以保证飞行员的健康和工作效率。对于民机，座舱压力较高，氧分压能够满足正常的需求，但是也飞机系统也有应对座舱突然失压的措施。科学试验表明，人体暴露在 7km 高空的有效意识时间是 5min 左右，而在 12km 以上有效意识时间只有 20～26s。因此，需要给飞行员和乘客提供足够的呼吸用氧气，以维持正常的工作能力和保证人员生命安全。

7.4.1　氧气系统分类

航空氧气系统一般采用开式供氧，即呼出的气体直接排出系统，不再重复使用。氧气系统按照供氧方式分有三类：连续式供氧、肺式供氧和复合式供氧。

（1）连续式供氧。

连续式供氧，顾名思义，就是通过连续供氧设备将一定流量的气体连续供向氧气面罩。这种系统设计简单、成本低、重量轻、维护方便。

（2）肺式供氧。

肺式供氧，即依据使用者吸气量和吸气频率，在吸气时自动供给氧气量，而在呼气时没有氧气供给的间断供氧方式，可以是纯肺式（供给纯氧）或是为了节省氧气而掺入一定量空气的稀释肺式供氧系统。它的特点是调节器的肺式活门能响应压力的轻微变化而在吸气开始的瞬间，由面罩内产生的轻微负压（与周围环境压力相比）使调节器活门打开，并让氧气流进入面罩直到吸气终止。此时，面罩内是轻度正压，于是活门关闭停止供氧。供氧量取决于使用者的需要量，并节省了呼气阶段的供氧量。

（3）复合式供氧。

复合式供氧为在一定高度以下为肺式供氧，超过一定高度后为连续式供氧。

根据氧气系统给面罩提供的氧气压力，系统又可以分为：一般供氧系统、小余压供氧系统和加压供氧系统。

（1）一般供氧系统。

所供吸入气体的压力等于座舱内压力，面罩内外几乎没压差。

（2）小余压供氧系统。

在一定高度以上，所供吸入气体压力稍高于舱内压力。小余压又称安全余压，其目的是防止面罩不合适或佩戴不妥时空气及有害气体向内渗入，造成吸入气氧浓度下降或中毒。建立安全余压的起始高度一般为 4～7km，最高不超过 9km。GJB2193-94 规定，不呼吸时，面具内的安全余压值应在 150～440Pa 范围内，建立安全余压的高度在 5～7km，断开高度不低于 4km。

（3）加压供氧系统。

在一定高度以下，用一般供氧系统或小余压供氧系统；超过一定高度时，进行加压供氧。

7.4.2　氧源分类

飞机系统使用的氧源主要气态氧源、液态氧源、固态氧源以及机载产氧氧源。

（1）气态氧源。

气氧是第二次世界大战前的传统机载氧源，以低压或高压的方式储存在航空用氧气瓶中。优点是结构简单，缺点是储氧量小、太占用空间。在传统飞行中，由于需要地面充氧车进行氧源的补充，机场都需要配备完整的后勤保障设备和制氧充氧设备。氧气的压力通过减压阀降低到加压调节器入口所需的压力。为了确保水分从存储系统中排出必须采取相应预防措施，以避免由于低环境温度，或当气体在管道中发生流动时，气体膨胀产生的气体温度低而形成冰块阻塞管道或阀门系统。因此，用于给系统充气的氧气的水含量必须非常低（在 NTP 条件下不超过 0.005mg/L），在使用前必须用干燥的气体吹扫充气软管和连接件，并始终保持存储系统中的压力高于环境压力。一般的军用飞机对空间的利用率要求很高，氧气瓶内压力不宜超过 15MPa，最大连续供氧时间不超过 2h，以保证氧气瓶的工作安全。在现代飞机上，一般紧急供氧装置会用到气氧，例如当氧气系统失效时，用氧气瓶进行备用供氧，只用于对空间和质量限制不严格的大型飞机。

（2）液态氧源。

在第二次世界大战结束之后，英美等国开始研究和使用液氧，液氧的储存在杜瓦瓶中的压力仅需 1.7MPa，远远低于气氧所需的 14MPa。液氧的温度一般为–147℃，每升液氧在蒸发后可产生 860L 纯氧，每瓶液氧的氧气量约为压缩气氧的十倍。液氧的系统重量比气氧系统轻 60%，体积也小 60%～80%。大多应用于有预先计划规律飞行的客机和对重量空间等因素考察严格的战机，不适用于需要随时升空的战斗机。90 年代由北约国家运营的绝大多数高性能战斗机都配备了常规的氧气系统，在其中携带可补充存储的氧气（通常为液态氧气），并且通向每个机组人员的气体流量受到控制。单独的加压调节器，其中氧气被座舱空气稀释作为供应呼吸的气体，该呼吸气体通过软管和连接器输送到带有适当阀门的面罩。在过去的 40 年中，这些系统中的许多系统仅在细节上进行了更改。尽管这些氧气系统高度可靠，但它们无法满足最新的生理要求。许多常规系统在机组人员身上承受了很大的生理负荷，并且在某些紧急情况下仅提供边缘保护。尽管有些空军已经为连续几代飞机安装了标准加压系统，但其他一些空军却对新一代飞机进行了重大设计变更，目的在于提高性能，增强保护性能。

机载液氧也存在一些问题：飞行续航时间短，一般在 2h 左右；地勤保障有难度，非常依赖地面液氧站，对于许多国家来说制造液氧的成本高难度大，只有美国目前可以在全国机场设置液氧站，经常有飞机在经过长时间的飞行之后在远离基地等候时，液氧挥发导致无法返回基地，而且液氧站目标大，容易暴露；液氧在储存和运输的过程中，存在燃爆的风险，一旦发生污染泄漏与可燃性油脂粉末等接触就可能发生燃烧甚至爆炸，在航空母舰上存放更为危险；战斗机在缠斗翻滚时，液氧的液面将发生混搅的情况，影响产氧的氧浓度引发供氧不足的问题。液氧存储系统具有相当大的缺点：浪费氧气，需要复杂的地面分配设备；充气后在转换器中建立压力需要时间，并且必须采取严格的预防措施，以避免在制造的所有阶段污染液态氧。另外，液氧转换器的复杂性导致部件的故障率相对较高。但是，当最需要考虑的问题是最小化氧气存储系统的重量和尺寸时，这些缺点就显得不那么重要了，就像高性能战斗机一样。在液态氧和气态氧气制造厂中以及在飞机储备库的补充过程中，已证明存在着火灾和爆炸的危险，尽管风险非常低，并且在飞机快速转向期间需要及时对氧气储备库进行重新武装和充电分开在战争中，机载呼吸气体的产生已成为高级高性能战斗机的首选。

（3）固态氧源。

在气氧和液氧之后，发展了固态氧源。它是一种固态的含氧化合物，用一定手段让其内部产生化学反应即可产生氧气，如氯酸盐氧烛等。固态氧源的体积小重量轻，便于长期储存，多用于应急供氧。

（4）机载产氧氧源。

现代战争需要供氧系统满足战斗机灵活的突防能力和更久的续航能力，传统的气氧、液氧以及固氧都难以满足长时间的飞行，因此世界范围内的发展方向都转向了分子筛制供氧系统。液态氧作为呼吸气体的来源，在操作、安全和财务上都存在明显的劣势，因此在 1960 年进行了多次尝试，开发出可以在飞机上产生富氧呼吸气体的系统。突破性进展是使用了合成分子筛的变压吸附技术。美国海军决定在航母上发生两次大火后尽快淘汰液态氧生产厂，这刺激了分子筛制系统的发展。目前投入使用的所有第一代先进氧气系统均采用分子筛制氧机，正在为下一代敏捷战斗机开发的先进氧气系统将使用分子筛技术在飞行中产生富氧气体。20 世纪 70 年代末，美国的战略轰炸机常常需要远距离作战，迫切地需要研制先进的机载制氧系统来取代对任务时间严重限制的液氧系统。美国海军航空放弃了高浓度制氧的要求，选择了分子筛制氧气系统。分子筛制氧系统的分子筛是用硅铝酸盐结晶体制作的，该晶体对氧和氮分子具有不同的吸附能力。当空气压缩装置将空气引入分子筛中时，空气中各气体分子由于体积和性质不同的缘故被分子筛分离，体积和极性更小的氧分子可以通过分子筛，而氮分子则被分子筛吸附。当多个分子筛装置同时不断地重复吸附和解吸附工作时，就可连续提供富氧气体。北约战斗机配备的许多氧气系统都使用液态氧气储存器，必须对其进行补充。这些系统中的一些对机组人员施加了不希望的生理负荷，并且许多系统未提供在高持续+Gz 环境中运行时所需的所有设施。在过去的 30 年中，采用分子筛变压吸附技术的机载制氧系统（OBOGS）得到了发展。第一代 OBOGS 氧气筛制发生器现已在美国海军（AV-8B）、美国空军（F-15E 和 B-1B）和皇家空军（Harrier GR5/7）中使用了多达 10 年。与传统的液氧系统相比，操作经验已充分证实了 OBOGS 的巨大优势，因为它消除了生产和输送液态氧到飞机转换器所需的大型物流系统，并大大提高了 OBOGS 的可靠性。同期，压力呼吸的全面发展是在高持续+Gz 加速度下，提高机组人员性能的非常有效的技术。经过了 20 多年的研究发展，很多的高性能战斗机都成功地装备了分子筛制氧气系统，并投入使用。

7.4.3　供氧调节系统分类

1. 连续式供氧调节系统

民航客机的氧气系统通常包括三个子系统：机组氧气系统、旅客氧气系统和便携式氧气设备。机组氧气系统和旅客氧气系统一般彼此独立，采用不同的氧源。某些机型也采用两个系统共用一个氧源的构型，但同时设置能为值勤的飞行机组单独保留所需最小用氧量的设施。便携式氧气设备一般应包括急救型便携式氧气瓶组件和防护呼吸装置。其中旅客供氧系统一般采用连续供氧。

目前民航客机的旅客氧气系统根据供氧源的不同，一般分为两类：由化学氧气发生器内受控加热固态化学品分解而产生氧气的化学氧系统（如 A320 和 B737）和用高压氧气瓶供氧（如 B787）的气体氧系统。这两种系统供氧的时间都是有限的，向旅客供氧的持续时间因系统而异，但应不少于 10min。

以使用较多的化学氧系统为例来说明旅客氧气系统的工作原理。化学氧系统的供氧源为化学氧气发生器，内部装有配套使用的氧气面罩，面罩一端由一个绳索与化学氧气发生器的点火销连接。在座舱失压的紧急情况下，氧气面罩抛放后，当旅客拉动面罩时，同时也拉动系在化学氧发生器打火销上的绳子，从而启动氧气发生器的化学反应，开始供氧，氧气通过软管流到面罩中。

系统控制分为自动抛放和手动抛放两种控制方式。当座舱失压后，氧气面罩可以通过自动抛放系统自动抛放，也可以通过手动操作设置在旅客氧气系统控制面板上的面罩抛放开关，抛放氧气面罩。当氧气面罩掉落，旅客拉动氧气面罩时，面罩拉绳拉动撞针释放钢索，释放钢索从弹簧加载撞针处拉出释放销，撞针触击。这时氧气发生器内氯酸钠和铁反应生成盐和氧气。反应产生后，产氧过程无法停止，除非所有原料反应完。

2. 肺式供氧调节系统

军用飞机、旅客和运输机机组人员的供氧系统一般采用肺式供氧。实现肺式供氧需要依靠肺式供氧调节器（简称氧调器），其作用在于：随环境压力和使用者肺通气量的变化，按供氧标准提供一定压力、流量和含氧浓度的吸入气体。氧调器实现原理不同分为机械式氧调器和电子式氧调器。

图 7-20 为机械式肺式供氧调节器原理图。当飞行员吸气时，氧调器内腔压力降低，膜片向内弯曲，通过杠杆带动供氧活门阀体向下移动，打开供氧活门，吸气量越大，腔内负压越大，活门的开度也就越大。飞行员呼吸的氧气浓度随着飞行高度的增加也逐渐

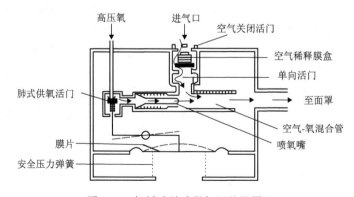

图 7-20　机械式肺式供氧调节器原理

增加，这一功能由空气稀释膜盒来实现。当座舱高度较低时，座舱内的压力较高，此时膜盒体积较小，在氧气的引射作用下，座舱空气由进气口进入氧调器和氧气进行混合，共同进入氧气面罩，供飞行员呼吸。当座舱高度增加时，座舱内的压力减小，空气稀释膜盒膨胀，进入氧调器的空气量减小，从而起到增加氧气浓度的作用。

图 7-20 所示的氧调器同时具有小余压供氧功能，当飞行员处于呼气状态时，安全压力弹簧仍然可以保证供氧活门有一定的开度。

机械式的氧调器活门的开启和关闭都是依靠氧调器内部压力变化驱动活门的开关，为了保证膜片有足够的驱动力，膜片尺寸必须达到 8～10cm，给氧调器的微型化发展增加了难度，同时机械式氧调器需要呼吸产生的负压来驱动供氧活门的打开，增加了飞行员的呼吸阻力。基于上述原因，电子式的氧调器开始受到重视。电子式的氧调器通过压力传感器测量呼吸阻力，通过电机驱动供氧活门的移动，增加了调节的灵活性，进一步降低了供氧系统的呼吸阻力。

7.5 电子设备冷却系统

7.5.1 机载电子设备的冷却要求

温度是设备运行的一个重要环境，尤其是电子设备。运行实践表明随着温度的增加元器件的失效率呈指数增长，不同程度上降低了设备的可靠性。例如，超过一定值的高温带来的影响有：材料的绝缘性降低；晶体管、集成电路的电流增益变化；磁芯参数、电容量、电阻值发生改变，从而引起电信号失真或频率产生漂移等。

随着现代科技的发展变化，机载电子设备的应用越来越广泛。一些飞机为了完成特殊任务，机舱（或设备舱）内均配置了大量的大功率电子设备，因此由电子设备引发的热载荷急剧增加，达到几十 kW 甚至上百 kW。例如现代战斗机的电子、电气设备可达 20～35kW，轰炸机可达 25～125kW，运输机可达 10～22kW。另一方面，随着电子器件向集成化发展的趋势，电子设备功率增大、封装密度增大、体积缩小，导致电子设备的热流密度急剧上升。如果这些热量不能及时散发出去，将直接影响电子设备的正常工作，甚至引起电子设备的损毁，从而大大降低飞机机载电子设备系统的性能。因此，机载电子设备的散热冷却是飞机环境控制中的一个关键问题。在飞机环境控制系统的总制冷能力中，用于机载电子设备的冷却占有很大的比重。

影响机载电子设备有效工作的因素较多，从环境条件方面考虑如下。

（1）气候条件——温度、湿度、气压等；

（2）机械条件——机械振动、冲击和加速度等；

（3）化学物理条件——腐蚀、老化、氧化和放射性物质的影响等；

（4）其他因素。

热环境因素对机载电子设备的可靠性影响较大。环境温度的升高、温度波动幅度的增大，以及温度变化周期的加快，均会引起电子设备中元器件温度的升高和变化的加剧，从而导致机载电子设备可靠性的降低；当水分和沙尘随冷却空气进入电子设备舱时，电子设备的可靠性也会降低。就环境条件方面而言，本章主要涉及机载电子设备的热环境问题。

针对机载电子设备冷却的设计要求，国内外均有标准。如在美国，设计要求必须满足 MIL-E-38453、MIL-E-5400 和 MIL-STD-454 等军用标准。对机载电子设备冷却的一般要求如下。

（1）环境控制系统应具有足够的制冷能力，能够可靠地保证机载电子设备的冷却。

（2）新型飞机的环境控制系统应有 25%的制冷能力储备，以满足机载电子设备的加装或改型对冷却的需要。

（3）对直接输送到设备舱冷却机载电子设备的空气，尤其是采用座舱排气对电子设备进行冷却时，冷却空气必须过滤，以防沙尘等不洁净物质进入电子设备。

（4）直接流经电子设备元器件表面的冷却空气必须是干燥的、不含水分的气体。

（5）用于机载电子设备的冷却空气温度波动幅度小，不过冷。因为在高空飞行时，若电子设备处于过冷状态，当飞机返回低空时，电子元器件表面可能产生凝结水或结冰，从而引发故障。

（6）尽可能地选用简单的冷却方式，如能采用自然对流冷却，就不采用强迫对流冷却；当空气冷却无法满足要求时，才用液体冷却或蒸发冷却。

（7）为消除水分和灰尘等的影响，尽量选用冷板冷却，以避免冷却空气与电子元器件、线路和触点等直接接触。

（8）在地面停机状态下工作，也要保证电子设备所处的环境。

（9）冷却系统发生故障时，应有备用的应急冷却方案。一般可将冲压空气冷却作为备用方案。若冲压空气温度低于 49℃，则具有较强的冷却能力。

在机载电子设备热设计时，必须保证其所处的环境温度不超过允许值、元器件温度不超过允许值，设备所产生的热量（即耗散功率）要迅速扩散，以保证机载电子设备的可靠工作。

7.5.2　机载电子设备的冷却方法

电子设备的冷却按照冷却介质的不同分为气体冷却和液体冷却，按冷却方式的不同可以分为：微槽道热沉冷却、池浸没式冷却、喷射冷却、电热冷却、热管冷却、热声冷却等冷却方式。图 7-21 给出了不同冷却形式的冷却能力。下面将按照冷却介质的不同分别介绍机载电子设备常用的空气冷却和液体冷却方式。

1. 空气冷却

当电子设备的发热量较小，热流密度较低时可以采用空气冷却，有些机载电子设备采用强迫风冷的方式对其进行直接或间接的冷却。把冷空气引入电子设备中，直接流经电子元器件表面，将热量带走，达到冷却设备的目的。这种方式可称为直接冷却，如图 7-22(a)所示。对用于密封设备，其内部的冷却剂流经所有的发热元件，然后将吸收的热量通过一个热交换器传递给外部的冷源，这种方式称为间接冷却，如图 7-22(b)所示。

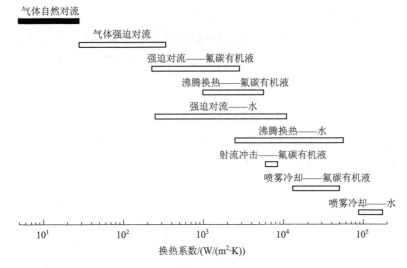

图 7-21　几种不同换热形式的对比

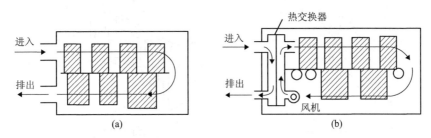

图 7-22　空气冷却形式示意图

在设计强迫通风冷却系统时，须注意以下几点。

（1）合理控制气流和分配气流，使其按照预定的路径流动，并给各个单元或组件合理地分配流量，使所有元器件均在稍低于额定温度的环境中正常工作。

（2）元件排列时，应将不发热或发热量小的元器件排列在冷空气的上游（即靠近进风口），耐温性低的元器件排列在最上游，其余元器件根据温度系数，以递增的方式逐一排列。对于那些发热量大、导热性能差的元器件，必须暴露在冷气流中；而导热性好、体积较大的元器件宜用导热法，将其热量传到附近有冷空气流经的底板上。

（3）在不影响电性能的前提下，将发热量大的元器件集中安排，并与其他元器件绝热隔开。

（4）为了减小对冷空气的流阻，各元器件在排列时，应力求对气流的阻力为最小，并尽量避免风道上游被大型元器件阻塞。

（5）进风口和出风口之间空气流经的路径应尽可能地长，以充分发挥冷却气流的效用，避免气流短路。

现代飞机上电子设备结构越来越紧凑，功率密度越来越大，大规模集成电路的广泛使用，使飞机环控系统面临着高热流密度电子组件的热设计问题。为了实现对高热流密度电子组件良好的热控制，通常采用三种空气冷却方式。

（1）直接强迫风冷。

直接强迫风冷如图 7-23 所示。冷却空气直接流过印刷电路板之间的通道，使冷空气直接与印刷电路板上的元器件接触。这种方式由于冷空气在印刷电路板之间的流速较低，所以冷却效果较差。

（2）导热冷却。

导热冷却如图 7-24 所示。冷却空气流过冷板热交换器，元器件的发热量从印刷电路板传导至两端的冷板，印刷电路板作为导热条。由于印刷电路板的导热性良好，因此元器件可获得较好的冷却效果。

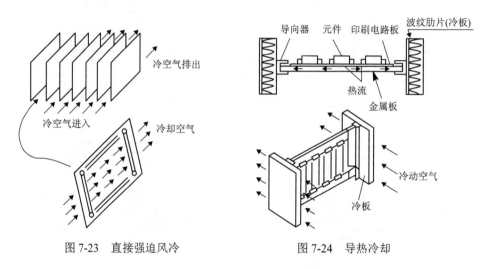

图 7-23　直接强迫风冷　　　　　　　图 7-24　导热冷却

（3）冷板冷却。

冷板冷却如图 7-25 所示。在这种冷却方式中，印刷电路板本身作为冷板热交换器，冷空气从一端流入，另一端流出。安装底板的壁面为空气分配腔，通过定径孔控制流经每一印刷电路板的空气流量。这种冷却方式可以获得满意的冷却效果，可以有效地冷却功率密度高达 $3098W/m^2$ 的电子设备。需要注意的是，冷板冷却作为一种较高效紧凑的冷却方式，不仅适用于空冷，同样也适用于液冷。

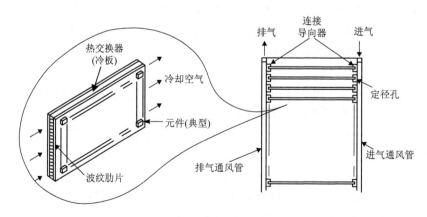

图 7-25　冷板冷却

2. 液体冷却

由于液体的放热系数和比热容均比空气的大，同时液体还能蒸发，因此液体冷却是一种较好的冷却方式；但液体冷却要注意系统维修和防止泄漏等问题。直接式液体冷却系统主要用于高热流密度的设备和大功率电子设备，它比强迫风冷的效率高4~5倍。该系统中，液冷剂直接与电子元器件接触，由液冷剂将元器件的发热量带给热交换器。在热交换器中，液冷剂冷却，再循环，整个系统是封闭的，如图7-26所示。系统由三个齿轮泵作为动力，使液冷剂流动，液冷剂通过大功率设备后，从三个回路流到热交换器中，热交换器为液体-空气式，来自飞机环境控制系统的冷空气通过热交换器冷却液冷剂，使液冷剂温度降低，并通过过滤器、增压储液箱再循环使用。

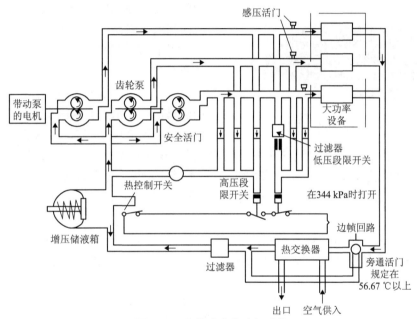

图 7-26　直接式液体冷却系统

7.6　飞机防除冰系统

当飞机穿越过冷云层时，空气中悬浮的微米尺度水滴会撞击到飞机机翼表面，发生聚集流动及冻结现象，结冰引起机翼前缘形状的剧烈改变会导致升力突然降低，阻力增加，重量增加，气动特性恶化，严重威胁飞行安全。因此，航空机构花费了大量的精力来研究冰层生长机制及预测方法，并提出有效的防护手段，从而防止积冰产生，或在积冰达到一定厚度之前除去。

通常情况下，需要防护的主要位置包括机翼、尾翼、风挡玻璃、发动机进气口及重要传感器探头等。此外，全天候直升机旋翼应做好结冰防护措施。结冰防护系统可以分为两大类：一类为防冰系统，旨在防止结冰生成；另一类称为除冰系统，这类系统允许飞机部件上有少量积冰，然后利用除冰设备去除积冰。根据所利用能量的方式不同，可将防除冰系统主要分为机械结冰防护系统、热结冰防护系统等。

7.6.1 机械结冰防护系统

机械结冰防护系统一般用于除冰目的。利用机械方法破坏冰层与其附着表面间的黏附力，积冰脱离附着表面后由气流吹走。常用的机械方法有膨胀管除冰、电脉冲除冰等。机械除冰方法广泛应用于小型低速飞机。

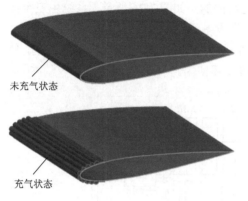

未充气状态

充气状态

图 7-27　膨胀管除冰作用原理

1. 膨胀管除冰系统

膨胀管除冰系统利用机翼前缘的气动充气橡胶膜交替充气和放气，使得膨胀管产生交替的膨胀与收缩，破坏附着在机翼前缘的积冰与表面间的黏附作用，使得积冰碎裂成小块在气流作用下离开机翼表面，膨胀管除冰作用原理如图 7-27 所示。

在未启动除冰模式之前，厚橡胶膜紧紧附着在机翼前缘、水平安定面和垂直安定面上，当积冰达到预警程度，气动系统将来源于发动机引气的空气泵入膨胀管并迅速完成充气。因此，积冰在机械力作用下破碎并飞走。除冰后，膨胀管收缩，保持原先的气动外形。膨胀管可沿展向放置，也可沿弦向放置。由于除冰模式下膨胀管呈充气状态，飞机的气动外形发生改变，在高速飞机上很少采用这种系统。

涡轮螺旋桨飞机的气动除冰系统如图 7-28 所示。气源来自发动机引气，经压力调节后，通过引气流量控制单元与气动切断阀，由气动控制组件给机翼膨胀管充气。大约充气

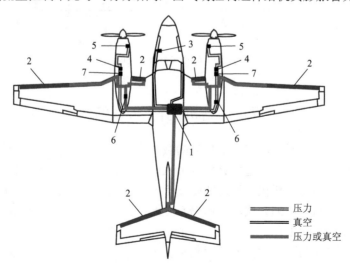

压力
真空
压力或真空

图 7-28　涡轮螺旋桨飞机的膨胀管除冰系统

1-气动控制组件；2-除冰罩；3-真空调节器；4-引气流量控制单元；5-发动机三级引气源；6-制动除冰阀；7-气动切断阀

6s 左右，电子计时器切换控制组件中的分配器为机翼膨胀管放气，然后开始为水平安定面膨胀管充气 4s 左右。充放气结束后，完成一组循环。完成除冰后，所有膨胀管在真空作用下再次紧紧附着在机翼和水平安定面表面。

膨胀管除冰系统具有结构简单、质量轻、工作可靠、能耗低等优点，使用发动机引气，可实现长时间的飞机结冰防护，配备膨胀管除冰系统的飞机具有手动和自动模式，可循环利用膨胀管的不同部分以实现除冰目的。膨胀管除冰系统的缺点是弹性塑管易受腐蚀，需定期更换，如果充气橡胶膜有泄漏，其除冰效果将大大降低。在重度结冰环境下除冰效果不好，且会改变机翼前缘外形，影响气动布局，限制了气动除冰方法在大型客机与运输机上的使用，目前已应用于中小型飞机。

2. 电脉冲除冰系统

电脉冲除冰系统是一种机械式除冰系统，在 20 世纪 70 年代，苏联在伊尔 18 飞机上安装了电脉冲除冰系统，并在结冰条件下进行了飞行试验，获得成功。电脉冲除冰是一种基于加速度的除冰器，其基本原理是电磁线圈放置在机翼表面蒙皮内，在金属表面产生强涡流，蒙皮发生高频振动，产生正应力，实现机翼表面的除冰目的，电脉冲除冰系统如图 7-29 所示。

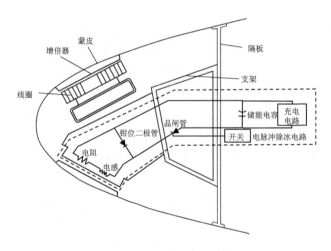

图 7-29　电脉冲除冰系统

线圈固定在机翼蒙皮内部并与蒙皮留有小尺寸间隔。电流脉冲激励时线圈产生变化磁场使机翼蒙皮产生感应涡流，线圈与蒙皮的两个磁场方向相反，互相排斥，蒙皮产生的电磁脉冲力作用时间为 $10^{-3}\sim10^{-5}$s，其快速振动并使得冰层发生形变而破裂脱落，在气流作用下被吹走。电脉冲除冰系统的电路系统主要包括充电电路、放电电路与触发电路。通过储能电容为放电电路供能，通过充电电路存储电能，脉冲放电电路采用低电阻导线连接。当传感器探测到积冰达到清除阈值时，晶闸管触发，脉冲放电电路接通，储能电容、电阻、电感组成 RLC 电路，瞬态电流可达数百上千安培，产生涡流电磁脉冲力。传感器持续检测积冰情况，可根据需要启动除冰循环。

第一代电脉冲除冰技术在苏联 IL-18 飞机上应用，并在 IL-38 反潜飞机上全面使用。第二代电脉冲除冰技术对电脉冲除冰系统进行了重量优化，减小了体积，并在 IL-86 飞机上全面使用。第三代电脉冲除冰技术重量更轻，体积更小，可靠性得到了提高，并在 IL96-300、An-124 飞机的尾翼和 IL-114 飞机尾翼上应用。第四代电脉冲除冰技术得益于新材料的应用，系统更轻、更耐用，俄罗斯、美国等国家在此技术上取得了一定进展。电脉冲除冰系统耗能低，系统工作温度范围宽，稳定高效。但电脉冲除冰系统因多次振动会导致结构疲劳，且脉冲线圈及系统研制工艺要求高，电磁场产生的电磁辐射是否威胁飞机安全等问题有待研究。

7.6.2　热结冰防护系统

热结冰防护系统是现代飞机上广泛采用的结冰防护系统，根据热源形式可分为热气防除冰系统和电热防除冰系统。热结冰防护系统的基本原理是利用热能将蒙皮表面加热至 0℃以上，从而实现防除冰目的。在固定翼飞机的机翼、尾翼、直升机旋翼等需要结冰防护的部件上，可以采用周期电热除冰系统，相较于热气除冰系统和持续电加热系统可以大大节省能量。采用热气作为加热源时，通常实施连续加热模式，因为热气除冰系统的热惯性大，在加热区后容易形成冰瘤，且相比于周期性电热除冰系统，热气除冰系统控制相对复杂，热效率低。

飞机防冰系统在连续表面加热模式下工作时，其目的是防止积冰生成，若热气供给量充足，加热区域足够大，则机翼表面温度较高，撞击在机翼表面的过冷液态水可以完全蒸发。在早期飞机防冰系统设计中，以撞击防护区域内的过冷液态水迅速蒸发为目标，但是这样的完全蒸发防冰系统防冰热载荷需求量过大。现代飞机常将机翼前缘的加热区域适当增大，使得过冷液态水可以在防护区域内实现完全蒸发，充分利用了对流换热，防冰供热量要求可以相对降低。

但是这种加热模式下的防冰系统所需供热量依然较大，为了降低能耗，允许机翼表面的过冷液态水以液态形式流动，在流动的过程中实现蒸发，这种工作模式称为不完全蒸发防冰，现代大型运输类飞机通常采用这样的设计。机翼防冰系统在不完全蒸发防冰模式下运行时，在结冰加热区域后，机翼表面的液态水可能流到防护区外并发生结冰，结冰防护失效，形成冰瘤。因此，不完全蒸发防冰系统需要详细设计，确保无溢流冰形成。

为进一步降低能耗，允许机翼表面短时间内形成少量结冰，采用周期性加热模式实现飞机除冰，通过加热机翼表面，破坏机翼表面与冰层底部的黏附力，碎裂的小块积冰在气动力或离心力作用下脱离机翼。

1. 热气防冰系统

商业飞机和大型运输类飞机的热气防冰系统通常采用发动机压缩机排出的热气，发动机排气提供了大量的防冰热源，为防止积冰生成，热系统通常将热气在机翼前缘内表面沿展向分布，热气通过管道、歧管和阀门达到需要防冰的部件。引气通过安装在内部的喷射器到达笛形管中，环境空气通过机翼前缘的两个冲压空气口进入机翼内部，冲压空气口一个位于机翼根部,一个位于翼尖,机翼前缘防冰腔体结构如图 7-30 所示。喷射器夹带环境空气,降低了引气温度,并增加了笛形管中的气流质量。机翼前缘有两层蒙皮,两层蒙皮间形成了一个狭窄的通道,笛形管中的空气吹向机翼前缘,通过狭窄的通道沿内蒙皮表面向后流动,经过翼尖底部的出口排出。

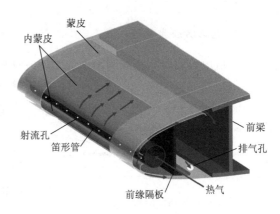

图 7-30　机翼前缘防冰腔体结构

在现代运输类飞机上,气动系统从发动机压缩机引气到机翼前缘板条上进行加热,机翼前缘板条的防冰系统如图 7-31 所示。机翼防冰系统阀门控制管道的气流流量,机翼防除冰系统控制防冰阀,压力传感器将压力数据传递到防除冰系统控制单元。

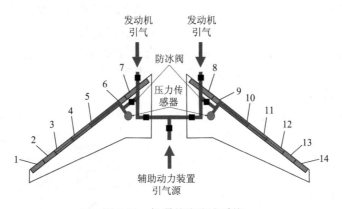

图 7-31　机翼前缘防冰系统

由机翼防冰系统控制单元控制的防冰阀门可以控制引气部件进入防冰管道的流量,压力传感器可以监测通过防冰阀门后管道内的压力,笛形管上的射流孔可以将气流喷至前缘板条组成的防冰腔体。压力数据可以为防除冰系统提供反馈信息,从而控制防冰阀的开启状态。压力传感器失效时,防冰系统控制单元可以直接控制防冰阀门全部开启或关闭。

热气防冰系统加热机翼前缘非常高效,来自发动机的高温引气足够防止结冰生成,其特点是工作可靠、维护简单,但是结构复杂、热能利用率低、耗能大。热气防冰系统工作过程中可持续产生热气,机翼距离发动机较近,系统的设计难度小,但是加重了发动机的负担,影响了发动机工作性能,增加了燃油消耗,多引擎涡轮螺旋桨、涡喷发动机和涡扇发动机在单引擎工作时,可能会对飞机爬升性能产生重大影响。另外,在飞行状态下,若加热机翼前缘过晚,会在机翼结冰防护区域外形成积冰。因此,飞机在结冰条件下飞行时,通常发现水雾即启动防冰系统。热气防冰法是目前技术比较成熟的防冰方法,已广泛应用于 B737/747/757、A318/A319/A320 等大型民航客机。

2. 电热防除冰系统

飞机电热防除冰系统利用电能实现发动机进气道口、飞行状态传感器、结冰探测器等飞机重要部件的防除冰目的。加热元件可采用金属丝、金属箔以及导电金属薄膜等。

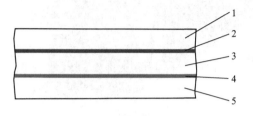

图 7-32　挡风玻璃铺层结构
1-内层玻璃；2-导电层；3-中间玻璃层；
4-乙烯基；5-外层玻璃

飞机挡风玻璃采用了一种特殊的铺层结构，不仅可以防止冰霜雾的形成，还可以提高挡风玻璃在低温下的抗冲击性，一种运输类飞机挡风玻璃铺层结构如图 7-32 所示。

控制装置连接到挡风玻璃中的两个温度传感元件，其电阻直接随挡风玻璃温度而变化。一个传感元件用于在正常设置下控制温度，另一个用于过热保护。当通过系统控制开关和电源继电器通电时，电阻元件开始加热玻璃。当温度达到正常运行预先设定的温度时，控制元件的阻值变化会导致控制设备切断电路或者减少加热器元件的电源。当挡风玻璃冷却到一定的温度范围时，电路再次被接通并重复循环。若控制器出现故障，挡风玻璃温度会升至过热传感器预警值，此时，过热控制电路会切断加热电源。当挡风玻璃冷却后，电源再次被接通。挡风玻璃加热至 40℃ 左右时，可以提高挡风玻璃的韧性。

采用电加热方式进行机翼除冰通常需要对机翼防护区域进行分区防护设计，高效、低能耗是重要的设计原则。在机翼前缘沿弦向和展向划分结冰防护区域，对于每块区域内采用不同的电加热功率和周期，区域之间采用连续加热方式，可以防止机翼表面与冰层底部黏附力在热作用下破坏后积冰仍紧紧压在机翼前缘，机翼前缘电热除冰分区设计如图 7-33 所示。

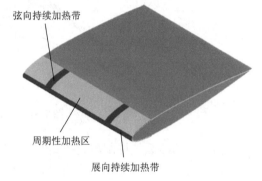

图 7-33　机翼前缘电热除冰分区

对于固定翼飞机，弦向和展向持续加热带（热刀）可以保证机翼前缘不会形成整块积冰，周期性加热区可以使得形成的小块积冰脱离表面；对于大后掠机翼，没有设计弦向和展向持续加热带也能实现除冰；对于旋翼机，加热带将冰层与机翼表面的黏附力破坏后，小块积冰可以在离心力作用下脱离机翼表面。由此可见，针对不同类型的飞机，需要结合具体实际情况设计弦向和展向加热带以及周期性加热区。

加热分区的优化设计和不同分区的加热策略有助于实现高效率、低能耗的飞机防除冰目标。飞机的电热防除冰加热分区设计通常需要进行数值计算与反复试验才能确定最优加热方案，通过控制不同分区的加热时间、加热功率、冷却时间、加热周期等，可以大大节省能量，获得良好的防除冰效果。对于控制律的设计与优化是一个复杂问题，实现在现代飞机上广泛应用仍面临着技术挑战。

在现代商用飞机上，B787 飞机的机翼采用了电热防除冰系统，利用电加热组件防止机翼前缘结冰。英国 GKN 宇航公司针对客机复合材料开发出加热解决方案，应用喷涂金属层沉积技术将金属置入了碳纤维复合材料结构来制备加热组件，在 B787"梦幻"飞机机翼除冰系统上获得了首次商业应用。B787 不再利用发动机引气进行热气防冰，采用多电环控系统，在两侧发动机外侧的机翼前缘各有 4 个缝翼需要进行防冰，需要进行防冰的缝翼编号分别为 2～5 和 8～11，在两侧发动机外侧的机翼前缘各有 4 个缝翼，每个缝翼表面被分成 6 块区域，以保证受热均匀，两侧一共分成 48 个区域。B787 需要进行结冰热防护的机翼前缘缝翼如图 7-34 所示，加热组件黏合在铝合金缝翼复合材料板条外表面的内部。

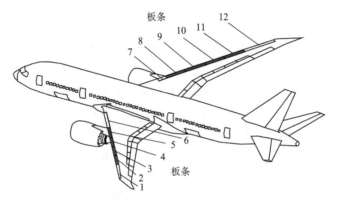

电热防除冰系统

图 7-34　机翼前缘缝翼防除冰

当某侧加热元件失效时，采用对称控制逻辑设计的机翼防除冰系统会使得另一侧相对应的加热元件断电停止工作，此时两侧机翼结冰情况是对称的，保证了飞机的气动稳定性。飞机在防冰工作模式下，所有加热组件最大功率为 165kW，当飞机飞行高度增加，两侧的缝翼不再全部进行加热，最大功率为 125kW。当飞机飞行高度进一步增加，在除冰工作模式下，单侧的全部缝翼采用循环加热策略，由静温确定具体加热时长，最大功率为 45kW。为保证其他重要系统用电，机翼防除冰系统会出现不超过 30s 的短暂停止运行。

电加热防除冰系统相较于热气防冰系统效率高，能耗低，简化了系统结构，不需要管路及防冰腔等结构，加热元件的设置及分区优化设计可提高系统的可靠性。此外，机翼电加热系统使用清洁能源，减少了废气排放，降低发动机噪声污染。目前电加热防除冰系统在飞机上广泛应用仍有一系列关键技术需要开发，例如提高制作低成本、低能耗、具有较高强度、耐疲劳等机械特性的加热元件技术的成熟度，探索加热元件的合理分区与控制律优化以及不干扰其他系统的合理布线设计等。

电热防除冰系统已经成功用于黑鹰直升机的旋翼。在主、尾桨叶前缘表面的下方装有电阻丝编织成的加热组件。结冰探测系统探测到冰层后由除冰控制系统开启除冰模式，飞行员也可根据环境条件选择防除冰系统的工作模式。英国 GKN 宇航公司在 B787 飞机上应用的加热组件具有标准化、易安装、损坏时方便拆换等显著优势。在军事用途上，其方案也用在了 V-22"鱼鹰"倾转旋翼机发动机进气口和 F-35"闪电Ⅱ"联合攻击机

F135 普惠发动机的进气道上。

7.6.3 其他防除冰技术

除了膨胀管除冰系统、电脉冲除冰系统、热气防冰系统和电热防除冰系统外，其他防除冰技术还有基于压电陶瓷的机械除冰方法、基于微波发生器的微波结冰防护技术等，这些防除冰技术的基础理论是利用传热学或力学原理实现防止积冰生成或去除已经形成的积冰，是主动式防除冰方法。

超疏水表面涂层作为一种被动式防冰方法，利用超疏水材料低表面能的特性，可以降低过冷水滴与涂层表面的亲和程度，过冷水滴撞击在涂装有超疏水涂层的机翼表面上可以延迟结冰。这种被动式防冰方法与主动式防冰方法结合，特别是基于热能的防除冰方法，可以使得融化后的过冷水更易脱离机翼表面，防止重度结冰。使用超疏水涂层的方法具有成本低、耗能低的优势，可以降低系统重量，特别是在无人机需要防冰的部件上，采用这种结冰防护方法可以减轻无人机质量，更易于实现无人机自动控制。但是超疏水涂层作为一种被动式防冰方法，在重度结冰条件下，若冰层已经覆盖超疏水涂层，则飞机机翼防冰失效，无法防止失效后的持续结冰。另外，在现代飞机上取得更广泛应用仍存在诸多问题需要解决，如喷涂工艺、超疏水涂层的耐用性、超疏水涂层在复杂环境下的防冰稳定性等。在实际应用中，这种涂装超疏水涂层的方法通常与主动式防除冰方法联合应用。

基于压电材料的超声结冰防护技术是一种比较新型的主动式除冰技术，这种技术的原理是利用超声换能器激励防护结构，其频率接近防护结构的共振频率时，可以使防护结构的振动幅度最大，在积冰与机翼交界面产生的剪切力破坏冰黏附强度，产生除冰效果。超声除冰系统工作原理如图 7-35 所示。超声换能器置于防护结构的内表面，通电后可以控制其产生振动，相较于电脉冲除冰系统，采用压电陶瓷的超声除冰系统振幅较小，造成的结构疲劳损伤较小。

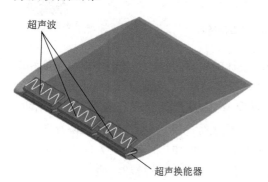

图 7-35　超声除冰系统工作原理

习　题

7-1　简述人机与环境控制系统的任务。

7-2　低气压对人体的影响有哪些？

7-3　简述空气循环制冷系统和蒸发循环制冷系统各自的优缺点。

7-4　简述机械式氧调器的工作原理。

7-5　空气冷却电子设备设计有哪些注意事项？

7-6　简述热气连续加热工作防冰系统的工作原理及优缺点。

7-7　简述超疏水表面涂层结冰防护技术及其优缺点。

第8章 飞机推进系统

8.1 飞机发动机技术和工作原理

8.1.1 飞机发动机发展概述

飞机靠推进系统提供的动力飞上蓝天，产生推力推动飞机前进的整套动力装置称为推进系统。现代战斗机的推进系统一般由涡轮风扇（或涡轮喷气）发动机和进排气系统组成。飞机推进系统的核心是航空发动机，它作为飞机的"心脏"，在航空技术的发展过程中起着关键性作用。在航空技术发展的早期，由于缺乏合适的动力，飞机的发明比以蒸汽机为标志的工业革命晚了近140年，直到19世纪末，活塞发动机的发明给人类的飞行梦带来了转机。1903年，莱特兄弟采用一台四缸、水平直列式水冷活塞式发动机改装后，带动两个直径为2.6m的木制螺旋桨，成功实现了人类历史上第一次有动力、载人、持续、稳定及可操控的重于空气飞行器的飞行。在两次世界大战的推动下，活塞式发动机不断改进、完善和发展，20世纪30~40年代是活塞式发动机的全盛时期。活塞式发动机加上螺旋桨，构成了所有战斗机、轰炸机、运输机和侦察机的动力装置；活塞式发动机加上旋翼，构成所有直升机的动力装置。但带螺旋桨的活塞式发动机的最大缺点是飞行速度受到限制（800km/h以下）。一方面是因为发动机需要的功率与飞行速度三次方成正比，随着速度的提高，所需发动机的功率急剧增大，通过增加气缸数目来增大功率所带来的重量负荷飞机无法承受；另一方面，随着飞行速度的提高，螺旋桨的效率急剧下降并有机毁人亡的危险。为了实现高速飞行，必须寻求新的动力装置。20世纪40年代后期，喷气式发动机的出现，使飞机突破声障，实现超声速飞行，从此人类天空进入喷气式飞机时代。

喷气式发动机是一种直接反作用推进装置。低速工质（空气和燃料）经增压燃烧后以高速喷出而直接产生反作用推力。由于喷气发动机没有了限制飞行速度的螺旋桨，而且单位时间流入发动机的空气流量比活塞式发动机大得多，从而能产生很大的推力，使飞机的飞行速度得到极大提高。飞机速度达到声速后，为了突破音障，在涡轮喷气发动机上增加加力燃烧室可在短时间内大幅度提高推力，但也导致发动机耗油率大幅升高。为了降低发动机的耗油率，提高发动机的经济性，诞生了涡轮风扇发动机，并得到快速发展，与涡轮喷气发动机相比，它的推力大、推进效率高、耗油率低，成为目前军民用飞机的主动力和航空推进技术研究发展的主要方向。

8.1.2 飞机发动机分类

应用于飞机的航空发动机主要分为两大类：活塞式发动机、喷气式发动机，其中经过多年发展，喷气式发动机的分类更为细致，如图8-1所示。

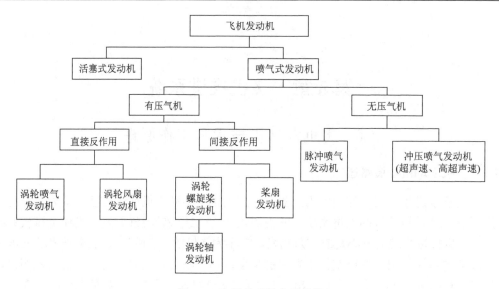

图 8-1　飞机发动机主要分类

　　本章所介绍的喷气式发动机是以空气为工作介质的空气式喷气发动机，实质上火箭发动机也属于喷气式发动机，不过其依靠自身所携带的氧化剂进行助燃，并不依赖空气条件，此处就不过多介绍了。

　　根据发动机热力循环的增压过程不同，可将喷气式发动机分为有压气机和无压气机的喷气发动机两大类。

　　1）有压气机式喷气发动机

　　这类发动机的空气压缩过程主要由压气机来完成，压气机工作是由发动机中产生的高能燃气在涡轮中膨胀而输出机械功来驱动的，因此常称为燃气涡轮发动机。燃气涡轮发动机又可分为五种典型类型，即涡轮喷气发动机（简称涡喷发动机）、涡轮风扇发动机（简称涡扇发动机）、涡轮螺旋桨发动机（简称涡桨发动机）、涡轮轴发动机（简称涡轴发动机）、桨扇发动机，结构如图 8-2～图 8-6 所示。虽然各种燃气涡轮发动机的结构各异，但在原理上，他们都遵循相同的热力循环来产生高温、高压的燃气，只是对通过燃气发生器之后的燃气可用能量的具体分配利用情况不同而有所区别。

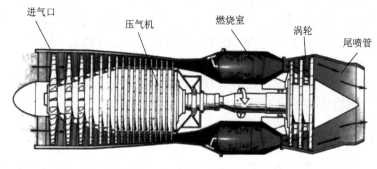

飞机发动机分类　　　　　　图 8-2　涡轮喷气发动机简图

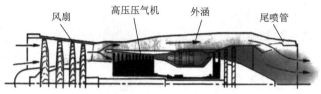

(a) 小涵道比涡轮风扇发动机示意图

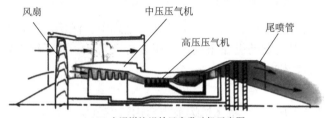

(b) 大涵道比涡轮风扇发动机示意图

图 8-3 涡轮风扇发动机简图

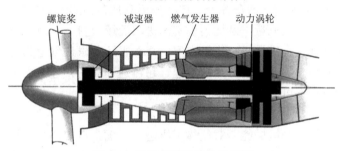

图 8-4 涡轮螺旋桨发动机简图

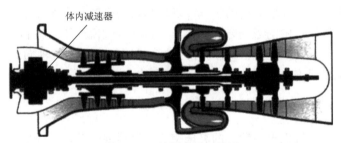

图 8-5 涡轮轴发动机简图

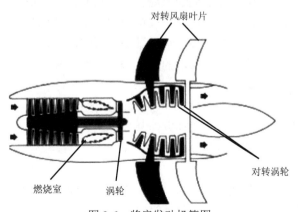

图 8-6 桨扇发动机简图

2）无压气机式喷气发动机

这类发动机无压气机等旋转部件做功，其热力循环的增压过程是依靠高速气体的冲压作用来完成的，其燃料的化学能转化为热能只是用来增大流过发动机的工质动能。无压气机式喷气发动机主要分为两类，即冲压喷气发动机和脉冲喷气发动机。

8.1.3　涡轮喷气式发动机的主要部件

涡轮喷气式发动机主要由进气道、压气机、燃烧室、涡轮、尾喷管、附件传动装置与附属系统等组成，涡扇发动机在压气机前还装有风扇，一般军用涡轮喷气式发动机在涡轮后还配置有加力燃烧室。

1）进气道

进气道又叫进气扩压器，它将飞机远前方自由流空气引入发动机并对气流减速增压，为发动机在各个工作状态下提供相匹配的空气流量。为保证在整个飞行范围内发动机高性能且可靠地工作，要求进气道在各个工作状态下应具有小的流动损失和低的阻力系数，并满足发动机所需的空气流量以及均匀稳定的进口流场（包括速度场、温度场和压力场）；在结构上要求简单可靠、重量轻、维护方便。战斗机还要求进气道具有隐身性能。

进气道按来流马赫数范围可分为亚声速、超声速和高超声速进气道；按调节方式不同可分为几何可调和不可调进气道。

2）压气机

压气机是向气体传输机械能、对气体工质进行压缩，以提高气体压力的机械装置，是涡轮喷气发动机的一个重要部件。压气机的主要作用是对进入发动机的空气进一步减速增压，为燃烧室提供高压低速的空气，以提高发动机的热力循环效率。

根据气流在压气机中的流动方向可将压气机分为轴流式压气机和离心式压气机。空气轴向地流入又轴向地流出压气机的称为轴流式压气机；空气轴向地流入而沿离心方向流出称为离心式压气机；由轴流式压气机和离心式压气机组合的称混合式或组合式压气机。

3）燃烧室

燃烧室是将从压气机出口输入的高压空气与燃料混合并进行燃烧的装置。在燃烧室里，燃料（如航空煤油）中的化学能经燃烧转变为热能，大幅提高气体的温度。燃烧室主要由扩压器、燃油喷嘴、旋流发生器、火焰筒和燃烧室外套等组成。扩压器使压气机出口的气流流速降低、压强升高，便于组织燃烧；火焰筒内是空气与燃油（航空煤油）燃烧的地方，火焰筒头部装有喷入燃油的喷嘴和火焰稳定装置，使气流流速进一步降低并形成回流区，以保持火焰的稳定。

燃烧室按其结构特点可分为单管、环管和环形燃烧室，它们在结构上有所不同，但其基本工作原理是相同的。按气流流动方向分为直流式和回流式；按燃油喷入方式分为气动雾化喷嘴式、蒸发管式和预混预蒸发式。

4）涡轮

涡轮的主要作用是将燃烧室流出的高温、高压燃气的大部分能量转变为机械功，使涡轮高速旋转并产生大的功率，由涡轮轴输出。涡轮输出的机械功可用来驱动风扇、压气机、螺旋桨、桨扇、直升机的旋翼及其他附件。在航空燃气涡轮发动机中，涡轮部件所承受的热负荷、气动负荷和机械负荷都是最大的，因此涡轮的设计与制造水平制约着发动机的性能。

5）尾喷管

尾喷管又称为排气喷管，简称喷管。其主要作用是将由涡轮流出的、仍有一定能量的燃气膨胀加速，以较大的速度喷出发动机，用以产生推力。

尾喷管按其流道型面可分为简单收敛型与收敛-扩张型。简单收敛型喷管是流道面积沿流向逐渐缩小的喷管，结构简单、重量轻、工作可靠、调节方便，常应用于亚声速飞机、短时间超声速和低超声速飞机。收敛-扩张型喷管是流道面积沿流向先收敛后扩张的喷管，又称拉瓦尔喷管或超声速喷管，主要用于超声速飞机。

8.1.4　工作原理

燃气涡轮发动机本质上是一种热力机械，它利用空气作为工质重复地进行压缩、加热、膨胀、放热过程。这些过程组成发动机的热力循环而对外做功。

对于发动机热力循环可作如下理想循环假设。

（1）工质完成的是一个封闭的热力循环。认为废气排入大气的过程是向冷源放热的过程，而且排出的废气和进入发动机进气道的空气的压力都接近于大气压，该过程视为定压放热过程。

（2）忽略压缩和膨胀过程中工质与各部件之间的热量交换，忽略实际过程中的摩擦损失，循环过程视为定熵过程。

（3）假设燃烧室中进行的燃油燃烧释放热能的化学反应过程为外部热源对工质的加热过程，并忽略由流动阻力和加热所引起的压力下降，用定压加热过程来代替。

（4）在循环过程中，忽略燃油流量，工质为定质量定比热容的完全气体。

下面以涡喷发动机为例，各特征截面符号如图 8-7 所示。

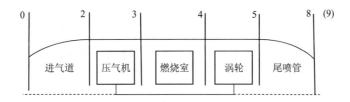

图 8-7　涡喷发动机特征截面符号

压力和比体积的 $P\text{-}V$ 图、温度和熵的 $T\text{-}s$ 图表示的理想循环（布雷顿循环），如图 8-8 所示。理想循环由以下四个过程组成。

（1）点 0 到点 3*：等熵压缩过程。

（2）点 3* 到点 4*：等压加热过程。

（3）点 4* 到点 9：等熵膨胀过程。

（4）点 9 到点 0：等压放热过程。

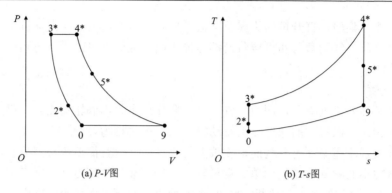

图 8-8 涡喷发动机理想循环图

其中点 0 到点 2*表示气流在进气道内压缩，点 4*到点 5*表示气流在涡轮中膨胀，点 5*到点 9 表示气流在尾喷管中膨胀。

理想循环 P-V 过程曲线所包围的面积定义为理想循环功，用 L_{id} 表示，经过积分可得

$$L_{id} = q_1 - q_2 \qquad (8.1)$$

式中，q_1 为等压加热过程（点 3*到点 4*）的加热量；q_2 为等压放热过程（点 9 到点 0）的放热量。

根据发动机气流从 0-0 截面至 9-9 截面的能量守恒可得

$$c_9 T_0 + \frac{1}{2}c_0^2 + L_c + q_1 - L_T = c_9 T_9 + \frac{1}{2}c_9^2 \qquad (8.2)$$

式中，L_c 为工质在压气机中得到的机械功；L_T 为工质在涡轮中对涡轮做的机械功，其在数值上恰好等于 L_c；c_0 为 0-0 截面上气流速度；c_9 为尾喷管出口截面上气流速度。

改写式（8.2）得

$$L_{id} = \frac{1}{2}(c_9^2 - c_0^2) \qquad (8.3)$$

式（8.3）说明理想循环功在涡喷发动机中完全用于增加气流的动能。

对于不同类型的燃气涡轮发动机，式（8.3）可改写为

$$L_{id} = \frac{1}{2}(c_9^2 - c_0^2) + L_{net} \qquad (8.4)$$

式中，L_{net} 为循环功的输出部分，对涡喷发动机，$L_{net}=0$；对涡轴发动机，$L_{net}=L_{TZ}$，用作直升机旋翼的动能；对涡桨发动机，L_{net} 中的大部分传至螺旋桨，小部分增加气流动能；对于涡扇发动机，L_{net} 用来驱动外涵道风扇。

实际过程中，工质的流量和化学成分都是会改变的，且存在各种流动损失和热阻损失，因此在实际运用中应当另行考虑。

8.2　发动机控制系统

为了满足飞机在不同飞行状态的要求，需要发动机有相匹配的工作状态来产生足够的推力，这就需要发动机控制系统进行调节。发动机控制除了按飞行状态的需要调节燃油供应以外，还需相应的改变一些发动机的几何形状，比如可调静子叶片、可调放气阀、可调进气道以及面积可调的尾喷管等的调节控制。另外，发动机控制还包括起动、涡轮叶片与机匣冷却、涡轮叶片叶尖与机匣的间隙调节、防冰等的控制。总的来说，发动机控制系统的基本任务是在发动机气动、热力和机械设计限制之内，提供满足飞机各种工作状态所需的燃油，并相应调节一些可变几何结构，从而得到安全、稳定的发动机性能和快速响应。

8.2.1　控制系统的控制方式

在航空发动机控制系统中广泛应用的控制方式为开环控制、闭环控制、复合控制。

1）开环控制

开环控制是直接感受外界干扰的变化，或感受由外界干扰引起的发动机其他参数的变化，利用补偿原理对被控参数进行控制。开环控制系统是在外界干扰开始变化的瞬间，调节过程就开始进行，使被控参数不会产生过大的偏离，系统工作稳定。但是实际工程中，能引起被控参数变化的干扰因素很多，不可能对每种干扰因素都进行补偿，因此控制精度不高。开环控制只适合于对控制精度要求不高的系统。开环控制原理如图 8-9 所示。

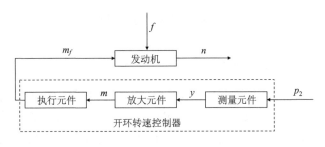

图 8-9　开环控制原理图

2）闭环控制

闭环控制系统是按照偏差原理进行控制，就是通过比较被控参数的实际值与给定值的偏差，并消除偏差以获得预期的系统性能。尽管调节过程中偏差总是存在，但在过程结束时，偏差将变成很小，控制准确度较高，因此闭环控制系统在航空发动机中广泛应用。实现航空发动机自动保护的各种安全限制器，如最大转速限制器、最高温度限制器等，通常都采用闭环控制。闭环控制原理如图 8-10 所示。

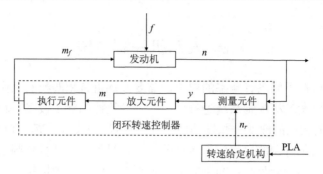

图 8-10　闭环控制原理图

3）复合控制

复合控制系统是同时包含按偏差原理的闭环控制和按扰动或输入的开环控制的控制系统，综合了闭环系统和开环系统的优点，在干扰量对系统产生不利影响之前，就能通过补偿消除即将发生的不利影响，稳定性较高。随着对发动机性能要求的提高，复合控制系统在航空发动机中应用渐多。复合控制原理如图 8-11 所示。

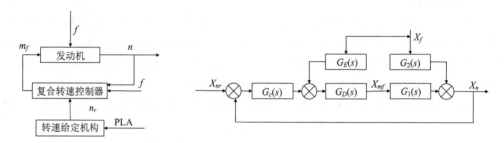

图 8-11　复合控制原理图

8.2.2　全权限数字电子控制系统的组成

随着对航空发动机的性能要求越来越高，电子控制装置逐渐成为航空发动机核心控制器的主流，经过近 40 年的发展研究，技术已越发成熟。从最初的液压机械式到数字控制装置，再到全权限数字电子控制系统（FADEC），是航空发动机性能要求提高的必然趋势。

典型的全权限数字电子控制系统由核心控制器、供油及能源部件、电液转换装置、执行机构及传感器部分组成，其组成及工作流程如图 8-12 所示。

1）核心控制器

核心控制器、工作状态输入、执行指令输出全部为电子模块，通常一起放入一个特殊的机箱中。工作状态输入来自传感器的信号经过调理后，与控制指令一起送入核心控制器，核心控制器通过 A/D 转换器将这些信息处理成数字计算机能识别的数字量，以供后续控制计算、故障分析、数据储存、数据传输、状态显示使用。执行指令输出是通过 D/A 转换器，将核心控制器给出的控制量信号转变为相关执行机构能接收的信号，并输出给相关执行机构，或者将信息传输至显示器和储存器。

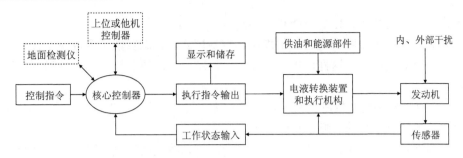

图 8-12　FADEC 系统的组成及工作流程

2）供油和能源部件

供油和能源部件作为发动机的能源由燃油泵向发动机燃烧室提供需要的燃油，同时以一定压力和流量的燃油作为工作介质带动执行机构工作。航空发动机 FADEC 系统中使用的供油装置有燃油增压泵、燃烧室燃油泵、喷管和可调导向叶片作动筒油源泵等。为减小传动系统及油泵自身的体积和重量，高转速油泵技术是近年重点发展的方向之一。

3）电液转换装置

电液转换装置是将来自数字控制器的电信号转换为工作介质的流量或者压力。其基本要求是转换响应快、过程平稳、重复性好、分辨率高、抗介质污染的能力强、具有断电定位能力、应急状态能平滑过渡到备份系统，同时转换装置应重量轻、体积小，具有冗余结构、自检结构等。常见的电液转换装置有以步进电机、高速电磁阀、电液伺服阀、力矩马达等为核心的装置。

4）传感器

对于控制系统而言，及时、准确、可靠测量反映被控制对象运行状态的参数和环境参数是进行高质量控制的前提。因此寻求符合要求的传感器是航空发动机电子控制的关键技术。对于发动机控制系统的关键参数多采用冗余通道结构。航空发动机传感器的发展方向是智能传感器和光纤传感器。

5）其他

地面测试仪用来在发动机工作之前或工作之后检测控制系统的完好性。

上位或他机控制器一般是指飞机的飞控计算机，它反映当前飞机飞行状态和飞行姿态的数据及操纵指令。

8.2.3　FADEC 系统的优缺点

全权限数字控制发动机较机械液压控制发动机有下列优势。

（1）由于数字式计算机的计算能力和逻辑判断能力强、计算精度高，作为发动机控制器可以实现先进的多变量控制方法、复杂的控制模式和控制规律，从而使发动机各项性能指标得到很大的提高，使发动机潜力得到充分发挥。

（2）数字式计算机的高速运算、高度综合和通信能力，使武器控制计算机、飞控计算机和推进系统控制计算机构成综合系统，实现武器/飞行/推进系统一体化控制，从而可大大提高飞机的性能、作战效能和生存能力。

（3）数字式控制器所实现的控制规律、控制模式和控制算法主要取决于控制软件，硬件具有一定的通用性，这样可以缩短发动机控制系统的研制周期、降低研制费用以及研制风险。

（4）全权限数字电子控制系统中，采用发动机状态监视、故障诊断及容错控制技术，可以使发动机控制系统的可靠性得到很大提高。

（5）利用数字式计算机对数据的存储能力，可以将发动机使用过程中的信息加以存储，通过对信息的分析，判断发动机性能变化，对发动机状态进行监控，并利用存储信息进行故障诊断，实现视情维修，从而降低维修成本。

（6）全权限数字电子控制系统的可操作性较好。

但数字控制系统也有缺点，最明显的就是抗电磁干扰能力差，同时在发动机使用过程中、各种条件变化很大，相关条件的组合可能导致控制失灵，从而产生严重后果。因此军用发动机中往往具有一套备用的液压机械式控制系统。

8.2.4　分布式控制技术

目前的发动机控制系统大都采用集中式 FADEC 结构。控制系统的复杂性导致 FADEC 的重量、外形尺寸都大大增加。未来控制系统将是高度分布式控制系统，它由 FADEC 和多个智能装置组成，中央处理器和各智能传感器、智能执行机构组成了一个局域网。中央处理器与智能传感器、智能执行机构之间通过数据总线进行通信，而不是集中式 FADEC 系统中的中央处理器与执行机构之间的点对点连接。图 8-13 是集中控制系统与分布式控制系统的对比图。

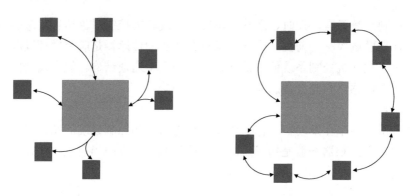

(a) 集中式：2214根线缆；112个接插件；134.4kg　　(b) 分布式：320根电缆；20个接插件；50.4kg

图 8-13　集中控制系统与分布式控制系统

采用分布式控制系统可以使控制器体积减小 50%，从而减轻重量并提高发动机的推重比，通过采用智能传感器和智能执行机构来提高传感器系统精度并获取更多系统信息，通过适应系统退化影响及故障隔离来增加系统可用性，通过功能模块化和标准化来创建发动机标准组件和通用测试平台，从而减少设计、生产、装配和试验成本，减少定期维修次数，从而达到备件减少、退化减弱和训练减少的效果，降低发动机寿命周期费用。

采用一系列功能组件、通用接口、系统实现与系统功能相分离的方法，减少发动机控制系统设计周期。

8.3　发动机滑油系统

滑油系统是保证发动机正常工作的重要组成部分之一，主要有四个方面的作用。

（1）润滑：减小摩擦力，减小摩擦损失。相互运动的零部件表面被一层一定厚度的油膜所覆盖，金属与金属不直接接触，而是油膜与油膜相接触，在相互运动中减小了摩擦和磨损。

（2）冷却：降低温度，带走热量。滑油从轴承和其他高温度部件吸收热量，在散热器处又将热量传递给冷却介质，从而达到冷却的目的。

（3）清洁：带走磨损的微小颗粒。滑油在流过轴承或其他部件时，将磨损下来的金属微粒带走，在滑油滤中将这些金属微粒从滑油中分离出来，达到清洁的目的。

（4）防腐：在金属部件表面有一层一定厚度的油膜所覆盖，将金属与空气隔离，使金属不直接与空气接触，从而防止氧化和腐蚀。

此外，在有些动力装置上，滑油还被用作其他工作系统的工作介质。例如，作为涡桨发动机变距系统和测扭系统的工作介质。滑油的热量可以作为防冰系统的热源。在采用滑油-燃油热交换器时，滑油的热量还能对燃油加温，改善燃油系统的高空性能。

8.3.1　滑油系统的分类

滑油系统主要分为非循环式滑油系统和循环式滑油系统。

非循环式滑油系统又称为全耗式滑油系统，即滑油在系统中不循环使用，使用过后的滑油直接排入大气。这种形式的滑油系统浪费滑油较大，一般只用于靶机等短时间工作的航空发动机上。这种系统结构简单、重量轻，因为不需要滑油散热器、回油泵和滑油滤。

循环式滑油系统即滑油在系统中反复循环使用。滑油自滑油箱通过滑油泵送到发动机各滑油点或冷却点，完成使命之后，又通过回油泵进入散热器或油箱，反复不断的循环使用。这种形式经济性较好，目前广泛应用于各型飞机发动机上。

循环式滑油系统有以下几种类型。

1）敞开式滑油循环系统

滑油系统与大气相通称为敞开式滑油循环系统。随着飞机飞行高度的变化，滑油系统中的大气压力也随着变化，其供油状况有所改变。

敞开式滑油系统有闭式循环和开式循环两种形式。所谓闭式循环即滑油自发动机至散热器，然后再到发动机的工作模式，不通过滑油箱，滑油箱仅通过辅助滑油泵向滑油运行系统补充滑油。所谓开式循环即滑油自发动机回油至散热器，从散热器到滑油箱，从滑油箱再到发动机的工作模式。

2）封闭式滑油循环系统

封闭式滑油循环系统即滑油系统与大气隔绝，并在系统中保持一定压力，滑油系统工作状态不受飞行高度影响。封闭式滑油循环系统同样也有开环循环和闭环循环两种形式。

8.3.2 滑油和滑油量

对滑油的要求主要有以下六点。

（1）合适的黏度。

黏度就是流体抵抗剪切力的能力。滑油黏度对滑油系统的特性有很大的影响。黏度过小，滑油不易在摩擦面的间隙中存留以形成足够厚度的油膜，润滑性能变差；黏度过大，会增加摩擦机件的摩擦力，且流动性变差，滑油循环量减少，从摩擦面带走的热量也少，使系统的冷却效果变差。

同种滑油黏性系数的高低主要受滑油温度的影响。温度高，则黏度低；温度低，则黏度高。滑油黏度随温度的变化率叫滑油的黏度指数，黏度随温度的变化小，则黏度指数高。好的滑油要求其黏度随温度的变化越小越好。

（2）闪点。

使滑油蒸气产生闪燃的温度称为闪点。要求滑油的闪点高于滑油工作的最高温度，以防止可能的火灾并减少滑油消耗量、保证良好的润滑。

（3）燃点。

有足够的可燃滑油蒸气供给燃烧的最低温度称为燃点。要求滑油的燃点高于滑油工作的最高温度。

（4）良好的低温流动性。

航空发动机在冬季地面起动或高空停车后再起动时，外界的大气温度很低，为了保证发动机的起动和滑油系统的正常工作，滑油应具有良好的低温流动性。滑油的流动性与滑油的黏性系数有关，所以要求滑油具有适当的黏度，且随温度的变化要小。

（5）好的抗氧化性和抗泡沫性。

随着航空发动机涡轮前燃气温度的提高，滑油的工作温度也相应增高。在高温下，滑油易氧化成胶状物沉淀堵塞油路，影响系统的循环工作，同时积存在滑油中的氧化物又会使滑油变稠、黏度增大、酸值提高，引起机件的腐蚀。另外，滑油在使用中不应起泡沫，起泡沫会使金属表面的油膜不连续，增大摩擦和磨损，降低输出功率，冷却效果差，且降低高空性能。

（6）不腐蚀金属和侵蚀橡胶且毒性小。

滑油系统工作时，滑油与金属零件和橡胶制品件接触，滑油中存在的水分及化学活性物质（如酸、碱、盐及其化合物），会对与之接触的金属零件和橡胶制品件发生腐蚀和侵蚀作用，特别是合成滑油对橡胶件的侵蚀作用更为厉害，且具有毒性。

滑油量可分为滑油循环量和消耗量。

滑油循环量是单位时间内供给发动机的滑油量。它的大小一定程度上决定了整个系统的方案，是滑油系统的主要参数之一。循环量的大小取决于滑油进行冷却和润滑时需要带走的热量、滑油的性质以及发动机操纵系统和调节系统需要的滑油量，即

$$W = W_h + W_p \tag{8.5}$$

式中，W_h 为轴承和齿轮散热所需要的滑油量；W_p 为发动机操纵系统和调节系统需要的滑油量。

滑油消耗量是单位时间内滑油的损耗量。损耗主要包括滑油蒸气随通气管逸出到外界大气的量和滑油从油腔封严装置逸漏的量。

8.3.3　滑油系统的组成（按系统分）

典型的发动机滑油系统由压力系统、回油系统和通气系统三部分组成。传统的滑油系统如图 8-14 所示。

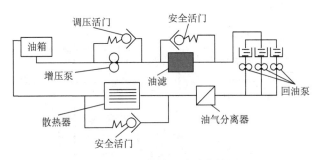

图 8-14　传统的滑油系统简图

1）压力系统

压力系统又称供油系统。它从滑油箱开始，到滑油喷嘴结束。其中包含增压泵、滑油滤、调压活门、滑油/燃油热交换器、最终油滤等。

滑油箱：用来存放滑油。滑油箱有干槽式和湿槽式两种。干槽式具有独立外部的滑油系统，现在大部分燃气涡轮发动机使用的是干槽式滑油箱；湿槽式的滑油存放于发动机内集油槽或集油池中。

滑油泵：循环式滑油系统采用的滑油泵通常为齿轮式滑油泵。齿轮式滑油泵可同时作为增压泵和回油泵，增压泵和回油泵处于同一壳体中。增压泵的功用是使滑油增压，回油泵是抽回滑油。由于回油温度高，且有泡沫，使回油滑油的容积大于供油容积，因此，一般回油泵的容积至少大于增压泵容积的两倍。增压泵后有调压活门，保证在各种状态下滑油压力一定，也就是控制供往各润滑部位的滑油压力，防止因滑油压力过高可能导致滑油系统渗漏和损坏系统中的某些部件。

滑油滤：用来过滤滑油中的微粒，使供应到轴承处的滑油是清洁干净的。

滑油/燃油热交换器：其功用是冷却滑油，加热燃油。

空气/滑油散热器：利用冲压空气来冷却滑油。

最终油滤的功用是进一步过滤滑油，防止堵塞滑油喷嘴，保证滑油系统正常工作。

2）回油系统

回油系统从轴承腔开始，到滑油箱结束，其中包括回油泵等。

3）通气系统

通气系统包括油气分离器和各部分的通气管路，其功用是平衡滑油腔的压力、减少滑油消耗量、保证滑油系统正常工作。

油气分离器：为防止滑油箱、齿轮箱和轴承腔中的压力过高，在滑油系统中有通大气的通风口。在空气通往机外之前，空气中的油滴将被油气分离器分离出来，通过油气分离器，去除气泡、蒸气，防止供油中断或破坏油膜，减少滑油消耗。滑油继续循环使用，空气通到机外。

8.3.4　改进的滑油系统

为了保证更安全更可靠地工作，一些现代发动机都采用改进了设计的滑油系统，如图 8-15 所示。新一代滑油系统具有以下特点。

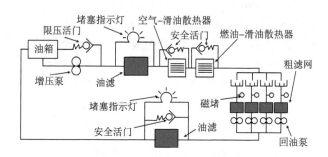

图 8-15　改进的滑油系统简图

（1）不在增压油路中设调压阀。

（2）仅安装防止冬天起动发动机时油压过大的限压活门。

新一代滑油系统有完善的监测系统。监测装置有以下几类。

①用于飞行中监测的。即座舱仪表板上的滑油压力、温度、油箱油量等指示仪表、最低滑油压力指示灯及回油滤堵塞指示灯。

②用于维护的。包括目视油量指示器、进油和回油油滤堵塞指示器以及回油路和油箱中的感性堵头等，另外维护人员还定期取油样进行滑油光谱分析。

③用于试验和排放的。采用两套指示油量和油滤堵塞的装置，是为了使飞行员和地勤人员均能及时发现问题，避免人为过失，以便尽快采取措施保证发动机正常工作。有了监测装置，不仅能保证滑油系统的正常工作，而且能监测发动机的机械传动部件，及早发现故障。

（3）在回油总管中装细油滤。

以往发动机只在回油泵进口处安装粗油滤，而在新一代滑油系统中，回油总管装有细油滤，其过滤度高于进油系统中细油滤。由于润滑后的滑油以较清洁状态返回油箱，油箱便成为净化油箱。在这种情况下，回油总管油滤保证流向轴承与齿轮等处的滑油具有充分的清洁度，且均带旁路安全阀，增压油滤仅作为备用装置。

（4）采用滑油-伺服燃油热交换器。

新一代滑油系统中，热滑油首先加温伺服用的高压燃油，再流入燃油-滑油散热器中进行冷却，以防止用于调节机构及作动筒的高压燃油在管道中冻结。

8.4　发动机系统设计准则（要求）

8.4.1　发动机主要性能指标

在飞机发动机设计中，需要满足一定的性能指标。对于涡喷和涡扇发动机而言，主要性能指标都与推力有关。

1）推力与单位推力

发动机推力 F 的大小直接决定了飞机的主要性能，是重要的性能指标。但是仅依靠推力 F 的大小来衡量发动机的性能好坏是不恰当的。例如，两台发动机的推力一样，但一台发动机空气流量较小、整体尺寸较小、体积小、重量轻；而另一台发动机的空气流量大、尺寸大、体积大、重量大。比较二者，很明显前一台小发动机的性能比后一台的好。因此，评定发动机循环性能的优劣应根据单位推力的大小。单位推力 F_s 是发动机推力与进入发动机的空气质量流量之比，表示在 1s 内流过发动机每 1kg 空气所产生的推力，即

$$F_s = \frac{F}{q_m} \tag{8.6}$$

式中，F_s 为单位推力（N·s/kg 或 daN·s/kg（1daN=10N））；F 为发动机总推力（N 或 daN）；q_m 为发动机的空气质量流量（kg/s）。

单位推力是决定发动机尺寸和重量的重要因素之一。当推力一定时，单位推力越大，说明空气流量越小，设计的发动机尺寸、体积和重量都能够减小；当空气流量一定时，单位推力越大，说明推力也越大。

2）推重比

发动机推力与发动机重力之比称为发动机的推重比，即

$$J = \frac{F}{G} \tag{8.7}$$

式中，J 为推重比；G 为发动机重力。

推重比直接影响飞机的质量和有效载荷，因此它对于飞机的最大平飞速度、升限、爬升速度等机动性能都有直接的影响。特别是对于军用歼击机而言，机动性能极为重要，因此要求尽可能高的推重比。用于垂直起降的飞机发动机，推重比这一指标就更加重要了。目前，涡喷发动机在地面时的推重比为 3.5～4.0，带加力燃烧室的涡喷发动机的推重比可达 5.0～6.0，加力小涵道比涡扇发动机的推重比已超过了 8.0，用于垂直起降的升力发动机推重比甚至已达 16 以上。

3）单位迎面推力

单位迎面推力是发动机的推力和发动机的迎风面积之比，迎风面积是指发动机的最大截面面积。当发动机安装在单独的发动机短舱里时，迎风面积的大小决定了发动机短舱外部阻力的大小。单位迎面推力的单位是 N/m² 或 daN/m²。发动机的单位迎面推力越

大越好。当推力一定时，迎面推力越大，发动机的迎风面积就越小，飞机阻力也越小，有利于外形设计好、阻力小的飞机。目前，涡喷发动机的单位迎面推力为 $6000\sim15000\text{daN/m}^2$。

4）单位燃油消耗率

单位燃油消耗率的定义是每小时产生 1N 或 1daN 推力所消耗的燃油量，简称耗油率（specific fuel consumption, SFC），单位为 kg/（h·N）（或 kg/（h·daN））。它是决定飞机航程和续航时间的重要参数，是评定发动机经济性的重要指标。表达式为

$$\text{SFC} = \frac{3600 q_{mf}}{F} \tag{8.8}$$

式中，q_{mf} 为发动机的燃油流量（kg/s）。

5）功率和单位功率

在评价涡轮螺旋桨发动机和涡轮轴发动机的性能时，一般使用功率和单位功率作为性能指标。

在涡轮轴发动机中，几乎不产生喷气反作用推力，即循环有效功绝大部分由涡轮传递给旋翼。其功率表达式为

$$P_s = L_{net} W_a \tag{8.9}$$

式中，P_s 为涡轮轴发动机功率；L_{net} 为涡轮输出至旋翼的功，对单轴发动机而言，$L_{net} = L_T - L_C$（L_T 为涡轮单位质量气流的功，L_C 为压气机单位质量的功），对具有自由涡轮（或称动力涡轮）的发动机来说，$L_{net} = L_{TZ}$（L_{TZ} 为自由涡轮单位质量气流的功）；W_a 为空气流量。

对于涡轮螺旋桨发动机，一般用当量功率来衡量其性能。假设喷气气流的推力功率是由螺旋桨产生的，并折合为螺旋桨轴的功率，再将这个折合功率与螺旋桨轴功率 P_b 相加，得到相当于发动机全部功率的当量功率 P_e，即

$$P_e = P_b + \frac{FV}{\eta_b} \tag{8.10}$$

单位轴功率是流经发动机每千克空气所产生的轴功，或者说是单位质量空气流量所产生的轴功率；单位当量功率是流过发动机 1kg/s 的空气流量所产生的当量功率。

6）耗油率

耗油率是单位时间内发动机产生 1kW 功率所消耗的燃油量。即

$$\text{SFC} = \frac{3600 q_{mf}}{p_e} \tag{8.11}$$

在飞行速度一定时，耗油率越小，发动机的经济性越好。

7）涡轮前温度

涡轮前温度是指燃气从燃烧室出来在涡轮前的温度。涡轮前温度的高低某种程度上反映着发动机的水平，提高涡轮前温度，某种程度上可以提高发动机性能。

8）总增压比

总增压比是指发动机出口和发动机进口的压力比，又称为总压缩比，简称总压比。

提高发动机的增压比可以提高发动机性能，但会带来喘振裕度较低的问题。

8.4.2 发动机性能要求

在设计发动机时还必须满足一定的使用性能要求。

1）工作可靠

发动机工作可靠，是指发动机在各种情况下都能按照使用人员的操纵，安全可靠地进行工作，在飞行中不因外界条件变化而造成熄火停车或发生机件损坏等故障。

各类燃气涡轮发动机上，都装有各种检测装置、自动装置以提高发动机工作的可靠性。

2）起动迅速可靠

发动机由静止状态加速到慢车状态的过程称为起动过程。在保证安全的前提下，起动过程越短越好。无论在地面或在空中都要求起动成功率高，可靠性好。如果起动成功率达到 100%可靠性最好。对于装有加力燃烧室的燃气涡轮发动机，要求在任何条件下都能可靠地接通或断开加力。目前燃气涡轮发动机上都装有自动控制系统，以保证起动或接通（断开）加力的迅速可靠。

3）加速性好

快速推油门时，发动机转速上升的快慢程度，称为发动机的加速性。通常用慢车的转速上升到最大转速所需要的时间来表示发动机加速性的好坏。加速时间越短，说明发动机转速操纵越灵活，加速性越好。

4）发动机寿命长

发动机从出厂到第一次大翻修期间总的工作时数，以及两次大翻修之间的工作时数都可以称为发动机寿命。发动机经数次翻修直到报废的总累积工作时数称为发动机的总寿命。发动机寿命相差很悬殊，有的发动机只有一二百小时的寿命，有的则为数百小时，甚至长的可达数千小时。有些民用型航空发动机的总寿命可达数万小时。

5）易于维护

发动机易于维护，可达性好，可以减轻维护人员的劳动强度，容易发现和排除故障，缩短地面准备时间，保证迅速起飞。

8.4.3 发动机控制系统设计要求

设计发动机控制系统时可以采用液压机械式控制系统或电子控制系统，应当按具体需求而定。

发动机控制系统应包括所有控制装置，如燃油控制、转速控制、压力控制、温度控制、防喘消喘控制、进气导流叶片控制、压气机放气或变几何形状控制、间隙控制、可变截面或可转向喷管控制、加力控制以及其他对发动机进行专门或全部自动与手动控制所需的装置。需要时，还包括发动机的备份控制系统。发动机控制系统应对发动机提供全套自动控制，并应有完全自给电源。配装单发飞机的发动机应有备份控制系统。发动机控制系统在工作模式和组成元件两方面应设计成具有规定的可靠性。

除非控制系统设计之前另有规定，发动机控制系统不应进行外部调整。控制系统附件应设计成可以单独地从发动机上拆换（如进口温度传感系统），而无须进行系统校准或匹配，也不需进行试验台调整。

除另有规定外，控制器的外部调整应限于与发动机地面工作性能有关的调整，其具体规定如下。

（1）燃油等级调整。发动机控制系统应具有按燃油密度进行自动或手动调整的功能。

（2）慢车转速调整。当慢车转速可调整时，应能在规定值的±5.0%范围内调整，且不影响最高转速以及最高转速的调整。

（3）最高转速调整。当最高转速可调整时，应能在中间状态规定值的±5.0%范围内调整。

（4）测量温度调整。当发动机最高测量温度可调整时，应能在中间状态规定值的±5.0%范围内调整。

如果使用全权限数字电子控制系统（FADEC），应满足下列技术要求。

（1）功能要求。

能够控制发动机的起动、加速、稳态、加力接通/切断、减速、失速防喘、多发动机协调等状态，能进行进气导流叶片、压气机放气或变几何形状、叶尖间隙、可变截面或可转向喷管等结构控制。能监控最小供油量、最大转速、最高温度、压气机出口压力等参数，并作出相应调整。还需满足故障诊断与容错控制、运行参数记录与储存、与飞机其他系统控制计算机的通信、与飞行员的信息交换等。

（2）性能要求。

要求稳态性能精度高，动态性能响应时间短、超调量小。

（3）可靠性要求。

能够承受闪电雷击、电磁干扰，能够在规定的高温、低温以及盐雾环境条件下工作，还需具有防火、防爆、防核辐射的能力，能够承受发动机的强烈振动等。

（4）维修性要求。

需要便于检查、故障检测、视情维修、更换部件和重新安装使用。

此外，还要求体积和重量尽可能小。

8.4.4　发动机滑油系统设计要求

发动机的工作环境复杂，某些部件的工作环境尤为恶劣，常常伴随着高压、高温等现象，这对滑油系统的设计提出了很高的要求。

（1）滑油系统在不变更滑油的情况下应能保证发动机在整个工作包线内正常工作。

（2）滑油系统需满足发动机在极限工作状态仍能起到润滑、清洁、冷却、防腐等重要作用。

（3）应满足发动机工作需要的最高和最低滑油压力极限、稳态及瞬态时最高滑油温度极限。并且发动机在滑油处于极限压力和温度的状态下工作时间不宜过长。

（4）所有滑油系统附件均应作为发动机附件，且发动机滑油系统不得用于飞机附件。

（5）为防止污染滑油，在设计上应防止燃油或其他液体渗入发动机滑油系统。

8.5　发动机系统实例

航空发动机经过多年发展，为满足于各式飞机的需求，已经发展出许多发动机型号，技术逐渐成熟。涡轮喷气发动机和涡轮风扇发动机作为其中重要组成部分，值得多加关注。

8.5.1　涡轮喷气发动机实例

以我国第一台走完自行设计、制造、试验、试飞、定型全过程的航空发动机涡喷 14（又称昆仑）为例，如图 8-16 所示。昆仑发动机是一款中等推力级、高性能加力式双转子涡轮喷气发动机，主要用于歼 8 改进型系列战机。它具有单位迎面推力大，加力耗油率低，发展潜力大等特点。

图 8-16　昆仑发动机

为了改善当时歼击机的飞行性能，又要尽量减少飞机换发动机的改动量，要求研制的昆仑发动机在“三不变”（即保持与现役发动机的最大外廓尺寸、空气流量、安装形式不变）的约束下，大幅度地提高中、低空飞行时的推力，降低耗油率，同时改善空中起动性能、可靠性、耐久性和维修性（表 8-1）。

表 8-1　昆仑发动机的主要改善

项目		某现役发动机	昆仑发动机
中间状态推力/%		100	129
最大状态推力/%		100	114
最大状态耗油率/%		100	88
发动机总寿命指标/%		100	167
空中起动最高高度/%		100	120
维修性	装拆后机身时	必须拆承力环和机尾罩	不必拆承力环和机尾罩
	左、右发动机	不能互换	主机及加力扩散器可以互换

为满足装拆后机身时不拆承力环和机尾罩的维修性要求，昆仑发动机加力燃烧室尾喷管最大外廓直径必须比某现役发动机缩小123mm，从而使昆仑发动机的单位迎面推力增加到119.64kN/m²（12200kgf/m²），使该项性能指标达到20世纪90年代初期国际领先水平。

为达到使用方要求的先进性能指标，昆仑发动机在热力循环参数的选取上，采取"三提高"的措施，即提高涡轮前温度、总增压比和加力温度。但是，从技术可行性和结构复杂性考虑，"三提高"的幅度又受到三方面的限制：为降低涡轮和主燃烧室的设计难度，主燃烧室的温升比不能过大；为使压气机不用几何调节就有足够的喘振裕度，压气机增压比的提高不超过70%；为降低加力燃烧室的风险，加力温度的增幅不超过180K。为此，有选择地采用了四十余项有预研基础和经过试验验证的新技术、新材料和新工艺。例如，带气动雾化喷嘴的全环形燃烧室；定向结晶无余量精铸，对流、撞击和气膜"三合一"多孔回流复合冷却涡轮叶片；数字式防喘控制系统等。最终设计的发动机长4.635m，直径882mm，重1010kg，最大推力4900daN，加力推力6960daN，推重比6.4，加力推力耗油率0.20kg/（N·h），最大推力耗油率0.098kg/（N·h），翻修时间达到了850h，总寿命达到1500h，总体达到了20世纪80年代中期的技术水平。

后来，我国又先后推出昆仑Ⅰ、昆仑Ⅱ型发动机。Ⅰ型是原型1号机的改型机，主要是对外部机匣、附件等外部部件进行了适应性改造，以提高其装配性能。昆仑Ⅱ型则是推力增大型，它是在昆仑发动机的基础上，不牺牲发动机的工作可靠性、耐久性和安全工作裕度的前提下，通过采用先进技术增大发动机的空气流量、提高部件工作效率、减少漏气及流体损失，从而大幅度提高了发动机推力，降低了耗油率；机体部件上通过提高钛合金的使用来减轻发动机的重量，提高了发动机的推重比。"昆仑"Ⅱ型发动机的外形尺寸与原型一样，但最大推力和加力推力分别提高到了5390daN和7640daN，最大推力和加力推力时的耗油率则下降到0.093kg/（N·h）和0.18kg/（N·h），推重比为7。

8.5.2　涡轮风扇发动机实例

F119涡轮风扇发动机是双转子小涵道比加力涡扇发动机，其采用可上下偏转的二维矢量喷管，偏转角度达20°且推力和矢量由数字电子系统控制。F119涡扇发动机是由普拉特·惠特尼集团公司（普·惠公司）为美国空军研制的，型号为F119-PW-100，应用于F-22战斗机中。图8-17为F119发动机。

图8-17　F119发动机

F119 发动机主要性能参数见表 8-2。

表 8-2　F119-PW-100 主要性能参数

项目	单位	参数	项目	单位	参数
最大推力	kN	155.7	最大直径	m	1.13
中间推力	kN	105.0	长度	m	4.826
总压比	—	35.0	重量	kg	1360
涵道比	—	0.3	推重比	—	>10.0
涡轮前温度	K	1850～1950			

F119 发动机（图 8-18）由 3 级风扇、6 级高压压气机、带气动喷嘴、浮壁式火焰筒的环形燃烧室、单级高压涡轮、与高压涡轮转向相反的单级低压涡轮、加力燃烧室、二维矢量喷管等组成。整台发动机分为：风扇、核心机（由压气机、燃烧室、高压涡轮组成）、低压涡轮、加力燃烧室、尾喷管、附件传动机匣共 6 个单元体，另外还有附件、FADEC及发动机检测系统。

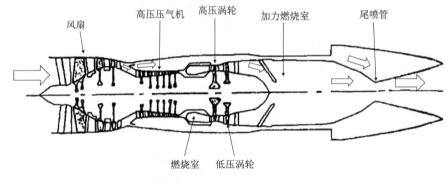

图 8-18　F119 发动机流道简图

其结构特点如下。

（1）风扇：3 级轴流式。无进口导流叶片，风扇叶片为宽弦设计。

（2）高压压气机：六级转子均采用整体叶盘结构。

（3）燃烧室：火焰筒为双层浮壁式，外层为整体环形壳体，在壳体与燃气接触的壁面上铆焊有薄板，薄板与壳体间留有一定的缝隙，使冷却两者的空气由缝中流过。喷嘴采用了气动式喷嘴，它能改善燃油雾化质量，提高燃烧完全度，减少排污，同时还能消除一般离心式喷嘴易积炭的问题。

（4）高压涡轮（单级）：工作叶片使用普·惠公司的第三代单晶材料做成，采用了先进的气膜冷却技术。涡轮盘采用了双重热处理以适应外缘与轮心的不同要求，即外缘采用了提高损伤容限能力的处理，以适应榫槽可能出现的微裂纹；轮心部分则采用提高强度的热处理。这种在一个零件上采用两种要求不同的热处理，实属罕见。

（5）低压涡轮（单级）：与高压涡轮转向相反。这种将高、低压转子做成转向相反的设计，当飞机机动飞行时作用于两转子上的陀螺力矩会相互抵消大部分，因此可减少外传到飞机机身的力矩，可提高飞机的操纵性。另外对装于两转子间的中介轴承，当轴承内、外环转向相反时，会大大降低保持架与滚子组合体相对内、外环的转速，对轴承的工作有利，但增加了封严难度。

（6）加力燃烧室：加力筒体采用 Aloy C 阻燃钛合金以减轻重量，筒体内有隔热套筒，两者间的缝隙中流过外涵空气对筒体进行冷却。

（7）尾喷管（二元收敛-扩张矢量喷管）：喷管上下的收扩式调节片可单独控制喷管的喉道与出口面积，而且，当上下调节片同时向上或向下摆动时，改变了气流排出方向，即可改变推力方向。发动机的推力能在飞机的俯仰方向±20°内偏转，从+20°到−20°的行程中只需 1s。推力和矢量由双余度全权限数字电子控制系统控制。

F119 发动机的控制系统采用的是第三代双余度（两个 FADEC 系统同时受控）全权限数字电子控制系统 FADEC，并配置有机上自适应发动机模型，采用 Kalman 滤波器估算发动机的稳态参数，实现机上实时自适应优化战斗机和发动机性能，是第一种具有部件受命跟踪能力的系统。与前两代 FADEC 系统相比，因增加了推力矢量喷管等，其控制功能几乎增加了 1 倍，达到 16～22 个；由于采用双余度技术和故障保护工作，控制系统和发动机的可靠性和安全性都大大提高；由于采用改进的诊断与健康管理系统，控制系统和发动机的维修性明显改善，工作费用明显降低。

F119 发动机除了具有高性能外，还特别加强了其维修性和可靠性。大部分附件包括燃油泵和控制系统均可作为外场可换组件（LRU），而所有的每个 LRU 拆换时间不超过 20min，所用的工具仅仅是 11 种标准手动工具。孔探仪的座孔设计成无螺纹内置式，所有导管、导线均用不同的颜色予以区分，滑油箱装有目视的油位指示器，连接件做成能快速装卸的设计。F119 发动机在设计中遵循"采用经过验证的技术"的做法，进行了大量的地面试验，确定了设计的可靠性。整台发动机结构简单，零部件数目少，因此它在性能方面较前一代发动机 F100 有较大提高，虽然也采用了一些以前未用过的设计，但它的可靠性却比 F100 高。表 8-3 给出了 F119 发动机维修性、可靠性指标的改进情况。

表 8-3 F119 发动机维修性、可靠性指标改进情况

指标	改进
外场可换组件拆换率次/1000EFH	−50%
返修率次/1000EFH	−74%
提前换发率次/1000EFH	−33%
维修工时/h	−63%
平均维修间隔时间/EFH	+62%
空中停车率次/1000EFH	−20%

习　题

8-1　涡轮喷气式发动机主要部件有哪些？分别有什么作用？

8-2　FADEC 控制系统相较于机械液压式控制有什么优点？机械液压式控制系统是否就没有应用价值了？如果有，能应用在哪里呢？

8-3　滑油系统的主要作用是什么？由哪些部件组成？这些部件分别起到什么作用？

8-4　设计涡轮喷气式发动机时需要满足哪些指标和要求？

第9章 飞机电气系统

9.1 飞机电气系统的基本概念

9.1.1 飞机能源

飞机上能源分为一次能源和二次能源。飞机上的一次能源用于航空发动机，为飞机提供推力、拉力及升力。航空发动机以燃气涡轮发动机为主，包括涡轮喷气发动机、涡轮风扇发动机、涡轮螺旋桨发动机和涡轮轴发动机等多种类型。飞机的二次能源是指飞机上的设备工作所需的能源。

现代常规飞机的二次能源有液压能源、气压能源和电能源。飞机起落架的收放、舱门的启闭以及飞机操纵面的控制，目前均采用液压作动机构。液压作动机构具有出力大、响应快、体积小和工作平稳等优点。液压作动机构工作需要高压液压源、蓄压器及相应的输液管路和控制保护阀，即需要液压能源系统。机轮的制动、弹药的传输则多用气压能。机翼的防冰、座舱的温度调节在不少飞机中靠提取发动机压气机增压后的空气来实现。此外，飞机上还有大量设备是靠电能工作的。现代飞机上出现了三种二次能源并存的情况，使飞机内部管路与电路纵横交叉、错综复杂，飞机的工艺性、维护性和可靠性降低。常规飞机上二次能源的作用见表9-1。

表9-1 常规飞机上二次能源的作用

二次能源	应用	优点	缺点
液压能	起落架收放、舱门启闭、飞机操纵面控制、主要是一些做动机构	出力大、响应快、体积小、工作平稳	维护困难、可修性差
气压能	机轮制动、弹药传输、机上的环境控制系统、防冰、除冰	简便（从发动机引气）	增加发动机能耗
电能	通信、导航、照明、防冰、除冰	安全、传送方便、易变换	大功率电机体积重量大

多电/全电飞机是指用电能取代液压能、气压能等二次能源的飞机，全电飞机上的二次能源已完全被电能取代。自20世纪70年代以来，多电/全电飞机的发展得益于电工技术的突破。主要表现在新的电工材料、电工器件和微型计算机等方面，这就使得诸如机电作动器（EMA）、电静液作动器（EHA）等新型作动机构能够取代液压和气压作动机构，从而使得电能能够取代集中式液压能和气压能，为飞机上三种二次能源向电能的统一打下了基础。

多电/全电飞机简化了发动机和飞机内部结构，除去了机内集中式液压源和液压管路，删去了部分气压管路，显著提高了飞机可靠性，改善了维修性，降低了燃油消耗和污染物的排放，简化了地面支持设备，是飞机的全局性优化技术。多电/全电飞机的发展是电工科技对航空科技的重要贡献，20 世纪下半叶电工科技有了迅速的发展，新型软磁材料、高磁能积永磁材料和高温高强度绝缘材料，集成电路和微型计算机，固态电力电子器件等相继诞生，于是无刷电机、固态无触点电器和电力电子变换器相继问世，飞机电气系统也得到了大的发展，为多电飞机的诞生创造了条件。多电飞机的诞生和发展反过来又对电工科技提出了新的要求，这就要求进一步提高电机和电能变换装置的功率密度，提高电能转换效率，提高电气设备的可靠性和环境适应性。

多电/全电飞机的关键技术有：①大功率发电和起动发电技术；②高效的电能变换技术；③分布式固态配电技术；④大力矩、快响应的机电作动器技术；⑤高效的电动机技术；⑥高速通信总线技术。

9.1.2　飞机电气系统的组成

飞机电气系统组成如图 9-1 所示，包括供电系统和用电设备两部分。

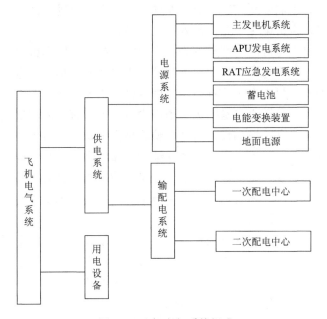

图 9-1　飞机电气系统组成

1）飞机供电系统

飞机供电系统是飞机上电能产生、变换、输送与分配部分的总称，包含从电源到用电设备输入端的全部，通常分为电源系统和输配电系统两部分。电源系统是电源到电源汇流条之间的部分，输配电系统是从电源汇流条到用电设备输入端的部分。

飞机电源系统由主电源、辅助电源、应急电源、二次电源（蓄电池、电能变换装置等）及地面电源插座等构成。

现代飞机主电源是直接或间接由航空发动机传动的发电系统，通常一台发动机传动一台或两台发电机，在多发动机飞机上各发动机传动的发电机数量是相同的。飞机发电机由航空发动机传动，既可靠又经济，由多台发电机构成的飞机主电源则

电气系统认知

更为可靠。

　　主电源不工作时，飞机用电设备所需电能可由辅助电源或机场电源通过机上的地面电源插座供给。辅助电源有航空蓄电池和辅助动力装置两种，小飞机大多用航空蓄电池，大型飞机用辅助动力装置居多。辅助动力装置由小型机载发动机、发电机或液压泵或空气压缩机等构成，主电源不工作时，起动辅助动力装置工作，使发电机发电或使液压泵提供增压油，向用电设备和液压气压设备供电、供油或供气。该发动机常用电动机起动。辅助动力装置既可在地面工作，也可在空中工作。

　　飞行中一旦主电源产生故障，则由应急电源供电。常用的应急电源有航空蓄电池和冲压空气涡轮发电机。主电源正常时，冲压空气涡轮发电机收在飞机机体或机翼内，发生故障后才放出来，靠迎面气流吹动涡轮，带动发电机或应急液压泵。由于应急蓄电池和冲压空气涡轮发电机的容量均较小，因此只能向飞机上的重要用电设备供电，以保证飞机紧急返回机场和着陆。

　　飞机在机场进行地面检查或起动航空发动机时，常由机场地面电源向机上供电。通常地面电源供电时，机上电源不允许投入飞机电网。

　　二次电源用于将主电源的电能转变为另一形式的电能，向飞机上的一些用电设备供电。按供电方式分，二次电源有集中供电与分散供电两种。集中供电的二次电源是指一台或两台二次电源给飞机上采用这种电能的用电设备供电，其中一台为主二次电源，另一台为备份二次电源。分散供电是指每个用电设备自己带有所需的二次电源。有时将此二次电源放置于设备内部，称为设备内部电源或机内电源。飞机电源这种构成方式的目的在于：①保证在各种条件下向用电设备连续和可靠地供电；②保证主电源正常时向用电设备提供高质量的电能，主电源故障时保证飞机能应急安全着陆；③使飞机能不依赖于地面设备的支持自行起飞和着陆，即具备自足能力，这对军用飞机尤为重要。有的飞机有备份电源，以增加电源裕度。

　　飞机配电系统的控制方式有常规式、遥控式、自动式和固态配电四种。常规配电系统的配电线引入座舱内的配电中心，小型飞机采用这种方式。遥控配电的配电汇流条靠近用电设备，座舱内只引入控制线，飞行员通过接触器控制用电设备。现代大中型飞机采用这种配电方式，以减轻电网重量。自动配电系统由计算机通过多路数据总线传输控制信息和状态信号，经接触器或继电器对用电设备进行控制。这种配电方式电网重量轻、工作可靠、自动化程度高。以固态功率控制器取代接触器或继电器的自动配电系统称为固态配电系统。

　　　　　　　　　一种双发电通道飞机上供电系统的布局以及电源系统组成，如图 9-2 所示。

　　　　　　　　2）飞机用电设备

电气系统架构设计

　　现代飞机内有大量设备，靠液压能工作的设备称为液压设备，靠气压能工作的设备称为气压设备，靠电能工作的设备称为用电设备。

　　飞机上的用电设备按其功用可分为：①发动机和飞机的操纵控制设备。例如，发动机的起动、喷油、点火设备；发动机的推力或转速控制设备；飞机仪表、飞行控制、导航、通信和燃油供给设备；起落架收放和舱门启闭设备等。②机上人员生活和工作所需设备。如座舱环境控制系统、照明与加温设备、氧气设备、安全与救生设备等。③完成飞行任务所需的设备。这与飞机的类型、用途有关，如军用机有火力控制设备、投弹瞄准设备、照明侦察设备等；民用机有客舱照明设备和厨房设备等。

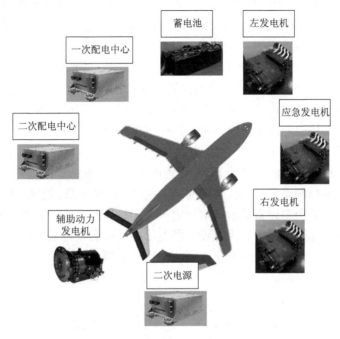

图 9-2　一种双发电通道飞机上供电系统的布局示意图

飞机上的用电设备按用电种类可分为：①直流用电设备，如直流电动机。②交流用电设备，如异步电动机。交流用电设备又可分为与频率无关或关系不大的设备、要求电源频率稳定的设备，有的设备（如电动陀螺仪和某些电动仪表）要求频率十分稳定、波形为正弦的三相交流电。交流用电设备还可以按交流电压相数分为单相交流电设备和三相交流电设备。③交直流两用设备。有的用电设备（如白炽灯）既可在直流电源供电时工作，也可由交流电源供电，且对电源频率没有严格要求。

按用电设备接通电源后对电源带来的影响将用电设备分成以下几类：①具有线性特性的用电设备。例如，加温设备和白炽照明灯等，其特性符合欧姆定律，且电阻或阻抗不因电压或电流大小而变。白炽灯刚通电时，由于灯丝电阻较小，有较大的接通电流，但此电流持续时间很短。②电动机负载。电动机负载直接投入电网时有很大的起动电流，使得电网电压突然下降；调速电动机制动工作时，运行中的电动机会成为发电机，其能量也可能回馈电网。③恒功率特性负载。现代电子或仪器设备内有专用开关电源，它们的输出电压稳定性很高，因此输出功率基本上不变。若该电源损耗也不变，则输入功率恒定，这就使该类用电设备对于电源来说有恒功率性质，给系统特性带来较大影响。④产生谐波电流的设备。电力电子装置的广泛应用给电源带来污染，因为电力电子装置内的电力电子器件均为非线性器件，使交流电源电流波形畸变，从而导致电压波形畸变；使直流电源电流脉动加大，导致电压脉动增大，因此必须予以重视。⑤有电流和功率冲击的设备。用电设备的接通与断开或用电设备内部用电功率的急剧变化,会导致电源电压的变化(常称瞬态浪涌电压),或者会引起持续时间为数微秒的电压尖峰。电源电压的尖峰和浪涌反过来又影响电网上各种用电设备的工作。

用电设备按其重要程度可分成三类:关键设备、重要设备和通用设备。关键设备如飞行控制系统和座舱显示器等;重要设备如防冰/除冰设备、环境控制系统和用于完成飞行任务的电子设备等;通用设备如厨房加温与娱乐设备等。用电设备对飞机供电系统的电能质量要求也各不相同,对直流电压脉动大小、交流电频率稳定度、波形失真度、三相电压对称性等有明确要求,目的在于使设备具有预定的性能,但是这种要求也不能过高。

反过来,供电电源对用电设备也有一定要求。例如,用电设备的电源电压选取应符合标准要求,不宜提出特殊的电压要求,以免使供电设备复杂化。一般来说,交流用电设备耗电量大于 500V·A 时应由三相供电。

多电飞机使用电动静液作动器 EHA 或者机电动作器 EMA 取代液压泵实现电作动;使用电力驱动环境控制系统来取代传统的地面空调、地面电源、地面气源等繁杂的供应。

总之,飞机上的用电设备要求供给一定种类和质量的电能,但电能的种类和质量应有一定限制,满足标准化要求。用电设备类型很多,它们反过来会使电源电能质量发生变化,从而使设备工作特性发生变化。因此,认清电源和用电设备的特性以及它们之间的相互影响是十分重要的。

9.2　飞机电气系统的工作条件

飞机中的电气设备从投入使用起就受到复杂和恶劣环境的影响,为其结构设计带来了复杂性。要精确地确定影响程度是十分困难的,但正确地估计到可能产生的影响是很有必要的,而且产品在研制与生产过程中必须通过严格的环境实验。

影响飞机电气设备的环境因素有三个方面:气候因素、机械因素、化学和核因素。

9.2.1　气候因素

气候因素包括温度、高度、湿度、淋雨、霉菌、盐雾和沙尘等。飞机电气设备的工作气候不仅变化范围大,而且变化速度相当快。飞机停于寒带或在高空飞行,气温低到 –60℃,夏天机场的气温则在 50℃ 左右。在 11km 以下的对流层内,随着高度增加,气温降低。在 11km 至近 30km 的高空,温度为–55℃。继续升高到 40km,气温为 0℃,该层称为平流层。50~80km 高度为中间层,气温低于 0℃。在航空发动机附近工作的电气设备,环境温度比大气温度高。温度不同,直接影响电气设备的工作,例如,发电机允许最大输出功率变化;控制电器工作准确度变差,甚至使其误动作。

大气压力、密度、含水量、氧气成分均随高度的变化而变化。高空飞行时,由于气体密度降低,风冷发电机散热条件变差,允许输出功率显著降低。高空大气中水蒸气含量的下降,是造成直流电机电刷迅速磨损的主要因素。温度和大气压力的急剧变化是密封继电器漏气的主要原因。潮湿空气可经曲折的路径进入设备内部,导致绝缘性能变差。淋雨和潮湿有类似的影响。霉变使绝缘材料性能显著降低,甚至失去绝缘能力。盐雾使海军用飞机电气设备严重腐蚀，因此不仅应防止盐雾进入电气设备内部，而且电气设备的外壳材料及表面处理方法均应严格控制。沙尘进入电机内部会使其绝缘性能降低，加速轴承磨损，应该使用紧密配合的外壳结构和密封等办法防止沙尘侵入，必须开孔的设备要注意到沙尘侵入可能产生的影响。

9.2.2 机械因素

振动、冲击和加速度是影响设备工作的主要机械因素。航空发动机工作产生的振动频带相当宽，活塞发动机为 5～500Hz，喷气发动机则高达 2000Hz。火炮的发射、飞机的起飞与着陆、特技飞行等会引起很大的加速度。机械因素造成零件变形，材料疲劳而损坏，使导线折断、旋转电机电刷发生跳动、继电器产生误动作等。电气设备必须有好的抗振强度和抗振稳定性，以确保不会发生机械谐振。必要时应采取减振与隔震措施，给飞机电气设备结构设计带来复杂性。

9.2.3 化学和核因素

电气设备遇到的化学和核因素有：有害气体、有害液体、电磁辐射和高能粒子辐射等。有害气体如蓄电池气体、燃油蒸气等；有害液体如燃油、液压油和润滑油等；电磁辐射包括红外线、紫外线、X 射线和 γ 射线；高能粒子辐射如 α 射线、β 射线、质子和中子等。要防止电火花和易爆气体接触，以免导致火灾；设备自身不应爆炸，而外部的爆炸也应不会导致设备损坏；应防止有害液体滴入设备内部引起腐蚀；要充分考虑到电磁辐射和高能粒子流对无线电电子设备造成的干扰与损害。

9.3 飞机电气系统的类型、参数和特性

9.3.1 基本类型

飞机电气系统的基本类型主要是按照其供电系统主电源电能的形式与特性来划分的。由于电能形式分为直流和交流两种基本类型，飞机电气系统主要有直流电气系统、交流电气系统和混合电气系统三种类型。

目前对飞机而言，直流电气系统按照供电系统电压参数的不同，分为额定电压为 28V 的低压直流电气系统和额定电压为 270V 的高压直流电气系统。交流电气系统按照电压参数的不同分为 115/200V 交流电气系统和 230/400V 交流电气系统；交流电气系统按照频率的不同还分为恒频交流系统和变频交流系统等类型。恒频交流系统还分为恒速恒频交流系统和变速恒频交流系统。

在某些飞机上，同时存在直流和交流两种形式的主电源，电气系统同时提供交流和直流两种形式的电能，称为混合电气系统。

9.3.2 基本参数

飞机电气系统的基本参数是指系统的电气参数、结构及其连接方式等技术指标与形式，与供电系统及用电设备的体积、重量、大小和性能等密切相关。电气系统基本参数

的选择与技术、经济和历史继承性等因素有关。

直流电气系统的基本参数有电压、系统的额定容量和相应的额定电流。交流电气系统的基本电气参数有额定电压、频率、相数和波形。

1）电压

早期的飞机直流电源借用汽车电源，电压为 12V，但随着飞机设备的增多，在飞机上采用了 27.5V 直流电。第二次世界大战期间，某些大型飞机曾采用 120V 电压的直流电，但由于开关电弧和电机换向的困难，没有进一步推广。115/200V 400Hz 恒频交流电诞生后，得到了广泛应用。在额定容量、馈电线长度和电流密度相同时，115/200V 交流配电网重量约为 28.5V 低压直流电网重量的 30%。提高电压可以进一步减小电网导线截面，从而减轻重量。但是飞机导线的最小截面积受导线机械强度的限制，通常最小值为 $0.2mm^2$，而飞机上大多数为小功率用电设备，采用小截面导线，故过高地提高电网电压不一定能显著降低电网重量，反而对人员安全不利。进入 21 世纪，随着电力电子技术和计算机技术的发展，更高的电压等级的电源系统开始发展和应用。例如，270V 高压直流电源系统在美国的 F22 和 F35 飞机上得到应用。230/400V 三相交流电源系统在 B787 飞机上得到应用。

电源功率大小和电网重量是确定电网电压的主要因素。在考虑电网额定电压时，人员的安全性、高空工作可靠性、短路电流的大小等因素也十分重要，同时要涉及历史继承性和国际通用性等。

2）频率

频率和电磁元件的重量、性能、材料与成件的技术水平等因素有关。

变压器、滤波器的体积重量随频率的升高而减小，发电机的转速、极对数和产生的交流电频率间有明确关系，它的转速主要受轴承寿命和转动部分结构强度的限制，目前为 10000～20000r/min。从电机结构来看，以 2～3 对极为好，故宜用 400Hz 左右的频率。电机的转速限定后，增加电源频率必须加大电机极对数，或者使输出减速器的减速比加大，这是不利的；若要求电机转速在 40000r/min 左右，则 400Hz 电源就不适用了。频率太高，馈电线的压降及损耗加大。从有触点的开关电器及继电器来看，电源频率为 400～600Hz 时断开电路，电弧燃烧时间最短，且熄弧后触点间电压增长率比电弧间空气介电强度的恢复率慢，第一次电压过零后，就不会再有电弧。由此可见，飞机上采用 400Hz 频率是比较合理的。早在 20 世纪 40 年代，一些飞机交流发电机产生的就是 115V/400Hz 交流电。

但是由于产生 400Hz 恒频交流电对发电机的转速或者电能变换器有严格的要求，20 世纪 60 年代开始出现变频交流电源系统，发电机的频率由发动机的转速来确定。但最早出现的变频交流电源的频率范围比较窄，21 世纪发展起来的宽变频交流电源系统电源频率范围在 360～800Hz。

3）相数及波形

400Hz 交流电常用三相四线制，其原因是：①三相发电机和电动机结构效率高，体积、重量相同时三相电机的功率大；②三相电动机易于起动且起动力矩大；③三相四线制输配电，可得到两种电压——线电压和相电压，以飞机金属机体为中线，输电线重量轻；④中线接地的三相电动机其中一相导线断开时仍能旋转，但是三相开关、继电器与接触器比单相的复杂。

飞机交流电均采用正弦交流，这样电磁元件的损耗小，且电磁干扰电平低。

9.3.3　基本特性

国家军用标准、美国军用标准、国际标准等相关标准，对飞机电气系统的特性作了相关规定。

1）直流电气系统的特性

直流电气系统的特性主要有稳态电压极限、电压脉动和电压瞬变三个指标衡量。

稳态直流电压是指不超过 1s 的时间间隔内瞬时直流电压的平均值。稳态电压极限是指稳态时用电设备端电压的最大变化范围，它取决于电源的调压精度和馈线压降大小。电源的调压精度与它的电压调节器性能密切相关。

电压脉动是指直流电气系统在稳态工作期间，电压围绕稳态直流电压作周期性或随机的变化。电压脉动通常由传动装置转速脉动、有刷发电机换向和电压调节、用电设备的负载变化等因素导致。脉动幅值是指稳态直流电压和瞬态直流电压最大差值的绝对值，电压脉动幅值也必须限定在允许范围内。

直流电压瞬变是指电压超出稳态极限，并在一定时间内回到稳态极限的状态。有些瞬变是由瞬时的供电中断或故障排出的非正常扰动引起的，常用电压最大变化量和恢复时间表示。电压瞬变有两类，一类为电压浪涌，另一类为电压尖峰。电压浪涌是电气系统在外干扰作用下引起，并通过内部调节作用抑制的电压变化，其持续时间较长，一般为数毫秒至数十毫秒。电压尖峰是持续时间小于 50μs 的瞬变，通常由电路转换引起。电压尖峰在其时间域内可用电压与其持续时间、上升时间和能量等参数来表示，也可以用傅里叶分量来等效表示。

2）交流电气系统的特性

交流电气系统的特性包括电压和频率两个方面。

电压质量指标有稳态电压极限、电压波形、三相电压对称性、电压调制和电压瞬变 5 个方面。

稳态交流电压是指在不超过 1s 的时间间隔内交流电压有效值的时间平均值。交流电压波形应为正弦波，但实际上有所偏离，常用波峰系数（相电压波形峰值与有效值之比）、总谐波含量（交流电压波形除基波之外的方均根值）、单次谐波含量或偏离系数（电压波形与其基波波形相应点的偏差）来衡量。电压调制是交流电气系统稳态工作期间交流电压在其峰值的平均值附近周期性或随机的变化或两者兼有的变化，常用调制幅值和调制频率来衡量。引起电压调制的因素包括交流电源电压调节、发电机转速的变化和用电设备中负载的变化等。畸变频谱是指交流或直流畸变通过每一频率分量幅值的量化表示，畸变频率包括电压调制和频率调制产生的分量以及波形中的谐波和非谐波含量。

频率指标有稳态频率极限、频率漂移、频率调制和频率瞬变 4 个方面。频率质量指标的一些定义与电压指标类似。

稳态频率是指在不超过 1s 的时间间隔内频率的时间平均值。频率调制是指交流电气系统在稳态工作期间电源频率的变化,频率调制是衡量交流电源频率调节稳定度的指标。

9.4 飞机电气系统的基本要求、容量和工作状态

9.4.1 基本要求

飞机电气系统的基本要求是:可靠性、设备费用、维修性、重量和供电质量。若全部满足上述要求的供电系统以 100 分计,其中各项要求所占份额为:可靠性 30 分,设备费用 24 分,维修性 20 分,重量 20 分,供电质量 6 分。由此可见可靠性要求最重要。在这些基本要求的基础上还衍生出测试性、保障性、安全性、适航性等要求。

可靠性是衡量成功率的尺度,通常以平均故障间隔时间(MTBF)来表示,以工作小时为单位。有时也用它的倒数——故障率,即每千工作小时的故障次数来表示。飞机上的每个电源应能独立于机上任何其他电源而工作,一个电源的故障不应使另一电源也失去供电能力,并且每个电源应能自身起动和供电。同时电源故障不应导致它所接用电设备的故障,电气系统任一部件的故障或故障组合不应导致不安全状态,不会使故障扩大或引起火灾等严重事故。高的可靠性来自良好的设计、认真的制造、全面的检查、合理的使用、准确的安装和正确的维护。

设备费用是必须考虑的重要因素。由于飞机电气系统大量采用高新技术,材料、器件、结构和试验费用十分昂贵,因此减少设备费用是该设备或部件应用的重要前提。

维修性和飞机的战术技术性能密切相关。由于机载设备日益复杂,故障率相应增加,因此快速而有效地实现故障诊断和故障排除,使装备恢复良好状态,可提高民航飞机的出勤率,提高军用飞机的战斗力。现代飞机电气系统都有内部自动测试(BIT)功能,对系统或部件进行初始自检和运行自检,随时发现和隔离故障,以提高维修性。

减小飞机电气系统和装置的重量不仅会使飞机性能提高,而且有利于提高其经济性,在讨论重量时不仅要考虑设备本身的重量,而且必须考虑它的附加重量,如设备安装结构重量和在座舱或空调舱内派生出的重量。对发电机或电能变换器应考虑其内部消耗(损耗)引起的燃油重量的增加等因素。精心的设计与制造可使发电系统的重量减小,以使材料和部件的电、磁、绝缘和力学性能充分发挥。除此之外,还必须注意到电能质量对用电设备重量的影响。

电能质量(power quality),从严格意义上讲,主要以电压、频率和波形等指标来衡量。从普遍意义上讲是指优质供电,包括电压质量、电流质量、供电质量和用电质量。其可以定义为:导致用电设备故障或不能正常工作的电压、电流或频率的偏差,其内容是相关标准中定义的供电系统特性,包括稳态和瞬态特性,电压、频率和波形特性。

电磁兼容性是系统及其部件在总的电磁环境下按规定要求完成其功能的能力。必须防止电气系统中的干扰信号影响用电设备的运行,同时要抑制用电设备产生的干扰影响供电系统的工作。

对电气系统的要求是在飞机恶劣工作条件下提出的。由此可见,飞机电气系统和普通工业交通运输部门的电气系统有较大的差异,从事飞机电气事业的人员肩负着更大的责任。

9.4.2　容量及其选择

飞机电源系统的容量是指它的主电源容量，等于该机上主发电机台数（对变速恒频电源为发电通道数）与电机（或电源）额定容量的乘积。直流电源容量单位为千瓦（kW），交流电源容量单位为千伏安（kV·A）。发电系统的额定容量是指在一定环境条件下，电能质量符合技术指标要求，长期连续工作时的最大输出容量。

发电机或发电通道的实际容量不一定等于它的额定容量。例如，由外界气流冷却的发电机在地面时，只能靠它自带的风扇冷却，冷却空气量远小于要求值，发电机的容量也就相应减小。由于通风冷却的效果与进气温度和质量流量有关，因此冷却效果与飞机飞行的高度和速度有关。飞行高度增加，进气温度降低，但大气密度也降低，电机散热效果变差。超声速飞行时，进入电机的冷却空气温度迅速升高，也使发电机容量降低。变速运行的飞机直流发电机的容量还受转速限制，低转速工作受电机励磁绕组过热限制，高速工作受电机换向的限制。《飞机电气负载和电源容量分析》GJB860A—2006 规定的交流与直流电源容量修正曲线，表明了电机实际容量与冷却空气温度与飞行高度的关系。

多台发电机并联运行时还需涉及并联负荷分配不均衡导致的容量减小。电源系统的容量不仅与发电机容量有关，还与电机和电源汇流条间的馈电线容量有关。通常馈电线应能承受电源满容量输出。

航空电源都有短时过载的要求。例如，交流发电机应能在 150%额定负载下工作 2min，在 200%额定负载下工作 5s。直流发电机一般要求能在 125%～150%额定负载下工作 2min，在 150%～200%额定负载下工作 30s。过载要求是在发电机满载下工作达到额定温度后给出的，故过载时电机温度会超过安全极限，但因过载持续时间短，不会导致电机损坏。对于工作于较大转速范围的直流发电机，并不要求在整个工作转速范围内都能过载运行。

飞机上有一类短时工作的大负载，如起落架收放、襟翼收放电动机构及旋转炮塔传动电动机等，它们工作时间不长，一般在 2min 以内，利用发电机过载能力及其热容能力向这些负载供电可减小发电机的重量。在多发电机并联的系统中，一台发电机故障退出电网后，不应卸掉电网上的设备。但当两台或更多的发电机故障退出后，必须卸去次要负载，在没有负载自动监控系统的情况下，会造成正常发电机的短时过载，因为飞行员不可能随时监视电源系统的工作情况。

5s 的过载要求是为了满足电动机大的起动电流要求和排除配电网中出现的导线短路故障。现代飞机电网保护器多为热保护器，借助于过流发热跳闸而切除短路故障。因此恒速恒频电源系统的发电机还有三相稳态短路电流不小于额定电流三倍的要求，变频交流发电机短路电流应不小于250%额定值。同时规定恒速恒频电源应在 70ms 内达到短路电流的稳态值，以使热保护器快速动作。直流发电机通常不规定短路电流值，因为直流发电机常与蓄电池并联，短路时可由蓄电池提供大的电流。

固态功率控制器是由半导体功率器件和检测控制元件构成的新型开关保护电器，通过直接检测电流进行过流及短路保护，从而有快的响应特性，可以在微秒级内实现短路保护。固态功率控制器的应用改变了对电源系统的短路要求。

飞机电源功率的选择取决于飞行方案中所用设备对电功率的要求，以得到最大的可靠性、安全性和轻的电源重量。因此负载（即用电设备）分析是选择电源的基础，飞机上负载工作情况与以下因素有关：①飞行任务的不同，电源考虑应选择用电量最大的飞行任务，如战斗机夜间作战、轰炸机在敌境夜间飞机和执行轰炸任务等。②飞机工作状态不同，根据《飞机电气负载和电源容量分析》GJB860A—2006，飞机飞行阶段一般包括以下 10 种工作状态：G1，地面维护；G2，仪器校正；G3，装载与准备；G4，起动和预热；G5，滑行；G6，起飞和爬升；G7，巡航；G8，巡航与战斗；G9，着陆；G10，应急。③电源工作情况，电源正常供电时，应能满足同时工作的负载要求。在多发电机电源系统中，1 台或 2 台电源故障退出电网后，应能满足关键和重要用电设备的电能要求。应急状态时，应急电源应满足关键用电设备的要求，即根据电源工作情况实现对负载的监控。

按飞行阶段统计负载时，应考虑用电设备的功率（有功功率、无功功率、视在功率）、参差系数（某种用电设备同时工作的个数与该种设备总数之比）和工作持续时间。对大功率电动机，不仅要给出额定功率，还必须考虑它的起动功率。

负载统计后应画出负载图，负载图有三种：正常工作负载图、应急工作负载图和地面供电负载图。正常工作负载图是选择主电源容量的依据，应急工作负载图是选择应急电源的依据，地面供电负载图是选用地面电源特别是选择飞机辅助电源的依据。若需要起动发电机，则必须对起动工作状态进行校核，以保证发动机的顺利起动。对于发动机电起动，不仅是选择起动发电机容量的问题，还必须有相应容量的起动电源。对于要求具备自足能力的飞机，机上的辅助动力装置电源应满足航空发动机电起动的要求。

9.4.3　工作状态

飞机电气系统有三种工作状态：正常工作状态、非正常工作状态和应急工作状态。在飞机飞行或其他任务工作期间，电气系统执行预定任务而未发生故障的状态为正常工作状态，此时传动主发电机的发动机转速可能变化，发电机并联或汇流条之间可能转换，也可能发生负载的加/卸等。电气系统的非正常工作状态是一种短暂的失控状态，引起汇流条电压或频率发生较大的变化。例如，配电线或馈电线对机体短路，从而引起短路保护的状态，保护器跳闸后系统又恢复到正常工作状态。应急工作状态是主电源全部故障，不能供电，必须由应急电源供电的状态，在这种状态下飞机必须尽快返航与降落。

正常供电时的电能质量较高，非正常或应急时供电质量较低。

非正常工作状态与应急工作状态除稳态电压和频率范围不同外，瞬态电压峰值及恢复时间等指标也有较大差异。例如，美国军标 MIL-STD-704 规定，交流电源正常供电时稳态电压范围为 108～118V，瞬态电压最小与最大值分别为 80V 与 180V，电压持续时间小于 0.01s；不正常供电时稳态电压范围为 100～125V，瞬态电压最大值 180V 持续时间 50ms，最小瞬态电压为 0V，持续时间 7s。美国航空无线电技术委员会关于民用飞机的标准 RTCA DO-160 中规定，交流电源正常状态的稳态电压范围为 104～122V，中断供电时间小于 200ms，电压浪涌为 160V（最大）和 60V（最小），持续时间为 30ms；不正常供电电压为 97～134V，欠压 60V（可持续时间为 7s），过压浪涌 180V（可持续时间 100ms）、148V（可持续时间 1s）。在非正常工作状态时不仅电能质量显著降低，而且会出现中断供电的现象。

系统动态测试

在采用低压直流电源的单发飞机上，往往只有一台由发动机传动的发电机构成主电源，此时若主电源故障，则只能进入由应急电源（航空蓄电池）供电的应急状态。在多发动机飞机上，一般主电源的数量与发动机数相同。这种情况下，一旦有一台发电机发生故障，不会立即转入应急电源供电状态，而是转为主电源系统应急程序，故障电源退出电网，负载由余下的无故障电源供电。若正常工作电源容量足够，则飞机能继续执行飞行任务。若一台或两台发电机退出后，剩余容量不足，则应由飞行员或自动卸去一些次要的负载，这就是负载的监控。采用主电源应急程序的主要原因是，现代飞机主电源十分可靠和安全。仅当全部主电源和辅助电源（不少辅助电源也允许在飞机飞行时工作）故障时才由应急电源供电。必须指出的是，非并联运行的主电源转换时一般有一段供电中断时间，此时系统进入非正常工作状态。

飞行控制系统的失效意味着飞机的失控，必须采用余度技术以保证高的可靠性。余度技术要求余度电源，通常飞控系统采用四余度电源，即两套独立的主电源，一套备用电源，一套应急电源。若应急电源是蓄电池，则必须保证电池正常情况下工作在电量充足状态，以便应急时有足够的电容量。

系统故障重构

重要用电设备通常采用三余度供电方式，由两套主电源和一套备用电源供电，用电设备可有选择地工作。

通用用电设备通常由主电源供电，一套主电源故障时可转到另一套电源。

电气系统正常工作期间，一般用电设备应有完全的技术性能并保证安全。在汇流条转换时出现供电中断期间，对用电设备性能不作要求，但供电系统恢复正常后，用电设备的特性应能全部恢复。

在电气系统非正常工作期间，一般对用电设备的性能不作要求，甚至允许失去功能，但必须保证安全，并在供电特性恢复正常后恢复用电设备的全部特性。

在应急供电时，对于需要执行任务的设备应能提供规定的技术性能和保证安全可靠。供电特性恢复后应恢复全部特性。

有的用电设备要求不中断供电。通常，飞机直流电源系统易于实现不中断供电，因为多个直流电源易于并联工作，在电源采用反向保护二极管接入电源汇流条时，电源本身故障不会导致用电设备供电中断。交流电源不中断供电技术则比较复杂。

9.5　飞机主电源系统的多电化发展

现代飞机主电源有低压直流电源、恒频交流电源和变频交流电源、高压直流电源以及混合电源等。电源的容量不断增大，体现飞机多电化发展趋势。其发展年代和过程如图 9-3 所示。

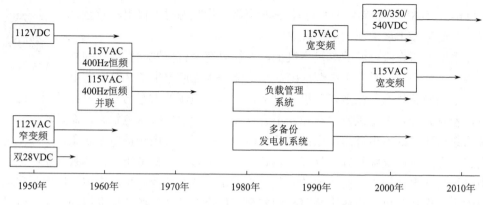

图9-3 飞机主电源系统的多电化发展沿革

9.5.1 低压直流电源

低压直流电源是飞机最早采用的电源，第二次世界大战期间趋于成熟。现代飞机低压直流电源调节点电压为 28.5V。主电源由航空发动机直接传动的发电机和控制保护器构成。主发电机额定容量有 3kW、6kW、9kW 和 12kW 等数种，相应的额定电流为 100A、200A、300A 和 400A。辅助和应急电源为航空蓄电池。发电机与蓄电池或发电机与发电机并联工作。在大型飞机上有辅助动力装置传动的直流发电机作辅助或备用电源。二次电源为旋转变流机或静止变流器，它将低压直流电转变为 400Hz 三相或单相交流电，供飞机上的仪表和其他设备使用。

航空发动机的转速随它工作状态的改变而改变，最高工作转速与最低工作转速之比为 2。为了使发电机输出电压不变，必须设电压调节器，靠调节发电机的励磁电流使调节点电压不因转速和负载的变化而变化。发电机与蓄电池并联工作时，为了防止蓄电池的电流在发电机不工作时流入发电机，还有专门的反流保护器，过电压保护器也在大容量飞机直流电源中应用。目前飞机直流电源系统中已应用具有微处理器的发电机控制器，它兼有控制、保护、自检、通信、故障记忆与隔离报警等多种功能，既提高了电源供电质量，又改善了维修性与可靠性。

起动发电机是喷气式飞机诞生后发展起来的双功能电机，发动机工作前，它作为电动机工作，带动发动机转子旋转，达一定转速后喷油点火，使发动机进入能自行工作的状态。此后，发动机反过来传动电机，使其成为发电机，向用电设备供电。一台电机两个用途，减轻了总重量，是直流电源的重要发展。

低压直流电源的主要优点是简单可靠，用蓄电池作备用及应急电源很方便。但是随着飞机的发展，用电设备特别是交流用电设备增多，低压直流电源的弱点也日益暴露。这就是：①直流发电机的电刷与换向器限制了电机转速，从而限制了电机的最大容量，直流发电机的最大容量为 12kW；②电源容量加大后飞机直流电网的重量显著增加；③二次电源的效率低，重量大。

电力电子技术的发展，为低压直流电源的发展提供了新的条件，无刷直流发电机、固态变换器等是其重要标志。低压直流电源仍在中小型飞机和直升机上广泛应用。

9.5.2　恒频交流电源

1. 恒速恒频交流电源

1946 年，美国发明恒速传动装置，开辟了恒速恒频交流电源的时代。目前飞机恒频交流电的额定频率为 400Hz，电压为 115/200V。飞机交流发电机通过恒速传动装置由航空发动机传动。恒速传动装置简称 CSD，它将变化的航空发动机转速变为恒定的转速传动交流发电机，故发电机能输出 400Hz 交流电。恒频交流发电机的额定容量有 15kV·A、20kV·A、30kV·A、40kV·A、60kV·A、90kV·A、120kV·A 和 150kV·A 等数种。中大型飞机的辅助电源为辅助动力装置（APU）传动的交流发电机。应急电源有冲压空气涡轮发电机或蓄电池/固态变换器，二次电源为变压器和变压整流器，恒频交流电源的应用消除了低压直流电源的缺点。

几十年来，恒速恒频电源（CSCF 电源，图 9-4）经历了四个发展阶段。20 世纪 50 年代为第一阶段，采用差动液压恒速传动装置、有刷交流发电机和电磁机械式调节保护器。60 年代为第二阶段，采用齿轮差动液压恒速传动装置、无刷交流发电机和电磁式控制保护器。70 年代进入第三阶段，发展了组合传动发电机（IDG），其特点是：①恒速传动装置与发电机一体化设计，简化了零部件；②发电机采用喷油冷却，用高性能铁钴钒软磁材料，转速升高到 12000r/min 或 24000r/min。这种电源的功率密度显著增大，过载能力增强，可靠性进一步提高。80 年代进入第四阶段，交流电源设计思想由以降低重量为主转变为以提高维修性和降低全周期费用为主，于是微型计算机的控制器居主导地位，标准化、模块化、智能化成为重要的考虑因素。

图 9-4　恒速恒频系统结构简图

CSCF 电源的优点是：工作环境温度高、过载能力强。它的主要缺点是：①CSD 生产制造、使用维护困难；②电能变换效率较低，主电源效率约为 70%；③电能质量难以进一步提高；④难以实现起动发电。

2. 变速恒频交流电源

电力电子技术的发展为变速恒频电源（VSCF 电源，图 9-5）奠定了基础。1972 年美国通用电气公司研制的 20kV·A VSCF 电源首次装机（A-4 飞机）使用，数十年来 VSCF 电源有了迅速的发展。VSCF 电源的优点是：①电能质量高；②电能转换效率高；③旋转部件少，工作可靠；④结构灵活性大；⑤能实现无刷起动发电；⑥生产使用维修方便。这种电源的缺点是：①允许工作环境温度较低；②承受过载和短路能力较差。

图 9-5　变速恒频系统结构简图

VSCF 电源与 CSCF 电源不同之处仅在于主电源，CSCF 电源的主电源由恒速传动装置、交流发电机和发电机控制器构成，VSCF 电源则由交流发电机、功率变换器和控制器构成。功率变换器有两种类型：交交型变换器和交直交型变换器。前者由晶闸管构成，后者由功率晶体管构成。由于功率晶体管允许结温比晶闸管高，且晶体管功率变换器所用功率器件少，故可靠性高。

9.5.3　变频交流电源

飞机变频交流电源系统是另一种不采用恒速传动装置的方法，即发动机直接驱动发电机产生变频交流电供负载使用。表 9-2 列出了一些采用变频交流电源系统的飞机。

表 9-2　采用变频交流电源系统的飞机举例

飞机名称	贝尔法斯特	新舟-60	B787	A380
生产国家	英国	中国	美国	欧洲
生产年份	1966	1997	2009	2008
主发电机容量/（kV·A）	8×50	2×20	4×250	4×150
频率范围/Hz	334~485	325~528	360~800	360~800

目前，恒速恒频交流电源系统最大装机容量为 150kV·A，作为一种替代恒速恒频交流电源系统的电源，变频交流电源系统在大功率交流电源系统中具有明显的应用优势，如图 9-6 所示。变频电源系统与恒速恒频电源系统相比的主要优点是：变频发电机体积小、重量轻、可靠性高、效率高、易于实现交流起动/发电。

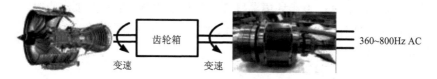

图 9-6　变速变频系统结构简图

变频电源系统确定的目标是在整个变频范围内提供与目前的恒频系统相同的、符合 MIL-STD-704E 和 DO-160C/D/E 等标准要求的电源质量，包括除频率范围以外的所有技术参数（电压瞬变等）。我国也根据 ISO 1540 制定了相应的航标《飞机电气系统特性》（HB7745—2004），变频电源的电能质量也应符合我国的相关标准规定，可靠性、适航性也应符合相关标准。

因此，变频电源系统与恒频电源系统之间的差别将只是变频电源系统的工作频率范围更宽，这样做的目的是最大限度地减小系统对用电设备的影响。

变频电源的最大和最小频率极限如下。

（1）最低频率确定为 360Hz，因为该频率包括了外接电源的最低频率，也是当前的DO-160D 用电设备要求文件规定的最低非正常工作频率。因此用电设备将不需要增加过多的电磁铁心材料，最大频率被限制在 800Hz。

（2）变频电源有两类：①窄变频电源，频率范围为 320～640Hz；②宽变频电源，频率范围为 360～800Hz，适合于所有目前和未来可预见的涡轮风扇发动机飞机使用。

9.5.4　高压直流电源

高压直流电源系统（图 9-7）是另一种替代恒速恒频电源系统的可选方案。

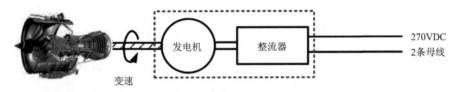

图 9-7　高压直流电源系统结构简图

270V 高压直流电源系统具有结构简单、工作可靠、效率高、重量轻、费用低、易实现不中断供电以及使用安全等优点，是今后飞机电源的发展方向。美国的 F-14A 战斗机、S-3A 和 P-3C 反潜机等局部采用了高压直流供电技术，而 F-22 战斗机上采用了 270V 高压直流电源系统，F-35 战斗机也采用了 270V 高压直流起动发电系统。

飞机电气系统采用直流供电体制，在以下几个方面优于交流供电体制。

（1）电力线不存在电抗压降和无功电流。

（2）直流电通过导线不存在趋肤效应。

（3）直流输配电系统的功率因数为 1。

（4）直流电的电晕起始电压比交流的高。

（5）在同样电压值时，从人身安全来讲直流电比交流电更安全。

（6）直流发电机并联容易。

（7）直流电源系统易实现不中断供电。

随着高压无刷直流发电机的发展，高空换向问题得到解决。并且，采用电力电子技术解决了开关电器的高空灭弧问题。固态配电技术的不断发展，使得高压直流系统比交流系统具有明显的优越性。

9.5.5　混合电源

飞机上装有两种或两种以上主电源的电源，称为混合电源。苏联的不少飞机上使用低压直流电源，但因供电量不足，又装了交流电源，构成了混合电源。低压直流电源大多采用起动发电机。交流电源有两种，一种是变频交流电源，交流发电机直接由发动机驱动，由于交流电频率变化范围较大，只适用于照明加温等对频率没有要求的负载。有的飞机发动机（如涡轮螺旋桨发动机）工作转速范围较窄，一般仅变化 5%左右，发电机产生接近恒频的交流电。也有的飞机发动机上装有由恒速传动装置驱动的发电机，输出恒频交流电。这类混合电源比较复杂，体积、重量大，电能质量较差，是一种过渡性飞机电源。

新一代混合电源每台飞机发动机传动一台变频无刷交流发电机，通过电力电子变换器得到 270V 高压直流电，115/200V 400Hz 恒频交流电，甚至还有 28.5V 的低压直流电，未经变换的部分变频交流电可供照明、加温等对频率没有要求的设备。20 世纪 80 年代投入运行的湾流型公务机（G-3、G-4）采用这种方案，其发电机容量约 30kV·A，通过变换器获得 22.5kV·A 400Hz 恒频交流电和 28.5V 低压直流电（7.5kW）。新一代混合电源的特点是：①发电装置运动部件少，所需发动机上的安装空间小；②电能质量高；③效率高、损耗小；④使用维修简单。

9.6　飞机输配电系统概述

飞机输配电系统实现电能到用电设备的输送、分配和控制保护。输配电系统简称配电系统，又称为飞机电网，由导线或电缆、配电装置、保护装置及检测仪表等构成。

9.6.1　飞机配电系统的构成

飞机配电系统可分为供电网和配电网两部分。供电网是从飞机电源、电源汇流条到用电设备汇流条间的部分。配电网是从用电设备汇流条到用电设备间的部分，用电设备汇流条也称为负载汇流条。

飞机导线由线芯和外包绝缘层构成。线芯由多股细铜丝绞合而成，为了提高强度，较细的导线也有用多股细铜合金丝绞合的。铜丝外涂有锡、银或镍保护层。外包的绝缘材料决定了导线的型别，如 FVN 型聚氯乙烯绝缘尼龙护套导线使用温度为–60～80℃，AF-250 氟塑料绝缘线、TFBL-2 聚四氟乙烯绝缘线使用温度为–60～250℃。某些用电量大的飞机上，用铝排作为供电网主干线，以减轻重量。飞机上单根导线必须有保护套管，多根导线往往包成线束，以提高电气和机械强度，并易于安装。

电网配电装置按功用分有三类。第一类用于直接接通、断开或转换电路，如按钮、开关、转换开关等。第二类用于远距离接通、断开和转换电路，如继电器和接触器等。第三类是终点式或凸轮式开关，后者广泛应用于飞机操纵机构中。

接线板、插头座等是导线或电缆间连接元件，以便于安装、拆卸和检查电路。

电网保护装置有保险丝和自动开关（断路器）等，用于保护电网，防止故障扩大并消除故障。

飞机配电系统中还有滤波和屏蔽、搭接电路等。

9.6.2　飞机配电系统的线制

在以金属材料为飞机机体结构情况下，飞机直流电网可用单线制，利用机体作为负回路。单线制的优点是：仅正极用导线，电网重量轻；负线为金属机体，电压损失小；

减少了连接次数、导线和开关尺寸，安装、使用和维护方便，消除了导线与金属机体间静电感应。它的缺点是易于发生对地短路。

对于采用复合材料的部分机体，由于机体不导电，只能采用双线制。双线制电网中导线的对地（机体）短路不会引起过大短路电流和电网短路故障。若正负导线一起布线，或用双绞线，则可减少电磁干扰。在某些无人驾驶飞机上，为了提高电气系统可靠性和生命力，采用双线制电网。

交流电网三相四线制结构，一般以机体作为中线。

在高压直流系统中使用双线制。

9.6.3　飞机配电系统的要求

飞机配电系统的分布取决于飞机用电设备的分布位置，几乎分布于飞机全身。因此飞机配电系统十分复杂，且易于发生故障。为了保证安全飞行和完成飞行任务，对它提出以下要求。

（1）飞机配电系统必须有高的可靠性和强的生命力。要求在正常和各种故障状态下保证用电设备不间断供电，特别要保证安全返航用设备的连续供电。发生短路故障时，应有排除故障的能力，或限制故障的范围，避免故障扩大，防止导致火灾等事故。

（2）保证用电设备端电能的质量。电能质量高低直接影响到用电设备的性能和仪器的精确度。不仅在正常供电时要保证供电质量，而且要保证在各种故障情况下仍有较高的供电质量。

（3）电网重量要轻。低压直流电网电压低、电流大、导线粗，减轻电网重量很必要。

（4）易于安装、检查、维修和改装。

（5）减少对电子和通信设备的电磁干扰。金属机体应有低的电阻，电网中要有滤波和屏蔽设施。

9.7　多电飞机电气系统实例（A380、B787）

9.7.1　空客 380 电气系统概述

A380 是自 20 世纪 50 年代和 60 年代初期的一些涡轮螺旋桨客机以来，重新采用变频（VF）技术的近代第一架大型民用飞机。

1. A380 交流电源系统

A380 发电系统（图 9-8）的主要特性如下。

（1）4 台 150kV·A 变频发电机（370～770Hz）变频发电机很可靠，但不具备不中断电源的能力。

（2）2 台 120kV·A APU 恒频发电机（额定 400Hz）。

（3）4 处外部电源接头（400Hz）用于地面电源。

（4）1 台 70kV·A 冲压空气涡轮，用于应急用。

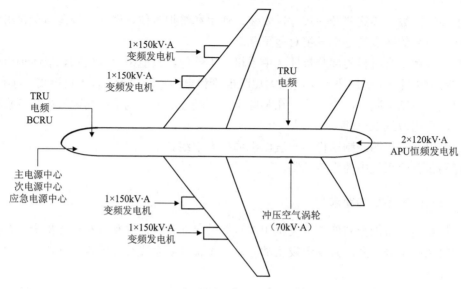

图 9-8　A380 电气系统的部件

主电源每通道 150kV·A 表明民用飞机功率已经增加。目前为止最高功率是波音 777 的 120kV·A（恒频）加上 20kV·A（VSCF 备用）代表每通道 140kV·A。

交流电源系统结构如图 9-9 所示。每一台 150kV·A 交流主发电机由相应的发动机驱动。2 台 APU 发电机由各自的辅助动力装置驱动。每一台主发电机在 GCU 控制下给相应的交流汇流条供电。每一个交流汇流条可接受地面电源输入，用于地面维护和保障工作。由于飞机发电机是变频的，交流电源的频率与相应发动机的速度有关，因此交流主汇流条不能并联工作。

构成飞机负载很大一部分的飞机厨房负载分散在 4 个交流汇流条之间，如图 9-9 所示。

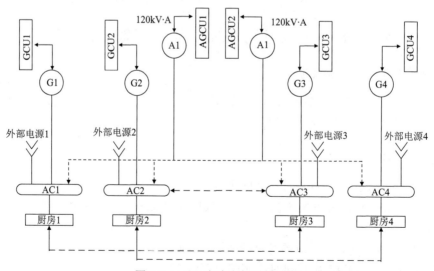

图 9-9　A380 交流电源系统结构

G-发电机；A-APU 发电机；AGCU-APU 发电机的 GCU；AC-交流汇流条

2. A380 直流电源系统

A380 直流功率转换和储能系统的主要特性如下。

（1）3 台 300A 电瓶充电器调节器装置（BCRU），它们是可调节的 TRU。

（2）1 台 300A TRU。

（3）3 个 50Ah 的电瓶。

（4）1 台静态变流器。

直流系统具有提供不中断电源的能力，因此使重要飞机系统在系统构型变化过程中可以不中断供电工作。大部分控制计算机或 IMA 机柜供直流电，并应用直流并联工作技术来支持对这些重要部件的不中断供电，如图 9-10 所示。

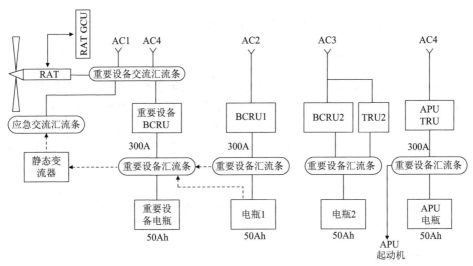

图 9-10　A380 直流电源结构

图中显示了交流汇流条 1～4（AC1～AC4）如何给直流系统主要功率转换装置馈电。与交流主汇流条 AC1 和 AC4 一样，冲压空气涡轮（RAT）也给重要设备交流汇流条馈电。重要设备交流汇流条又给应急交流汇流条馈电，后者也能从重要设备直流汇流条经静态变流器供电。AC1/AC4、AC2 和 AC3 分别给重要设备直流汇流条、DC1 和 DC2 汇流条馈电，因为电池充电与整流单元（BCRU）实际上由 TRU 调节，所以这些汇流条都调节至 28VDC。这些汇流条中每一个具有相应 50Ah 的电瓶，由 BCRU 的充电功能来保持其充电。

为了 APU 的起动，提供下列专用子系统。

（1）1 台 300A 的 APU TRU。

（2）1 台 50Ah 的 TRU 电瓶。

3. A380 配电系统

构成飞机配电系统的功率切换和保护装置归属于下列配电盘。

（1）1 个综合主配电中心（PEPDC）。

（2）2 个飞机负载次级配电中心（SEPDC）这些配电盘用于给耗电小于 15A/相或小

于 5kV·A 的较小电气负载配电。

（3）6 个次级配电盒（SEPDB）给生活用负载配电，生活用负载是那些与座舱和乘客舒适度有关的负载，而非飞机系统负载，这些次级配电盒布置于飞机内接近它们各自的负载处，使馈线重量减至最小。

（4）固态功率控制器（SSPC）优先用于次级配电的断路器。

生活用负载包括：座舱照明约 15kV·A；厨房 120～240kV·A（与进餐服务有关的间断性负载）；厨房制冷约 90kV·A，持续负载；空中娱乐（IFE）50～60kV·A 或约 100W/座位的持续负载。

在相应的 IMACPIOM 模块中所包含的配电功能有。

（1）电气负载管理功能，保证根据可应用的电力资源来优化飞机汇流条的负载分配，并在适用之处脱开负载。

（2）在应用断路器之处，对断路器的监控功能。

9.7.2　波音 787 电气系统概述

波音 787 具有许多新颖的多电飞机特性。飞机已向全电飞机——一种所有系统均用电驱动的飞机迈出了一大步，过去常使用发动机引气系统。发动机引气系统主要由三大机构来控制：①低速时，高压级调节器和高压级活门控制发动机引气压力；②高速时，高压级活门关闭，向压力调节和关断活门（PRSOV）提供引气；③发动机引气预冷器系统控制发动机引气温度。现在，从发动机引气已基本取消，虽然仍然应用了液压作动器，但是它们的动力大部分来自电源。

在与其 50 年来的实践告别时，波音公司声称电动压气机比发动机引气更适合于座舱调节，并且更加节省。

1. 波音 787 电源系统

图 9-11 显示了波音 787 的顶层电源系统。主要特点是采用三相 230VAC 电源，与之相比传统系统通常应用三相 115V 交流方案。电压提高 2 倍，减小了配电系统的馈线损失，并显著地减轻了电缆重量。采用较高的 230VAC 相电压或 400VAC 线电压，需要在设计过程中十分注意避免局部放电的可能影响，又称为"电晕"。

波音 787 电源系统的突出特点如下。

（1）每台发动机有 2 台 250kV·A 的起动/发电机，获得每通道发电 500kV·A 的能力。发电机为变频（VF）的，反映了最近背离恒频（CF）400Hz 电源的工业趋势。

（2）2 台 225kV·A 的 APU 起动/发电机，每台起动/发电机由 APU 驱动。每台主发电机在馈电至配电系统以前，先输入至各自的 230V 交流主汇流条。电源既给 230V 交流负载供电，又转换成 115VAC 和 28VDC 功率给要求这些更常规电源的许多传统子系统馈电。

图 9-12 所示为 B787 飞机的供配电系统结构图，其二次配电系统由 17 个远程功率分配单元（remote power distribution unit，RPDU）对约 900 个电气负载进行控制和保护。在用电设备集中的位置设置 RPDU 作为一个分布式的配电终端，其中包含了直流 28V 和交流 115V 的局部汇流条以及直流 28V 和交流 115V 多路的 SSPC 配电板卡。SSPC 代替了常规的热断路器实现了直流 28V 和交流 115V 小负载（<10A）的控制和保护。

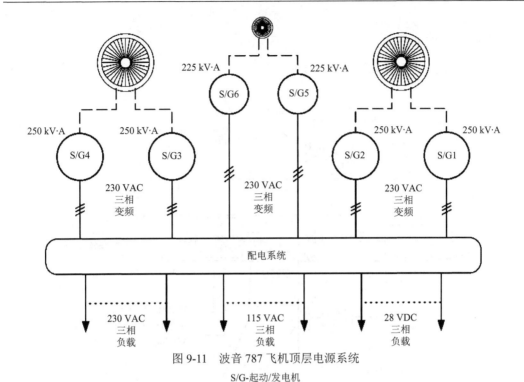

图 9-11　波音 787 飞机顶层电源系统

S/G-起动/发电机

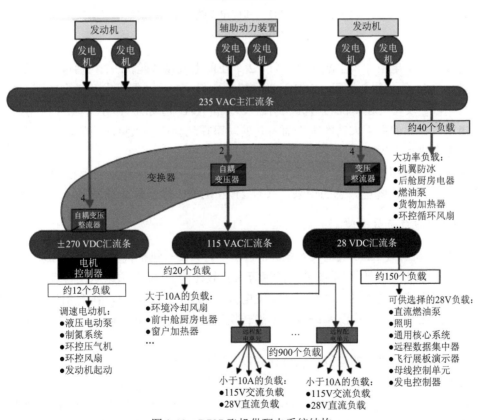

图 9-12　B787 飞机供配电系统结构

2. B787 配电系统

B787 飞机配电系统如图 9-13 所示。

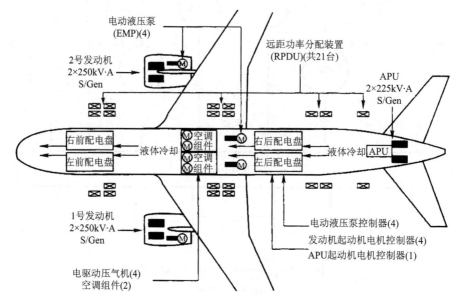

图 9-13　B787 飞机配电系统布局示意图

S/Gen-起动机/发电机

初级功率配电由 4 个主配电盘进行，2 个在前电气设备舱，2 个在后电气设备舱。后配电盘也包含了 4 台电动泵（EMP）的电机控制器，2 台安置于发动机吊架中，2 台位于飞机中段。发动机起动机的电机控制器（4）和 APU 起动机电机控制器（1）也安置于后配电盘内。它们由于大功率水平而引起的功率损耗会产生大量的热量，因此需要对主功率配电盘进行液体冷却。

电驱动空调组件位于飞机中段。应用位于飞机各处便捷部位的远程功率分配单元（RPDU）实现二次配电。总的说来，共有 21 台 RPDU 位于图 9-13 中所示的位置。

3. B787 电气负载管理

B787 全机有近 1200 项电气负载。正常供电时，仅有包括机翼除冰、后舱厨房设备、燃油泵、座舱加热器、环控系统循环风扇等大负载在内的 40 余项用电设备直接由一次电源系统提供电能，占全机一次电源正常发电量的 19%。另一方面，剩下 81% 的一次电源正常发电量是经过二次电源系统进行电能转换后提供其他形式的电能，给将近 1160 项电气负载供电。

二次电源系统供电的电气负载可分为以下四类。

（1）115V 交流负载。

此类交流电气负载由 115V、360～800Hz 的二次电源系统供电。为了满足此类设备的用电需求，B787 配置了 AC/AC 自耦型电源变压器（ATU）将 230V/400V、360～800Hz

变频交流电变换成同频率的 115V 交流电。ATU 的总容量达 180kV·A，占全机一次电源正常发电量的 18%。

（2）28V 直流负载。

这类负载以直流燃油泵、座舱显示器、汇流条功率控制器 BPCU、发电机控制器等为代表，这类小负载数量众多，达 900 多项。

为了满足此类设备的用电需求，B787 配置了 4 台单台容量为 240A 的变压整流器（TRU）将 230V/400V、360～800Hz 的三相变频交流电变换成 28V 直流电，总变换容量仅近 30kV·A，约占全机一次电源正常发电量的 3%左右。

（3）270V 直流负载。

这类负载为大功率负载，包括调速电动机、液压泵电动机、环控系统压缩机、环控系统风扇、氮气发生系统等 12 项大功率调速电动机负载。

为满足该类负载的用电需求，B787 配置了 4 台单台容量为 150kW 的 AC/DC 自耦型变压整流器（ATRU）将 230V/400V，360～800Hz 的变频三相交流电变换成±270V 直流电，总变换容量高达 600kW，占全机一次电源正常发电量的 60%以上。

（4）130V 直流负载。

电刹车装置（EBS）也是直流电气负载。为满足四台电刹车装置 EBS 对直流电的需要，机上配置了四台单台容量为 2.5kW 的 DC/DC 升压直流变换器，将 28V 直流电变换成 130V 直流电。图 9-14 所示为 B787 电气负载的示意图。由于机体中不再应用引气，因此没有空气输至环控系统、座舱增压系统、机翼防冰系统以及其他气压子系统。从发动机的唯一引气是用于发动机整流罩防冰的低压风扇空气。尤其在现代发动机，如通用

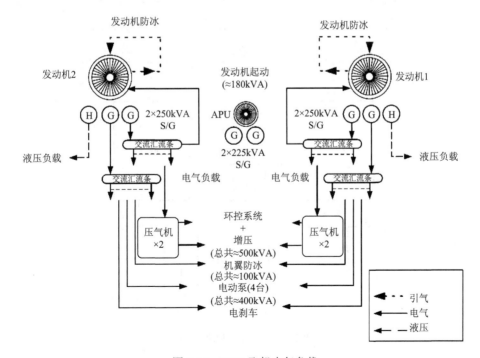

图 9-14　B787 飞机电气负载

电气公司 GEnx-1B 和罗尔斯—罗伊斯公司遄达 1000，当发动机压力比和涵道比增加时，从发动机压气机提取引气是极其浪费功率的。除此之外，还取消了贯穿机体输送空气的舱顶大管道，典型的是在发动机与机体间要求有 8in（1in=2.54cm）直径的管道，在 APU 和机体之间以及给气动泵（ADP）供气需要有 7in 的管道。在机体的某些部分，需要有舱顶检测系统给飞行人员提供热空气泄漏的警告。

B787 系统的主要多电负载如下。

（1）环境控制系统（ECS）和增压。取消引气意味着 ECS 和增压系统的空气需要用电的方法增压；在 B787 上，需要 4 台大型的电驱动压气机，提取功率约 500kV·A。

（2）机翼防冰。不能获得引气意味着机翼防冰必须由埋置于机翼前缘中的电加热垫提供，机翼防冰需要 100kV·A 量级的电功率。

（3）电动泵。飞机的有些发动机驱动液压泵（EDP）由电动泵代替。4 台新的电动泵每台需要 100kV·A，总共负载要求 400kV·A。

采用无引气发动机的另一结果是飞机发动机不能用常规手段：高压空气起动。发动机应用了内置起动/发电机，并需将近 180kV·A 的电功率来起动。

4. B787 电气综合管理系统的结构

B787 电气综合管理系统的方块图如图 9-15 所示，包括智能配电箱、断路器显控模块 CBIC、公共计算机 CCR 及电池充电器。

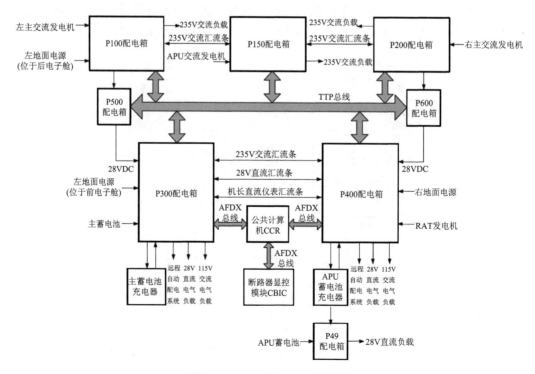

图 9-15 B787 的 ELMS 方块图

按照功能来分，B787 的 10 个智能配电箱分为五组，具体描述如下。

第 1 组：包括 P100、P200、P150 三个配电箱。它们管理 235VAC 主交流汇流条和 235VAC 交流电气负载。P100、P200 为对称结构，分别管理左、右各两个交流通道。P150 结构与 P100、P200 类似，只是仅管理左、右两台 APU 发电机。

第 2 组：包括 P300、P400 两个配电箱。它们不仅是远程自动配电系统的核心，而且管理着外电源，主蓄电池，RAT 发电机，交、直流汇流条等。实际上，这两个配电箱是任务最多的配电箱，且直接与公共计算机 CCR 相交联。在 P300 配电箱中有 LBPCU，P400 配电箱中有 RBPCU，都是飞机电气系统管理的核心。P300、P400 的结构对称，是整个配电系统的核心。

第 3 组：包括 P500、P600 两个配电箱。它们管理二次电源。

第 4 组：P49 配电箱。它只管理 APU 蓄电池。

第 5 组：包括 P700、P800 两个配电箱（图中未显示）。它们管理大功率调速电动机负载。两者结构对称，由显示模块、两台 ATRU、六个电动机控制器三部分组成。六个电动机控制器分为两组，由两台 ATRU 供电。

习　题

9-1　请简述电气系统、供电系统、电源系统和配电系统的意义。

9-2　一架飞机的电源系统由哪几个分电源系统构成？什么是该飞机的主电源？

9-3　飞机电气设备的工作条件与普通工业电气设备的工作条件有何不同？

9-4　海拔高度对飞机电气设备的影响体现在哪些方面？

9-5　为了减小变压器的体积、重量又不降低其效率，可采用哪些措施？其中主要措施有哪些？

9-6　衡量飞机电气系统特性的指标主要有哪些？

9-7　简述飞机电气系统容量选择的方法。

9-8　飞机电源可靠供电的意义何在？怎样才能获得高的可靠性？

9-9　改善飞机电气系统的维修性是提高飞机战术技术性能的因素之一，为什么？怎样获得好的维修性？

9-10　说明直流供电体制相较于交流供电体制的优势。

9-11　简述飞机配电系统的构成。

9-12　单线制电网和双线制电网有什么不同？

9-13　简述 A380 飞机电气系统的主要构成特点。

9-14　简述 B787 飞机电气系统的主要构成特点。

参 考 文 献

车其峰, 1999. 中国军机的发展[J]. 现代军事, (7): 27-29.

陈光, 2000. F119 发动机的设计特点[J]. 航空发动机, (1): 21-29.

陈玉, 2017. 飞机发展史上的空气动力学故事[M]. 北京: 航空工业出版社.

丁相玉, 王云, 2018. 航空发动机原理[M]. 2 版. 北京: 北京航空航天大学出版社.

何立明, 2006. 飞机推进系统原理[M]. 北京: 国防工业出版社.

姜健, 2018. 飞机推进原理[M]. 北京: 航空工业出版社.

姜长英, 2000. 中国航空史[M]. 北京: 清华大学出版社.

姜振寰, 2003. 飞机百年史[J]. 科学, (4): 46-48.

兰顿, 等, 2010. 飞机燃油系统[M]. 颜万亿, 译. 上海: 上海交通大学出版社.

李成智, 2003. 飞机百年发展与空气动力学[J]. 力学与实践, 25(6): 1-13.

李业惠, 2007. 飞机发展历程[M]. 北京: 航空工业出版社.

林肖芬, 2002. 飞机系统设计[M]. 北京: 航空工业出版社.

刘大响, 陈光, 等, 2003. 航空发动机: 飞机的心脏[M]. 北京: 航空工业出版社.

刘卫华, 冯诗愚, 2018. 飞机燃油箱惰化技术[M]. 北京: 科学出版社.

马毓福, 张伟, 2003. 飞机发展 100 年: 纪念飞机发明 100 周年[M]. 北京: 蓝天出版社.

莫伊尔, 西布里奇, 2011. 飞机系统: 机械、电气和航空电子分系统综合[M]. 3 版. 凌和生, 译. 北京: 航空工业出版社.

秦海鸿, 严仰光, 2016. 多电飞机的电气系统[M]. 北京: 北京航空航天大学出版社.

沈颂华, 2005. 航空航天器供电系统[M]. 北京: 北京航空航天大学出版社.

沈维道, 童钧耕, 2016. 工程热力学[M]. 5 版. 北京: 高等教育出版社.

天一, 2005. 中国航空发动机的研制(上)[J]. 舰载武器, (2): 76-82.

王莉, 杨善水, 张卓然, 等, 2019. 航空航天器供电系统[M]. 北京: 科学出版社.

吴森堂, 2013. 飞行控制系统[M]. 2 版. 北京: 北京航空航天大学出版社.

严成忠, 2005. "昆仑"发动机设计研制的基本经验[J]. 航空动力学报, 20(2): 169-176.

严仰光, 秦海鸿, 龚春英, 等, 2014. 多电飞机与电力电子[J]. 南京航空航天大学学报, 46(1): 11-18.

严仰光, 谢少军, 1998. 民航飞机供电系统[M]. 北京: 航空工业出版社.

姚华, 2014. 航空发动机全权限数字电子控制系统[M]. 北京: 航空工业出版社.

余丽山, 李彦彬, 赵永龙, 等, 2017. 战斗机的发展历程及趋势[J]. 飞航导弹, (12): 49-53.

张卓然, 李进才, 韩建斌, 等, 2020. 多电飞机大功率高压直流起动发电机系统研究与实现[J]. 航空学报, 41(2): 323537.

中国人民解放军总装备部, 2010. 航空涡轮喷气和涡轮风扇发动机通用规范: GJB 241A—2010[S]. 北京: 总装备部军标出版社发行部: 101.

朱德明, 李进才, 韩建斌, 等, 2019. 起动发电机在中国大型客机上的应用[J]. 航空学报, 40(1): 522479.